AF357726

DE L'HISTOIRE

NATURELLE

DES CÉTACÉS.

IMPRIMERIE DE FÉLIX MALTESTE ET Cie,
Rue Trainée, n. 15 et 17, place Saint-Eustache.

DE L'HISTOIRE

NATURELLE

DES CÉTACÉS,

OU

RECUEIL ET EXAMEN

DES FAITS

DONT SE COMPOSE L'HISTOIRE NATURELLE DE CES ANIMAUX ;

Par M. F. Cuvier,

De l'Académie des Sciences, de la société royale de Londres, etc.

PARIS.

LIBRAIRIE ENCYCLOPÉDIQUE DE RORET,

RUE HAUTEFEUILLE, Nº 10 BIS.

—

1836.

DISCOURS PRÉLIMINAIRE.

L'histoire générale qui traite des différentes nations,
de leur origine, de leurs rapports entre elles, de leurs
institutions, de leurs mœurs, des événemens qui y sont
survenus et de l'influence que ceux-ci ont exercée sur
elles n'est en dernier résultat, que l'histoire naturelle
de l'espèce humaine. Cette histoire, pour être exacte et
vraie, ne devra donc, à la rigueur, être écrite que quand
les observations relatives à chacun des ordres de faits
qu'elle embrasse seront assez nombreuses pour qu'on
puisse, en les rattachant par ce qu'elles ont d'essentiel,
composer ce tableau où se montre l'homme exerçant,
dans des conditions données, les facultés physiques et
morales qui constituent sa nature. Avant la réunion de
ces élémens, on peut être tenté d'écrire l'histoire au risque d'y laisser des lacunes, ou de les remplir par des
conjectures plus ou moins heureuses, par des vues plus
ou moins profondes; mais l'histoire générale n'existe pas
pour cela : elle n'est encore que la statue d'une divinité
revêtue d'attributs qui tous ne lui appartiennent point,
qu'un drame oùle sacré et le profane se mélangent et se
confondent, et les richesses les plus pures de la science

n'en restent pas moins dans ces observations , dans ces faits, dans ces élémens qui ont pu être groupés et représentés avec plus ou moins de talent ou de génie, mais, desquels, par aucun moyen, il n'était encore possible de faire sortir toute la vérité.

S'il est permis de comparer de petites choses aux grandes , c'est lorsque leur nature est la même et qu'il ne résulte rien de leur comparaison que la critique la plus sévère ne doive admettre. Je puis donc dire qu'il en est de l'histoire naturelle des animaux, comme de l'histoire naturelle de l'espèce humaine. Cette histoire , pour être celle d'êtres inférieurs à l'homme, n'en a pas moins pour objet, comme la sienne , la connaissance d'un certain nombre d'organes et de facultés , se développant dans des conditions diverses. Sans doute , les élémens de l'histoire d'aucune espèce d'animal ne devront être réunis en aussi grand nombre que ceux qu'exigera l'histoire de notre espèce ; la différence infinie qui existe entre les facultés des animaux et les nôtres, quant à leur nature et à leurs effets , rend également infinie la différence du nombre de ces élémens ; mais, si l'on considère tous les moyens qui nous sont donnés pour recueillir les uns, et tous les obstacles qui s'opposent à ce que nous obtenions les autres , on verra qu'à cet égard c'est encore à l'histoire de l'humanité , que restent tous les avantages. C'est l'homme lui-même qui travaille à son histoire, et il y est en quelque sorte porté par sa nature : les peuplades les plus sauvages ont conservé quelques traditions des événemens dont elles ont été les témoins, qu'elles les aient provoqués ou subis, et il n'est point de nation qui n'ait ses annales. De plus, le champ des observations nous est constamment ouvert ; soit que nous ayons pour but notre nature individuelle, dans son développement successif et dans le complet exercice de ses facultés , soit que nous voulions étudier l'homme dans son état moral , vivant avec ses semblables et réglant les intérêts particuliers sur les intérêts communs. L'histoire des animaux, au contraire, n'excite qu'une faible curiosité, et si quelques hommes en font l'objet de leurs études, ils ne parviennent guère qu'accidentellement à ajouter quelques observations à celles que leur ont léguées leurs devanciers ; les animaux nous fuient, et le plus souvent on ne s'en rend maître qu'en leur ôtant la vie , c'est-à-dire en les privant de ce qui fait une des principales essences de leur nature.

Si ces difficultés existent pour l'histoire naturelle des animaux en général, elles se rencontrent à plus forte raison pour celle des différentes espèces de cétacés, de ces mammifères qui habitent les plus grandes et les plus profondes mers, qu'on ne cherche que pour leur livrer des combats à mort, qui échappent souvent à nos efforts par la force et la vélocité de leurs mouvemens, ou que de lointains hasards amènent sur nos plages à moitié décomposés par la putréfaction.

Ce ne sont pas les observations faites dans de semblables circonstances qui peuvent donner les élémens d'une histoire ; à moins de les avoir poursuivies pendant de nombreuses années dans les mêmes vues , de telles observations restent incomplètes et isolées. Or , trop souvent étrangers l'un à l'autre et même à la science, les observateurs, bien qu'assez nombreux , n'ont guère recueilli qu'au hasard, sur les cétacés, ce qui s'est offert à leurs yeux ; et si quelques-uns, familiarisés avec l'histoire naturelle et éclairés par ses besoins, ont donné une direction méthodique à leurs recherches , celles-ci se

a.

sont trouvées circonscrites à quelques parties seulement des animaux , et n'ont pas toujours pu être rattachées d'une manière intime aux résultats des travaux qui les avaient précédées.

On aura trop souvent l'occasion de s'assurer, à la lecture de cet ouvrage, que c'est là en effet qu'en sont nos connaissances sur les cétacés. Aussi , bien loin d'avoir eu le projet de donner l'histoire naturelle de cet ordre entier de mammifères, je n'ai pas même dû concevoir la pensée de donner l'histoire d'une seule de ses espèces. Tout ce que j'ai pu espérer a été de parvenir à rassembler les faits relatifs aux animaux de cet ordre, et, après les avoir débarrassés autant qu'il dépendait de moi de tout alliage , de les rapprocher , suivant les espèces auxquelles ils appartiennent, pour en déduire ensuite les rapports de ces espèces les unes avec les autres.

Cette tâche, qui présente aussi ses difficultés, peut toutefois être plus facilement accomplie que la première ; car elle n'a besoin que de faits d'un certain ordre , et c'est à ces faits que les naturalistes de profession se sont particulièrement attachés. Pour présenter un tableau fidèle et complet de la nature d'une espèce, il faut la connaître dans ses organes , dans leurs développemens divers et dans leurs fonctions ; soit que celles-ci aient pour cause des forces identiques avec les organes, soit qu'elles aient pour cause cette force qui se complique de celle des organes sans en dépendre, et qu'on nomme volonté. Pour établir les rapports des espèces d'un même ordre entre elles nous n'avions besoin que de connaître les organes qui prennent le plus de part à l'existence de ces espèces, dans les conditions les plus simples et où les forces organiques suffisent ordinairement, et il n'était pas même nécessaire que ces organes eussent vie. Or, si à cet égard bien des faits restent obscurs, si bien des observations précises sont encore à désirer, c'est cependant à ces différentes parties de l'organisation que se rattachent principalement les observations des naturalistes sur les cétacés.

Ces animaux, qui se présentent sous tant de formes différentes et dont la taille des uns surpasse dix fois celle des autres, ont long-temps été considérés comme des poissons; mais après Bernard de Jussieu, et Brisson, il a fallu reconnaître enfin qu'ils appartiennent à la classe des mammifères parce qu'ils ont une double circulation complète et parce qu'ils nourissent leurs petits du lait de leurs mamelles. Les différens genres de cétacés ne se rapprochent cependant pas par de nombreux points communs d'organisation, et ils sont loin de former un ordre aussi naturel que celui des carnassiers, des rongeurs ou des ruminans. Ce qui établit leurs rapports les plus intimes ce sont leurs organes du mouvement. Tous, sans exception, sont privés de membres postérieurs articulés au bassin. Ces membres sont remplacés par la queue, que termine toujours une nageoire horizontale; et ce qui achève de leur donner la physionomie particulière qui les caractérise, c'est que tous encore sont presque entièrement privés de cou et le sont tout-à-fait de conque auditive.

La natation est leur principal mode de progression; cependant les cétacés herbivores paraissent avoir la faculté, pour paître les herbes maritimes, de se traîner, de marcher au fond de la mer, à l'aide de leurs membres antérieurs, qui ne sont jamais pour les autres cétacés que des organes natatoires; et la tête a si peu de mobilité chez tous, que son axe ne peut changer sans que celui du corps ne change en même temps.

La colonne vertébrale ne diffère de celle des autres mammifères, que par les modifications qu'appelait l'existence particulière des cétacés. Les vertèbres cervicales au nombre normal de sept, à l'exception du lamantin qui n'en a que six, sont généralement d'une extrême minceur, et, si dans quelques espèces, telles que le lamantin, le dugong, le plataniste du Gange, les rorquals, on les trouve libres, d'autres, les dauphins et les marsouins, ont les deux premières ordinairement ankilosées ; chez les cachalots ce sont les six dernières que l'on trouve ainsi unies l'une à l'autre, et chez les baleines proprement dites elles le sont toutes sept.

Les vertèbres dorsales, dont le nombre varie suivant les espèces, se caractérisent en ce que leurs apophyses épineuses, penchées en arrière, s'allongent de la première à la dernière, et en ce qu'elles sont égalées en longueur par les apophyses transverses ; en outre leurs apophyses articulaires postérieures disparaissent après la première vertèbre, et les antérieures, qui subsistent plus long-temps, disparaissent cependant bientôt aussi.

Les vertèbres lombaires dont il est difficile d'établir la limite postérieurement, chez des animaux privés de bassin, ont leurs apophyses épineuses et transverses très-longues. Les premières sont droites ou dirigées en avant et il n'y en a plus d'articulaires.

Les vertèbres sacrées se confondent avec les lombaires et les coccigiennes. Sur ces dernières qui varient aussi de nombre, comme toutes les autres, les apophyses disparaissent successivement et les os en V se montrent nombreux et forts, comme des apophyses inférieures, en dessous des principales vertèbres de cette dernière portion de l'épine.

A des os si peu mobiles et si rudimentaires que les vertèbres du cou chez les cétacés, devaient correspondre des muscles proportionnellement développés; et c'est en effet ce qui a eu lieu. Ces muscles, chez ces animaux, sont en même nombre que chez les autres mammifères; mais leur maigreur, leur brièveté, principalement ceux qui s'attachent à l'atlas et à l'axis, sont extrêmes; et, si ceux qui viennent des autres vertèbres cervicales sont mieux caractérisés, leur action, en dernier résultat, n'est pas beaucoup plus étendue.

Les muscles du dos ne paraissent présenter d'autres modifications importantes que leur grand développement et leur prolongation jusque sur les vertèbres coccigiennes. Ainsi le long-dorsal et le sacro-lombaire antérieurement tiennent au crâne, et postérieurement portent leurs tendons, le premier jusqu'au bout de la queue, le second à toutes les apophyses transverses de cette partie de l'épine, unissant ainsi les mouvemens du dos à ceux de la queue.

Quant aux muscles propres de la queue, outre ceux qui appartiennent à cet organe chez tous les mammifères où il prend part aux mouvemens, il y a de plus chez les cétacés : 1° l'antagoniste du sacro-lombaire en dessous des apophyses transverses ; 2° un lombo-sus-caudien, qui naît au-dessus des cinq ou six vertèbres dorsales, sous le long dorsal, se confondant souvent en cette partie avec lui, et s'étendant librement jusqu'à l'extrémité de la queue où ces deux muscles s'unissent encore par leurs tendons; 3° un lombo-sous-caudien, d'une très-grande épaisseur, qui vient de la région pectorale et partage ses attaches tendineuses sur les côtés, aux apophyses transverses, et en dessous aux os en V des deux tiers postérieurs de la queue ; 4° un muscle qui,

venant des os rudimentaires du bassin, s'insère aux os
en U de la moitié antérieure de la queue ; 5° le grand
droit et l'oblique ascendant qui, de l'abdomen, vont
s'attacher en arrière aux côtés de la base de la queue.

C'est par cette nombreuse réunion de muscles, développés dans des proportions sans exemple chez les autres mammifères, que la queue des cétacés acquiert la
force prodigieuse qu'elle possède, et au moyen de laquelle ces gigantesques animaux se meuvent avec tant
d'aisance et d'impétuosité.

Le sternum est court et large. Chez le dugong, il
a cinq pièces ; chez le dauphin, le marsouin, le plataniste, il n'est généralement composé que de quatre; chez
la baleine il n'est composé que d'une seule.

Les côtes chez ces animaux sont surtout remarquables
par leur grande courbure.

Les muscles abaisseur et releveur des côtes ne paraissent rien avoir de très-particulier, et il en est de même
du diaphragme et des muscles de l'abdomen ; mais, à
propos des mouvemens de ces parties qui sont surtout en
rapport avec la respiration, nous devons rappeler ce que
dit M. Mayer de Bonne, de fibres musculaires, qui entoureraient immédiatement les poumons et prendraient
part aux actes d'inspiration et d'expiration.

Les membres antérieurs ne diffèrent point essentiellement chez les cétacés de ce qu'ils sont chez les autres
mammifères; mais ils ont éprouvé chez ces animaux des
modifications profondes.

A l'épaule, ils sont entièrement privés de clavicules.
Leur omoplate, très-large en général, l'est plus ou
moins suivant les espèces ; l'épine est peu saillante; la
fosse sus ou anti-épineuse est réduite à un sillon chez le
dauphin commun, et disparaît entièrement chez le pla-

taniste du Gange ; l'apophyse coracoïde n'existe pas chez
ce dernier dauphin, et il en est de même chez les rorquals et chez les baleines, tandis qu'elle se montre chez
le dauphin commun et le cachalot. Enfin l'acromion
paraît exister toujours, mais avec un développement
différent.

Les muscles de cette partie du membre antérieur présentent des modifications notables que nous ne connaissons, au reste, que d'après le dauphin commun. Ainsi
le grand dentelé ne s'étend pas jusqu'aux vertèbres cervicales et s'arrête aux côtes ; le petit pectoral, au lieu de
descendre sur les côtes, se dirige vers l'extrémité antérieure du sternum ; le releveur s'attache à l'apophyse
transverse de la première vertèbre et s'épanouit sur toute
la surface externe de l'omoplate ; le rhomboïde ne se
fixe plus sur le tranchant de l'épine, il s'étend tout le
long du bord supérieur de l'omoplate ; le trapèze couvre l'omoplate et n'a point de prolongement clavicu-
laire, etc., etc.

Le reste du membre antérieur se compose de l'humérus, du radius, du cubitus, du carpe, du métacarpe et
des phalanges.

L'humérus est très-court.

Le cubitus et le radius, très-courts également, sont
soudés l'un à l'autre par leur tête, chez le lamantin et le
dugong, mais ils conservent les contours arrondis qui
leur sont propres chez les autres mammifères. Chez les
cétacés souffleurs, ils sont comprimés ; et ils s'unissent
au moyen d'un cartilage avec l'humérus et le carpe.
L'olécrâne varie de grandeur.

Les os du carpe sont très-aplatis et de forme hexago-
nale ; ils sont en moindre nombre que chez l'homme,
mais ce nombre varie suivant les espèces : le lamantin

en a six, le pisiforme manquant; le dauphin commun n'en a que cinq; la baleine en a sept.

Les métacarpiens sont au nombre de cinq très-aplatis et ils ont la forme générale des phalanges.

Les phalanges chez les souffleurs partagent la forme aplatie des os du métacarpe; leur nombre augmente dans chaque doigt, comparativement au nombre normal, quelquefois de beaucoup; et, dans bien des cas, il en est qui restent cartilagineuses.

Les muscles du bras des mammifères existent chez le dauphin et sûrement chez les autres cétacés, mais avec de modifications qui se trouvent assez peu développées dans ce qu'on en a dit. Le grand pectoral y donne la portion sternale nommée muscle commun aux deux bras; le grand dorsal est représenté par un petit muscle dont les digitations s'attachent aux côtes; les sur-épineux et sous-épineux sont à peu près égaux, mais le sous-scapulaire est très-grand, enfin le coraco-brachial est fort court. Les muscles des autres parties du bras, c'est-à-dire de l'avant-bras et de la main, ne paraissent plus présenter que des apparences rudimentaires qui existent moins pour les mouvemens, que pour témoigner de l'analogie des membres antérieurs des cétacés avec ceux des autres mammifères.

Comme nous l'avons dit, les membres postérieurs manquent; tout ce qui en reste sont des rudimens de bassin; et ces rudimens se trouvent chez le dugong être composés de deux paires d'os réunis deux à deux et bout à bout par un cartilage, et attaché par un cartilage aussi à l'une des vertèbres. Ils ne paraissent pas exister chez le lamantin. Chez les dauphins ils consistent en deux petits os longs et minces qui sont perdus dans les chairs, l'un à droite et l'autre à gauche de l'anus. Chez les baleines, à l'extrémité de chacun de ces os qu'on regarde comme des iléons, s'en trouve articulé un second, plus petit, courbé, dont la convexité est externe et qui pourrait représenter un pubis ou un ischion, ce qui serait aussi pour le second de ces os chez le dugong.

Nous voyons que la structure intérieure des organes du mouvement chez les cétacés ne diffère entre les espèces que par des modifications dont il ne nous est pas donné d'apprécier l'importance. Les modifications de leur structure extérieure ne paraissent pas davantage exercer d'influence sur leur genre de vie; car les principales de ces modifications consistent en ce que le lamantin a des ongles aux bords de sa nageoire pectorale qui correspondent aux doigts dont elle est en partie composée, et en ce que sa queue est ovale au lieu d'être étendue latéralement en deux ailes.

Nous n'avons point considéré comme partie des organes du mouvement les protubérances qui se montrent sur le dos de quelques espèces de cétacés souffleurs, tantôt sous la forme de bosse, tantôt sous celle de nageoire plus ou moins élevée. Ces protubérances ne prennent en effet aucune part aux mouvemens; ce ne sont que de simples gibbosités, de simples prolongemens de la peau, ressemblans plus ou moins à une nageoire, mais dépourvus de toute mobilité propre, et sans aucun rapport direct ni avec les vertèbres du dos, ni avec le système musculaire. Ces protubérances ne sont remplies que de tissu cellulaire et de graisse.

L'appareil de l'alimentation est un de ceux qui, dans plusieurs de ses parties, se présente avec les plus importantes modifications. Les trois genres entre lesquels se partagent les cétacés herbivores nous présentent trois systèmes de dentition fondamentalement différens. Les lamantins ont des molaires à double ou triple colline et à racines distinctes de la couronne; les dugongs ont des molaires simples, elliptiques, dont la couronne, avant d'être usée, présente deux légers sillons qui s'effacent tout-à-fait avec l'âge ; elles sont sans racines proprement dites, et il se développe à la mâchoire supérieure deux longues défenses dont les autres cétacés de cette famille sont privés ; enfin les stellères n'ont point de molaires du tout; ces dents sont remplacées par une plaque cornée au milieu de chaque mâchoire, qui semble rattacher ces animaux aux cétacés à fanons. La langue est courte et peu susceptible de mouvemens. Les glandes salivaires sont réduites au plus faible nombre. L'estomac est séparé en deux portions, l'une cardiaque très-grande, l'autre pylorique plus étroite, par un étranglement duquel naissent deux prolongemens, tubiformes chez les dugongs, en forme de poche chez les lamantins. Le cœcum, simple et cordiforme chez le premier, est irrégulier et bifurqué chez le second. Le stellère paraît avoir également un estomac divisé en deux parties, l'une cardiaque, plus grande aussi que la pylorique, et un fort grand cœcum, divisé en cellules nombreuses sur sa face interne. Une glande remarquable par sa grandeur se trouve dans la première portion de cet estomac. On n'a jamais trouvé que des fucus dans les intestins de ces animaux.

Les cétacés à évents présentent de plus grandes différences encore dans leurs organes de l'alimentation que les herbivores. Chez les dauphins, les dents, généralement simples et coniques ou comprimées dans l'un et l'autre mâchoire, varient considérablement pour le nombre, et souvent elles restent cachées dans les gencives à l'état rudimentaire. Dans les cachalots elles ne se développent qu'à la mâchoire inférieure, sont simples, oviformes et leur nombre ne paraît rien avoir non plus de fixe. Enfin les baleines n'ont plus de dents ; mais de chaque côté de leur palais naissent transversalement des lames cornées, nommées fanons, garnies sur leur bord interne de barbes, de franges, entre lesquelles, comme entre les mailles d'un filet, sont retenus les animaux dont ces cétacés font leur nourriture.

Rien ne diffère plus, et n'est même plus contradictoire que les descriptions qui ont été données de l'estomac des cétacés à évents. Toutes les espèces, à beaucoup près, ne sont pas connues sous ce rapport. On n'a, je crois, de notions que sur les estomacs du delphinorhynque microptère, du dauphin vulgaire, du nesarnak, du marsouin commun, de l'épaulard, du globiceps, du marsouin caréné, du béluga, du plataniste, du narwal, de l'hyperoodon et du rorqual jubarte. Il est hors de doute que ces estomacs sont très-compliqués ; et, quoi qu'il soit plus que probable qu'ils ne se ressemblent pas dans leur composition, il est à présumer cependant que c'est à leur complication qu'il faut, en grande partie, attribuer les opinions essentiellement différentes qui ont été émises à ce sujet. Ce qui autorise cette supposition, c'est la divergence d'opinions qui existent sur le nombre des estomacs du dauphin vulgaire et du marsouin commun, entre plusieurs anatomistes. Les uns n'en comptent que trois, d'autres en comptent quatre, d'autres cinq, d'autres six, etc. Or il est certain que ces différences de nombre viennent simplement de la manière dont on envisage cet organe. Lorsqu'on ne le juge que par son extérieur, et qu'on n'appelle estomac que ses parties globuleuses, on peut n'en compter que trois ou quatre ; alors on ne considère les parties plus ou moins tubuleuses, situées entre celles qui ont une forme plus ou moins sphérique, que comme des intermédiaires, des conduits sans caractères. Mais, si on étudie ces estomacs intérieurement, on voit que plusieurs d'entre eux ont une organisation spéciale et sont séparés l'un de l'autre par des ouvertures étroites qui n'établissent pas constamment entre eux une communication directe; dès lors les parties tubuleuses ne peuvent plus être considérées comme de simples conduits; on est forcé de les admettre comme des parties essentielles de l'estomac, qui ont aussi sur les alimens leur action spéciale.

Il est arrivé également qu'on n'a point admis comme appartenant à l'estomac la partie où les sucs biliaires et pancréatiques viennent se verser; mais, outre qu'il n'est pas sans exemple que, chez les mammifères, la bile soit immédiatement versée dans l'estomac, la différence de nature des membranes devrait suffire pour décider si le point où ces sucs arrivent appartient ou non au duodénum; or, chez les dauphins, c'est à la fin du dernier estomac qu'aboutit évidemment leur canal. Dans cet état de choses il n'est pas possible de décider en quoi les cétacés à évents diffèrent par l'estomac; le seul fait certain c'est que cet organe chez le dauphin vulgaire, le marsouin commun, le globiceps, le plataniste (1), est formé sur le même type et composé de cinq parties; et, s'ils diffèrent entre eux, ce n'est que par des modifications secondaires. Si à ces faits nous ajoutons ce que Meckel rapporte du narwal auquel il reconnaît cinq estomacs, et ce que dit Hunter de son épaulard et de son rorqual jubarte chez lesquels il en

(1) Leçons d'anatomie comparée de G. Cuvier, nouvelle édition; t. 4, revu par M. Duvernoy.

a également trouvé cinq, ce sont trois espèces de plus que nous avons à ajouter aux premières. Enfin, quand nous considérons qu'on n'a reconnu que trois ou quatre estomacs dans le marsouin caréné et le béluga, véritables marsouins, que Baussard en a vu trois et Hunter sept dans l'hyperoodon , nous nous croyons autorisé à penser que ces différences tiennent surtout à la manière d'envisager cet organe, et nous regardons comme fort probable que le nombre des estomacs, chez ces cétacés comme chez les autres , est de cinq. Cependant de ce petit nombre de faits, et de toutes les conjectures dont nous avons été obligé de l'environner, nous ne conclurons pas quelque chose de précis et de commun aux cétacés à évents. Mais cette grande complication de l'estomac chez des animaux qui se nourrissent des substances les plus animalisées peut-être, est une anomalie dont il serait bien important de rechercher la cause; car, en partant des faits constatés, on n'est conduit par aucune analogie à la reconnaître.

Quelques auteurs parlent affirmativement d'une vessie considérable qui, après la mort des rorquals, remonterait dans leur bouche et forcerait les machoires à s'écarter l'une de l'autre ; cette masse vésiculaire, dont d'autres auteurs ne parlent pas, quelle est sa nature, à quel système organique appartient-elle ? C'est ce qui n'a point été recherché. On l'a considérée comme une dépendance du système respiratoire, ou comme une vessie aérienne analogue à celle des poissons. Ne serait-elle pas plutôt une portion de l'estomac distendue par les gaz qui s'y sont développés ?

En général les cétacés à évents n'ont point de cœcum. Cependant on en a reconnu la trace à une élévation ovalaire plus ou moins grande dans le plataniste, dans le rorqual jubarte et dans la baleine franche.

Les variations de formes ou de rapports de la rate et du foie ne paraissent point avoir de relations essentielles avec les formes de l'estomac. Les cétacés à évents se nourrissent tous de proie vivante. Les dauphins et les cachalots poursuivent ou saisissent principalement les poissons et les grands mollusques, tandis que les baleines font leur proie des nombreux petits animaux articulés mollusques, vers qui fourmillent, dit-on, dans les mers du Nord, et au nombre desquels on compte des crustacés, des sèches, des clios, des méduses, des actinies, etc.; mais à cet égard il faut faire une différence entre les rorquals et les baleines proprement dites, car on assure que les premiers se nourrissent aussi de poissons, et peuvent avaler de bien plus grands animaux que les secondes.

Il n'a pas été possible d'étendre à beaucoup d'espèces les recherches sur le système de la circulation Pour ce qui le constitue essentiellement, il est semblable à celui des autres mammifères; mais la nature particulière des cétacés, et les profondes modifications de leurs organes du mouvement, ont nécessité, dans ce système, non-seulement des modifications analogues à celles de ces organes, mais des développemens vasculaires tout-à-fait caractéristiques, pour une grande partie du moins de ces animaux.

On ne sache pas que les lamantins présentent rien de particulier sous le rapport de la circulation ; mais le dugong et le stellère ont un cœur devenu fourchu par la séparation profonde des deux ventricules ; circonstance nouvelle qui ajoute un point important de rapprochement entre ces animaux.

Le cœur, chez les dauphins et les baleines, ne parait point avoir éprouvé de modifications notables ; mais le système artériel en présente une des plus importantes. Ce sont les circonvolutions infinies d'artères, c'est le vaste plexus de vaisseaux rempli de sang oxigéné, qui se trouve surtout sous la plèvre, entre les côtes, de chaque côté de l'épine. Les artères qui forment ce plexus naissent des intercostales dont l'origine commune est dans la région supérieure de l'aorte pectorale, et elles pénètrent dans le canal rachidien et même dans le crâne par le trou occipital. Ces vaisseaux ne sont point formés de ramifications anostomosées les unes aux autres; on peut en quelque sorte les déployer comme s'ils n'étaient formés que d'un seul, mille fois reployé sur lui-même, et, outre leurs rapports principaux avec les artères intercostales, ils en ont avec les artères vertébrales et les carotides. Il est à présumer, comme on l'a fait, que cette singulière complication de vaisseaux a pour cause la nécessité où sont souvent les cétacés de suspendre, pendant assez long-temps, leur respiration, et par là l'oxigénation de leur sang. Ces nombreuses artères deviennent alors pour eux un réservoir de sang oxigéné qui, rentrant dans la circulation, entretient la vie partout où le sang veineux ne porterait que la mort. Mais comment ce sang est-il rendu au système général des artères; quelle est la force particulière qui, pour cet effet, agit sur lui? C'est un point sur lequel on en est encore réduit aux plus vagues conjectures.

La disparution des membres postérieurs a dû entraîner celle des vaisseaux qui nourrissaient ces membres; et, comme la queue a pris un développement considérable, les artères et les veines qui sont propres à cette dernière partie du tronc n'ont pu que se développer dans les mêmes proportions. En effet l'aorte abdominale ne donne point les iliaques externes; mais cette artère se continue sous la queue d'où ses ramifications se distribuent aux muscles qui meuvent cet organe. Les modifications du système veineux sont analogues naturellement à celles des artères; la veine cave ne donne point de veine iliaque externe, etc. La quantité de sang contenue dans le système vasculaire paraît être proportionnellement beaucoup plus grande que chez les autres mammifères.

Les organes et les phénomènes essentiels de la respiration sont, dans les cétacés, les mêmes que dans les autres mammifères. Ils n'ont point fait le sujet de beaucoup d'observations. Il paraît que, chez le lamantin, le diaphragme rétrécit la cavité thoracique, en remontant obliquement derrière le poumon. Le dugong a les anneaux de ses bronches contournés en spirale; et chez le stellère ce sont les cartilages de la trachée qui sont disposés de la sorte. On dit que les dauphins ont le poumon environné de fibres musculaires, qui agissent aussi dans les actes d'inspiration et d'expiration, et que les lobes communiquent entre eux de manière qu'en n'y introduisant l'air que par une seule bronche ils s'en remplissent tous deux. Mais si le diaphragme, les poumons, les bronches, la trachée-artère ne se montrent qu'avec des modifications d'un ordre secondaire, les narines, qui servent d'intermédiaire, pour le passage de l'air, entre l'atmosphère et l'organe respiratoire, en ont éprouvé de profondes. C'est sur ces modifications surtout que repose la distinction extérieure des cétacés herbivores et des souffleurs. Le mécanisme au moyen duquel se produit le phénomène du soufflage a nécessité, dans la structure des narines, des changemens qui, d'une part, paraissent en avoir exclu le siége de l'odorat, et de l'autre en font un organe nouveau tout-à-fait spécial à cet ordre de mammifères. Il est permis de penser que cet organe est essentiellement le même chez les dauphins, les cachalots et les baleines; il n'a cependant encore été étudié avec quelques détails que chez les dauphins, et ses parties principales consistent dans le larynx qui remonte jusque dans les arrière-narines, dans la disposition des muscles du pharynx qui ont la faculté d'étreindre la partie antérieure de l'organe respiratoire, et dans les poches membraneuses et charnues placées à la partie supérieure des narines. Nous nous bornerons ici à ces indications générales sur les modifications des narines des cétacés souffleurs, devant en donner une description détaillée dans nos généralités sur les dauphins; nous dirons seulement que l'orifice de l'évent, simple chez les dauphins, est situé vers le sommet de la tête; qu'il est également simple dans les cachalots et situé à l'extrémité supérieure du museau; enfin qu'il est double chez les baleines, et qu'il s'ouvre vers le sommet de la tête comme chez les dauphins, sous forme d'un croissant dont la convexité est tantôt en avant, tantôt en arrière. Quant à l'orifice des narines, chez les cétacés herbivores, il se trouve, dans le lamantin, au bout antérieur, et chez le dugong, à la partie moyenne et supérieure du museau.

Le système nerveux, comme la plupart des autres systèmes organiques, n'a, dans beaucoup d'espèces, donné lieu qu'à des observations superficielles. Formé sur le modèle de celui des mammifères en général il a suivi dans son développement le développement des autres organes, toutes les fois qu'il était de nature à en dépendre; ainsi les nerfs lombaires et sacrés ne donnent point naissance à ceux des membres abdominaux, tandis que les nerfs coccigiens se développent nombreux et puissans. Les nerfs olfactifs n'exis-

b.

tent point, à moins que, comme quelques auteurs le
disent, ils ne consistent en filets presque imperceptibles;
ce qui paraît certain, c'est que chez le dauphin vulgaire
et le marsouin commun il n'y a pas traces de trous
ethmoïdaux, et, s'il y a des trous dans l'ethmoïde de la
baleine, ils sont en très-petit nombre et rien ne prouve
qu'ils donnent passage à des nerfs.

Chez le dauphin vulgaire et le marsouin commun, le
cerveau s'est trouvé aussi richement développé que chez
aucun autre mammifère quadrupède. Nous en faisons
connaître les principaux caractères en parlant des dauphins en général. A en juger par la capacité du crâne, les
autres espèces de cette famille n'ont pas été moins
libéralement partagées que le dauphin vulgaire. Le cerveau des cachalots et des baleines n'a point été étudié,
ou ne l'a été que très-superficiellement ; à en juger
aussi par la cavité crânienne, on peut conclure que
chez eux cet organe se trouve réduit à de fort petites dimensions.

Les organes des sens, à l'exception de celui de l'odorat, sont composés, chez tous lescétacés, des parties qui
les constituent essentiellement chez les mammifères
terrestres, et modifiés seulement pour leur vie constamment aquatique ; l'on a peu recherché quel est l'u-
sage qu'en font les animaux, l'étendue des services qu'ils
en obtiennent, et les différences caractéristiques qu'on
en pourrait tirer pour la distinction des espèces.

L'œil des cétacés herbivores est seul pourvu d'une paupière latérale; celui des souffleurs est privé des glandes
lacrymales ; mais ses paupières sont garnies inférieurement de petites glandes qui sécrètent une matière muqueuse propre, comme le liquide des larmes, à lubrifier
la sclérotique. L'oreille est sans conque externe; un

sphincter sans doute se trouve chargé de fermer l'entrée du canal auditif pour préserver du contact de l'eau le tympan, que les uns disent fibreux et d'autres cartilagineux. La trompe d'eustache existe au rapport de quelques anatomistes, d'autres le nient. Ces deux sens, malgré leur apparente imperfection, paraissent être doués d'une grande délicatesse. Les baleiniers assurent que les baleines, les cachalots, etc., voient et entendent de fort loin, et que pour s'en approcher, ils ont besoin de nombreuses précautions; autrement, ces animaux les éviteraient par une prompte fuite, et il faudrait en faire de nouveau la longue et pénible recherche; nous devons cependant ajouter que Scoresby, qui reconnaît la délicatesse de l'ouie des baleines, rapporte qu'elles restent impassibles au bruit d'un coup de canon. Le goût existe vraisemblablement chez les cétacés herbivores, dont la langue, quoique peu mobile, a cependant une structure compliquée et délicate; mais ce sens a-t-il un organe spécial chez les cétacés souffleurs? il est permis d'élever quelques doutes à ce sujet : la langue du dauphin et celle du marsouin n'ont ni papilles à calices ni papilles coniques; elles ne présentent à leur surface que de légères élévations dont le milieu semble percé, et leurs bords sont frangés, comme pour y multiplier les sensations du toucher. Le sens de l'odorat peut donner lieu au même doute pour les cétacés souffleurs. Les herbivores en sont doués comme les autres mammifères, mais peut-être à un moindre degré; ces organes du moins existent chez eux; mais, pour les premiers, le siége de ce sens est tout-à-fait ignoré, et si, à ce sujet, quelques idées ont été émises, ce sont de simples conjectures. L'organe général du toucher, la peau, a fait, chez les cétacés souffleurs, le sujet de recherches importantes qui ont donné de la structure de cet organe en général une connaissance beaucoup plus étendue que celle qu'on en avait acquise auparavant. Ces recherches sont dues à MM. Breschet et Roussel de Vauzème, et nous en parlerons ici avec quelques détails (1).

Suivant les observations de ces habiles anatomistes, on distingue dans la peau des cétacés, comme dans celle des autres mammifères, six parties principales qui se superposent ou se pénètrent, mais qui ont toutes une destination spéciale, des fonctions particulières à remplir.

1° *Le derme*, canevas cellulaire, dense, fibreux, qui contient et protège toutes les autres parties de la peau. Chez la baleine il est constamment blanc et opaque, et sa face supérieure présente des séries de papilles dont les intervalles sont remplis par un tissu corné, par l'épiderme, qui les revêt elles-mêmes.

2° *Les corps papillaires* se composent de papilles que l'épiderme recouvre ; elles ont une couleur nacrée et dans la baleine elles ont plusieurs lignes de longueur. Leur étendue est bien moindre dans le dauphin vulgaire et le marsouin commun. Ces papilles sont composées de fibres parmi lesquelles pénètrent des vaisseaux ; elles viennent du plexus nerveux sous-cutané et y retournent ; le derme n'a été qu'une gaîne pour elles, et c'est à leur extrémité, à leur sommité, que s'exerce le toucher.

3° *L'appareil sudorifique* consiste en des canaux mous,

(1) Recherches sur l'appareil tégumentaire des animaux. Annales des sciences naturelles, septembre, octobre et décembre 1834.

élastiques, en spirales qui occupent toute l'épaisseur du derme et ont leur orifice, qu'une petite valvule épidermique ferme ordinairement, dans l'intervalle des papilles. Il produit la sueur.

4° *L'appareil d'inhalation* est formé de canaux d'une ténuité extrême, qui sont lisses, droits, argentins, branchus, très-faciles à rompre ; ils s'anastomosent entre eux, naissent d'un plexus commun répandu dans le derme au-dessous des papilles, et débouchent sous l'épiderme à côté des canaux sudorifiques ; ils sont pourvus de diaphragmes. Les vaisseaux lymphatiques n'ont aucun rapport avec ces canaux qui communiquent directement avec les artéres et les veines. Ce sont des canaux absorbans.

5° *L'appareil blennogène.* Cet appareil se compose d'une glande sécrétoire et de canaux excréteurs qui s'ouvrent entre les papilles, comme les orifices des canaux précédens ; il est entièrement contenu dans le derme et produit une matière muqueuse qui, en se desséchant, devient épiderme. Chez la baleine cet épiderme acquiert une extrême épaisseur ; il est beaucoup plus mince chez les dauphins.

6° *L'appareil chromatogène*, ou qui produit la matière colorante, se compose de même de glandes sécrétoires et de canaux excréteurs ; il est situé dans les premières couches supérieures du derme à droite et à gauche de l'embouchure des canaux excréteurs de l'appareil précédent, et il verse son produit coloré au point même où la matière muqueuse sort de l'appareil qui la produit, et où il la colore.

Nous n'avons point à examiner jusqu'à quel point cette analyse suffit pour expliquer les différens phénomènes que présentent les tégumens extérieurs des mammifères. En l'admettant telle qu'elle nous est présentée, il en résulterait que les sensations du toucher devraient être vives et délicates chez les cétacés; le grand développement de leur appareil papillaire conduit à cette conséquence; et cependant l'opinion la plus généralement répandue est que le dauphin vulgaire lui-même, malgré la finesse de son épiderme, a fort peu de sensibilité dans le toucher. Cette opinion serait-elle dénuée de fondement? Ou bien s'explique-t-elle par la graisse qui, pénétrant le derme de toute part, et s'étendant sous lui en couche épaisse, affaiblirait cette sensibilité ainsi qu'on le pense communément? C'est à cette opinion que nous nous sommes arrêtés, et que nous reproduirons plus tard. Au surplus la difficulté n'existerait point pour les baleines dont l'épiderme est épais et de consistance cornée.

Les organes génitaux ne sont point, chez les cétacés herbivores, ce qu'ils sont chez les souffleurs. Les premiers ont les mamelles pectorales; les seconds les ont inguinales, ou plutôt, chez ceux-ci, elles sont situées de chaque côté de la vulve, et chez tous elles ne vont pas au-delà de deux. La vulve qui, par sa forme, rappelle celle des ruminans, ne présente rien de particulier. Le penis est attaché aux os rudimentaires du bassin, et son gland, très-simple, à ce qu'il paraît, chez les cétacés souffleurs, est un peu plus compliqué chez les herbivores; il est divisé en trois lobes chez le dugong, et a la forme de celui du cheval chez le stellère; mais il a un fourreau chez tous. Les testicules sont cachés à la partie inférieure de l'abdomen sur les muscles abaisseurs de la queue (lombo-sous-caudiens); il n'y a point de vésicules séminales.

On ignore le mode d'accouplement des cétacés souffleurs. Personne jusqu'à présent n'en a été témoin. L'opinion la plus probable, c'est qu'ils s'unissent couchés tous deux sur le côté. Steller dit que son *manatus* (le Stellère) s'accouple avec la femelle couchée sur le dos. On a beaucoup trop fait intervenir, dans ce phénomène, le besoin de la respiration. Le temps que tous ces animaux peuvent rester sous l'eau sans respirer, surpasse de beaucoup vraisemblablement celui que demande la consommation de cet acte. On ignore aussi la durée de la gestation que quelques-uns portent à dix mois pour la baleine, dont le jeune, en naissant, aurait vingt pieds de longueur. Il y a plusieurs exemples qui permettent de penser que la portée n'est généralement que d'un petit. Le lait, que les glandes mammaires produisent abondamment, a un goût agréable et est fort gras. Les petits tètent, le fait est du moins très-probable, car il n'est pas impossible. On ne l'a trouvé tel que parce que l'on comparait ces animaux à ceux qui vivent dans l'air, et qu'on supposait que ce n'était que dans l'air que le vide se faisait. On dit cependant que des muscles sont disposés de telle manière au-dessus des mamelles, qu'elles peuvent en être comprimées, et que par là les mères ont le pouvoir de lancer leur lait dans la bouche de leurs petits : cela a besoin d'être confirmé ; car cette éjaculation ne se ferait que dans la cavité vide de la bouche, et la compression de l'eau serait bien suffisante pour forcer le lait à sortir des mamelles, dès le moment où elle n'agirait plus sur le mamelon, comme sur les autres parties de cet organe.

Il suffit de jeter un coup d'œil général sur les animaux de l'ordre des cétacés, pour juger que les principales différences de leurs formes extérieures se trouvent dans les rapports des diverses parties de la tête ;

et l'étude des os dont cette partie du corps se compose confirme tout-à-fait ce premier jugement. Toutefois, malgré les différences nombreuses que présentent les formes des mêmes os, on retrouve toujours le même type dans chaque famille. « Chez le lamantin et le dugong, dit mon frère, les connexions des os de la tête, leur coupe générale, etc., sont à peu près les mêmes, et l'on voit que pour changer une tête de lamantin en une tête de dugong, il suffirait de renfler et d'allonger ses os inter-maxillaires pour y placer les défenses, et de courber vers le bas la symphyse de la mâchoire inférieure, pour la conformer à l'inflexion de la supérieure. Le museau alors prendrait la forme qu'il a dans le dugong, et les narines se relèveraient comme elles le sont dans cet animal. En un mot on dirait que le lamantin est un dugong dont les défenses ne sont pas développées. »

On pourrait suivre le même mode de comparaison pour établir les profondes analogies qui existent entre les têtes des diverses espèces de dauphins. C'est même ce que nous ferons en partie, lorsque, dans nos généralités sur le dauphin proprement dit (1), nous indiquerons, d'après les têtes, les différences caractéristiques de chaque genre. Nous verrons en effet que ces différences reposent principalement sur les formes et les proportions des maxillaires et des inter-maxillaires, et qu'il suffit en quelque sorte d'allonger ou de rétrécir ces os, de les restreindre ou de les étendre postérieurement en crêtes, en apophyses, en protubérances, pour les ramener toutes à un même type.

____

(1) Page 111.

Les cachalots présentent de même dans les parties osseuses de leur tête un type qui leur est propre et qui consiste aussi dans le développement des parties postérieures des maxillaires, auquel se joint celui de l'occipital, pour former la cavité où la cétine est contenue. Mais c'est encore de la tête des dauphins que celle des cachalots se rapproche le plus, malgré la différence considérable qui se trouve entre la cavité cérébrale de ces animaux.

Le type de la tête osseuse des rorquals et des baleines proprement dites est de même distinct de celui des autres cétacés, et exclusivement propre à ces mammifères à fanons. Nous verrons que, sous ce rapport, ce qui caractérise chacun de ces deux genres, est encore la forme des maxillaires et des inter-maxillaires, qui suivent une ligne très-droite chez les premiers et une très-courbe chez les seconds. Les détails où nous entrerons dans la comparaison de ces têtes, nous dispensent de nous étendre davantage ici; d'ailleurs les figures que nous donnons des principales modifications qu'éprouvent les têtes osseuses de cétacés feront mieux concevoir que des paroles les types abstraits d'après lesquels nous les supposons construites.

Un mot nous reste à dire des dents. Nous les avons déjà considérées dans leurs formes, et comme partie du système général de l'alimentation. Nous devons les considérer encore comme partie intégrante de la tête. Leur nombre chez les cétacés souffleurs est très-variable, même dans les individus d'une même espèce; souvent elles ne sont qu'à l'état rudimentaire; chez plusieurs dauphins elles n'ont point d'alvéoles particuliers, et ne sont retenues que faiblement par les gencives dans la rainure alvéolaire où elles ont pris naissance.

Les dents des cachalots paraissent, sous ces divers rapports, présenter les mêmes caractères que celles des dauphins ; mais on ignore, chez les uns et chez les autres, si les dents tombent naturellement et si elles sont remplacées par le développement de nouveaux germes.

Les dents chez les dauphins peuvent se développer aux deux mâchoires, également, et celles d'une mâchoire ne diffèrent point de celles de l'autre. Chez les cachalots elles ne se développent normalement qu'à la mâchoire inférieure ; mais quelques auteurs assurent en avoir vu de fort petites à l'autre mâchoire, entre les cavités qui règnent tout le long du bord gencival. Un fait important, que nous avons été à portée de constater, s'ajoute à ceux qui ont servi de fondement à cette assertion. M. Geoffroy Saint-Hilaire, en ouvrant le canal dentaire de la mâchoire supérieure d'un fœtus de baleine, observa, dans toute la longueur des parties membraneuses qui la remplissaient, de petits corps ronds, blanchâtres, du diamètre d'une ligne et séparés les uns des autres par un intervalle de même étendue. Ces corps vus au microscope ressemblent à des capsules dans quelques-unes desquelles pénètre un pédicule d'apparence membraneuse ; elles sont composées de deux couches ou de deux lames, l'extérieure jaunâtre, et l'intérieure très-blanche. Sous une forte loupe, toutes deux paraissaient percées de pores très-nombreux ; la blanche en avait plus que la jaune, et celle-ci était la plus flexible . Tout annonçait en elles une nature calcaire et M. Geoffroy y vit avec raison des germes

(1) Considérations sur les pièces de la tête osseuse des animaux vertébrés, etc. Annales du muséum d'histoire naturelle, t. x.

de dents. Le pédicule est sans doute formé du bulbe dentaire, et les deux parties dont les capsules se composent sont peut-être l'émail et la matière osseuse. Quoi qu'il en soit, la présence des germes de dents dans la mâchoire supérieure d'une baleine rend plus que vraisemblable celle de dents rudimentaires dans la mâchoire supérieure des cachalots.

Chez les cétacés herbivores, les dents incisives proprement dites ne paraissent être jamais que rudimentaires et ne tardent pas à tomber; mais le dugong a dans chacun de ses inter-maxillaires une longue et forte défense qu'il conserve durant toute sa vie. Les molaires de ces cétacés, très-différentes de structure, pourvues de racines chez le lamantin et sans racines chez le dugong, se développent de l'arrière à l'avant des mâchoires, c'est-à-dire qu'à mesure que croissent celles des parties postérieures des maxillaires, celles des parties antérieures, usées jusqu'à leur base, sont expulsées de l'alvéole, d'où leurs traces même disparaissent. Il résulte de ce mode de développement que leur nombre est susceptible de varier, les dernières apparaissant avant la chute des premières; mais les deux nombres extrêmes, le plus grand et le plus faible, ne sont point encore exactement connus; ils sont peut-être de huit à six chez les lamantins, et de cinq ou six à deux chez le dugong. Les plaques cornées qui paraissent remplacer les dents chez les stellères sont composées de fibres agglutinées et creuses ainsi que la plupart des poils. Les maxillaires n'ont point de dents, à moins que, comme les baleines, elles ne soient en germes dans leur intérieur.

L'observation attentive et détaillée des organes conduit à en reconnaître les fonctions et, dans certains cas, à établir les limites de celles-ci : ainsi les articulations des os et les rapports des muscles avec elles permettent de déterminer les mouvemens; on reconnaît, à la structure de ses dents, les alimens dont un animal se nourrit; la capacité du cerveau autorise à conjecturer l'étendue de l'intelligence; le développement des sens donne généralement la mesure de leur portée, etc. etc.; mais toutes les conclusions de ce genre que l'on tire directement de l'anatomie, ne donnent que des idées, bien incomplètes, sur l'étendue des facultés de ces organes, et sur le parti que les animaux savent en tirer, dans les nombreuses conditions où ils peuvent se trouver placés. C'est que les organes sans la vie ne sont que la moitié d'eux-mêmes, et que la vie elle-même est souvent une force insuffisante, quand les puissances de l'intelligence et de la volonté ne la secondent point. Après l'étude matérielle des organes, l'histoire naturelle des animaux demande donc l'étude de ces organes en action, sous l'empire des puissances diverses dont ils sont les aveugles instrumens. Ce n'est qu'alors que l'animal peut se montrer à nos yeux tel qu'il est réellement, et nous dévoiler les vues de la Providence, lorsqu'elle lui fit une place dans la création. Mais si cette étude est la plus importante en ce que sans elle l'autre reste toujours incomplète, c'est aussi la plus difficile; c'est celle qui a fait le moins de progrès, et qui rendra long-temps encore impossible l'histoire naturelle de la plupart des espèces d'animaux, ou réduira cette histoire à une collection de faits plus ou moins intimement ou ingénieusement liés entre eux. Les cétacés, et leur genre de vie le fait aisément concevoir, ont été moins étudiés dans leurs actions qu'aucun autre mammifère. Les anciens ne nous ont guère transmis à leur sujet que des anecdotes douteuses, et les modernes n'ont parlé de ces actions des animaux, qu'accidentellement, ou à propos de la chasse qu'ils leur font et des obstacles que ceux-ci leur opposent, soit en prenant la fuite, soit en se défendant, sources de vérités très-peu fécondes. Relativement à la variété et à l'étendue des facultés intellectuelles, comme sous le rapport de l'organisation, les cétacés semblent se partager nettement en quatre divisions, sans qu'à cet égard il soit facile de caractériser ni l'une ni l'autre d'entre elles.

Un profond instinct de sociabilité paraît être un des traits caractéristiques de tous, et de cet instinct naît une affection non moins constante que vive des mères et des petits les uns pour les autres ; les mâles et les femelles ont de même un attachement réciproque et durable, qui se manifeste souvent d'une manière touchante ; à en juger par ce qu'on rapporte, cet instinct social conduit ces animaux à former ou des troupes très-nombreuses, ou simplement des unions de famille. Les stellères nous semblent réunir ce double penchant : leurs troupes paraissent formées d'un assemblage de familles, et il en serait de même pour le lamantin de l'Amérique méridionale, s'il était permis d'ajouter une entière confiance à tout ce qui a été dit de leurs mœurs. Quant aux dugongs leurs troupes ne paraissent jamais consister qu'en un mâle, une femelle et leurs petits.

Lorsqu'on rapproche ce que dit Gomara d'un jeune lamantin apprivoisé, et ce que nous apprend Steller du naturel épais, lourd, apathique, de son *manatus* (le stellère), on est porté à conjecturer qu'il y a entre l'intelligence de ces animaux de profondes différences ; mais, outre que le récit de Gomara aurait besoin d'être confirmé par de nouveaux faits, l'apparente stupidité du stellère, l'indifférence qu'il semble avoir pour les mauvais traitemens, pourrait tenir, d'une part, à la profonde sécurité où il est habitué à vivre, et, de l'autre, à l'insensibilité qui résulte pour lui de l'épiderme corné dont il est revêtu ; car ce que Steller rapporte des tentatives que les individus d'une troupe faisaient pour délivrer ceux qu'on avait harponnés et qu'on entraînait, n'annonce pas des animaux dépourvus d'intelligence et d'activité. L'étendue du cerveau des cétacés herbivores, à l'exception toutefois de celui du stellère, permet d'induire aussi, chez eux, des facultés intellectuelles assez distinguées ; cependant, si à leur nature herbivore ne s'associe aucun penchant hostile aux autres animaux, et s'il peut résulter de là plus de disposition à se rapprocher de ceux qu'ils ne craignent pas, il en résulte aussi moins d'activité et moins d'étendue dans la faculté générale de connaître ; ils en auraient davantage si, comme les dauphins, par exemple, ils devaient se nourrir d'une proie vivante capable de leur échapper ou par le déploiement de ses forces ou par les ruses de son instinct. Ces derniers animaux sont, en effet, de tous les cétacés, ceux qui semblent tirer le plus de ressources de leurs facultés psychiques, qui paraissent apprécier avec plus de facilité et d'étendue la nature des circonstances où ils se trouvent. Indépendamment des nombreux récits qui ne permettent guère de doutes sur la grande intelligence du dauphin vulgaire, on sait l'empressement avec lequel il se rapproche des bâtimens et en suit la marche, la pétulance et la vivacité de ses mouvemens ; il n'est point de marin qui ne s'en soit trouvé témoin et qui n'en parle avec une sorte d'admiration ; or, lorsque la confiance, chez les animaux, n'est pas le résultat de la stupidité, elle est toujours un signe d'étendue dans le jugement; et rien n'annonce moins de stupidité que ces mouvemens si prompts, si variés, auxquels les dauphins se livrent souvent à la rencontre des vaisseaux; tout autre animal qu'eux les fuirait, et, au contraire, ils se plaisent à les suivre, comme pour lutter avec eux de vitesse et d'agilité; ils ne s'effraient ni des cris ni des mouvemens variés, et ces mâts, ces cordages, ces voiles, ces matelots, semblent un spectacle qui excite leur curiosité et leur est agréable. Toutefois, quoique les actions des dauphins annoncent des facultés intellectuelles remarquables, les proportions de leur cerveau en font supposer de plus remarquables encore, et on les découvrirait sans doute s'il était possible de suivre la vie de ces animaux, ou de les placer, afin de les mieux observer, dans des conditions propres à favoriser leur développement.

L'étude de cet organe chez les cachalots et les baleines conduit à de tout autres conséquences. Quoiqu'on n'en connaisse pas la structure détaillée, sa petitesse suffit pour faire penser que la conservation de ces animaux a été confiée par la nature plutôt à leurs forces, à la puissance de vie qu'ils ont reçue, qu'à l'intelligence qui leur a été départie. Au reste, sous ce dernier rapport, ils n'ont donné lieu l'un et l'autre qu'à des faits peu nombreux et bien circonscrits. Tous, comme nous l'avons déjà dit, sont portés par leur instinct à vivre rassemblés en troupes, quelquefois fort grandes; les mères et leurs petits sont unis par la tendresse la plus passionnée; une vive affection existe pour quelques-uns entre le mâle et la femelle; tous se défendent mutuellement, et il est hors de doute qu'ils se souviennent des dangers qu'ils ont courus; qu'ils en reconnaissent

l'approche à des signes quelconques, et qu'ils les fuient.
M. Beale nous dit aussi que les cachalots s'avertissent,
à la distance de six ou sept milles, de la présence d'un
ennemi. Quant à ce qui les distingue génériquement,
tout annonce que les cachalots, plus confians dans leurs
forces et plus susceptibles d'emportement que les baleines, se défendent avec fureur lorsqu'on les attaque;
tandis que celles-ci, plus timides, trouvent des ressources plus assurées dans la fuite que dans la résistance; et
ce caractère semble être sensiblement plus marqué chez
les baleines proprement dites que chez les rorquals.

Le tableau général que nous venons de donner de
l'histoire naturelle des cétacés, et dans lequel nous avons
dû nous borner à rappeler leur traits principaux, montrent, par ses nombreuses lacunes, l'insuffisance des
notions acquises à la science pour écrire cette histoire;
mais ce tableau nous fait voir aussi que c'est sur des
fondemens réels, que les rapports de ces animaux ont
été établis. Le groupe des cétacés herbivores, formé de
genres intimement liés entre eux, se rattache aux pachydermes par les lamantins, et, autant que la seule
description qui ait été donnée du stellère nous permet
d'en juger, il semble que, par cette espèce, la famille
des cétacés herbivores tend à se rapprocher des rorquals
ou des baleines. Un profond intervalle sépare ces groupes de celui des dauphins qu'on ne peut, il nous semble,
sans violenter les analogies, associer à aucun autre, dans
la classe des mammifères. Mais ce sous-ordre des dauphins, depuis le delphinorhynque jusqu'au plataniste
et à l'hyperoodon, nous montre une telle variété de
formes, de si grandes modifications organiques, qu'une
étude plus approfondie des ces nombreux animaux y
fera reconnaître d'autres sources de rapports, et per-

mettra d'établir plus naturellement leur classification, tout en respectant les analogies qui lient entre eux les genres nombreux dont ce groupe est formé. Quant aux cachalots, aux rorquals et aux baleines, leurs trois genres, nettement circonscrits l'un et l'autre, ne sont pas entre eux et avec les groupes précédens dans les mêmes relations. Le cachalot ne s'isole point absolument des dauphins : on peut, sans trop d'efforts, n'envisager son organisation que comme une modification, à la vérité étendue et profonde, de l'organisation de ceux-ci. Pour les rorquals et les baleines, aussi intimement unis que les genres les plus rapprochés des dauphins, ils se séparent de tous les cétacés à évent beaucoup plus que ceux-ci ne se séparent entre eux, et forment un groupe isolé qui a ses conditions particulières d'existence, et son rôle spécial à remplir dans l'économie de ce monde. De ces considérations générales, on pourrait être tenté de conclure qu'en réalité les cétacés ne forment que trois sous-ordres, trois groupes principaux : les herbivores, les piscivores et les vermivores (1); mais la phalainologie, dans son état actuel, ne gagnerait évidemment rien à cette synthèse, car il est trop évident que long-temps encore ses progrès dépendront de l'analyse; que ce dont elle a besoin, c'est de l'étude des individus, de l'observation des faits, de l'appréciation des phénomènes. Alors seulement il sera permis de s'élever avec confiance à des lois générales, et de les présenter comme étant véritablement celles de la nature.

Parmi ces lois générales que l'observation attentive

---

(1) Nous employons ici ces dénominations pour mieux nous faire entendre, sans penser qu'elles aient rien d'absolument caractéristique pour les animaux qu'elles désignent.

c.

des animaux fait découvrir, il en est peu de plus importantes que celles qui déterminent les limites géographiques dans lesquelles l'existence des espèces est circonscrite, qui marquent le rapport des différentes contrées de la terre avec les espèces qui les habitent.

Les cétacés herbivores, qui vivent de fucus et qui ne les trouvent que dans les bas fonds, se tiennent dans les parties où la mer a peu de profondeur, près des îles, dans les détroits qu'elles forment entre elles, sur les côtes favorables à la végétation sous-marine. C'est pourquoi, sans doute, le lamantin du Sénégal n'habite que sur les côtes de l'Afrique tandis que celles des parties chaudes et orientales du Nouveau-Monde, sont la demeure des lamantins de ce continent. Les mêmes raisons probablement retiennent le stellère parmi les îles Aléutiennes, et le dugong dans les Moluques, près de quelques-unes des îles qui peuplent la mer des Indes, et sur quelques points de la mer Rouge. On conçoit que le stellère, et les lamantins d'Amérique, aient leur demeure circonscrite entre des parallèles peu éloignées l'une de l'autre; retenus d'une part, par la pleine mer, où toute nourriture leur manquerait, et de l'autre par la différence de température, soit qu'ils s'avancent au midi de rivage en rivage, soit qu'ils se dirigent au nord. Cependant, à moins que la nature des côtes ne s'y oppose, on ne voit pas pourquoi, si le lamantin du Sénégal se trouve à Sofala, il ne se trouverait pas aussi sur les côtes du Zanguebar et au nord de l'équateur; et c'est en se fondant sur les mêmes considérations qu'il est permis de penser que le dugong, habitant à la fois les Indes-Orientales, une des îles Mascareigne et les côtes d'Abyssinie, se rencontre également, aux Séchelles, aux Maldives, à la côte de Malabar, etc., etc.

Les circonstances qui étaient de nature à limiter la
demeure des cétacés herbivores, ne sauraient avoir d'influence sur celle d'animaux qui, comme les cétacés souffleurs, se tiennent dans les grandes mers où les différences de la température sont fort légères, et où il
semble qu'ils doivent trouver constamment et en abondance la nourriture qui leur convient. On ne voit donc
pas quels obstacles pourraient contraindre ces cétacés
à se renfermer dans certains parages, à préférer certaines latitudes, eux qui voient constamment toutes les
routes ouvertes devant eux, et qui peuvent les parcourir avec tant d'aisance et de rapidité. Cependant il
est probable que la plupart, que tous peut-être, ont
des demeures circonscrites; seulement l'étendue de chacune d'elles paraît proportionnée à la grandeur, à la
puissance de l'espèce qui l'a reçue en partage ou qui se
l'est choisie. Les souffleurs fluviatiles ne s'avancent
point dans la mer; la baleine franche est confinée dans
les mers boréales, comme la baleine du Cap dans l'hémisphère austral; les rorquals paraissent également habiter des mers circonscrites; le cachalot seul habiterait
toutes les mers; car, il se rencontre dans l'océan Atlantique, comme dans le Grand-Océan, où, par son
abondance, il attire aujourd'hui tous ceux qui se livrent
à sa pêche. A la vérité, pour admettre ce fait, il faut
supposer qu'il n'existe qu'une seule espèce de cachalots;
mais l'exception que présente cette espèce, contre toutes
les analogies, est un motif de plus pour douter de l'exactitude de nos connaissances à cet égard. Les nombreuses
espèces de dauphins sont peu connues sous le rapport
des régions qu'elles habitent : l'hypéroodon, le béluga,
le globiceps, les delphinorhynques microptère et couronné, le nésarnak semblent renfermés au nord de

l'Atlantique ; ils ne s'avancent peut-être jamais en-deça du 40° parallèle. Le narwal, habitant également le Nord, s'avancerait jusqu'aux tropiques. Le dauphin vulgaire et le marsouin commun se restreindraient à nos mers tempérées ; le dauphin de Desmarest et le marsouin de Risso à la Méditerranée ; et le Grand-Océan austral nourrirait les dauphins du Cap, à sourcils blancs, de la Nouvelle-Zélande, malais, léger, de Péron, etc., etc.

Les mers du Japon contiennent plusieurs espèces de cétacés : nous ne parlerons que du dauphin noir ; car ces animaux sont si imparfaitement connus qu'on ne peut les caractériser ; cependant, l'existence de ces espèces, quoique douteuse, pourrait être réelle (1).

Des animaux répandus ainsi dans toutes les mers du globe, revêtus d'une épaisse couche de graisse, qui promettaient tant d'avantages à ceux qui s'en rendraient maîtres, ne pouvaient manquer d'exciter l'intérêt et d'éveiller l'industrie des peuples maritimes ; aussi tous se sont-ils livrés avec plus ou moins d'ardeur et de succès à la pêche des cétacés. Il n'appartient point à notre sujet de retracer l'histoire de cette industrie et d'exposer en détail ses nombreux procédés ; mais, comme l'histoire de la nature consiste en définitive dans l'influence réciproque des êtres soumis à ses lois, nous ne

(1) On trouve un résumé de tout ce qui a été dit au sujet de ces animaux dans l'histoire générale des voyages (t. x, p. 672), et Lacépède a donné des descriptions de cétacés d'après des figures dessinées par des Japonnais, et auxquels il a appliqué des noms scientifiques. Ces figures que nous avons vues, ne nous inspirant aucune confiance, à l'exception du dauphin noir, nous n'avons pas cru devoir en parler autrement que dans cette note.

pouvons nous dispenser de rechercher et d'indiquer, du moins sommairement, celle de l'homme sur les cétacés et des cétacés sur l'homme.

La taille de ces animaux variant de six à quatre-vingts pieds, les pêcheurs ont donné la chasse aux espèces qu'ils pouvaient attaquer avec succès, qu'ils pouvaient vaincre par les moyens qu'ils avaient su se créer. Ainsi les peuplades chez lesquelles l'industrie n'a fait encore que peu de progrès, se sont principalement attaquées aux petites espèces (1), tandis que les plus grandes seules sont devenues le but des efforts des nations modernes qui, avec le secours des sciences, ont appris à centupler leurs forces. Les avantages qu'on retire de la pêche de ces animaux détermine aussi le choix des espèces que l'on poursuit ; partout où la nourriture des hommes est peu abondante, les petites espèces sont recherchées : long-temps le dauphin vul-

(1) Les Islandais, dit Troïl, n'osent point attaquer la grande espèce de baleine, leurs bateaux étant trop petits et n'étant pas eux-mêmes pourvus des ustensiles nécessaires. Les Esquimaux du Groëland, disent cependant Ellis et Anderson, attaquent les grands cétacés avec des harpons auxquels sont attachés des vessies pleines d'air qui, ne permettant plus à l'animal de plonger, le livrent à leur coups. Plusieurs autres pauvres peuplades du Nord paraissent avoir recours au même moyen pour se rendre maître des baleines (a).

Duhamel, d'après des récits dont il n'établit pas l'authenticité, rapporte que lorsque les sauvages de la Floride aperçoivent une baleine, l'un d'entre eux seul en approche, monte sur son dos, lui enfonce un tampon dans un des évents, la suit au fond de la mer, remonte avec elle, lui ferme l'autre évent avec un second tampon, et, lui ôtant ainsi tout moyen de respirer, la fait périr.

(a) Relation de l'Islande, etc., vol. ii, pag. 218 ; Voyage à la baie d'Hudson, trad. de l'anglais, t. ii, p. 23...

gaire, et le marsouin commun figurèrent avec honneur
sur nos tables, et ils sont encore une heureuse proie
pour les populations pauvres, dont les ressources sont
précaires; au contraire, aujourd'hui que nos moyens
d'alimentation se sont tant accrus, nous dédaignons
ces petites espèces, et les cétacés en général, n'excitant
plus notre intérêt que par leur graisse et leur fanons,
ce sont les cachalots et les baleines que nos pêcheurs
poursuivent (1).

Nous sommes donc, pour ces animaux, de très-
dangereux ennemis qui les persécutons avec persévérance par de nombreux et de puissans moyens.
L'influence de l'espèce humaine sur les cétacés n'a conséquemment guère dû produire d'autres effets que de
les rendre craintifs, de les mettre en grande défiance
contre nous, de les rendre attentifs aux signes qui
annonceraient notre approche, de graver ces signes
dans leur mémoire, de les leur faire distinguer de
tous les autres, de les porter à fuir dès qu'ils en aperçoivent les traces, et même d'abandonner les parages où
ces signes se reproduisent fréquemment. Il est certain en
effet que les grands cétacés, les seuls qui aient donné
lieu à des observations régulières, se sont éloignés des
lieux où ils étaient les plus abondans autrefois, et qu'ils
continuent à abandonner les mers où les pêcheurs les
poursuivent, pour se réfugier dans celles que les glaces
rendent presque inaccessibles à nos vaisseaux. C'est du
moins ce qui paraît être pour la baleine franche (2) et le

(1) Une baleine donne jusqu'à 200 barils d'huile.

(2) Hamel, dans la relation du naufrage de son vaisseau sur
les côtes de la Corée (a), dit avoir pêché des baleines qui se
sont trouvées porter des harpons du Groenland.

(a) Journ. d'un voyage malheureux, etc. (en hollandais); Rotterdam,

rorqual jubarte ; aussi celle-là, étant plus vivement recherchée que celui-ci, s'est-elle éloignée beaucoup plus
que lui. Les cachalots eux-mêmes sont devenus très-
rares dans les mers que nous fréquentons le plus ; et
dans le Grand-Océan équinoxial , où la chasse en est
plus lucrative aujourd'hui que partout ailleurs , on remarque qu'ils sont devenus plus sauvages, et qu'il faut
plus de prudence pour les approcher qu'il n'en fallait
autrefois. Ainsi chez les cétacés , comme chez tous les
autres animaux , les besoins ont développé l'intelligence ; et l'exercice de cette faculté en a augmenté la
force ; cet exercice paraît même avoir transformé en
habitudes durables, en dispositions naturelles, ce qui
n'était d'abord que modifications accidentelles et passagères.

Si les conditions difficiles, où la poursuite de l'homme
plaçait les cétacés, ont fait subir à ces animaux d'importantes modifications, ont contribué au développement
de quelques-unes de leurs facultés, les conditions où
l'homme s'est trouvé vis-à-vis des cétacés ont exercé
sur lui, ou du moins sur les individus qui le représentaient, une influence cent fois plus puissante. Aux
difficultés qui, pour les pêcheurs, résultaient des cétacés
eux-mêmes, de leurs tentatives pour échapper, de leurs
efforts pour se défendre, se sont jointes toutes celles
qu'il fallait affronter pour arriver jusqu'à eux , c'est-
à-dire les mers les plus orageuses du globe et l'inclé-
mence du ciel le plus impitoyable.

Personne n'a jamais mis en question l'influence de
la grande navigation sur le développement de l'intelli-

1668, in-4. La traduction française a pour titre : Relation du naufrage
d'un vaisseau hollandais sur la côte de l'île de Quelpart, etc.; Paris,
1760, in-12.

gence humaine : elle a été pour les sciences et l'industrie une source d'innombrables richesses, comme elle a été pour le courage, et pour toutes les qualités qui le perfectionnent et l'anoblissent, l'école la plus féconde et la plus sûre. Mais ce qui fait communément l'objet de la navigation , le commerce , la pêche ordinaire des poissons, la communication des peuples civilisés entre eux , ne demandaient aux navigateurs que de résister aux vents et aux flots, dans les mers les moins dangereuses, les plus connues et où ils ont une route libre et toute tracée ouverte devant eux. Il en est tout autrement pour la chasse des grands cétacés. Non-seulement ces animaux, en fuyant ou en se débattant, peuvent, à la moindre imprévoyance de l'équipage, entraîner avec eux au fond de la mer les frêles embarcations qui les attaquent, ou, d'un coup de queue ou de tête, les lancer en l'air et les mettre en pièces, mais encore cette poursuite n'a guère lieu, comme nous l'avons dit, que dans les mers les moins explorées et les plus dangereuses, où aucune rive hospitalière n'offrirait de secours au vaisseau que la tempête aurait désemparé, où des montagnes de glaces flottantes, en glissant l'une contre l'autre, peuvent broyer le navire poussé ou entraîné au milieu d'elles ; où le naufragé, sans abri contre la neige et les vents, sans feu contre le froid, sans eau contre la soif, en est réduit à se défendre contre les bêtes féroces, et à chercher à leur arracher la vie pour entretenir la sienne.

Tant de difficultés à surmonter , d'obstacles à vaincre, de dangers à mesurer, et surtout à braver, ont dû , en effet, mettre dans un exercice continuel les facultés de l'homme , et leur faire acquérir un développement remarquable. Aussi la pêche de la baleine a-t-elle toujours été, pour les nations maritimes, une pépinière de marins expérimentés, courageux et prudens. Quelques mots sur la pêche des grands cétacés, sur la pratique de cette dangereuse industrie, feront aussi concevoir tout ce qu'il faut de perspicacité, de présence d'esprit, de sûreté, de jugement, de persévérance pour exercer un métier où, à bien dire, il faut lutter, au risque de sa vie, contre les forces les plus puissantes de la nature.

Les recherches qui ont été faites sur l'histoire de la pêche régulière des grands cétacés, présentent les Basques comme les plus anciens et les plus habiles harponneurs de baleines. Ce sont eux qui, dans cette industrie auraient fait l'éducation des autres peuples (1). Leurs expéditions pour cette pêche remonteraient au-delà du douzième siècle et ils les auraient continuées, à l'exclusion de ceux qu'ils instruisirent ensuite, jusqu'au seizième. D'abord elles se bornèrent aux mers voisines; puis, entraînés par l'éloignement des baleines, ces hardis pêcheurs s'élevèrent au nord jusque dans les parages de l'Islande et s'etendirent à l'ouest jusque dans le voisinage de l'île de Terre-Neuve; mais leurs expéditions cessèrent graduellement après l'exploration de l'Océan glacial, et, vers le milieu du dix-huitième siècle, leur principal port, Saint-Jean de-Luz, n'avait plus un seul navire baleinier (2). Le Groenland, le détroit de Davis et le Spitzberg, mieux connus ou découverts à l'époque où l'on se livrait à la recherche d'un passage aux Indes par le Nord, ayant fait connaître l'existence d'un grand nombre de baleines qui semblaient avoir cherché un

(1) Pennant, Zool. brit., vol. iii, p. 53.
(2) Bonnaterre, Cétologie, introd., pag. xxiv.

refuge dans ces régions glacées, devinrent, dès le commencement du dix-septième siècle, le but de tentatives rivales, de la part des Anglais et des Hollandais, pour s'emparer de la pêche de ces gigantesques animaux, et s'en approprier les grands bénéfices. Long-temps les Hollandais l'emportèrent par leur persévérance et leur économie. Ils équipèrent pour cette pêche, dans une seule année, jusqu'à 300 vaisseaux montés par 18,000 matelots (1). Cependant les Anglais ne cédèrent point; ils redoublèrent d'efforts vers la fin du dix-septième siècle, et, après des sacrifices continués durant cinquante ans, ils reprirent une supériorité qu'ils conservent peut-être encore aujourd'hui, s'ils ne la partagent pas avec les Américains. Il paraît que les baleines, ainsi poursuivies, se retirent toujours de plus en plus vers le nord ou vers l'est, ou bien que leur nombre décroît et que l'espèce s'appauvrit en individus. On ne serait point surpris que ce ne fût à cette dernière cause qu'il fallût attribuer la disparution de ces animaux de mers où auparavant ils étaient si communs, puisqu'il résulte de différens états, que tout annonce devoir être fidèles, qu'il a été détruit durant cent années environ, dans les mers de Davis, du Groenland et du Spitzberg, plus de 60,000 baleines par les seuls baleiniers hollandais (2).

Les cachalots ne sont pas devenus, moins que les baleines, un objet de spéculation pour quelques nations maritimes. Les animaux de ce genre ne sont point fort rares dans nos mers, et on en a vu des troupes entières échouées sur nos côtes. Tant qu'ils ne furent recherchés que pour l'huile proprement dite qu'on en

____

(1) Considération sur la pêche de la baleine par A. de la Jonkaire, p. 17.

(2) De la Jonkaire, déjà cité.

tire, les baleines franches leur furent préférées : outre qu'elles sont plus faciles à chasser, elles donnent une huile plus abondante et meilleure; et la cétine que l'on tire du cachalot, ne trouvant alors d'emploi qu'en pharmacie, les individus que le hasard procurait en fournissaient au-delà du besoin. Mais depuis que cette substance a reçu un autre emploi, qu'elle est devenue beaucoup plus utile, qu'on la recherche bien davantage, on s'est mis à la quête des cachalots, et on a reconnu qu'ils se trouvaient en abondance et en troupes nombreuses dans l'océan Équinoxial. Chassés d'abord par les Américains long-temps avant la guerre de l'indépendance, et seulement depuis par les Anglais, ces animaux paraissent s'être dispersés dans tout le Grand-Océan, sans s'avancer encore dans ses parties boréales et australes. On les trouve dans le canal de Mosambique, aux Séchelles, sur les côtes de la Nouvelle-Hollande, sur celles de la Nouvelle Zélande, aux Moluques, dans la Polynésie, aux îles Gallapagos, comme sur toutes les côtes du Mexique, du Pérou et du Chili.

Quoique les cachalots soient bien plus dangereux à chasser que la baleine franche, la diminution de leur nombre, sinon leur destruction complète, n'en sera pas moins le résultat des immenses profits qu'ils donnent. Nous trouvons dans un état publié par M. Mac-Culloch, dans son Dictionnaire du commerce, que, de 1814 à 1824, on a expédié pour cette pêche, d'Angleterre seulement, 490 navires, du port de 146,359 tonneaux et montés par 13,000 hommes.

Il n'y point de différences essentielles, quant aux procédés, entre la pêche ou la chasse des baleines et celle des cachalots; et, si la fureur de ces derniers est à redouter pour ceux qui les attaquent entre les tropiques, les dangers de la mer ;et les glaces flottantes ne le sont pas moins pour ceux qui poursuivent les baleines dans l'océan Glacial. Ainsi, dans ces expéditions contre les grands cétacés, les dangers sont à peu près égaux sans être les mêmes, et le courage comme la prudence ne sont pas moins nécessaires dans la direction des unes que dans celle des autres.

Lorsque les ennemis de ces grands animaux n'étaient encore qu'en petit nombre, qu'on ne les attaquait que de loin à loin, et dans les occasions favorables, on ne paraît pas avoir eu besoin de grandes précautions pour les aborder ; ils n'avaient point encore appris à reconnaître de loin l'approche du danger, et ne fuyaient pas. Le Basque se dirigeait immédiatement sur eux et les frappait en les touchant.

Plus de précautions sont nécessaires aujourd'hui. Lorsqu'un bâtiment est arrivé dans les parages où il a compté rencontrer des baleines ou des cachalots, une vigie attentive au plus haut d'un mât reconnaît de loin la présence de ces animaux aux jets d'eau qu'ils lancent au-dessus des flots, et qui se répètent à des intervalles très-réguliers. Au premier avertissement qu'elle donne, les canots, montés d'un timonier, d'un harponneur et des rameurs, sont mis en mer ; l'un d'entre eux se dirige vers le point qu'a désigné la vigie, avec rapidité s'il est sous le vent, avec plus de prudence s'il est moins favorablement placé. Arrivé à la distance convenable, le harponneur lance de la main droite son harpon, auquel est attachée une corde longue et très-flexible. Ordinairement, dès que l'animal a été frappé, il fuit, entraînant avec lui l'arme qui l'a blessé et la corde qui la suit. Cette fuite se fait tantôt horizontalement, tantôt en descendant dans les profondeurs de la mer, et avec une telle force et une telle rapidité , que la corde qui glisse sur l'avant de la chaloupe s'enflammerait par le frottement si le harponneur n'avait pas soin de la mouiller sans cesse, et que l'embarcation serait engloutie si quelque obstacle, empêchant la corde de glisser librement, la fixait d'une manière quelconque à la chaloupe. Quelquefois cependant, au lieu de fuir, les cachalots, emportés par une terreur aveugle, se débattent au premier coup qu'on leur porte, et frappent de la tête et de la queue avec une violence telle, que les embarcations sont mises en pièces, lancées en l'air et abîmées dans les flots avec tout ce qu'elles contiennent, si l'équipage n'a pas su manœuvrer avec assez d'habileté. Après un certain temps l'animal est ramené à la surface des flots par le besoin de respirer. On en est averti par le relâchement de la corde, et on se prépare à une lutte nouvelle non moins dangereuse que la première. Un second et même un troisième harpon sont lancés ; et, quand l'animal commence à s'affaiblir par la perte de son sang ou par la violence des mouvemens auxquels il s'est livré, on l'attaque à coups de lance, en se tenant aussi loin de lui qu'il est possible ; car il continue à se défendre avec fureur, jusqu'à ce qu'il meure profondément blessé. Alors on l'entraîne au vaisseau, où il est fixé, et où on le dépouille des différentes substances pour lesquelles cette cruelle et dangereuse guerre est entreprise.

On trouve des détails nombreux et fort intéressans sur les procédés de la pêche des grands cétacés, sur les dangers auxquels elle expose, et sur les avantages qu'elle procure, dans Duhamel, dans Bernard de Reste, dans Scoresby, dans Beale, qui ont écrit spécialement sur cette matière, et aussi dans quelques voyageurs : Pagès, Colnett, etc. , etc.

Telles sont les connaissances que nous avons acquises sur les cétacés. De nombreuses notes, des détails partiels, des descriptions incomplètes ou obscures, d'autres plus étendues et plus fidèles, des récits de mœurs insignifians ou douteux par leur exagération ; sur le même sujet des affirmations et des négations qui se balancent, et, ce qui ajoute aux difficultés, de la bonne foi partout, voilà quels sont les seuls élémens dont on pourrait disposer pour écrire l'histoire naturelle de cet ordre nombreux de mammifères.

Ces élémens se rapportent déjà à plus de soixante-dix espèces; mais ils ne nous ont paru donner les caractères à peu près certains que de quarante d'entre elles.

J'aurais pu y faire entrer les espèces fossiles ; on en a de dauphins, de cachalots et de baleines; mais, si les restes de ces cétacés suffisent pour donner des caractères spécifiques, ils sont tout à-fait insuffisans, et le seront toujours pour donner une histoire naturelle; et jamais ils ne prendront place dans l'économie particulière du monde actuel, dont la connaissance est le dernier terme, le point le plus élevé de tous les travaux du naturaliste. Aujourd'hui les espèces fossiles appartiennent à un monde qui, par les recherches et les vues qu'il nécessite à lui seul, suffit pour exercer toutes les facultés de ceux qui se livreront à son étude. Ce sont ces motifs qui m'ont toujours porté à ne point confondre la zoologie du monde d'aujourd'hui avec celle du monde anté-diluvien, tout en reconnaissant que celle-ci ne peut être appréciée sans l'autre, et que l'on acquiert, à l'aide de toutes deux, une idée de quelques points de l'organisation générale des animaux plus étendue qu'on ne l'obtiendrait d'une seule; mais, je le répète, ce n'est point là le but de la zoologie de notre monde. Un jour viendra peut-être où les deux sciences n'en feront qu'une, où le naturaliste pourra embrasser du même point de vue tous les animaux qui peuplèrent et qui peuplent encore la terre, et lier toutes les autres existences à la leur. Mais ce jour est bien loin encore, et on ne le hâterait pas d'un moment, on en retarderait même indubitablement la venue, en cessant de faire une étude spéciale des restes des animaux fossiles. Les animaux de l'ancien monde n'occupent aujourd'hui une place naturelle, à côté de ceux du nouveau, que dans les catalogues méthodiques, où le savant doit trouver un résumé abstrait des sciences zoologiques et l'indication de toutes les sources où il peut puiser les élémens de ces sciences, quelque élevé que soit le point de vue sous lequel il les envisage.

Réduit aux seules ressources que procurent aujourd'hui les élémens de la cétologie, déterminé à ne faire que de l'histoire naturelle positive, et loin de toutes les conditions qu'aurait demandées de ma part l'étude nouvelle des cétacés, ou du moins de quelques-uns, j'ai cru être utile à la science en retraçant en quelque sorte l'histoire de l'histoire naturelle de ces mammifères aquatiques; en rassemblant méthodiquement, après les avoir soumis à une critique que j'ai dû croire éclairée, les élémens de cette histoire, et en mettant par là les naturalistes qui n'auraient pas fait de cet ordre de mammifères une étude spéciale, à même d'acquérir une idée exacte des faits principaux que la cétologie possède et des conséquences probables qu'il est permis d'en tirer. Ils verront en même temps tout ce qui manque encore à cette science; les nombreuses lacunes qui s'y rencontrent et qui demandent à être remplies, et les questions douteuses sur lesquelles de nouvelles lumières sont nécessaires.

Je ne me flatte pas d'avoir rempli complètement cette tâche, plus difficile qu'elle ne peut le paraître d'abord; mais si le plan que j'ai adopté est jugé propre à faciliter une étude pleine d'obstacles, et à laquelle peu de naturalistes paraissent se livrer, il pourra être corrigé et complété par la suite. C'est cette pensée qui m'encourage à publier un travail où il devrait y avoir plus d'accord, plus d'ordre et surtout plus d'unité; mais ces défauts que je dois reconnaître, je n'ai pu, pour le moment du moins, les effacer, maîtrisé par des circonstances qu'il n'était pas en moi de surmonter.

L'histoire naturelle générale des cétacés était déjà en possession de plusieurs ouvrages qui ont acquis à leurs auteurs une juste reconnaissance de la part des savans. Chez nous Duhamel a commencé ce difficile travail; mais envisageant ces animaux principalement sous le rapport de la pêche, et écrivant à une époque où la critique de la science était peu avancée, son traité est moins une histoire naturelle générale des cétacés qu'un accessoire à cette histoire, où se rencontrent quelques faits utiles. Bonnaterre au contraire aborde directement la question: sa Cétologie est une histoire générale des cétacés souffleurs; il y présente tous les résultats qu'il s'est cru en droit de tirer des faits assez nombreux qu'il avait recueillis et parmi lesquels s'en trouvent de nouveaux et d'importans qu'il fait connaître; mais Bonnaterre manquait des connaissances positives sur lesquelles une critique éclairée repose, et les résultats auxquels il a été conduit se ressentent de ce défaut. C'est au reste moins à lui qu'à l'état de la science, à l'époque où il écrivait, qu'il faut peut-être attribuer ses erreurs;

car Lacépède, quinze ans après, se conforma presque
entièrement aux idées de son prédécesseur et leur
imprima sa grande autorité. Ce n'est que dans les
dissertations sur les espèces vivantes et dans l'ostéologie
des cétacés, que mon frère inséra dans ses Recherches
sur les ossemens fossiles, qu'on trouve le premier
exemple d'un examen vraiment scientifique des
notions diverses qu'on possédait sur ces animaux ;
et les conséquences auxquelles cet examen l'a conduit sont encore en grande partie celles qu'on tire
aujourd'hui de ces notions, jointes à ce que la
science a acquis depuis : aussi ce travail critique et
ostéologique peut-il être considéré, dans ces limites,
comme une histoire générale des cétacés.

C'est en effet lui qui fait la base principale de l'histoire naturelle, générale et particulière des cétacés découverts depuis 1788 jusqu'à nos jours, publiée en
1828 par M. Lesson. Mais M. Lesson a pu réunir dans
le cadre de son ouvrage les nombreuses observations
qui avaient été recueillies depuis 1823 et par conséquent l'enrichir de faits qui ne se trouvaient point
dans les recherches sur les os fossiles. Après ces travaux, après les derniers surtout, on peut se demander
pourquoi j'ai entrepris le livre que je publie? Mon
frère, ne traitant des cétacés que d'une manière
accessoire, n'a dû qu'indiquer sommairement ses
jugemens sur les faits dont il avait à apprécier la
valeur, et parmi ces faits il a dû faire choix des
plus importans; il restait donc des développemens à
donner pour motiver ses jugemens, et, outre les
faits nouveaux, à rappeler ceux qu'il avait cru
devoir négliger, ou qui ne se rapportaient pas au
point de vue sous lequel il envisageait ces animaux.

Quant à M. Lesson, travaillant à un complément des œuvres de Buffon, il a dû s'imposer le devoir de suivre pas à pas le grand maître qu'il prenait pour guide; et, mettant en œuvre tous les matériaux qu'il avait en réserve, il a construit son édifice où ces matériaux ne se montrent plus qu'incomplètement, que par une de leur face. Pour moi qui ne pense pas que l'histoire naturelle puisse être traitée de la sorte aujourd'hui ce sont ces matériaux eux-mêmes que j'ai voulu mettre en évidence, après les avoir dépouillés de tout ce qui pouvait en altérer la pureté; et si j'ai dû aussi les réunir c'a moins été pour en élever une construction régulière qu'afin de faire mieux sentir tout ce qui leur manque pour cela, tout ce qu'il faudrait encore y ajouter pour remplir les grands vides qui restent entre eux.

Puissé-je ne m'être pas trompé dans l'idée qui m'a déterminé à entreprendre cet ouvrage et qui a été l'unique soutien de mes efforts.

DES CÉTACÉS HERBIVORES

EN GÉNÉRAL.

Pendant long-temps les animaux qui constituent cette famille restèrent ignorés, ou du moins ne furent connus que de la manière la moins conforme à leur nature, sous les noms de sirènes et de tritons ; leur existence fut alors toute fabuleuse, et, après avoir été vus tels qu'ils sont, et dépouillés des formes imaginaires dont la crédulité les avait revêtus, ils restèrent encore long-temps des êtres à part, distincts de ceux qui les avaient fait concevoir, et auxquels on semblait craindre d'enlever la réalité, tant l'éclat des qualités dont l'imagination les avait enrichis fascinait les regards, tant on craignait de reconnaître pour fabuleuse une existence qui se liait à de brillans récits, et que l'histoire semblait même consacrer.

On a dû cependant finir par reconnaître que les sirènes et les tritons, ces êtres moitié femme ou moitié homme et moitié poisson, n'avaient aucune existence réelle, qu'ils n'appartenaient point à la nature, et n'étaient qu'une création poétique ou mythologique. Mais ce n'a pas été sans peine que la science est parvenue à reléguer dans les mondes imaginaires ces êtres fantastiques ; car nous voyons encore des hommes éclairés, tels que Kircher (1), de Maillet (2), Lachenaye-des-Bois (3), etc., etc., chercher à démontrer la réalité des si-

(1) Art magnet., p. 675.
(2) Teillamed, t. ii, p. 181.
(3) Dict. des anim., art. sirènes,

rènes. A la vérité, l'un d'entre eux avait des systèmes à établir, et ç'a toujours été le partage des esprits faibles de craindre la vérité et de croire aux fantômes (1).

Le nom de sirène cependant resta quelque temps aux animaux qui avaient donné lieu à la création de ces êtres fabuleux, même après que leur véritable nature fut reconnue. Ainsi nous voyons Dapper, Mérolla donner, sous ce nom, la description assez exacte du lamantin d'Afrique, et Artedi en faire un nom de genre; si depuis il n'a pas continué à être appliqué à ces animaux, c'est, d'une part, sans doute, parce qu'il avait, dans l'histoire et dans la fable, un sens particulier bien déterminé, et, de l'autre, parce que les véritables noms de ces animaux, étant connus, ont dû prévaloir sur le premier (2).

Lorsque tous les doutes furent levés, et qu'il fut bien admis qu'il n'y avait point d'animaux marins moitié femme, moitié poisson, que les sirènes étaient des lamantins ou des dugongs qui avaient pu faire illusion à des hommes prévenus, par leur tête arrondie et les grosses mamelles qu'ils ont sur la poitrine à l'époque de l'allaitement, on ne reconnut point encore toutefois la véritable nature de ces animaux.

Clusius (3), qui le premier donna une figure du lamantin d'Amérique, réunit cette espèce aux phoques, quoique son animal fût entièrement privé de membres postérieurs; et ce premier rapprochement exerça une

_____

(1) On trouvera des figures de sirènes chez tous les auteurs d'histoire naturelle avec lesquels la science renaquit, Gesner, Aldrovende, Jonston, etc., et même dans des voyageurs : Barbot.

(2) Le nom de sirène a de nouveau été proposé, il y a quelques années, par M. Harlan, comme nom d'ordre des cétacés herbivores, et quelques auteurs l'ont adopté.

(3) Exotic., lib. vi, cap. 18, p. 132.

telle influence, que nous voyons Klein (1) et Brisson (2) supposer que cette privation n'est que le résultat d'une erreur. Linnéus en fit le genre *trichecus* de son ordre des *bruta*, le plaça entre l'éléphant et les paresseux, et n'en distingua pas le morse. Pennant, réunissant ce morse au dugong, en fit le genre *walrus*, qu'il sépara de celui du lamantin par celui des phoques; mais les naturalistes qui vinrent ensuite, jusqu'à Schaw inclusivement, rétablirent le genre tel que Linnéus l'avait formé. L'anatomie du lamantin et la description de la tête du dugong avaient cependant été données par Daubenton, et Camper avait fait connaître assez exactement ce dernier animal; mais les faits anatomiques n'entraient guère encore qu'accidentellement dans les travaux des zoologistes; et la première influence qu'on en trouve, relativement aux animaux qui nous occupent, c'est Lacépède qui nous la dévoile : il sentit que le morse, le dugong et le lamantin présentaient chacun le type d'un genre, et il réunit ces genres à celui des phoques dans une sous-division de ses mammifères marins; seulement il les fit précéder immédiatement les cétacés. Mais de cela seul qu'il fondait une division uniquement sur la transformation des membres antérieurs en nageoires, et qu'il rapprochait d'une manière intime les phoques des lamantins, il est trop clair qu'il n'avait encore qu'une idée fort incomplète de la nature de ces animaux, et ce n'est en quelque sorte qu'accidentellement que le dugong et le lamantin se trouvent rapprochés des animaux marins à évens, les seuls auxquels il donne le nom de cétacés. C'est dans la première édition de son règne animal que

(1) Quad. disposit., p. 94.
(2) Règne anim., p. 48 et 49.

mon frère a séparé les phoques et le morse du lamantin et du dugong, pour faire des premiers le groupe des
amphibies à la suite des carnassiers, et des seconds celui
des cétacés herbivores, immédiatement avant les dauphins ; classification que nous avons dû admettre, tout
en séparant considérablement les cétacés herbivores des
cétacés à évents.

Les difficultés qui se présentaient pour établir les
rapports génériques des cétacés herbivores se retrou-
vaient plus grandes encore quand il s'agissait d'établir
entre ces animaux des rapports spécifiques.

Plusieurs voyageurs, qui, dans la mer des Indes, avaient
probablement eu occasion de rencontrer le dugong,
ne le distinguent point du lamantin, et le désignent sous
ce dernier nom ; tels sont Dampier (1) et Leguat (2). Sans
doute Artédi (3), Linnéus (4), Brisson (5), ne font aussi
qu'une seule espèce de ces animaux, et ils réunissent
dans celle du lamantin tout ce qui a été rapporté des lamantins de différens pays. Buffon (6) paraît avoir, le premier, distingué le dugong des lamantins au moyen des
têtes qu'il put comparer ; mais il défigure les traits de cette
dernière espèce en les confondant avec des particularités
qui appartiennent évidemment à des phoques, et il la
croit beaucoup plus rapprochée du morse que des lamantins, soupçonnant qu'elle est, comme celui-ci,
pourvue de membres postérieurs. Ensuite il distingue
cinq espèces de lamantins, parmi lesquelles il repro-

(1) Gener. piscium, p. 79.
(2) Douzième édit., p. 49.
(3) Reg. anim., p. 48 et 49.
(4) Nouv. Voy. autour du monde, t. 1, p. 46.
(5) Voy. et Aventures de François Leguat, t. 1, p. 93, fig
(6) T. xiii, p. 374, pl. 56, et sup. t. vi, p. 385.

duit évidemment le dugong, sous le nom de *grand lamantin de la mer des Indes*. Les quatre autres sont fondées sur le *manati* de Steller, sur le *lamantin de l'Amérique du Sud*, sur un autre des mêmes contrées et sur celui d'*Afrique*. Depuis il est resté bien évident que le manati de Steller n'est pas un lamantin, et qu'il présente les caractères d'un genre nouveau, dans l'ordre des cétacés herbivores, comme l'a établi mon frère. Quant aux trois autres espèces, elles sont fondées sur des faits qui en mettent désormais deux hors de doute.

Il résulte donc de l'examen critique auquel les cétacés herbivores ont donné lieu que ces animaux se partagent en trois genres : 1° les lamantins, 2° les dugongs, et 3° les stellères ; que les deux derniers ne se composent chacun que d'une espèce, et que le premier en réunit deux et peut-être trois.

Il nous resterait, dans ces observations générales, à retracer ce qui, dans l'organisation, est commun aux trois genres dont cette famille de cétacés se compose ; mais, outre que le steller, à l'exception de ses dents, n'est connu que par une seule description, et que ce qui est propre au dugong, comme aux lamantins, pourrait ne pas lui appartenir, et ne lui appartient pas complètement en effet, ces deux derniers genres présentent assez de différences pour que nous ne puissions pas éviter d'entrer, au sujet de leur histoire particulière, dans les détails mêmes de leur organisation ; d'autant plus que, n'étant que deux, ils deviennent facilement comparables l'un avec l'autre.

Ce qui paraît appartenir à tous les cétacés herbivores, c'est d'être privés de membres postérieurs, d'avoir des narines semblables à celles des autres animaux, et non point organisées en forme d'évens comme les dauphins et les baleines, et d'être pourvus de dents molaires à couronnes plates, plus ou moins irrégulières et propres à broyer, ce qui en fait des animaux herbivores : en effet, ces cétacés vivent exclusivement de plantes marines.

Ces caractères généraux, qu'on pourrait étendre en y ajoutant ceux qui ne sont communs qu'aux lamantins et aux dugongs, placent les cétacés herbivores entre les pachydermes et les cétacés à évens; mais ils semblent s'allier bien davantage aux premiers qu'aux seconds. C'est par cette sorte de filiation que, « dans le règne animal, comme le dit Buffon, c'est aux lamantins que finissent les peuples de la terre, et que commencent les peuplades de la mer. »

LES LAMANTINS. — *Manatus*.

Ces animaux se distinguent de tous les autres cétacés herbivores par leur système de dentition, par des différences assez profondes dans la structure de la tête, et par quelques modifications du type commun dans les organes du mouvement. Ainsi le nombre de leurs molaires est bien plus considérable que celui des molaires des autres animaux de la même famille et, elles restent constamment à collines transverses et à racines distinctes de la couronne; et leurs incisives ne sont que rudimentaires. Les intermaxillaires ne sont point recourbées de haut en bas comme chez le dugong. Les nageoires antérieures sont garnies d'ongles, et la nageoire de la queue n'est point bifurquée, mais simple et ovale.

Les deux ou trois espèces dont ce genre se compose ne paraissent guère différer entre elles que par les dimensions de quelques os de la tête et par la taille.

Les lamantins semblent faire le passage des pachydermes aux cétacés; leurs molaires rappellent celles des tapirs, et l'on sait à quel point les animaux de l'ordre

auquel les tapirs appartiennent sont près d'être des animaux aquatiques.

LE LAMANTIN DE L'AMÉRIQUE MÉRIDIONALE (1).
Manatus américanus.

Quoique les côtes occidentales de l'Afrique (en partie du moins)
aient été fréquentées très-anciennement par les navigateurs, que
le commerce européen y ait journellement envoyé ses vaisseaux
bien avant la découverte du nouveau monde , et qu'une espèce
de lamantin s'y rencontre , c'est cependant le lamantin qui se
trouve dans les mers des côtes orientales de l'Amérique méridionale et dans les fleuves qui s'y écoulent qu'on a fait connaître le
premier. L'intérêt général que fit naître la découverte d'un nouveau continent , l'envahissement auquel il fut soumis , les établissemens fixes qui s'y formèrent , les hommes éclairés qui s'y rendirent, et qui s'appliquèrent à en reconnaître les productions et à
les décrire, expliquent sans doute suffisamment la différence qui
existe entre l'époque de la première description du lamantin
américain et celle de la description du lamantin d'Afrique ; cette
dernière partie du monde n'ayant jamais reçu les Européens
qu'en ennemis, et n'ayant jamais guère été traitée qu'en ennemie
par eux.

Oviédo (2), dans ce qu'il dit du lamantin, compare la tête de l'espèce des Antilles à celle du bœuf ; seulement ses yeux sont petits,
et il n'a point d'oreilles. Il parle de ses nageoires antérieures et
de la nageoire de la queue , et dit qu'il n'a point de pieds de derrière. Les plus grands individus avaient quinze pieds de longueur
et six de circonférence ; cet animal est revêtu d'un cuir épais de
couleur grise, sur lequel se voient quelques poils fort rares. La fe-

(1) Lorsqu'on n'admettait qu'une espèce de lamantin, on en a parlé, pour
ainsi dire, comme d'un animal que l'on rencontrait dans toutes les mers ;
et si Leguat (1), Dampierre (2) et d'autres ont désigné le lamantin comme
un cétacé de la mer des Indes , c'est qu'ils prenaient le dugong pour un
lamantin.

(2) Hist. nat. et gén. des Indes, liv. x et xiii.

(1) Voyage de Leguat , t. 1 , p. 93.

(2) Voyage de Dampierre, t. 1, p. 246.

melle a deux mamelles sur la poitrine, et met au monde deux
petits. Ce lamantin est fort doux ; il vit dans la mer, remonte les
fleuves, et sa nourriture est toute végétale. Voilà ce que nous apprend sur cet animal le plus ancien des auteurs qui le fait connaître.

Rondelet, qui vient ensuite, donne au lamantin le nom de manat (1), et il en parle, à la suite de ses cétacés, comme d'une bête
marine, ressemblant au bœuf par la tête, et ayant des mamelles
pour nourrir ses petits, ainsi qu'une très-grande taille ; il ajoute
que c'est un animal facile à apprivoiser ; c'est-à-dire qu'il ne fait
que donner un extrait d'Oviédo.

Lopès de Gomara (2), qu'on peut encore consulter en histoire
naturelle, dit, comme Oviédo, qu'il copie en partie, que le manati est un animal marin et de rivière qui n'a que des membres
antérieurs avec lesquels il nage ; mais il ajoute que ces membres
sont terminés par quatre ongles semblables à ceux d'un éléphant.
La longueur de cet animal irait jusqu'à vingt pieds, et sa circonférence à dix ; sa tête rappellerait celle du bœuf. Son corps diminue graduellement jusqu'à la queue ; sa couleur est d'un gris
cendré, et sa peau, très-épaisse, est semée de quelques petits poils
rudes ; ses yeux sont petits ; la femelle a des mamelles au moyen
desquelles elle allaite ses petits ; sa chair est bonne à manger, et
son huile, fort douce, se conserve long-temps. Les plantes marines sont sa nourriture.

Gomara raconte ensuite l'histoire d'un manati pris jeune, qui
fut transporté dans un lac à Saint-Domingue, où il vécut plusieurs années après s'être apprivoisé comme un chien. Cet animal accourait au nom de *Matto*, se plaisait à jouer avec ceux
qu'il connaissait, et les transportait même d'une rive à l'autre
du lac ; ce qui rappelle un peu l'histoire du dauphin du lac
Lucrin. Herrera rapporte à peu près la même histoire.

Thevet, qui, n'ayant fait que toucher un point de l'Amérique,
crut cependant devoir décrire les singularités de cette petite partie des côtes du Brésil qu'on nommait pompeusement alors la
France antarctique (3), n'a absolument fait que copier ses de-

(1) De Piscibus, lib. xvi, cap. 18, p. 490.
(2) Hist. gén. des Indes Occidentales, trad. française, p. 61, chap. 8.
(3) Sing. de la France antarct.

vanciers; et Gesner ne paraît avoir connu que Rondelet ; aussi se borne-t-il à peu près à en répéter les paroles.

Jusque là on ne pouvait se faire une idée du lamantin que par les descriptions que nous venons de rappeler, lesquelles se ramènent toutes à celle d'Oviédo. Aucune figure ne venait à l'aide de l'imagination et ne présentait aux yeux les traits de cet animal. Ce fut Clusius (1) qui en donna la première représentation par une mauvaise figure qui a souvent été reproduite depuis.

Cette figure, en effet, avait été faite d'après une peau de lamantin bourrée de paille par les matelots qui s'étaient emparés de l'animal. Ce lamantin, que Clusius regarde comme appartenant à la famille des phoques, et que les marins appelaient vache marine, avait dix pieds et demi de longueur, et sa circonférence était de sept pieds et demi ; il n'avait que des membres antérieurs, qui étaient courts, larges et pourvus de petits ongles; le corps allait en diminuant en arrière et se terminait par une large queue. Sa couleur était d'un brun cendré, et sa peau avait une grande épaisseur. Tout ce qu'il dit de plus n'a pour objet que de compléter l'histoire de cette espèce par les récits d'Oviédo et de Gomara.

Aldrovande (2) tire tout ce qu'il rapporte du lamantin d'Oviédo, de Gomara et de Clusius, en reproduisant la figure que celui-ci a donnée de cet animal.

Laet (3) ne donne, avec la figure due à Clusius, qu'un léger extrait d'Oviédo, mais en y ajoutant des erreurs qui lui sont propres, et qui n'ont pas été sans influence. Ainsi il dit que les pieds de cet animal sont ronds comme ceux de l'éléphant, qu'il sort de l'eau et va à terre, etc.

Jonston (4) n'a pu, de même, que se rendre le copiste de ses prédécesseurs, et il faut venir à Hernandès pour trouver quelques idées nouvelles sur le lamantin ; malheureusement plusieurs d'entre elles sont fausses. Ses figures du lamantin manquent de vérité ; elles ne peuvent avoir été faites d'après nature, et sont nécessairement le résultat de l'imagination d'un peintre grossier et

(1) Exotic. lib. vi, cap. 18, p. 182.
(2) De Piscibus et Cetis, p. 278.
(3) Hist. des Indes Occid., p. 6.
(4) De Piscib., lib. v., art. 7.

ignorant : il nous suffira de dire que, dans ces figures, les nageoires pectorales sont représentées par des jambes et des pieds que termine un sabot de cheval. Sa description ne devait pas être conforme à cette figure, qui n'était pas de lui ; en effet, il dit que les pieds de cet animal sont garnis de cinq ongles plats semblables à ceux de l'homme. Suivant cet auteur, le lamantin se trouverait sur les côtes occidentales comme sur les côtes orientales de l'Amérique ; le mâle aurait une verge comme celle du cheval, et la femelle une vulve analogue à celle de la femme ; il ajoute que ces animaux s'accouplent sur la terre, et que pour cet effet la femelle se renverse sur le dos, ce qui est dénué de tout fondement.

Rochefort (1) est le premier qui désigne le manati par le nom de lamantin. Après avoir dit que cet animal a jusqu'à dix-huit pieds de long et sept de circonférence, que sa tête ressemble à celle d'une vache, il ajoute qu'il a la peau de couleur brune, qu'il est privé de nageoires, mais qu'à leur place il a sous le ventre deux petits pieds qui ont chacun quatre doigts, faibles proportionnellement à la grosseur du corps ; que les femelles font deux petits à chaque portée, dont elles ont le plus grand soin ; qu'on trouve surtout ces animaux à l'embouchure des fleuves, qu'ils se nourissent d'herbes, et que leur chair est très-bonne à manger.

La figure qu'il donne du lamantin est copiée évidemment de Clusius ; mais elle en diffère en ce qu'on a reployé la nageoire droite de cet animal pour lui faire tenir un de ses petits contre sa poitrine.

Biet (2), qui écrivait à Cayenne, dit qu'à dix ou douze lieues de cette île les lamantins sont si nombreux, qu'en un jour on peut en remplir une barque.

Dutertre (3) rappelle à peu près les mêmes faits que Rochefort ; mais il dit de plus que le manati, auquel il donne aussi le nom de lamantin, a l'ouïe très-délicate, que sa nageoire caudale a un pied et demi de large, qu'il est couleur d'ardoise, qu'il dort le mufle à demi hors de l'eau, que, lorsqu'on prend une femelle allaitant, ses petits se font prendre après elle ; et il en-

<hr>

(1) Hist. nat. des Antilles, chap. xvii, art. 5.
(2) Voyage de la France équinoxiale, p. 346.
(3) Hist. nat. des Antilles françaises, t. ii, p. 194.

tre dans de grands détails sur la pêche de cet animal, qui est fort recherché à cause de la bonté de sa chair et de sa graisse. Dutertre joint à sa description la figure du lamantin donnée par Clusius.

Jusqu'à présent les auteurs qui ont eu occasion de parler du lamantin d'Amérique, se circonscrivant dans le même cercle d'idées, n'ont guère fait que se répéter, et il faut convenir que ces idées sont peu propres à faire connaître cet animal comme il serait nécessaire qu'il le fût pour qu'on pût établir ses véritables rapports avec les autres mammifères marins ; mais on ne devait pas s'attendre que ce serait à un flibustier qu'on devrait d'entrer sur cette espèce dans un ordre de faits nouveaux, plus propres que ceux qui l'avaient précédé à conduire au but que le naturaliste doit se proposer.

En effet, OExmélin (1), qui pendant dix ans fit le métier de pirate, est le premier qui parle des parties osseuses du lamantin. A ce sujet il dit que ces animaux de la mer des Antilles ont cinquante-deux vertèbres, du cou jusqu'à l'extrémité de la queue, qu'ils n'ont point d'incisives, mais à leur place une callosité très-dure, et qu'ils sont pourvus de trente-deux dents molaires. Il ajoute par erreur que leurs yeux n'ont point d'iris, et qu'ils sont privés de langue. Leurs parties génitales sont, dit-il, plus semblables à celles de l'homme et de la femme qu'à celles d'aucun autre animal. Il assure que leur lait est d'un très-bon goût, que les femelles ne produisent qu'un petit à chaque portée, et qu'elles le soutiennent en le pressant contre leur corps avec une de leurs nageoires ; ce que Rochefort avait déjà représenté ; quelles allaitaient ce petit pendant une année et jusqu'à ce qu'il puisse paître.

Depuis OExmelin, cinquante et quelques années paraissent s'être écoulées sans qu'on ait reparlé de cette espèce de lamantin pour en donner une nouvelle description ; car, si Dampier en parle dans son voyage, c'est simplement pour dire qu'elle se rencontre sur toutes les côtes de la mer des Antilles (1); C'est Labat (2) qui appelle de nouveau l'attention sur cet animal.

(1) Voyage autour du monde, t. 1, p. 46.
(2) Voyage aux îles de l'Amérique, t. 11, p. 200. — Relation de l'Afrique Occidentale, t. 11, p. 338.

L'individu femelle qu'il eut occasion de voir à la Martinique,
au moment où cet animal venait d'être harponné, avait quatorze pieds neuf pouces de longueur et huit pieds de cironfé-
rence ; sa tête était grosse, sa gueule large, avec de grandes lèvres garnies de quelques poils longs et rudes ; ses yeux
étaient petits, et ses oreilles n'avaient d'extérieur qu'un très-
petit orifice ; le cou était si court, que sans un pli on n'aurait pu distinguer la tête du reste du corps ; les membres antérieurs, les seuls qu'ait cet animal, consistent en deux nageoires
semblables à celles de la tortue ; il ne s'en sert point, comme
on l'a cru, pour se traîner à terre : le seul usage qu'en fait la
femelle autrement que pour nager est de soutenir un de ses
petits contre sa poitrine lorsqu'il tette. Les mamelles à l'époque
de la lactation ont sept pouces de diamètre et quatre d'élévation, avec un mamelon long d'un pouce et gros à proportion ; la queue ressemble à une large palette de dix-neuf pouces
de longueur sur quinze de largeur ; la peau est beaucoup plus
épaisse sur le dos que sous le ventre, de couleur d'ardoise
brune chagrinée et revêtue de quelques poils gros et longs. Un
jeune pris avec cette femelle avait trois pieds de longueur.
Labat joint à sa description du lamantin la figure que Rochefort a donnée de cet animal.

C'est Gumilla (1) qui nous apprend que le lamantin se rencontre dans les lacs de l'Orénoque ; et il paraîtrait que ces animaux s'y trouvent en si grand nombre, qu'à l'époque de l'année
où ils en sortent pour retourner à la mer, et où les Indiens les
arrêtent au passage, ils renversent souvent les obstacles qu'on
leur oppose, quoiqu'on ait eu soin de les construire de la manière la plus solide (2). Ce missionnaire ajoute qu'il lui a été
assuré que trois mille de ces animaux étaient morts, restés à
sec dans un lac d'où l'eau s'était écoulée et d'où ils n'avaient
pu sortir; suivant lui, le lamantin, qu'il désigne plus particulièrement par les noms de manati et de vache marine, aurait
les dents du bœuf et ruminerait comme cet animal, ce qui est

____

(1) Histoire de l'Orénoque, traduct. française, t. 1, p. 49, planche de la
page 304.

(2) Gumilla ne mêlerait-il pas dans ce récit des particularités qui appar-
tiendraient au dauphin de Bolivia de M. Dorbigny ?

une erreur. Il suppose aussi, sans fondement, que cet animal sort de l'eau pour paître, et qu'alors il devient quelquefois la proie des bêtes féroces. Enfin la femelle mettrait bas deux petits à chaque portée, l'un mâle, l'autre femelle, et les tiendrait toujours sur sa poitrine, pressés contre ses mamelles, jusqu'à ce que, ayant des dents, ils puissent eux-mêmes pourvoir à leur nourriture. Ce qu'il dit de plus n'ajoute rien à ce que ses prédécesseurs nous avaient appris ; mais la figure qu'il donne du manati femelle, pressant ses petits sur ses mamelles, est une des plus fausses et des plus ridicules qu'on ait jamais donnée d'un animal.

La Condamine (1) avait rencontré le lamantin d'Amérique dans la rivière des Amazones : la femelle qu'il eut occasion de décrire avait sept pieds et demi de longueur, et sa plus grande largeur était de deux pieds ; ses nageoires avaient de quinze à seize pouces de long. Il dit qu'on trouve aussi cet animal dans plusieurs rivières des côtes de la Guyane et dans celles qui se jettent dans l'Amazone, à plus de mille lieues au-dessus de l'embouchure de ce fleuve, et qu'il paît l'herbe qui croît sur leurs bords en avançant la tête hors de l'eau. Le reste de son récit, assez borné, est conforme à ce que l'on connaissait déjà.

Duhamel (2), dans son Traité des Pêches, parle du lamantin dans une compilation peu scientifique ; on y trouve cependant un fait original : à la suite d'un coup de vent, un lamantin femelle, avec son petit, fut jeté à la côte près de Dieppe, où, dit-il, on se rappelle encore cet événement.

Buffon (3), après avoir discuté les divers récits qui ont eu le lamantin pour objet, finit par en faire cinq espèces ; et c'est à celle qui nous occupe que se rapporte vraisemblablement ce qu'il dit du grand et du petit lamantin des Antilles.

Jusqu'à présent nous n'avons pu parler de l'espèce de lamantin d'Amérique qu'en rapportant les observations de quelques voyageurs curieux, qui n'avaient guère été à portée de l'observer

(1) Voyage à la rivière des Amazones, p. 154.—Buffon, Histoire générale et partic., t. XIII, p. 388, et Mémoires de l'Académie des sciences, année 1745, p. 464.

(2) Traité général des Pêches, deuxième partie, t. IV, p. 56, pl. 13.

(3) Hist. nat., t. XIII, p. 377, en supp. t. VI, p. 381.

qu'à l'extérieur et un peu superficiellement, et qui, pour son naturel et ses mœurs, avaient dû s'en tenir à ce que leur en avaient raconté les pêcheurs et les naturels; nous voyons que ces observations se renferment dans un cercle assez étroit, et que celles qui suivent ne sont guère que la répétition de celles qui précèdent. Il devenait donc important de faire une étude plus approfondie d'un animal aussi remarquable que le lamantin, et la tâche en était aux naturalistes, qui cependant sont encore bien loin d'avoir pu satisfaire à cet égard les besoins de la sience.

Daubenton le premier put s'occuper de recherches anatomiques sur le lamantin de l'Amérique du Sud (1), mais seulement sur un fœtus mâle, qu'il devait à Turgot, alors gouverneur de la Guyane, et qui n'avait que dix pouces et demi de longueur depuis le bout du museau jusqu'à l'extrémité de la queue. Sans doute, un animal à cet âge ne peut donner une idée de son espèce ; mais les observations de Daubenton n'en sont pas moins fort importantes : il nous apprend que la lèvre supérieure était relevée vers sa partie moyenne, que les narines se trouvaient à l'extrémité du museau, et avaient la forme d'un croissant, que les nageoires se terminaient par les traces de cinq doigts, et que les os de ces nageoires étaient les analogues des membres antérieurs des mammifères. Il n'y avait point de bassin ni aucun indice de membres postérieurs ; la queue ressemblait un peu pour la forme à celle du castor. Daubenton a pu décrire le canal intestinal, le foie, les reins, le diaphragme, les poumons, la trachée-artère, le larynx, le cœur, les parties génitales, et une portion du squelette.

La seule bonne figure qu'on ait du lamantin des côtes orientales et méridionales de l'Amérique est due à sir Edverard-Home (2), qui l'a publiée d'après un jeune individu qui lui fut envoyé par le gouverneur de la Jamaïque, le duc de Manchester. Mais la description qu'il a jointe à cette figure n'a malheureusement été faite que comparativement à ce que l'on connaissait du dugong, ce qui la rend très-incomplète, et n'ajoute que peu de chose à ce que Daubenton

<hr>

(1) Hist. nat., t. xiii, p. 425, pl. 57 et 58.
(2) Philosoph. transac., 1821, p. 390, pl. 26.

nous avait appris. Cette erreur de Home vient de ce qu'il connaissait peu la zoologie : s'il n'eût point cru que le lamantin et le dugong étaient pour les zoologistes des espèces du même genre, il aurait envisagé son lamantin d'un point de vue plus élevé, et l'aurait décrit en détail, autant du moins que le lui aurait permis l'état de conservation de l'individu dont il disposait. Au lieu de cela, dans le préjugé où il est que les naturalistes sont portés à réunies ces deux animaux, et ignorant la distinction générique qu'en avait faite Lacépède, il s'applique fort inutilement à montrer des différences, ou insignifiantes, ou qui étaient connues, et néglige des particularités importantes, celles surtout qui pouvaient compléter la description de l'embryon du lamantin que l'on devait à Daubenton. L'individu qui a fait l'objet du travail de Home était jeune, car il n'avait encore que vingt-quatre molaires, au lieu de trente-deux ou de trente-six. Mais Home ne décrit point ces dents, et, pour le reste, il se borne à parler du nombre des vertèbres et des côtes, de la forme de l'estomac et de celle du cœcum, et il dit un mot de l'orbite et de l'oreille.

Mon frère termine la série des auteurs qui nous paraissent avoir parlé du lamantin de l'Amérique méridionale d'après leurs propres observations. Il l'a fait en donnant la description complète d'un squelette de lamantin du Brésil rapporté de Lisbonne par son confrère M. Geoffroy, et celle d'un individu de près de quatre mètres envoyé de Cayenne au Muséum.

L'exposé que nous venons de faire des principaux élémens que possède la science pour tracer l'histoire du lamantin de l'Amérique du Sud montre tout ce qui manque pour que cette histoire puisse être complète. La connaissance que nous en tirons pour les organes (1) n'a de rapports qu'au squelette et qu'à quelques parties du canal intestinal, des organes de la respiration et de ceux de la génération ; quant aux fonctions, à l'exception de ce qui concerne en général les mouvemens, nous n'en avons aucune notion directe, et il en est à peu près de même des mœurs, des penchans, du naturel. Le résumé que nous avons à faire pour tracer l'histoire de cette espèce se renfermera donc dans des limites fort bornées.

Le nom de lamantin paraît être un composé de l'article *la* et du mot *manat, manate, manati* contracté, qui fut le premier

_____

(1) Recherches sur les ossemens fossiles, t. v, p. 243.

nom de cette espèce. Quant à ce nom de *manate*, en supposant qu'il ne soit pas primitif, on lui a donné pour étymologie le mot *mano*, qui en espagnol signifie main, ces animaux n'ayant que des membres antérieurs qui ne se montrent guère au dehors que par leurs doigts.

La taille de ce lamantin de l'Amérique du Sud (pl. 1) est de dix-huit à vingt pieds de longueur, et sa largeur la plus grande, vers la partie postérieure des bras, est cinq à six pieds. Il a la forme générale des cétacés ; point de cou distinct, point de membres postérieurs ; mais il diffère sensiblement de ces animaux par les détails : ainsi quatre de ses doigts sont terminés par des ongles ; sa queue n'est point en forme de croissant divisé en deux parties par une échancrure moyenne, elle est simple et à peu près ovale ; ses narines sont au bout du museau, et ne forment point évent ; ses mamelles sont pectorales, etc., etc.

« Il est, dit mon frère, dans la description du lamantin du Brésil, dont nous avons parlé plus haut, et que nous croyons devoir copier, n'en ayant pas de meilleure à donner, il est assez exactement comparé à une outre, car il représente un ellipsoïde allongé dont la tête forme la pointe antérieure, et dont l'extrémité postérieure, après un léger étranglement, s'aplatit et s'élargit pour former la queue, qui est oblongue, et le bout large, mince et comme tronqué. »

« La queue forme à peu près le quart de la longueur totale. »

« Il y a un peu moins du quart entre l'insertion des nageoires et le museau. »

« Aucun rétrécissement ne fait remarquer la place du cou. »

« La tête paraît un simple cône tronqué. Le museau est gros et charnu ; son extrémité présente un demi-cercle, dans le haut duquel sont percées deux petites narines semi-lunaires dirigées en avant ; le bas, qui forme la lèvre supérieure, est renflé, échancré dans son milieu, et garni de poils gros et raides. »

« La lèvre inférieure est plus courte et plus étroite que la supérieure. »

« La bouche est peu fendue ; l'œil est petit, placé vers le haut de la tête, à la même distance du museau que l'angle des lèvres. »

« L'oreille n'est qu'un trou presque imperceptible : elle est autant distante de l'œil que l'œil du bout du museau. »

« La nageoire est portée sur un avant-bras plus dégagé que

celle du dauphin; on sent mieux les doigts au travers de la peau, et l'on conçoit qu'elle doit avoir plus de force et de mouvement. »

« Son bord est garni de quatre ongles plats et arrondis, qui n'en dépassent point la membrane; c'est le pouce qui n'en a point; celui de l'index est au bord radial, et celui du médius à l'extrémité de la nageoire ; le quatrième, qui répond au petit doigt, est fort petit; il est possible qu'il manque quelquefois. »

« Un individu plus jeune ne montre même des traces que de deux ongles, et l'on n'en voit dans un fœtus que trois d'un côté, et de l'autre seulement un quatrième fort petit. »

« En dessous, avant la naissance de la queue, l'on aperçoit deux trous dont l'un est celui de l'anus, et l'autre celui de la génération, soit vulve, soit fourreau. Je ne sais, en effet, si l'individu que j'ai observé était une femelle, car je n'ai pu y trouver le moindre vestige de mamelles, qui auraient dû être pectorales. Au reste, la vulve du lamantin est placée comme dans les autres animaux, et je ne sais ce que Buffon a voulu dire en annonçant qu'elle est au-dessus de l'anus. »

« Toute la peau est grise, légèrement chagrinée, portant ci et là quelques poils isolés. Ils sont un peu plus nombreux vers la commissure des lèvres et à la face palmaire des nageoires. »

« Le fœtus en a un plus grand nombre sur tout le corps que les grands individus. »

Tableau des dimensions du grand individu.

Longueur totale.	1,9
Largeur du museau.	0,12
Distance du museau à la commissure des lèvres.	0,084
Id. . . . . à l'œil.	0,114
Distance de l'œil à la commissure des lèvres.	0,074
———— du museau à la racine inférieure de la nageoire.	0,21
Longueur de la nageoire.	0,245
Plus grande largeur de la main.	0,082
Longueur de la queue à compter de l'étranglement. . .	0,46
Plus grande largeur.	0,37
Contour de la tête à l'endroit des yeux.	0,53
———— du corps aux aisselles.	1,01

—— à l'endroit le plus gros. . . . .　1,23
—— à l'étranglement de la queue. . . . .　0,62
Distance du bord postérieur de la queue à l'anus. . . .　0,66
De l'anus à la vulve ou à l'orifice du fourreau . . . . .　0,1

Cette espèce de lamantin n'ayant jamais été étudiée scientifiquement que sur des individus desséchés ou conservés dans l'esprit-de-vin, il n'a pas été possible de pousser bien loin la recherche de l'organisation de ses sens et de ses organes extérieurs en général, d'autant plus que Daubenton n'a eu qu'un fœtus à examiner, et que Home, qui avait un individu à peu près adulte, ne l'a point envisagé sous ce point de vue. C'est ce qui explique l'ignorance presque entière où nous sommes sur la structure de l'œil, du nez, de la langue, des organes génitaux, etc., etc. L'œil est très-petit; l'oreille interne est composée comme celle des autres mammifères, quant au nombre et aux rapports, sinon quant aux formes des parties. Ainsi les canaux semi-circulaires sont d'une minceur extrême; les osselets ne rappellent qu'à peine dans leurs figures les noms qui les désignent. Le limaçon ne fait qu'un tour et demi, mais ses rampes ont un grand diamètre (1); et, comme on le sait, il n'y a point d'oreille externe. La peau est à peu près nue; mais on observe des poils courts, durs, épais, et presque semblables à des piquans, à la face interne des lèvres; et d'autres poils minces, crépus, garnissent le museau, du moins chez les jeunes. Les narines sont probablement recouvertes chacune par une valvule; mais quels sont les nerfs qui se rendent à ces différentes parties? Tout cela est ignoré.

Le système de dentition de cette espèce n'est point encore connu dans toutes ses circonstances. Il est des têtes adultes sur lesquelles on n'a trouvé que huit molaires, de chaque côté des mâchoires, sans traces d'autres, et des incisives à la mâchoire supérieure. Il en est d'autres qui montraient jusqu'à dix molaires, en comptant celles de ces dents qui restaient attachées aux maxillaires et les traces qu'avaient laissées celles qui avaient disparu. Cette irrégularité dans le nombre des molaires, et cette considération que celles qui n'ont laissé que leurs traces étaient les

---

(1) Voir, pour plus de détails, les Recherches sur les ossemens fossiles, t. v, p. 248.

antérieures, et que les postérieures se trouvaient moins développées que les autres, fait supposer que, comme chez plusieurs
pachydermes, animaux avec lesquels les lamantins ne sont pas
sans d'autres analogies, les molaires antérieures, usées les
premières, tombaient à mesure que les postérieures croissaient,
et comme poussées par celles-ci. Quoi qu'il en soit, cette irrégularité est un fait, qu'il importait de constater pour qu'on ne soit pas
induit en erreur dans la détermination des espèces.

Les jeunes individus présentent à la mâchoire supérieure une
petite incisive pointue dans chaque intermaxillaire, mais elle ne
tarde pas à tomber, et la trace de son alvéole à disparaître. Il n'y a
point de canines; toutes les molaires se ressemblent, seulement
elles vont un peu en grandissant de la première à la dernière; leur
forme générale est carrée, et leur couronne se compose de trois collines transverses, formées chacune de trois tubercules, et séparées
l'une de l'autre par deux sillons; mais la colline antérieure est plus
petite que les autres; toutes ont trois racines, une qui naît de leur
face interne, et deux qui correspondent à leur face externe. A la
mâchoire inférieure on ne trouve aucune trace d'incisives ni de canines dans les individus les plus jeunes qui aient été observés, et les
mâchelières ne diffèrent point essentiellement de celles de la mâchoire opposée; elles ont la même forme générale et les trois
collines qui caractérisent ces dernières dents; seulement la plus
petite colline, au lieu d'être antérieure, est postérieure. Ces dents
n'ont que deux racines, une en avant, l'autre en arrière; mais
elles s'élargissent et se bifurquent à leur extrémité.

La tête du lamantin (pl. 2, fig. 1 et 2) présente pour caractères
principaux l'extrême petitesse des os du nez cachés dans une
échancrure du frontal ; le grand développement des intermaxillaires (aa); la grande saillie du cadre de l'orbite en avant (bb);
la partie très-reculée des maxillaires (c), où se développent les
dents; l'élévation de l'apophyse zygomatique du temporal (dd);
le grand écartement de l'extrémité antérieure des frontaux (ee),
qui élargissent par là l'ouverture des narines, forment le plancher
des orbites, et se rattachent à l'os de la pommette; la longueur
de ce dernier os (ff); le peu d'écartement des crêtes pariétales, qui
ne se réunissent point (gg), etc. La mâchoire inférieure à son
bord antérieur déclive, et son bord inférieur, légèrement concave avec une saillie vers son extrémité incisive, et elle s'articule

à la mâchoire supérieure par des surfaces presque planes, de manière à pouvoir se mouvoir en tout sens pour broyer les alimens, comme dans tous les mammifères herbivores.

Il n'entre point dans notre travail, purement zoologique, de donner une description détaillée des os de la tête du lamantin: on la trouve dans les recherches sur les os fossiles, ainsi que celle du reste du squelette, dont nous ne devons aussi indiquer que les particularités principales.

Le nombre des vertèbres (pl. 3) est de quarante-six; le cou n'en a que six (1), le dos seize, et la queue vingt-quatre, en n'en comptant point de lombaires; les côtés sont en même nombre que les vertèbres du dos.

Les onze premières vertèbres caudales ont sous leur articulation l'os en V qui se trouve sous toutes les vertèbres des queues destinées à de forts mouvemens, et les apophyses transverses de toutes les vertèbres de la queue sont fort grandes, tandis qu'au contraire les épineuses sont fort petites, ce que nécessitait le mouvement en sens vertical de cet organe.

Les côtes, très-grosses et très-épaisses, sont arrondies sur leurs bords, et aussi convexes au dedans qu'au dehors; les deux premières seules s'attachent au sternum, qui est rudimentaire. Il n'y a aucune vestige de bassin. Les membres antérieurs ont, quant au nombre des os principaux, la structure de ceux des autres mammifères. Dans le carpe, le pisiforme manque et le trapèze est uni au tropézoïde, ce qui réduit les petits os de cette partie à six; les doigts sont au nombre de cinq, mais le pouce n'est représenté que par son métacarpien; les quatre autres doigts, qui ont chacun trois phalanges, sont terminés par des ongles plats.

Le canal intestinal paraît être assez long; l'estomac est divisé en deux poches principales, et le cœcum, très-grand et de forme irrégulière, se termine par deux appendices en forme de doigts. Home a donné de bonnes figures de ces parties (2). Les poumons paraissent s'étendre jusqu'aux dernières côtes; mais, d'après Daubenton, le diaphragme remonterait du côté du dos pour faire place au foie, à l'estomac, de sorte que les poumons n'occu-

(1) C'est par erreur que Home lui en attribue sept.
(2) Philosoph. trans., 1821, p. 28, 29 et 390.

peraient que la partie antérieure circonscrite par les côtes. Le
cœur est sous le sternum; la verge paraît être dans un fourreau
extérieur.

Le lamantin est herbivore, son estomac n'a jamais paru contenir que des débris de fucus. Son système dentaire et l'articulation
des mâchoires entre elles annoncent en effet ce genre de vie ;
mais, dépourvu d'incisives, il arrache sans doute ces plantes marines avec ses lèvres, et les poils épineux dont elles sont revêtues
lui sont pour cela d'une utilité manifeste.

Cette espèce paraît avoir un caractère fort doux; et, si l'on
en croit quelques rapports, elle serait capable de s'apprivoiser, et
ne se refuserait pas à une certaine éducation; elle vit en troupes
plus ou moins nombreuses; les femelles veillent avec une grande
sollicitude sur leurs petits, et ceux-ci contractent pour leur mère
un grand attachement; chaque portée est d'un ou deux petits,
qui sont d'abord nourris, comme les autres mammifères, par le
lait qu'ils tirent des mamelles, lait qui, dit-on, est doux et fort
agréable au goût.

Ce lamantin se rencontre à l'embouchure des fleuves que reçoivent les mers des Antilles et celles qui baignent les côtes occidentales de l'Amérique du Sud; il remonte ces fleuves, et s'avancerait même jusqu'aux lacs qu'ils forment, où on les rencontrerait en nombre considérable, si le rapport de Gumilla ne devait
pas inspirer quelque défiance.

La chair et la graisse de cet animal sont fort recherchées : l'une
ressemble, dit-on, à celle du veau, et l'autre joint à une douceur
très-agréable au gout l'avantage de se conserver long-temps sans
altération.

En terminant ce que nous avions à dire de cette espèce de
lamantin, nous devons exprimer le vœu que bientôt un naturaliste éclairé se trouve à portée d'observer de nouveau cet animal
curieux pour en compléter la description et en étudier les
mœurs.

LE LAMANTIN DU SÉNÉGAL.

Manatus Senegalensis.

Cette espèce n'est guère connue que par la description sommaire qu'Adanson en a donnée (1), et dont on doit la première pu-

1) Hist. nat. du Sénégal.

blication à Buffon (1), et par une tête que ce voyageur rapporta à son retour du Sénégal, et que Daubenton (2) décrivit. Mais à l'époque de cette publication Buffon et Daubenton ne distinguaient pas le lamantin du Sénégal de celui des Antilles; et, si Buffon, par la suite (3), en fit deux espèces distinces, ce fut par des raisons si faibles ou si fausses, que son opinion fut généralement rejetée. C'est Pennant (4), et après lui Schaw (5), qui cherchèrent à fonder cette espèce sur de bons caractères, l'un d'après la forme de la queue, l'autre d'après le pelage, mais en exagérant, l'un et l'autre, ces traits prétendus caractéristiques, que tous deux tiraient d'une peau bourrée du cabinet de Lever, dont ils ont donné une grossière figure. Tout annonce en effet qu'extérieurement le lamantin du Sénégal ne diffère que par des détails assez légers de celui de l'Amérique du Sud, et que ses véritables caractères spécifiques ceux du moins que dans l'état actuel des choses il est possible d'apprécier, résident dans les formes et les rapports des différens os de la tête.

La seule figure qu'on ait de cette espèce est celle de Pennant, dont nous venons de parler; mais elle a été faite d'après une peau si mal empaillée, qu'elle ne peut donner qu'une idée fausse de l'espèce qu'elle représente. Ainsi la queue semble composée d'une réunion de pennes, comme celle des oiseaux, plus encore que comme un assemblage de rayons cartilagineux à la manière de celle des poissons, à laquelle on l'a comparée; mais on voit du moins que les doigts sont terminés par des ongles.

Tout ce qu'on sait d'exact concernant cette espèce repose donc encore principalement sur ce que nous en avons appris par les soins d'Adanson; non pas qu'on ne trouve dans les voyages en Afrique des récits qui s'y rapportent; mais tout ce qu'on peut en tirer, c'est que les côtes occidentales de l'Afrique, à l'embouchure des fleuves, les fleuves et même les lacs nourrissent des animaux très-grands et très-gras qui vivent d'herbes, qui ont de très-petits yeux, une queue fort large, des mains dont les doigts

____

(1) Hist. natur., t. xiii, p. 390.
(2) Ibid., p. 431.
(3) Supp. vi, p. 403.
(4) Hist. of Quad., t. ii, p. 296, pl. 102, ed. de 1793.
(5) Gen. zool. i, part. i, p. 244 et 245.

sont lâches, qui sont privés d'oreilles, dont les femelles ont deux mamelles, et dont la chair est savoureuse et nourrissante. On en trouverait aussi sur les côtes orientales vers Sofala, etc. (1), et même, à en croire Leguat et Lacaille, vers les côtes de l'île Rodrigue ou de France (2). Dapper (3) parle aussi du lamantin d'Afrique sous le nom de Sirène. Il nous apprend que les nègres le nomment *ambisiangulo* et *pesiengoni*, et les Portugais *pazzi-mouller* (poisson-femme). La longueur de ces animaux est de huit pieds; ils sont privés d'oreilles, et leur couleur est d'un gris-brun; la verge des mâles est semblable à celle des chevaux, et les femelles ont deux mamelles. Lorsqu'ils sont blessés, ils poussent des cris lugubres. Leur chair, très-grasse, ressemble à celle du porc; on la sale pour la conserver, et il n'est pas toujours sans inconvénient pour les marins de s'en nourrir. Cependant l'abbé Dumanet attribue la rareté de cet animal à la guerre que lui font les nègres à cause de la bonté de cette chair (4). Barbot, Atkins (5) parlent aussi de ce lamantin, mais sans rien apprendre qui puisse ajouter à sa véritable histoire.

Daubenton, n'ayant pu comparer la tête qu'il devait à Adanson à celle d'aucun autre lamantin, n'a tiré de ses observations aucune conséquence relativement aux espèces de ce genre. Mon frère, plus favorisé, ayant eu en même temps cette tête, et une tête de lamantin d'Amérique, a obtenu, de la comparaison qu'il en a faite, les différences caractéristiques de ces deux espèces (6).

Il résulte de cette comparaison que, par rapport au lamantin d'Amérique, celui du Sénégal a la tête plus courte proportionnellement à la largeur; les inter maxillaires moins longs et plus larges en avant des maxillaires, l'apophyse zygomatique du temporal bien moins élevé; les frontaux beaucoup plus bombés, les crêtes pariétales bien moins rapprochées; l'os de la pommette sensiblement moins étendu; la mâchoire inférieure singulièrement plus courte et plus épaisse et son bord inférieur beaucoup plus

(1) Hist. génér. des Voyages, t. III, p. 240, 316, t. IV, p. 261, t. v, p. 2, 93.

(2) Leguat, Voyage, t. I, p. 93. — Lacaille, Journal histor. de son Voyage p. 229.

(3) Description de l'Afrique, p. 366.

(4) Voy. au Sénégal.

(5) Hist. gén. des Voy., t. III, p. 248.

(6) Recherches sur les ossemens fossiles, t. v.

courbé : caractères plus que suffisans, sans doute, pour distinguer spécifiquement deux animaux du même genre.

Nous terminerons cet article par la description très-bonne qu'Adanson nous donne de son lamantin.

« J'ai vu, dit-il, beaucoup de ces animaux ; les plus grands n'avaient que 8 pieds de longueur et pesaient environ 800 livres ; une femelle de 5 pieds 3 pouces de long ne pesait que 194 livres ; leur couleur est cendrée noire ; les poils sont très-rares sur tout le corps ; ils sont en forme de soies longues de 9 lignes ; la tête est conique et d'une grosseur médiocre, relativement au volume du corps ; les yeux sont ronds et petits : l'iris est d'un bleu foncé et la prunelle noire ; le museau est presque cylindrique ; les deux mâchoires sont à peu près également larges ; les lèvres sont charnues et fort épaisses ; il n'y a que des dents molaires, tant à la mâchoire d'en haut qu'à celle d'en bas ; la langue est de forme ovale et attachée presque jusqu'à son extrémité à la mâchoire inférieure..... Je n'ai pu trouver d'oreille dans aucun, pas même un trou assez fin pour pouvoir y introduire un stylet. Il a deux bras ou nageoires placés à l'origine de la tête, qui n'est distinguée du tronc par aucune espèce de cou, ni par des épaules sensibles ; ces bras sont à peu près cylindriques, composés de trois articulations principales, dont l'antérieure forme une espèce de main aplatie, dans laquelle les doigts ne se distinguent que par quatre ongles d'un rouge brun et luisant : la queue est horizontale comme celle des baleines, et elle a la forme d'une pelle à four. Les femelles ont deux mamelles plus elliptiques que rondes, placées près de l'aisselle des bras ; la peau est un cuir épais de six lignes sous le ventre, de neuf lignes sur le dos et d'un pouce et demi sur la tête. La graisse est blanche et épaisse de deux ou trois pouces : la chair est d'un rouge pâle, plus pâle et plus délicate que celle du veau. Les nègres Oualofes ou Jalofes appellent cet animal *lereou*. Il vit d'herbes, et se trouve à l'embouchure du fleuve Niger, c'est-à-dire du Sénégal. »

Comme nous l'avons vu, ce lamantin se rencontre sur toutes les côtes orientales de l'Afrique, du moins depuis le Sénégal jusqu'à la Guinée méridionale, et quelques voyageurs en parlent comme en ayant rencontré vers l'embouchure de la Sofala et sur les côtes de l'île Rodrigue, ce qui le ferait supposer vers l'embouchure de tous les fleuves de Madagascar ; et, si à

cet égard le récit de Leguat était fidèle, il faudrait admettre que
ces animaux se trouvent par centaines réunis pour paître au
fond de la mer, et qu'ils se laissent prendre sans se défendre;
mais, comme nous le verrons, c'est du Dugong qu'il parle sous
le nom de Manate.

LE LAMANTIN A LARGE MUSEAU (1).

Manatus latirostris.

L'existence de cette espèce de lamantin ne repose encore que
sur une comparaison faite par **M. Harlan** d'une tête altérée, à
laquelle manquaient plusieurs os, avec les têtes des deux espèces connues dont nous venons de parler. Ce naturaliste, ayant
observé plusieurs différences entre ces têtes et celles qu'il en
rapprochait, a cru pouvoir en conclure que celle-ci appartenait à
une espèce très-différente de celle de l'Amérique du Sud, et ne se
rapprochait qu'à quelques égards de l'espèce d'Afrique. Sans pré-
tendre infirmer les conclusions de **M.** Harlan, nous ferons seulement remarquer que les restes de têtes de sa nouvelle espèce se
trouvaient jetés sur le rivage dans un grand état d'altération;
que c'est en réunissant les restes de plusieurs têtes qu'il a recom-
posé la tête entière qui a fait le sujet de ses comparaisons, et
que les limites des modifications que peuvent éprouver les têtes
des deux espèces connues sont loin d'avoir été appréciées puisqu'on n'a encore fait représenter, de manière à être comparées
l'une avec l'autre, qu'une seule tête de chacune de ces deux espèces. M. Harlan nous dit que le docteur Burows, qui lui a re-
mis ces restes de têtes, a appris des naturels que les animaux
desquels ces os provenaient se rencontrent en nombre considérable à l'embouchure des rivières et près des caps de la Floride orientale; que les Indiens les harponnent pendant les
mois d'été, et qu'un d'entre eux est parvenu à en prendre dix à
douze dans une saison. Ces lamantins ont de 8 et 10 pieds (anglais) de long et environ le poids d'un gros bœuf.

C'est à cette espèce que **M.** Harlan rapporte ce que dit
M. Henderson (2) d'une espèce de lamantin dont le mâle et la fe-

(1) Journ. of the Acad. of. nat. sc. of Philadelphia , vol. iii, part. ii,
p. 390. Fauna Americana, p. 277.
(2) Account of Honduras, p. 166.

melle se rencontrent ordinairement ensemble, nageant dans les bas-fonds, où ils sont souvent harponnés par les esclaves et les Indiens Mosquitos, qui montrent beaucoup d'adresse dans cet exercice. D'où il résulterait que le lamantin au large museau se rencontrerait principalement dans la mer des Antilles, et dans le golfe du Mexique.

Cette espèce nouvelle rappelle les deux lamantins d'Amérique (1) de Buffon, qu'à la vérité cet auteur ne caractérise point scientifiquement, et dont on ne pourrait, dans aucun cas, revendiquer la découverte pour lui si définitivement elles doivent être toutes deux admises.

L'une des deux mâchoires qui ont fait l'objet des observations de M. Harlan avait quatre molaires et quatre alvéoles vides, et le premier de ceux-ci était presque effacé tandis que la dernière molaire n'avait pas encore percé les gencives ; ce qui porte M. Harlan à penser que, comme mon frère l'avait supposé, les premières molaires tombent chez ces animaux, et que leurs traces disparaissent à mesure que les dernières se développent. La mâchoire inférieure, très-arquée à son bord inférieur, rappelle tout-à-fait celle du lamantin d'Afrique, et l'apophyse nasale de l'intermaxillaire par sa longueur et sa forme ne se rapporte pas à ce qui s'observe en ce point ni chez les lamantins du Sénégal ni chez celui de l'Amérique du Sud.

M. Harlan termine ses comparaisons par la mesure de la tête de sa nouvelle espèce avec celle des deux têtes dont il cherche à la distinguer, et ce rapprochement l'a conduit à dresser la table suivante.

(1) Supplém., t. vi.

MESURES COMPARATIVES

DES TÊTES DES TROIS ESPÈCES DE LAMANTINS.

	TÊTE DU LAMANTIN de l'Amérique du Sud.		TÊTE DU LAMANTIN du Sénégal.		TÊTE DU LAMANTIN des Florides.	
	pouc.	lig.	pouc.	lig.	pouc.	lig.
Longueur totale de la tête..........	14	6	12	6	13	5
— De la crête occipitale au bord supérieure des narines...................	5	4	5	4	5	5
— De l'ouverture antérieure des narines. .	6	5	4	2	6	3
— Du bord inférieur des narines à l'extrémité du museau...............	2	2	2	»	2	6
Largeur de l'ouverture antérieure des narines.....................	2	»	2	4	4	3
— De l'occiput....................	6	7	7	2	7	4
Moindre distance entre les crêtes temporales......................	1	3	1	3	1	5
Distance de l'apophyse post-orbitaire du frontal.....................	5	1	5	1	5	6
— De la molaire antérieure au bout du museau.....................	7	2	4	8	5	»
— Du sommet de la tête à la couronne des dents.....................	4	4	4	8	5	»

Ces différences, toutes notables qu'elles sont, n'empêchent pas M. Harlan de sentir que sa distinction du lamantin à large bec, des deux autres espèces, a besoin d'être confirmée par de nouvelles observations.

LES DUGONGS, *Halicore.*

C'est Lacépède qui, le premier, a distingué, comme genre, les dugongs des lamantins et des morses : jusqu'alors ces animaux avaient été réunis sous le nom commun de *trichechus*. Il latinisa le nom de *dugong*, et le donna à son nouveau genre ; mais depuis ce genre a reçu d'Illiger celui, meilleur sans doute, d'*halicore* (1), et c'est ce dernier nom qui paraît devoir être conservé.

Les dugongs, avec une organisation générale qui les rapproche beaucoup des lamantins, en diffèrent cependant par des caractères importans, par des particularités organiques qui modifient leur nature, et en font des animaux qui n'ont plus avec les lamantins des analogies suffisantes pour qu'il soit possible de ne plus voir entre les uns et les autres que des différences spécifiques, telles que celles qui existent, par exemple, entre le lamantin des Antilles et celui du Sénégal.

Les dugongs sont des animaux plus herbivores que les lamantins : leurs molaires, qui ne présentent bientôt plus qu'un plan uniforme bordé d'émail, n'ont jamais de racines proprement dites ; ces dents ne cessent pas de croître tant qu'elles sont en situation d'être utiles à l'animal, et leur nombre est toujours moindre que celui des lamantins. D'un autre côté, si ceux-ci sont pourvus d'incisives, ce sont des dents rudimentaires dont ils ne font aucun usage, et non point des dents puissantes, à l'usage desquelles est attachée une destination, un but. Les modifications des organes du mouvement sont de même assez notables : les nageoires pectorales ne montrent déjà plus, par des ongles, la division des doigts ; et la nageoire caudale est devenue semblable à celle des cétacés proprement dits : des dauphins, des baleines. Le dugong se rapproche donc par là de ces animaux plus que les lamantins ; et il semble s'en rapprocher encore par la situation de ses narines, qui s'ouvrent à la partie supérieure du museau et assez loin de son extrémité.

On pourrait donc, avec quelque raison, considérer les dugongs comme des animaux qui commencent à remplir le vide assez grand qui existe entre les cétacés herbivores et les cétacés piscivores.

____

(1) Fille marine, d'*Alos*, de mer, *κόρη*, fille.

LE DUGONG. — *Halicore Indicus.*

Pl. 4, 5, 6, 7.

Jusqu'à la publication des œuvres de Pierre Camper, ce cétacé n'était connu des naturalistes que par quelques récits vagues et inintelligibles (1) de voyageurs, par les têtes décharnées qui avaient été recueillies dans les collections d'histoire naturelle, et par une ou deux figures : celle que donne Renard (2), et probablement celle que donne Leguat (3) ; mais ces figures, loi de nous faire connaître la vérité, nous montrent, au contraire, comme nous l'avons dit ailleurs, à quel point les productions de la nature peuvent être défigurées lorsque ceux qui en reproduisent les traits ne sont ni assez exercés pour les bien voir ni assez instruits pour les bien juger.

Leguat, qui n'écrivait que de mémoire au commencement du dernier siècle, me paraît avoir confondu, dans la figure qu'il donne sous le nom de lamantin, ce qu'il conservait dans son souvenir d'une prétendue vache marine, qu'il vit dans l'intervalle de Tristan d'Acugna au cap de Bonne-Espérance, et des animaux qu'il nomme lamantins, dont la mer était peuplée dans le voisinage de l'île Rodrigue et probablement de l'île de France. Tout semble annoncer en effet que sa vache marine était un phoque, et que ses lamantins étaient des dugongs ; ce qui explique la tête de phoque et la queue de dugong qu'il donne à son faux lamantin. Quant à Renard, qui publiait son ouvrage sur les poissons des Indes en 1754, il donne du dugong, qu'il n'a point vu, une figure faite par des Indiens assez inexactement pour qu'aujourd'hui cette espèce bien connue soit difficile à retrouver dans les traits qu'en présente cette figure. Aussi Brisson (4) et Linneus (5), qui vinrent après la publication de Renard, n'admirent-ils point l'espèce du dugong.

(1) Hist. gén. des Voy., t. x ; Descrip. des Philippines, p. 412. Le Douyon, d'après Gmelli Carréri. Dampier, Voy. autour du monde, t. 1, p. 46 de la trad. franç., fait une longue histoire des manates, dans laquelle il confond celle du dugong.

(2) Poissons des Indes, pl. xxxiv, fig. 180.

(3) Voyage, page 93.

(4) Règn. anim.

(5) Douzième édit. du Syst. nat.

L'existence de cet animal n'a été établie que par la description
d'une tête donnée par Daubenton avec une figure (1). Nous
n'ajouterons pas : par ce qu'en dit Buffon. En effet, à l'exception de ce qui a rapport à cette tête, tout ce que Buffon expose de
cet animal appartient plus aux phoques, que l'on a désignés par les
noms de lion et d'ours marins, qu'à ce cétacé. Buffon a cependant
eu le mérite de reconnaître que l'animal dont parle Barchewitz,
sous le nom de dugong, et de vache marine, appartenait à la
même espèce que la tête qu'il avait sous les yeux; et, s'il n'a pas
plus reconnu que Daubenton tout l'intervalle qui sépare le dugong du morse, il ne faut l'attribuer qu'au point de vue sous lequel
il envisageait l'histoire naturelle, et qu'au peu de progrès qu'avait
ait l'étude des rapports naturels des animaux. Quoi qu'il en
soit, dès ce moment l'espèce du dugong a été distinguée des
autres cétacés, et ce nom est devenu celui de cette espèce.

C'est en 1730 que Barchewitz (2) publia son voyage aux Indes-
Orientales ; et, comme il est, jusqu'à ces derniers temps, le seul
voyageur qui ait parlé de cette espèce sans mélange d'erreur,
sinon avec toute la précision désirable, nous croyons devoir reproduire ses propres paroles. Mais, dans l'impossibilité où nous
sommes de recourir à l'ouvrage même de Barchewitz, nous prendrons ces paroles dans la traduction que Buffon en a donnée.

« Je pouvais, de ma maison, qui était située sur un rocher dans
l'île de Lethy (Philippines), voir les tortues à quelques toises de
profondeur dans l'eau. Je vis un jour deux gros dugongs ou
vaches marines qui vinrent près du rocher et de ma maison ; je
fis promptement avertir mon pêcheur, à qui je montrai ces deux
animaux, qui se promenaient et mangeaient d'une mousse verte
qui croît sur le rivage : il courut aussitôt chercher ses camarades,
qui prirent deux bateaux, et allèrent sur le rivage ; et pendant
ce temps le mâle vint pour chercher sa femelle, et, ne voulant
pas s'éloigner, se laissa tuer aussi. Chacun de ces poissons pro-
digieux avait plus de six aunes de long ; le mâle était un peu
plus gros que la femelle ; leur tête ressemblait à celle d'un
bœuf ; ils avaient deux grosses dents d'un empan de long et d'un
pouce d'épaisseur, qui débordaient la mâchoire comme aux

(1) Hist. nat., t. XIII, pl. 56, p. 437.
2) Ostindionische Reise-Beschreibung. von. 1711 bis, 1722.

sangliers; ces dents étaient aussi blanches que le plus bel ivoire. La femelle avait deux mamelles comme une femme; les parties de la génération du mâle ressemblaient à celles de l'homme; les intestins ressemblaient à ceux d'un veau, et la chair en avait le goût.

C'est où en restèrent les connaissances sur le dugong, jusqu'au moment de la publication des œuvres de Pierre Camper par son fils Adrien (1); on y trouve deux figures d'un dugong, l'une représentant l'animal en dessus, l'autre le représentant en dessous. Ces dessins, au simple trait, furent envoyés de Batavia à Camper par un de ses élèves, M. Vandersteege; ils étaient accompagnés d'une tête osseuse bien complète, mais sans explication et sans qu'aucun nom désignât l'espèce dont ces dessins offraient les traits. C'est au moyen de la tête publiée par Daubenton que Camper reconnut que la tête qu'il avait reçue appartenait au dugong, et que les dessins qui l'accompagnaient présentaient les traits généraux de cette espèce. De là il fut conduit à conclure que cet animal différait beaucoup plus du morse que ne l'avait supposé Buffon. Mais Camper, ne pouvant faire connaître son dugong par une description, et trouvant très-exacte celle de la tête que Daubenton avait publiée, se borna à donner les dimensions des différentes parties de celle qu'il avait reçue, ce que le naturaliste français avait négligé de faire en décrivant la sienne. Cette publication, tout imparfaite qu'elle était, ne laissait plus aucun doute sur le dugong comme espèce distincte du morse et du lamantin, avec lesquels il avait toujours été confondu; mais la connaissance complète de cette espèce demandait encore des observations si nombreuses et si difficiles à faire, qu'on devait craindre qu'un grand nombre d'années ne s'écoulassent avant qu'on pût les obtenir, avant que des naturalistes zélés ne se trouvassent à portée de les faire.

Ce fut cependant après seize ans seulement que, par un concours de circonstances heureuses, cette espèce put être observée de nouveau aux lieux mêmes qu'elle habite; et elle le fut par des voyageurs naturalistes, à qui la mazologie des Indes-Orientales doit plus de richesses que toutes celles qu'elle avait acquises en ce genre depuis que les Européens se sont établis dans ces belles contrées.

(1) OEuvres de Pierre Camper, t. II, p. 379, pl. 7, fig. 2 et 3. (1803).

ticulier; à la mâchoire supérieure se trouvent quatre incisives, deux dans chaque intermaxillaire. L'externe est une défense forte, droite, comprimée sur les côtés, divergente avec l'analogue de l'autre intermaxillaire, et usée, sur la face externe, de manière à rendre son extrémité tranchante. Ces dents paraissent n'être d'abord que des dents de lait, qui bientôt sont remplacées par d'autres de même forme et de même nature ; derrière ces défenses, et à leur base, se montrent, dans les très-jeunes individus, deux petites dents pointues qui ne paraissent jamais sortir des gencives ; à la mâchoire inférieure se développent, dans le très-jeune âge, trois ou quatre incisives petites et coniques à chaque maxillaire. Ces dents sont placées les unes derrière les autres sur le plan incliné de la partie antérieure de ces mâchoires ; elles ne paraissent jamais se montrer hors des gencives, et elles ne tardent pas à disparaître, soit par absorption, soit en tombant, chassées des alvéoles par la matière osseuse qui remplit ces cavités (1).

Le nombre des molaires varie : il est de cinq et peut-être de six de chaque côté des mâchoires, à un certain âge, dans les jeunes individus, et se réduit à deux dans la vieillesse ; il paraît que ces dents se poussent d'arrière en avant, et que les premières s'usent et disparaissent avant que les dernières se montrent, et sans laisser de traces. Il paraît même que ces dernières dents sont plusieurs fois remplacées dans le cours de la vie de l'animal ; car la différence de grandeur entre celles des très-jeunes individus et celles des très-vieux est fort considérable : elle est trois ou quatre fois plus étendue chez ceux-ci que chez les premières. Ces molaires, avant d'être usées, présentent deux collines principales très-irrégulières à leur sommet, mais peu élevées, et qui ne tardent pas à s'effacer ; alors la dent ne présente plus qu'un plan uni, plus ou moins elliptique ou arrondi, environné par un cercle d'émail ; elles n'ont point de racines proprement dites ; leur bulbe reste toujours libre à leur base, et il ne cesse sans doute d'être actif que quand le moment de leur chute se prépare ou est près d'arriver.

Quoique fort différente de la tête des lamantins, celle du dugong présente cependant les mêmes caractères généraux. (pl. v et vi). Ce

---

(1) Home, Trans. phil., 1820, pl. 12, 13 et 14.

qui la caractérise plus particulièrement est la grande étendue des intermaxillaires (aa) qui remontent postérieurement jusque vers le milieu de la fosse temporale, et se recourbent antérieurement de manière à descendre au niveau de la partie la plus basse du maxillaire inférieur. Cette grandeur est occasionée par les défenses qui se développent dans ces os, et qui forcent les narines à remonter beaucoup plus haut que chez les lamantins, d'où suit encore le raccourcissement des frontaux (ee), qui, par leur branche antérieure, ne s'écartent plus brusquement, comme chez ces derniers animaux, pour embrasser l'ouverture des narines et former le plancher des orbites. L'apophyse zygomatique du temporal (d), plus mince et plus comprimée, se porte, par sa partie postérieure (d'), beaucoup plus en arrière que chez les espèces du genre précédent, tandis que le cadre de l'orbite (bb) a moins de saillies en avant. L'os de la pomette (ff) est remarquable par sa grande courbure antérieure, et les crêtes pariétales (gg), très-écartées, ne se réunissent pas non plus, etc.

La mâchoire inférieure (c) est d'une épaisseur d'autant plus grande, que les intermaxillaires sont plus recourbés, et son bord inférieure est échancré en demi-cercle, deux circonstances qui ne s'observent point chez les lamantins.

Les vertèbres cervicales sont au nombre de sept (pl. VII) (1); il y en a dix-huit dorsales dont les apophyses épineuses sont à peu près rangées en ligne droite, et, à compter de la neuvième, chaque côte s'articule à l'apophyse transverse d'une seule vertèbre, et trois d'entre elles seulement s'attachent au sternum, à sa partie moyenne. Après les vertèbres dorsales, en viennent au moins vingt-sept, dont les apophyses épineuses vont graduellement en diminuant de la première à la dernière, de manière à finir par disparaître. A l'endroit des lombes les apophyses transverses sont fort longues; elles diminuent ensuite, et s'agrandissent de nouveau aux dernières vertèbres pour servir d'appui à la nageoire. Les os du bassin sont très-marqués; ils consistent en deux os longs, grêles, qui ont quelques rapports avec les clavicules humaines. Les os, en V, viennent après les vertèbres lombaires, et cessent sous le dernier quart de la queue.

L'omoplate a son angle antérieur arrondi et le postérieur aigu

<hr>

(1) Recherches sur les ossemens fossiles, t. V, p. 264.

et porté fort en arrière ; le bord postérieur, très-oblique, est un peu concave ; son épine est saillante, son acromion pointu, mais beaucoup moins allongé que dans le lamantin. Le bec coracoïde est beaucoup plus pointu que chez ce dernier animal, et dirigé en avant et un peu en dedans.

L'humérus est plus gros et plus court qu'au lamantin, mais les os de l'avant-bras sont un peu plus longs à proportion, et leur forme est la même ; ils sont également soudés à leur extrémité.

Le carpe n'est composé que de quatre os : deux au premier rang, un pour le radius, et un pour le cubitus ; et deux au second, le premier portant les métacarpiens du pouce et de l'index, et le second ceux du médius et de l'annulaire. Le métacarpien du petit doigt porte à la fois sur le second os du second rang et sur celui du premier. Le pouce est aussi réduit à un métacarpien pointu ; les autres doigts ont le nombre ordinaire de phalanges, les dernières comprimées et obtuses.

Le canal intestinal (1) a quatorze fois la longueur de l'animal. L'estomac se divise en deux parties, l'une où aboutit l'œsophage, grande, ovale, séparée de l'autre, étroite et allongée, qui conduit au pylore, par un étranglement de chaque côté duquel naissent deux appendices étroits allongés et digitiformes. Des glandes stomachales, formant deux groupes, se voient dans la première partie. Un large cœcum conique et à parois très-épaisses termine les petits intestins.

La trachée-artère se divise immédiatement après ses premiers anneaux, et ceux des bronches s'unissent les uns aux autres. Les poumons sont simples et allongés.

Le cœur est profondément bilobé, parce que les deux ventricules ne sont unis qu'à leur sommet ; modification remarquable, qui, du reste, ne change rien à la circulation.

Les dugongs vivent en petites troupes qui se tiennent habituellement près des côtes, sur les bas-fonds, à l'embouchure des rivières, et dans les passages étroits, où il n'y a guère que deux ou trois brasses de profondeur. C'est là où ils trouvent avec abondance les herbes marines, dont ils se nourrissent exclusivement,

---

(1) Trans. phil., 1820, p. 174 et p. 315, pl. 26, 27, 28, 29, 30, 31, qui montrent l'estomac, le cœcum, la langue, les glandes gastriques, le cœur, les bronches, les organes génitaux le sternum et les os du bassin.

qu'ils arrachent au moyen de leurs défenses et des papilles cornées dont leurs lèvres sont garnies, et qu'ils saisissent d'autant
plus facilement que leur lèvre supérieure est très-mobile, et que
leur bouche, par la courbure des intermaxillaires et la partie
déclive des maxillaires inférieures, s'ouvre sous leur museau et en
face du sol. Ces animaux paraissent se trouver abondamment entre les îles nombreuses qui forment les divers archipels de la mer
des Indes. Dampierre dit en avoir rencontré sur les côtes de la
Nouvelle-Hollande, et MM. Ehrenberg et Ruppel en ont vu dans
la Mer Rouge (1).

L'époque où, dans les îles de la Sonde, on prend ce cétacé
en plus grand nombre est celle de la mousson du Nord, parce
qu'alors le calme de la mer rend plus facile la chasse qu'on lui
donne, et à laquelle la bonté de sa chair fait qu'on se livre
avec ardeur. C'est pendant la nuit surtout qu'on fait la guerre à
ces animaux; on est averti de leur présence par le bruit qu'ils
font en respirant à la surface de l'eau, et alors on les attaque
avec le harpon, exercice pour lequel les Malais montrent une
adresse toute particulière. Une fois l'animal atteint, tous les
soins des pêcheurs consistent à lier sa queue et à l'enlever par là
hors de l'eau; c'est un moyen sûr de paralyser ses forces et de
s'en emparer sans trop de peines et de dangers; en effet le dugong, comme tous les cétacés, privé des mouvemens de sa queue,
ne peut plus opposer de résistance efficace à ceux qui l'attaquent.

Les mères et les petits, comme le mâle et la femelle, ont une
si grande affection mutuelle, qu'en en prenant un on est toujours
sûr de prendre l'autre: alors celui-ci ne voit plus de dangers, et,
tout entier au sentiment qui l'anime, il se livre en aveugle à ses
ennemis. On dit qu'une fois pris les jeunes poussent un cri court
et perçant qu'ils répètent fréquemment, et qu'ils versent des
larmes abondantes; on ajoute que ces larmes sont recueillies
avec soin par les naturels, comme un charme propre à assurer
l'affection de ceux qu'on aime.

Cette espèce est en grande considération chez les Malais, qui la

(1) M. Ruppel en donne une description très-étendue dans le Muséum
Senckenbergianum, p. 99, pl. 6, où l'on trouve quelques détails anatomiques. Nous pourrons peut-être en reparler plus tard.

regardent comme un poisson royal ; aussi le roi a-t-il des droits sur tous ceux qui sont pris ; sa chair est très-estimée et préférable à celle du bœuf, avec laquelle elle a de la ressemblance. Le lait de dugong est agréable au goût.

On distingue dans les mers de la Sonde deux espèces ou deux variétés de dugong, l'une nommée *bumban* et l'autre *buntal*. Ce dernier serait plus épais et plus court proportionnellement que l'autre ; mais cette distinction a besoin d'être confirmée.

LES STELLÉRES. — *Rytina*.

On ne connaît encore dans ce genre qu'une seule espèce, et cette espèce n'est connue que par la description qu'on en doit à Steller, qui la découvrit pendant son triste séjour dans l'île Béring. On n'a donné aucune figure de l'animal, et on n'a que celle de ses dents. Son organisation est cependant décrite avec assez de détails pour qu'on ait pu reconnaître que ces animaux appartenaient à une espèce inconnue, et même formaient un genre qu'on a rangé dans la famille des cétacés herbivores. Ces rapports toutefois n'ont pas d'abord été appréciés. On a long-temps placé cette espèce, comme Steller l'avait fait lui-même, avec les lamantins, sous le nom de *Trichechus-boréalia*. C'est mon frère qui a reconnu les caractères génériques qui appartiennent exclusivement à ces animaux, et il a publié ses observations sur ce sujet en 1809 (1), mais sans désigner par un nom de genre l'animal de Steller. C'est Illiger qui a pris ce soin en 1811, et lui a donné celui de *Rytina* (2). Depuis mon frère a donné comme nom français aux *Rytina* le nom de STELLÈRES. Voici les caractères propres à ces animaux, tels qu'il les a tirés de la description que l'on doit à Steller lui-même. Ils sont présentés comparativement avec ceux des lamantins ; ainsi : « Au lieu d'épiderme, le stellère porte une espèce d'écorce ou de croûte, épaisse d'un

(1) Muséum d'hist. natur., t. XIII, p. 206.
(2) De ρυτίς, rude.

pouce, composée de fibres ou de tubes serrés perpendiculaires sur la peau. Cette écorce singulière est si dure, que l'acier peut à peine l'entamer ; et, quand on est parvenu à la couper, elle ressemble à l'ébène par son tissu compacte, aussi bien que par sa couleur. Ces fibres s'implantent dans la véritable peau par autant de petits bulbes ; en sorte que, lorsqu'on arrache l'écorce, la surface qui tenait à la peau est toute chagrinée, et celle de la peau elle-même est réticulée par autant de fossettes que l'écorce offre de tubercules. La surface extérieure de l'écorce est inégale, raboteuse, fendillée, et ne porte aucun poil.

« La lèvre supérieure est double, aussi bien que l'inférieure, et se divise en externe et en interne.

« Les mâchoires n'ont pas des dents simples, nombreuses, pourvues de racines, comme dans le vrai lamantin ; mais elles portent chacune, de chaque côté, une plaque ou dent composée, que l'on peut comparer au palais de la raie-aigle, qui ne s'enfonce point par des racines, mais s'applique et s'unit par une infinité de vaisseaux et de nerfs, lesquels pénètrent de la mâchoire dans cette plaque dentaire par une quantité de petits trous, qui en font paraître la surface contiguë à l'os maxillaire toute poreuse ou spongieuse. Leur face triturante est inégale et creusée de sillons tortueux destinés à faciliter la mastication, et comparables aux rubans qu'on voit sur les molaires des éléphans, mais qui représentent principalement des espèces de chevrons.

« La queue va en diminuant depuis l'anus jusqu'à la nageoire qui la termine, et les apophyses de ses vertèbres la rendent presque quadrangulaire ;

« La nageoire est large de soixante-dix-huit pouces, et longue seulement de sept, ce qui est tout le contraire de celle du vrai lamantin : aussi dans l'animal de Steller représente-t-elle un croissant, et se termine-t-elle de chaque côté par une longue corne.

« Les nageoires ont bien leur omoplate, leur humérus, leurs os de l'avant-bras, du carpe et du métacarpe; mais il n'y a point de vestiges d'ongles ni de phalanges.

« L'estomac est simple, l'œsophage s'insère dans son milieu, et une grosse glande, placée près de cette insertion, y verse des sucs par des pores nombreux et assez larges.

« Les intestins ressemblent beaucoup à ceux des chevaux; le cœcum est énorme, et, aussi bien que le colon, divisé en grandes boursoufflures par ses ligamens.

« Les os du nez s'articulent l'un avec l'autre comme dans les animaux ordinaires.

« Le bassin se compose de deux os innominés, semblables, à quelques égards, au cubitus de l'homme, attachés, d'une part, au moyen de forts ligamens, à la vingt-cinquième vertèbre, de l'autre à l'os pubis.

« Il y a six vertèbres au cou, dix-neuf au dos, et trente-cinq à la queue, soixante en tout, nombre très-différent de ceux du vrai lamantin. Cependant Steller ajoute qu'il n'y a que dix-sept paires de côtes, dont cinq vraies et douze fausses : apparemment il compte la dernière cervicale et la première lombaire avec les vertèbres du dos. »

Il est trop évident que ces caractères ne sont ni ceux des lamantins, ni ceux des dugongs, et le stellère ne s'unit pas à ceux-ci comme ceux-ci s'unissent entre eux, à beaucoup près. Cet animal, comparé aux espèces de ces deux genres, présente de si grandes anomalies, que, relativement à lui, presque toutes les analogies cessent : à la vérité, c'est un cétacé herbivore par les organes du mouvement et ceux de la mastication ; par tout le reste de son organisation il n'est que lui-même, et, pour apprécier ses véritables rapports, des observations nouvelles nous paraissent indispensables. En attendant, c'est dans la famille où on a été conduit à l'introduire, d'après ce qu'on en connaissait, qu'il se trouve le plus naturellement placé.

LE STELLÈRE.—*Rytina borealis.*

Comme nous venons de le rappeler, on ne connaît de cet animal singulier que ce que Steller en a dit, sous le nom du lamantin (1). Jusqu'au moment où il a été reconnu comme une espèce distincte du lamantin, et même comme présentant le type d'un genre nouveau, on ne l'avait guère indiqué que par les traits sous lesquels il convenait d'en parler, dans le point de vue où l'on s'était placé pour juger de ses rapports. Depuis on a plusieurs fois donné des extraits plus ou moins longs du mémoire où il est décrit; mais nous ne croyons pas que le mémoire lui-même ait été complètement publié en français ; d'après le jugement que nous portons de cet animal, et dans la pensée qu'il doit être envisagé en lui-même, et non point seulement par comparaison avec les animaux d'une famille quelconque, nous croyons devoir donner une traduction du mémoire de Steller, sans aucun retranchement (2).

Description d'un lamantin tué , le 12 juillet 1742 , sur l'île de Béring , dans le canal qui sépare l'Amérique de l'Asie.

Les dimensions suivantes sont indiquées en mesures anglaises.

	pou.	dec.
Du bout de la lèvre supérieure à l'extrémité de la corne droite de la queue.	296	»
Du bout de la lèvre supérieure aux narines.	8	»
Des narines au grand angle de l'œil.	13	5
Du grand angle de l'œil au petit.	»	8
Intervalle entre le grand angle des deux yeux. . .	17	4
Intervalle entre le petit angle des deux yeux. . . .	22	2

(1) Nov. comm. petrop., t. 11, 294, 1751.

(2) On trouve un long extrait de ce mémoire dans l'histoire du Kamtschatka, des îles Curiles , etc., publié en russe , et traduit en français par M. E. Kracheninnikow , dans son voyage au Kamtschatka , donne aussi une description de cet animal, qu'il a tirée presque entièrement des papiers de Steller. Ce voyage forme le 3ᵉ vol. de celui de Chappe en Sibérie. En 1782 Buffon en donna également un extrait fort détaillé, supp., t. 11, p. 325; depuis les extraits des extraits sont devenus communs.

Largeur de la cloison des narines à sa base.   1   5
Hauteur des narines.   2   5
Largeur des narines.   2   5
Du bout de la lèvre supérieure à l'angle de la bouche.   15   5
Du bout de la lèvre supérieure à l'épaule.   52   »
Du bout de la lèvre supérieure à l'orifice de la
vulve 194   »
Longueur de la vulve.   10   2
Longueur de la queue, du sphincter de l'anus au
commencement de la nageoire caudale.   75   5
Circonférence de la tête au-dessus des narines. . .   31   »
Circonférence de la tête au niveau des yeux. . . .   48   »
Circonférence du cou à la nuque.   82   »
Hauteur de l'extrémité du museau.   8   4
Circonférence du corps aux épaules. 144   »
Plus grande circonférence vers le milieu de l'abdo-
men 244   »
Circonférence de la queue à la naissance de la na-
geoire   56   »
Distance entre la pointe des deux cornes de la na-
geoire caudale.   78   »
Hauteur de la nageoire.   8   8
Lèvre interne, villeuse, rude, longue de.   5   2
      —   large de   2   6
Surface de la lèvre supérieure et externe inclinée
vers la mâchoire inférieure, hérissée de soies longues
et blanches, large de.   14   »
La même, haute de.   10   »
Lèvre inférieure, dépourvue de soies, noire, lisse,
déclive vers le sternum, cordiforme, large de. . . .   7   4
La même, haute de.   6   8
De la lèvre inférieure au sternum.   54   »
Diamètre de la bouche à son angle   20   4
De la bouche à l'œsophage.   32   »
Largeur, ou plutôt longueur de l'estomac.   44   »
Longueur du conduit intestinal de la bouche à l'a-
nus. 5968   »
(Par conséquent vingt fois et demie la longueur to-
tale de l'animal.)

De la vulve au sphincter de l'anus   98   »
Diamètre de la trachée-artère au-dessous de la
glotte.   4   2
Hauteur du cœur.   22   »
Largeur du cœur.   25   »
Longueur des reins.   32   »
Largeur des reins.   18   »
Longueur de la langue.   12   »
Largeur de la langue.   2   5
Longueur des papilles.   4   »
Longueur de l'humérus.   14   5
Longueur de l'avant-bras.   12   2
Longueur de la tête, des narines à l'occiput, dans
le squelette.   27   »
Largeur de l'occiput.   10   5

Description des parties extérieures.

Cet animal est marin , et non amphibie, comme l'ont avancé
à tort quelques auteurs, sur les paroles mal comprises des navigateurs ; car, lorsque ceux-ci ont dit que le lamantin se nourrit des
plantes qui croissent près des rivages et des fleuves, cela doit
s'entendre , non de plantes terrestres, mais des fucus sous-ma-
rins qu'on trouve près des côtes.

Clusius avait jugé, sur une peau bourrée, que ce devait être
un animal hideux et difforme ; et tel est en effet l'animal vivant ; mais il est aussi fort remarquable sous le rapport de
ses formes et de ses mouvemens. Il est couvert d'un cuir
très-épais, plus semblable à la noueuse écorce d'un chêne
qu'à la peau d'un animal ; noir, rude, rugueux, raboteux , dur,
résistant, dépourvu de poils, à peine attaquable par la hache ou le grapin ; il a un pouce d'épaisseur , et, lorsqu'on
l'incise transversalement, il a la couleur et le poli de l'ébène :
cette sorte d'écorce extérieure , qui représente, non la peau,
mais l'épiderme , est glabre sur le dos. De la nuque à la nageoire caudale, de simples rugosités circulaires rendent la surface un peu inégale ; mais les côtés du corps sont fortement
raboteux et hérissés, surtout autour de la tête, de beaucoup
de tubulures saillantes présentant l'aspect d'un damier. Cet

épiderme, qui enveloppe le corps comme d'une croûte, acquiert fréquemment l'épaisseur d'un pouce, et se compose de petits tubes disposés comme dans un roseau. Ces tubes sont appliqués perpendiculairement sur la peau ; on peut les séparer l'un de l'autre suivant leur longueur ; chacun d'eux est, à son extrémité inférieure, par laquelle il adhère à la peau, arrondi, convexe, bulbeux, de sorte qu'un morceau d'épiderme enlevé est tuberculeux comme du cuir d'Espagne ; la peau qui est au-dessous, creusée de petites cavités très-serrées, qui logeaient l'extrémité des tubes de l'épiderme, a l'apparence d'un réseau. Ces tubes, fortement rapprochés les uns des autres, durs, humides et gonflés, ne sont point apparens lorsqu'on coupe l'épiderme horizontalement ; la section paraît lisse, comme la tranche du sabot d'un animal ; mais, si l'on en sépare un morceau, qu'on l'expose au soleil et qu'on le dessèche, il s'y forme des fissures verticales, on peut le casser comme une écorce, et sa structure tubuleuse devient manifeste. Il s'excrète par ces tubes un mucus séreux, abondant sur les flancs et autour de la tête, plus rare sur le dos. Lorsque l'animal a été quelques heures sur le rivage, le dos devient sec, tandis que la tête et les flancs continuent d'être mouillés. Cet épiderme épais paraît avoir deux usages principaux : 1° C'est une cuirasse qui empêche que l'animal ait la peau coupée au milieu des roches et des glaces où il est obligé de vivre et de chercher sa nourriture, et qui le garantit contre les violens froissemens des flots et des cailloux de la mer. 2° Il empêche que la chaleur vitale ne se dissipe trop en été par la transpiration, ou ne soit trop refoulée en hiver par le froid. Car ce sont des animaux qui ne vivent pas, comme les autres cétacés et les poissons, au fond de la mer, mais qui ont toujours, quand ils paissent, la moitié du corps exposée au froid.

J'ai observé sur plusieurs individus que la mer avait rejetés morts sur le rivage des blessures à la peau produites par les rochers, et qui étaient la cause de leur mort ; les glaces, en hiver, déterminent surtout cet accident.

J'ai observé souvent, sur des individus pris et traînés sur le rivage à l'aide du grappin, que, par suite des violens efforts du corps et de la queue, et de la résistance des pieds de devant, non seulement il s'était détaché de grands fragmens d'épiderme, mais que l'épiderme brisé circonscrivait les bras et la nageoire caudale, circonstances qui confirment mon opinion.

Un épiderme semblable sous tous les rapports enveloppe la baleine, quoique aucun auteur n'en fasse mention, et je l'ai vu enlevé presque en totalité sur une baleine rejetée morte sur le rivage de notre île au commencement d'août, après avoir été pendant plusieurs jours ballottée par les flots et froissée contre les rochers.

Cet épiderme, lorsqu'il est humide, est d'un noir brunâtre, comme la couenne d'un jambon fumé ; mais, lorsqu'il est sec, il est entièrement noir.

Dans quelques individus cet épiderme est marqué de grandes taches ou de stries blanches, couleur qui se continue jusqu'à la peau.

Autour de la tête, des yeux, des oreilles, des mamelles et sous les bras, où cet épiderme est rugueux, il nourrit des insectes : il arrive souvent que ceux-ci perforent l'épiderme et la peau, et alors l'extravasation de la lymphe, ou l'ouverture des cellules où se loge la graisse, produit, comme dans les baleines, des tumeurs volumineuses qui rendent souvent difformes les parties que je viens de citer.

Sous l'épiderme se trouve la peau, qui enveloppe tout le corps ; elle est épaisse de deux lignes, molle, blanche, très-résistante, semblable pour la structure et pour la force à celle des baleines, et servant aux mêmes usages.

La tête, comparée au reste du corps, est petite ; elle est courte, non distincte du corps, oblongue, carrée, allant un peu en s'élargissant du sommet à la mâchoire inférieure. Le sommet lui-même est plat, et couvert d'un épiderme noir, rugueux, comme déchiré, d'un tiers plus mince que le reste de l'épiderme, et s'enlevant facilement. La tête est déclive de l'occiput aux narines ; elle l'est aussi des narines aux lèvres ; l'extrémité du museau a huit pouces de hauteur, et celle-ci s'accroît rapidement en montant des narines à l'occiput.

L'ouverture de la bouche est dirigée sur les côtés, et non pas en haut ; mais la lèvre supérieure et externe, grande, plane, dirigée obliquement vers l'angle de la bouche, se prolonge tellement au-delà de la mâchoire inférieure, que, pour celui qui ne voit que la tête, l'ouverture de la bouche lui paraît comme dirigée en haut, ou placée inférieurement.

Cette ouverture, en elle-même, n'est pas en rapport avec la grande taille de l'animal, mais elle suffit pour sa nourriture, qui se compose de fucus.

Les lèvres supérieure et inférieure sont chacune doubles, et distinguées en externe et en interne.

La lèvre supérieure externe limite, suivant une ligne oblique, l'extrémité du museau; elle représente un demi-cercle, est plane, gonflée, épaisse, large de quatorze pouces, haute de dix pouces, blanche, lisse, semée d'un grand nombre de petites éminences ou tubercules, d'où sortent, au centre, des soies blanches, diaphanes, longues de quatre à cinq pouces.

La lèvre supérieure interne, longue de cinq pouces, large de deux et demi, isolée de toutes parts de l'externe, et ne lui adhérant que par sa base, est voisine du palais; elle est comme une langue de veau, toute villeuse, et hérissée d'aspérités. Elle ferme solidement la partie supérieure de la bouche, est mobile, et sert à arracher les fucus et à les conduire dans la bouche; de même que l'on voit les chevaux et les bœufs, quand ils paissent, écarter leurs lèvres, et même les fléchir un peu en dehors.

La lèvre inférieure est également double : l'externe, noire, lisse, dépourvue de soies, offrant grossièrement la forme d'un cœur, et formant, si l'on peut ainsi dire, une sorte de menton, est large de sept pouces, haute de six et huit dixièmes.

La lèvre inférieure interne est un peu séparée de l'externe, villeuse; elle ne paraît pas quand la bouche est fermée, parce que l'externe la recouvre en se recourbant; elle est opposée à la lèvre supérieure interne, et complète avec celle-ci l'occlusion de la bouche.

Lorsque la mâchoire inférieure est rapprochée de la supérieure, l'espace vide qu'elles circonscrivent est rempli par une masse épaisse de fortes soies, longues d'un pouce et demi, blanches, qui empêchent que rien ne s'échappe de la bouche quand l'animal mange, ni ne soit enlevé par l'eau qui pénètre constamment dans la bouche; et c'est aussi par là que l'eau est rejetée quand la bouche se ferme.

Ces soies ont l'épaisseur d'une plume de pigeon; elles sont blanches, fistuleuses, bulbeuses en dessous, et elles offrent, sans le secours du microscope, toute la structure des poils.

Si l'on suppose l'animal couché sur le ventre, l'extrémité du museau a, des narines aux lèvres, une hauteur perpendiculaire de huit pouces; il est arrondi tant dans le sens des narines à l'extrémité des lèvres que vers les côtés de la mâchoire supérieure; puis il devient plus épais, et augmente beaucoup dans sa circonférence. Les lèvres externes sont gonflées, épaisses, et percées, comme dans le chat, de pores larges et nombreux, de chacun desquels sortent de fortes soies blanches, d'autant plus épaisses qu'elles sont plus voisines de l'ouverture de la bouche. De ces soies, celles qui se distinguent le plus par leur épaisseur sont celles qui font saillie entre les lèvres de chaque mâchoire; elles font l'office de dents pour arracher les fucus, et empêchent que dans la mastication il s'échappe rien de la bouche. La mâchoire inférieure est plus courte que la supérieure et la seule mobile; mais les lèvres des deux mâchoires sont mobiles comme dans les chevaux; à l'aide de celles-ci, l'animal sépare les parties dures, les racines, les tiges inutiles des plantes qu'il a arrachées des rochers avec ses bras, et il semble que la section ait été faite avec le meilleur couteau. Ces débris, rejetés dans les gros temps sur le rivage, et rassemblés en quantités énormes, indiquent la présence de ces animaux. C'est parce que les tiges des plantes marines sont plus dures et plus épaisses que celles des plantes terrestres que les lèvres de cet animal sont plus robustes et plus dures que dans aucun autre animal terrestre; et ces lèvres, que l'on ne saurait manger, ne peuvent être ramollies ni par l'ébullition ni par aucun autre moyen.

La structure interne de ces lèvres est telle que, lorsqu'on les incise, elles présentent l'aspect d'un damier composé d'une multitude de petites cases; cet aspect est produit par des muscles extrêmement nombreux, très-petits, épais, rouges, rhomboïdaux ou trapézoïdaux, entre lesquels sont disposés en nombre égal d'autres trousseaux blancs, réticulés, tendineux, contenant, comme dans une cellule, une graisse fluide. Ces lèvres, soumises à l'ébullition, cèdent facilement toute leur graisse, et alors les cellules blanches apparaissent comme autant de mailles tendineuses. Il me semble y avoir trois raisons de cette structure.

1. Pour augmenter la force et la densité des lèvres, de sorte qu'elles soient moins exposées à des causes externes de lésions.

2. La tête et la queue de ces muscles étant disposées de telle sorte que la tête se dirige obliquement vers l'ouverture de la bouche, et que la queue se dirige obliquement vers le crâne, les lèvres forment de leur origine à leur terminaison une sorte de lacis, et l'animal a plus de facilité pour soulever et faire mouvoir ces lèvres fort pesantes.

3. Au moyen de cette structure, les lèvres peuvent être mues en quelque sorte en spirale, et sans que l'animal, empêché par le peu de mobilité de la tête et par la croûte épaisse qui la recouvre, ait besoin de mouvoir tout le corps lorsqu'il veut arracher quelque fucus trop résistant.

La mastication a lieu autrement que dans tous les autres animaux, non par des dents, dont ces animaux sont dépourvus, mais par deux os considérables, blancs, espèce de masses dentaires, dont l'une adhère au palais, et l'autre, opposée à la précédente, est attachée à la mâchoire inférieure.

L'insertion même de ces os est insolite, et ne peut s'exprimer par aucun nom : on ne peut dire que ce soit une gomphose, car ces os ne sont pas implantés dans les maxillaires, mais ils adhèrent par des pores et des papilles nombreuses correspondant à d'autres papilles et à d'autres pores semblables que présentent le palais et la mâchoire inférieure. En outre, cet os dentaire se fixe, en avant, dans la membrane papillaire de la lèvre supérieure interne, sur les côtés, dans des stries osseuses ; en arrière, par une double apophyse au palais et au maxillaire inférieur, de manière à être solidement affermi.

Ces os molaires sont percés, à leur face adhérente, de beaucoup de petites ouvertures, comme un réseau ou une éponge ; c'est par là que pénètrent les artères et les nerfs, comme dans les dents des autres animaux. La face libre est lisse, et marquée de beaucoup de sillons tortueux, ondulés, séparés par autant d'éminences, lesquelles sont reçues dans les sillons de la dent opposée, de manière que dans la mastication les fucus sont broyés comme par une meule. J'ai fait dessiner ces os dentaires, car des figures feront mieux comprendre ce qu'il est difficile d'exprimer par des paroles.

Les narines sont placées à la partie supérieure et la plus antérieure de la tête, comme dans les chevaux, elles sont au nombre de deux, séparées par une cloison cartilagineuse épaisse, large d'un pouce et demi. Les narines elles-mêmes, longues de deux pouces, ayant un diamètre transversal de deux pouces également, sont ouvertes, mais elles forment vers l'intérieur plusieurs courbures ou labyrinthes. En dedans elles sont considérables, rugueuses, percées d'un grand nombre de porosités noirâtres, et revêtues d'une membrane aponévrotique. De chacun des pores sort une soie du volume d'un fil de cordonnier, longue d'un demi-pouce, et facile à arracher ; elles remplissent l'office des moustaches dans les autres animaux.

Les yeux sont situés exactement entre l'extrémité du museau et l'oreille ; ils sont sur le même plan que le bord supérieur des narines, ou un peu plus haut ; relativement à un si grand corps, ils sont extrêmement petits, du volume de petits œufs ; on n'y distingue ni cils, ni appareil externe d'aucune espèce ; ils se voient dans un trou de la peau, arrondi, et ayant à peine un diamètre d'un demi-pouce. L'iris est noir, le bulbe bleuâtre ; les angles de l'œil ne sont visibles qu'après qu'on a incisé la peau autour du globe oculaire. Vers le grand angle de l'œil, de même que dans la loutre marine, s'élève une crête cartilagineuse, qui, dans l'occasion, recouvre tout l'œil, et fait fonction de membrane clignotante, en écartant et enlevant les corps étrangers qui l'atteignent quand l'animal paît. Cette crête cartilagineuse constitue, par une de ses faces, une des parois du sac lacrymal, avec lequel elle est unie au moyen d'une membrane tendineuse commune. L'intérieur du sac lacrymal a présenté en abondance un mucus visqueux ; le sac lui-même peut contenir une châtaigne, et il est tapissé d'une membrane glanduleuse.

Les oreilles ne présentent à l'extérieur, comme dans le phoque, qu'une ouverture petite ; il n'y a pas le moindre vestige d'oreille externe, et l'ouverture elle-même ne se reconnaît qu'autant qu'on la cherche avec beaucoup d'attention, car on a peine à la distinguer au milieu des rugosités de la peau : elle admet à peine l'extrémité d'une plume de poule ; le canal interne est uni et revêtu d'une peau noire très-lisse ; ce qui fait que, quand on a détaché les muscles de la tête, il se distingue par sa couleur et se reconnaît facilement.

La langue, longue de douze pouces, large de deux et demi, charnue, acuminée, offre à sa surface des villosités courtes et rudes, et elle est cachée au fond de la gorge, ce qui a fait quelquefois penser que l'animal n'avait pas de langue. En effet, quelque traction qu'on lui fasse éprouver, elle n'atteint pas l'angle de la bouche, mais en demeure éloignée d'un pouce et demi ; si elle était plus longue, elle empêcherait les os masticateurs de faire leur fonction.

La tête, mal limitée ainsi que le cou, est unie au reste du corps, de manière qu'on ne peut l'en distinguer, comme dans les poissons : pour ce qui est du cou, on voit assez obscurément qu'il est plus court de moitié que la tête, arrondi, moins grand que celle-ci en circonférence. Néanmoins non seulement il y a au cou des vertèbres mobiles, mais le cou lui-même se meut ; d'ailleurs ce mouvement n'est observable que sur l'animal vivant, et lorsqu'il pait ; alors en effet il incline la tête à la manière des bœufs sur la terre ; mais, à voir l'animal mort ou tranquille, recouvert d'un épiderme épais et difforme, sans aucune saillie vertébrale, on pourrait croire que chez lui le cou est immobile.

Des épaules à l'ombilic le corps s'élargit rapidement, et de l'ombilic à l'anus il s'amincit ; les flancs sont arrondis, ventrus, ainsi que l'abdomen, qui, distendu par une masse intestinale immense, est élastique, renflé comme une outre, diminuant de l'ombilic à l'anus, et des mamelles au cou.

Dans les animaux gras, tels qu'on les trouve au printemps et en été, le dos est légèrement convexe ; mais en hiver, lorsqu'ils sont amaigris, le dos est aplati et un peu enfoncé de chaque côté de l'épine, de façon qu'alors les vertèbres et l'épine dorsale sont apparentes.

De chaque côté, les côtes s'élèvent en arc vers le dos ; elles s'unissent aux vertèbres dorsales par amphiarthrose, comme dans l'homme, puis elles se recourbent en arc vers le bas, après avoir formé par leur union aux vertèbres une double concavité le long du dos.

La queue commence à la vingt-sixième vertèbre, et se compose de trente-cinq vertèbres. Elle diminue peu à peu de l'anus à la nageoire caudale ; elle est plutôt légèrement quadrangulaire qu'aplatie ; en effet toutes les vertèbres de la queue ont deux épiphyses et quatre apophyses; parmi celles-ci, les latérales sont larges, plates, recourbées à l'extrémité ; la supérieure, formant l'épine, est acuminée ; l'inférieure est un os large, aplati, ayant la forme d'un lambda grec ; il est uni au corps de la vertèbre suivant une ligne étroite, et cette union est affermie par de forts trousseaux ligamenteux et tendineux. Les muscles de la queue, disposés en quatre sens, remplissent ces cavités formées par les vertèbres et les angles qui séparent les apophyses, d'où résulte pour la queue une forme prismatique allongée, à angles obtus.

La queue est d'ailleurs épaisse, volumineuse, terminée par une nageoire noire, très-dure, inflexible; celle-ci n'est pas divisée en rayons, mais continue, d'une substance semblable au fanon de la baleine, et par conséquent formée d'un morceau unique, compacte, qui résulte de l'assemblage de lamelles fortement rapprochées. Cette nageoire est fendue à son extrémité jusqu'aux trois quarts de sa longueur, ce qui lui donne en quelque sorte l'aspect de certaines nageoires épineuses de poissons. Cette nageoire a soixante-dix-huit pouces de largeur ou de longueur, et sept pouces trois dixièmes de hauteur ; elle est épaisse d'un pouce et demi, elle se fixe entre les muscles de la queue comme par gomphose, ou dans un canal triangulaire.

La nageoire caudale est légèrement fourchue, les deux cornes en sont de la même grandeur, et, comme dans la baleine et le dauphin, elle est placée horizontalement, et non, comme dans la plupart des poissons, dans un plan vertical ; dans le mouvement latéral et tranquille de sa queue, l'animal nage en avant ; lorsqu'il la meut, au contraire, du ventre vers le dos, il pousse violemment son corps en avant, et cherche à se soustraire à la main ennemie qui l'attire.

Le point le plus curieux par lequel cet animal diffère de tous les autres animaux tant terrestres qu'amphibies, ce sont ses deux bras, ou, si l'on veut, ses pieds de devant. Aux épaules se joignent, près du cou, deux bras longs de vingt-six pouces et demi, et qui présentent deux articulations. L'os supérieur ou l'humérus s'articule à l'omoplate par arthrodie.

· Il s'articule aussi, comme dans l'homme, avec le cubitus et le radius. L'avant-bras est terminé par un tarse et un métatarse ; mais il n'y a aucun vestige de doigts, non plus que d'ongle ou de sabot ; le tarse et le métatarse sont enveloppés d'une graisse

solide, de beaucoup de tendons et de ligamens, de peau et
d'épiderme, de manière à ressembler beaucoup au moignon
d'un membre amputé. D'ailleurs la peau, et l'épiderme surtout,
sont ici beaucoup plus épais, plus durs, et plus secs, de sorte
que l'extrémité des bras offre une ressemblance grossière avec
le sabot d'un cheval : mais le sabot du cheval est plus aigu, plus
tranchant, et par conséquent plus propre pour creuser la terre.
En dessus ces sortes de sabots sont lisses et convexes ; en dessous
ils sont plats, un peu concaves, et hérissés d'innombrables soies,
longues d'un demi-pouce, et fortement serrées.

J'ai vu dans un individu ces sabots partagés en deux, comme
le pied d'un bœuf ; mais cette division, d'ailleurs grossière et
bornée à l'épiderme, était due plutôt au hasard qu'à la nature ;
effet d'autant plus facile et plus vraisemblable, que l'épiderme
offre en ce point, par son extrême sécheresse une grande disposition à se fendre.

On retrouve donc ici l'homme de Platon, comme Ray l'a dit
en plaisantant, car ces bras servent à des fonctions diverses :
avec eux l'animal nage comme avec des nageoires bran-
chiales ; avec eux il marche sur le rivage limoneux comme avec
des pieds ; avec eux il s'affermit et se maintient au milieu des
rochers glissans ; avec eux il détache les fucus et les plantes marines ; avec eux, comme le cheval avec ses pieds de devant, il
résiste énergiquement, lorsque, saisi, par le harpon, on cherche à
l'attirer sur le rivage : on voit alors l'épiderme qui environne
ces bras se fendre et se détacher par fragmens ; enfin c'est avec
eux que la femelle, dans la saison du rut, nageant couchée sur
le dos, embrasse et retient le mâle qui vient la couvrir.

Les mamelles, situées, au nombre de deux, sur la poitrine, sont,
contrairement à ce qui s'observe d'ordinaire chez les animaux,
placées au même endroit, sous les bras, et ont la même forme
que dans l'homme. Chaque mamelle est longue d'un pied et
demi, convexe, présentant des replis en spirale, glanduleuse,
plus dure qu'une mamelle de vache, et non pénétrée de graisse.
Toutefois le pannicule graisseux qui enveloppe tout le corps
passe également sur elle en y conservant toute son épaisseur.
Mais l'épiderme y est plus mince, plus mou, plus ridé ; le mamelon est également enveloppé d'un épiderme noir plissé en
rond, mais mou ; il pend de chaque côté au-dessous du bras ou

de l'aisselle ; et dans les individus qui allaitent il est long de
quatre pouces, épais d'un pouce et demi ; dans les femelles
qui n'allaitent plus ou qui n'ont pas encore produit, le mamelon
est tellement rétracté et court, qu'il ressemble à de petites
verrues, et les mamelles sont peu gonflées. Le lait est gras et
doux, semblable pour la consistance et pour la saveur a celui
de la brebis ; et il m'est souvent arrivé de le traire abondamment sur des individus morts, de la même manière qu'on le
trait dans les vaches. Il y a autour des mamelles une aréole
rugueuse un peu plus élevée que celles-ci ; les glandes mammaires incisées laissent suinter un lait semblable à celui qu'on
obtient par le mamelon. Les conduits lactés s'ouvrent au nombre
de dix ou douze dans chaque mamelon. Les mamelles soumises
à l'ébullition sont un peu plus dures que celles de vache, et elles
répandent une légère odeur animale.

Cette espèce s'accouple comme l'espèce humaine, le mâle
dessus, la femelle dessous : la verge, longue de trente-deux
pouces, est solidement attachée, ainsi que son fourreau, au-devant de l'abdomen, et s'avance jusqu'à l'ombilic ; du reste,
elle est volumineuse, fort semblable à celle du cheval, et terminée
par un gland de même forme que celle-ci, seulement plus grand.

Les parties génitales de la femelle sont à huit pouces au-dessus
de l'anus. L'ouverture de la vulve est triangulaire ; en haut,
là ou est placé le clitoris, elle est le plus large ; elle est
plus étroite vers l'anus : la fente elle-même admet facilement
cinq doigts rassemblés. Le clitoris, long d'un pouce et demi,
est presque cartilagineux, enveloppé d'une forte peau, dure,
polie, et sillonnée de beaucoup de plis courts, disposés en
cercle : cette peau est mélangée de brun et de blanc, de même
que la vulve ; les lèvres de la vulve sont très-raides et dures ;
l'urètre, long de cinq pouces, s'ouvre en dedans et près de
l'ouverture de la vulve ; au-dessous de lui, une membrane
forte, en partie musculeuse, en partie tendineuse, sémilu-
naire, sépare comme un vestibule la vulve du vagin proprement dit, et constitue une sorte d'hymen ; cependant l'ouverture entre les cornes de cette membrane est suffisante pour
que le pénis du mâle puisse sans difficulté pénétrer dans le vagin.
Le vagin lui-même, long de neuf pouces et demi, est tapissé
d'une forte membrane aponévrotique, qui est striée suivant

sa longueur et marquée de beaucoup de sillons superficiels.
Entre ces sillons on rencontre en grand nombre de petites
glandes qui n'excèdent pas le volume d'une tête d'épingle ;
elles produisent un mucus qui enduit de toutes parts le vagin. L'utérus, de forme sphérique, avait le volume d'une
tête de chat ; incisé, il présentait les même mucosités que le
vagin, et un grand nombre de replis d'un demi-pouce de largeur. La substance du vagin est tellement dure, que j'ai eu
peine à l'inciser transversalement. Les ligamens de l'utérus
et les trompes m'ont paru avoir sensiblement la même structure que dans le cheval.

L'anus, situé à huit pouces et demi au-dessous des parties
génitales, est entouré d'un sphincter qui ne le ferme pas étroitement ; il offre un diamètre de quatre pouces. Le sphincter
est blanc ; la tunique interne de l'intestin rectum est glabre,
polie, d'un brun olivâtre, et, de même que dans les chevaux,
tantôt noire, tantôt blanche et tachetée.

Description des parties internes.

J'ai ouvert la tête de quatre individus, et j'ai cherché avec
beaucoup de soin ce que l'on a appelé les pierres de lamantin,
mais je n'ai rien trouvé qui ressemblât à une pierre ou à un
os ; d'où j'ai conclu ou que ces os ne se trouvent pas chez
tous, ou bien qu'ils ne se rencontrent que dans certaines loca-
lités, ou plutôt que Schroder et tous ceux qui ont décrit la
forme de ces os l'ont supposée par analogie avec celle du
bezoard, et n'ont jamais vu de leurs propres yeux les os ou
les pierres de lamantin qu'ils ont décrites. Peut-être aussi faut-
il entendre par là ces os masticateurs ou ces masses dentaires
blanches qu'on trouve au palais et à la mâchoire inférieure ;
et cela paraît d'autant plus vraisemblable, que la description
qu'on trouve dans la pharmacologie de Sam. Von Dale s'ac-
corde beaucoup avec ces os masticateurs. Sa description a été
faite d'après les objets, et, comme il ignorait la fonction de ces
os, il ajoute : La pierre du lamantin est un os crustacé, blanc,
semblable à l'ivoire, extrait de la tête, et de forme tortueuse.
Il a sans doute voulu indiquer par ce mot les sinuosités et les

éminences flexueuses qu'offre la surface de chacun de ces os.

Le crâne est très-épais ; il contient un cerveau petit ; le cerveau n'est séparé du cervelet par aucune cloison osseuse : le reste ne m'a rien présenté de particulier.

L'œsophage est large, tapissé d'une membrane tendineuse, forte, blanche ; on y voit un grand nombre de rugosités et de plis dans son trajet jusqu'à l'estomac : là il présente avant sa terminaison un grand nombre de petits appendices triangulaires, longs d'une ligne, recourbés en haut dans la direction de l'œsophage, et dont l'usage me paraît être d'empêcher la régurgitation des alimens ; ils écartent l'idée de quelque rumination, que j'avais conçue au premier abord.

L'œsophage s'ouvre vers le milieu du ventricule, comme dans le cheval et le lièvre.

L'estomac forme une masse qui étonne ; il a six pied de long, cinq pieds de large, et est tellement rempli par les alimens et par des fucus, que quatre hommes vigoureux, après l'avoir attaché à un câble, ont eu besoin de beaucoup de peine et d'efforts pour le déplacer et l'extraire de l'abdomen.

Les tuniques de l'estomac ne se peuvent pas distinguer l'une de l'autre ; leur ensemble offre trois lignes d'épaisseur. Une tunique grasse, épaisse de deux lignes, simple, enveloppe le ventricule, adhère par sa partie supérieure, d'une manière assez intime, à la tunique membraneuse de l'organe, demeure libre dans tout le reste de son étendue, et paraît plutôt destinée à conserver la chaleur de l'estomac qu'à contenir cet organe. La tunique interne de l'estomac est blanche, glabre ; elle n'offre ni rugosités ni villosités ; mais ce qu'il y a de plus remarquable, et ce que plusieurs refuseront peut-être de croire, c'est que j'ai trouvé dans le ventricule, non loin de l'insertion de l'œsophage, une glande ovale du volume d'une tête humaine ; cette glande, saillante dans l'organe comme quelque grand anévrisme, se trouvait entre la membrane musculeuse et la nerveuse : elle s'ouvrait à travers la tunique villeuse par de nombreuses porosités, qui versaient abondamment dans la cavité du ventricule un liquide blanc ayant la consistance et la couleur du suc pancréatique. J'ai eu pour témoin de ce fait extraordinaire le chirurgien Bettge. Le hasard m'a fourni deux occasions de connaître la nature de ce liquide : car, ayant introduit un tube d'argent dans un des pores de la tunique interne , afin d'explorer ces voies d'excrétion , le tube a été retiré noirci , comme cela arrive lorsque l'acide de soufre agit sur l'argent. J'ai encore observé le même fait lorsque, après avoir ordonné à l'étudiant Konowalow de retirer les matières contenues dans l'estomac, il me montra , après cette opération , l'anneau d'argent qu'il portait au doigt couvert de la même couleur. La tunique interne du ventricule était perforée par des lombrics blancs , longs d'un demi-pied , et dont cet organe fourmillait, ainsi que le pylore et le duodénum. Ces lombrics avaient aussi pénétré dans l'intérieur de la glande. Celle-ci laissait couler à l'incision un liquide abondant. Il ne m'a pas été possible plus tard d'examiner d'autres estomacs, car je manquais des secours nécessaires , et je ne pouvais avec peu de monde renverser sur le dos les individus que je trouvais à terre : c'est pourquoi je conserve quelque doute si cette glande existe constamment, ou n'est que le résultat de quelque maladie.

Le pylore était tellement ample et gonflé , qu'au premier aspect je l'ai pris pour un second estomac, et je m'occupais de rechercher les deux autres , car je croyais l'animal ruminant ; mais , après avoir incisé le pylore, j'ai changé d'avis , et j'ai reconnu à sa structure , en tout semblable à celle de l'estomac, que c'était le pylore : par malheur, il m'arriva que les hommes que j'avais rassemblés pour une heure , en leur donnant du tabac au lieu d'argent , se fatiguèrent de ce travail ; et, comme l'estomac et le foie formaient une masse trop considérable pour qu'on pût les extraire en entier, il fallut couper le pancréas et son canal, ainsi que le conduit cholédoque. J'ai pu reconnaître cependant que le pancréas était divisé en deux lobes, et composé d'un grand nombre de petits lobules glanduleux, et qu'il était petit, eu égard à la taille de l'animal, car il n'avait pas plus de quatre pouces d'épaisseur.

Les intestins sont plus considérables dans cet animal qu'en aucun autre, excepté peut-être la baleine, que je n'ai pas encore eu l'occasion d'examiner. Ils remplissent la cavité abdominale à tel point, que l'abdomen est tendu et gonflé comme une outre ; et, lorsque, après avoir détaché les tégumens communs et les muscles de l'abdomen, on fait au péritoine une légère piqûre, les gaz s'en échappent avec un sifflement et un bruit semblables à ceux que produit l'éolipyle. C'est aussi pour maintenir cette masse intestinale que l'abdomen est tapissé d'un double péritoine, très-fort, membraneux et aponévrotique. Le péritoine s'étend du pubis au sternum, et s'attache de chaque côté aux fausses côtes. De chacune de celles-ci partent de forts tendons, partagés en plusieurs rayons droits, qui de chaque côté se dirigent vers la ligne blanche, et qui, en s'entrecroisant, forment à la surface du péritoine, lorsqu'on a enlevé les muscles de l'abdomen, une sorte de toile en damier, de l'aspect le plus agréable. Du bord interne des côtes naissent des tendons semblables, que l'on distingue à l'intérieur, formant comme des colonnes horizontales qui augmentent la solidité de la membrane péritonéale. Les deux membranes se confondent en une seule sur la ligne médiane près de la ligne blanche; mais sur les flancs elles sont distinctes. Lorsqu'on incise le péritoine, les intestins sortent avec violence, et sans qu'on les touche ils quittent l'abdomen, car ils sont tellement remplis, que de l'œsophage à l'anus ils représentent une espèce de boudin gonflé et sans le moindre espace vide. Les intestins grêles sont glabres, enveloppés de beaucoup de graisse, blancs, cylindriques, et d'un diamètre de six pouces. Si l'on y fait la moindre piqûre, des excrémens liquides en jaillissent avec violence, comme jaillit le sang d'une veine ouverte; et souvent le visage des spectateurs en était inondé lorsque l'un de nous, en plaisantant, perçait le canal intestinal du côté opposé à celui où il se trouvait.

Le cœcum, fort grand, ainsi que le colon, est partagé au moyen d'une bandelette ligamenteuse qui le parcourt des deux côtés, suivant sa longueur, en de nombreuses cellules. J'ai cherché la valvule du colon sans réussir à la trouver. Pour être court, je dirai que ces intestins ne diffèrent de ceux des chevaux que par leur grandeur et leur capacité, mais nullement pour leur structure, et les matières qu'on trouve dans cette terminaison des intestins ressemblent tellement pour la forme, pour la grandeur, pour l'odeur, pour la couleur, pour toutes les autres propriétés, aux excrémens du cheval, qu'elles tromperaient le palefrenier même le plus exercé, et seraient prises pour des excrémens de cheval. J'avoue que moi-même, dans les premiers jours de mon arrivée dans l'île, j'y ai été grossièrement trompé. C'était pour moi comme un miracle de rencontrer quelques-uns de ces objets congelés; et, n'en connaissant pas la véritable origine , je tirais de prémisses très-fausses une conclusion très-vraisemblable.

Les brouillards d'automne nous empêchaient alors d'apercevoir le continent , et je pensais que l'Amérique se trouvait au voisinage de notre île, par la raison que , n'y ayant pas de chevaux au Kamtschatka , mais seulement en Amérique, les excrémens qui avaient été apportés , et que nous trouvions encore entiers , étaient un signe irrécusable du voisinage de la terre.

Le canal intestinal tout entier, de la bouche à l'anus, mesurait cinq mille neuf cent soixante-huit pouces, de sorte que les intestins avaient vingt fois et demie la longueur totale de l'animal.

Le mésentère, très-épais et gras, est parsemé de beaucoup de glandes du volume d'une noix ou de celui d'un gland. L'opacité du mésentère ne m'a pas permis d'observer les vaisseaux lactés, non plus que les lymphatiques, quoique les intestins fussent encore chauds. Les veines, ayant le volume du doigt auriculaire , se distinguent à leur teinte livide et par une demi-transparence.

La plèvre est formée par une double membrane très-forte ; au-dessous d'elle un muscle unique continu, épais d'un pouce, revêt chacun des côtés.

La vessie urinaire est épaisse de deux lignes, très-forte; elle n'a pas plus du volume d'une tête humaine , et est plus petite que la vessie du bœuf.

La trachée-artère n'était pas formée d'anneaux ou de demi-anneaux cartilagineux, mais elle offrait une structure tout-à-fait inaccoutumée. Elle se compose d'un cartilage unique, contourné en spirale, revêtu tant à l'intérieur qu'à l'extérieur d'une membrane résistante. Cependant les tours de la spirale n'ont pas partout la même largeur. Dans quelques points, le bord du cercle supérieur présente une échancrure où s'engage une éminence correspondante du cercle inférieur; et cette disposition, aidée de la membrane qui maintient la spirale, en dedans et en dehors , empêche qu'en aucun sens il ne puisse s'effectuer de luxation. La trachée-artère, en se divisant en rameaux au-dessous de la glotte, conserve la même structure, et on retrouve encore celle-ci dans la substance même des poumons ; cette spirale continue n'a sans doute pas d'autre objet que de permettre plus facilement à l'animal de soulever dans la respiration la masse énorme et pesante des poumons, mouvement auquel ne contribue aucun muscle ni aucun organe placé dans le dos.

La glotte ressemble à celle du bœuf; cependant elle est fermée par l'épiglotte d'une manière plus serrée et plus solide que dans les mammifères terrestres; l'épiglotte est aussi comparativement plus épaisse. Le diamètre de la trachée-artere au-dessous de la glotte est de quatre pouces deux dixièmes.

La glande thyroïde est fort grande; elle laissait couler à l'incision deux liquides abondans, de couleur et de consistance différente; celui qui était fourni par les petites glandes extérieures avait la couleur du lait; plus consistant que du lait de brebis, sa saveur était douce; celui qui s'écoulait du milieu de la glande, ou plutôt du réceptacle de la glande, était contenu dans un sac membraneux spécial; il était glutineux, de consistance pultacée, d'une saveur douceâtre mêlée d'un peu d'amertume, d'une couleur blanche jaunâtre. J'ai vivement regretté de n'avoir pas, lorsque l'idée me vint, dans le dernier des individus que j'ai ouverts, d'examiner cette glande avec plus de détails, pris soin de faire extraire en entier la gorge, la trachée-artère, le cœur et les autres viscères, ce qui dans un animal si énorme ne peut se faire qu'avec l'aide de beaucoup de monde. J'aurais recherché si ce liquide ne se décharge pas dans quelque organe en particulier, soit dans l'estomac, comme le pense Vercellonius, soit ailleurs; j'ai bien vu les restes d'un canal coupé; mais où va-t-il aboutir? c'est ce que je n'ai pas vu et que je ne veux pas deviner.

Quant au cœur, il diffère en beaucoup de points de celui de tous les autres animaux.

1. Par sa situation : la pointe est dirigée obliquement vers le sternum, la base se dirige vers le dos.

2. Par ses rapports : le cœur n'adhère pas au médiastin, mais il est libre de toutes parts, et manque entièrement de médiastin.

3. Il y a un péricarde, mais il n'enveloppe pas le cœur de près. Il forme plutôt dans le thorax, qu'il tapisse, une cavité spacieuse. C'est en haut, vers le dos, à la base du cœur, que le péricarde se trouve le plus rapproché de cet organe. Le cœur lui-même, lorsque l'animal paît, n'est pas, non plus que le péricarde, dirigé du dos au sternum suivant une ligne verticale,

mais bien un peu oblique. Ainsi donc le péricarde fait ici l'office de médiastin. Plus bas, vers l'abdomen, le péricarde s'unit à la paroi interne du diaphragme, en ne formant avec celui-ci qu'une seule membrane ; sur les côtés il adhère aux plèvres.

4. Par ses dimensions : le cœur pesait trente-six livres et un quart, il était long, de la base au sommet, de deux pieds deux pouces, et large, de l'extrémité d'une oreillette à l'autre, de deux pieds et demi ; il était donc plus large que long.

5. Sous le rapport de la forme : le cœur est plus large et plus épais que long ; de plus, et c'est là ce qui fait la différence principale, il ne s'amincit pas de la base au sommet pour se terminer, à la façon d'une toupie, en une pointe unique, mais bien en deux pointes, nombre égal à celui des ventricules ; cet écartement des pointes du cœur remonte environ jusqu'au tiers de sa hauteur ; puis elles se rejoignent, et forment la cloison qui sépare les deux ventricules du cœur. La pointe gauche est un peu plus longue et plus considérable que la droite. Chaque ventricule au-dessous de la cloison se prolonge dans la pointe qui lui appartient ; les colonnes charnues surpassent celles du cœur de l'homme, non seulement en volume et en force, mais aussi en nombre ; les valvules des veines caves et pulmonaires, celles de l'aorte et de l'artère pulmonaire, sont semblables à celles de l'homme. La base du cœur est environnée d'une graisse épaisse, disposée en un cordon qui a partout un pouce et demi de large. Au-dessous de celle-ci on distingue les veines coronaires, amples et présentant à leur intérieur des valvules, ce que je n'avais jusque là observé dans aucun autre animal. J'ai cherché avec beaucoup de soin, mais sans succès, le trou ovale et le conduit artériel de Botal. J'ai trouvé la cavité du péricarde à demi remplie de liquide ; et le seul fait de cette quantité me porte à croire que c'est une accumulation contre nature, qui se produit au milieu des angoisses de la mort lente de l'animal.

Les deux poumons sont longs, larges, étendus jusqu'à la moitié de l'abdomen, et lobés ; il y en a un de chaque côté de l'épine dorsale : mais ils sont libres et sans dépendances, ce qui les éloigne des poumons des oiseaux, avec lesquels d'ailleurs ils ont des rapports de situation : chaque lobe est enveloppé d'une membrane externe très-forte , qui fait qu'à considérer seulement la structure extérieure et la couleur des poumons, on les prendrait difficilement pour ces organes.

Le foie est composé de deux lobes volumineux , et d'un troisième, dont la figure est toute particulière. Il est carré , et ressemble à une enclume de forgeron : il est placé au milieu entre les deux lobes plus grands ; il remonte plus haut que ceux-ci , et est immédiatement placé sous le sternum.

Le foie est revêtu à l'extérieur d'une très-forte membrane aponévrotique , de manière qu'il ressemble à toute autre chose qu'à un foie : on distingue à travers cette membrane les rameaux de la veine cœliaque gonflés , et offrant une transparence bleuâtre. Lorsqu'on incise cette membrane, on voit la substance du foie , d'une couleur plus brune que dans le bœuf, mais très-molle et cédant sous le doigt comme un putrilage.

Il n'y a pas de vésicule du fiel. Le canal cholédoque admet facilement, comme dans le cheval, les cinq doigts réunis; il a donc une capacité considérable ; il est épais d'une demi-ligne, très-fort , blanc en dehors , d'un jaune de safran à l'intérieur ; près de son embouchure dans le duodenum il s'unit avec le canal pancréatique pour ne former qu'un seul conduit.

Les reins sont placés dans les lombes , de chaque côté de l'épine ; ils ont trente-deux pouces de long, et dix-huit de large ; ils ont la forme ordinaire des reins et sont enfermés dans une membrane très-forte. Lorsqu'on enlève celle-ci, on distingue un grand nombre de lobules de même forme que dans le phoque et dans la loutre marine , mais qui ont des dimensions beaucoup plus grandes ; car ils ont à la surface deux pouces de long sur un pouce et demi de large ; ils forment des pyramides dont le sommet se dirige en dedans. Chacun de ces lobules est pourvu d'un uretère particulier, d'une papille, et d'une artériole ; ces uretères se réunissent en six rameaux principaux , puis enfin un canal unique conduit l'urine dans la vessie urinaire.

J'ai omis d'observer les capsules surrénales et la rate , ainsi que les organes intérieurs de la génération , et plusieurs autres parties qui me sont revenues plus tard en mémoire , lorsque déjà je n'avais plus ni le temps ni les moyens de continuer mes observations.

Description abrégée des os.

Les os de la tête du lamantin ressemblent, pour la force et la solidité, à ceux du cheval ; mais ceux du reste du corps surpassent en grandeur et en dureté ceux de tous les animaux terrestres.

Les os du crâne réunis ne sont pas plus grands que dans une tête de cheval ; et ils n'en diffèrent guère ni pour la forme ni pour l'union des os.

Le crâne, dépourvu de sutures, se continue en avant par deux apophyses vers les os du nez, et s'unit par une arthrodie diarthrodiale aux os du nez et aux maxillaires ; les os du nez se joignent aux maxillaires par un ginglyme diarthrodial. Les os du nez s'unissent par une suture rugueuse. Le temporal s'unit au crâne par suture, l'occipital par harmonie : il est très-dur et presque pierreux. Le maxillaire inférieur se compose d'un seul os dans les adultes, et de deux dans les jeunes.

La tête a vingt-sept pouces de longueur des narines à l'occiput : elle est large à l'occiput de treize pouces et demi.

Il y a en tout soixante vertèbres : six au cou, dix-neuf au dos, trente-cinq à la queue.

Il y a cinq paires de vraies côtes, douze paires de fausses.

Le corps des vertèbres du cou est étroit ; elles ont la structure générale des vertèbres cervicales du cheval ; mais je ne puis indiquer jusqu'à quel point elles en diffèrent par des caractères particuliers ; car je suis dépourvu de livres et de squelette de cheval, et je ne me fie ni à ma mémoire ni à mon imagination.

Les épines des vertèbres dorsales sont aiguës et larges ; et, malgré l'épaisseur de l'épiderme et du pannicule graisseux, elles font sur les individus appauvris une saillie considérable et se distinguent très-nettement. Les vertèbres du dos sont effilées en dedans, dans la région de l'estomac et du foie ; mais toutes les autres sont arrondies et manquent de cette éminence pointue.

Chacune des vertèbres caudales a quatre apophyses particulières ; les latérales sont longues et larges ; l'apophyse externe est semblable aux latérales pour la largeur, mais elle est plus courte ; l'apophyse interne forme un os particulier, semblable au lambda des Grecs, s'unissant par une ligne au corps de la vertèbre, et y adhérant au moyen de ligamens très-forts. Toutes les vertèbres sont réunies entre elles par plusieurs larges tendons très-solides, qui les enveloppent de toutes parts, au point de ne rien laisser paraître de l'os lui-même.

Les cinq paires de vraies côtes sont unies au sternum par des cartilages ; toutes, tant vraies que fausses, sont robustes, épaisses, et très-pesantes.

Le sternum, dans sa partie supérieure, où il s'unit aux côtes, est cartilagineux ; plus bas, vers le scrobicule du cœur, il est osseux dans une étendue d'un pied et demi.

Au lieu d'os innominé, il y a deux os, un de chaque côté, ayant la grandeur et la forme du cubitus d'un squelette humain : d'un côté ils sont attachés par des ligamens très-forts à la trente-cinquième vertèbre ; de l'autre au pubis.

Il n'y a pas de clavicule.

Les bras se composent de deux os, du tarse et du métatarse.

Des mœurs et de la nature de l'animal.

Je me fusse abstenu d'une description aussi détaillée de cet animal, si je n'avais trouvé les descriptions du lamantin que nous possédons trop courtes, sèches, toutes pleines de fables et d'erreurs, comme ce qui nous vient des deux siècles précédens ; car alors les auteurs d'histoire naturelle n'examinaient que très-légèrement les objets qu'ils avaient sous leurs yeux, pour rechercher de préférence les mœurs cachées des animaux, leurs amitiés ou leurs haines avec d'autres espèces, leur intelligence, et cent autres choses tout-à-fait en dehors du sujet ; et ils enveloppaient d'une obscurité presque impénétrable les faits les plus clairs.

Quant à moi, j'ai eu pour premier soin de donner une idée claire et succincte de la forme extérieure de l'animal ; puis j'ai décrit la structure des parties internes, leurs ressemblances et leurs dissemblances avec ce qui est connu, de manière à déterminer les fonctions et la nature de l'animal : j'y ajouterai ce qui concerne les usages des parties , sous le rapport des **alimens**, de la médecine, etc., et enfin ce que j'ai observé sur l'animal vivant de ses mouvemens , de sa nature , de ses habitudes.

Si je n'ai pas réussi comme je l'aurais désiré, cela a tenu d'abord à la saison, qui, à l'époque où ces animaux furent pris, se trouva constamment pluvieuse et froide ; puis à la nécessité d'observer de jour, à la violence de la mer, à des troupes d'isatis, qui me dévoraient ou m'enlevaient tous les objets : pendant que j'examinais l'animal, ils m'avaient emporté mes papiers, mes livres, mon encrier; pendant que j'écrivais, ils dévoraient l'animal. Réduit à observer et à préparer seul, je trouvais un obstacle dans la masse considérable et dans le volume énorme des parties. Tous mes autres compagnons étaient occupés de la construction d'un bateau et des soins de notre délivrance : le soir seulement je les réunissais à mes frais, pendant une heure, pour quelque travail pénible : par ignorance et par dégoût, ils coupaient sans ménagement, ils agissaient suivant leur caprice, et cependant il me fallait trouver bien leurs erreurs et leurs dégâts, pour qu'ils ne m'abandonnassent pas. Je n'ai pu ni extraire un viscère dans son entier , ni le déplier lorsqu'il était extrait , afin de faire quelque chose de précis. De sorte que, si j'ai trouvé quelque satisfaction dans plusieurs observations , j'ai éprouvé dix fois plus de chagrins et de dégoûts à voir toutes les choses utiles qu'il me fallait laisser sans examen : c'est pourquoi je prie le lecteur qui parcourra cette description incomplète d'en accuser les circonstances plutôt que mon zèle et ma volonté.

J'avais préparé un squelette de jeune individu, j'en avais bourré la peau , et séparé l'épiderme : mais, dans l'impossibilité d'emporter tous ces objets avec moi , à cause de la petitesse de notre bateau, je voulus au moins emporter la peau , mais sans plus de succès. J'avais eu les mêmes intentions pour le lion , l'ours et la loutre marine ; mais je n'ai plus l'espérance de jamais jouir de ces obje's sur le continent du Kamtschatka.

Mais c'en est assez de mes regrets et de mes difficultés.

J'observerai d'abord que le lamantin n'est pas le bœuf d'Aristote , car le lamantin ne paît jamais sur la terre ferme ; et, du reste , il importerait assez peu que ce fût lui ; car Aristote ne donne aucune description, et vraisemblablement il n'a jamais vu ni reçu des détails sur l'animal dont il parle. J'observerai encore que Lopez Francis Hernandez, et après lui Clusius et Ray, rapportent sur cet animal beaucoup de choses contraires à la vérité et à l'observation directe.

1. Cet animal est partout dépourvu de poils, et ce qu'on pourrait appeler des poils, et qui sont plutôt des soies ou des sortes de plumes fistuleuses, ne se rencontrent qu'autour de la bouche et sous les pieds.

2. La tête de cet animal n'est ni celle d'un veau, comme le dit Clusius, ni celle d'un bœuf, comme le dit Hernandez ; mais, couverte de ses tégumens, elle ne ressemble à celle d'aucun animal, elle a une forme qui lui est particulière.

3. Les pieds sont tout-à-fait dépourvus d'ongles ; ils sont enveloppés par la peau, comme un membre amputé, et l'animal marche sur cette peau, qui est en ce point hérissée de soies.

4. C'est aussi sans vérité qu'Hernandès a attribué à cet animal des ongles semblables à ceux de l'homme, pour lui donner plus de ressemblance avec l'homme de Platon ; car il est absolument dépourvu de doigts et d'ongles ; à moins qu'on ne veuille comparer à un ongle humain le sabot du cheval, avec lequel le pied de notre animal a quelque ressemblance.

5. On peut voir aussi combien on obscurcit un sujet lorsque, après avoir supposé des prémisses fausses, on en tire des conclusions plus fausses encore. Ainsi tous les auteurs affirment unanimement que cet animal remonte les fleuves et paît les plantes qu'il rencontre sur leurs rives, parce qu'ils ont entendu dire qu'il se nourrit de plantes : mais c'est de fucus marins, et non de plantes terrestres, qu'il s'agit.

6. Il n'y a non plus aucune vérité dans ce qu'on rapporte, que cet animal se couche sur les rochers, et monte sur la terre ferme : sa structure le rend tout-à-fait impropre à se mouvoir sur terre. Il m'est arrivé une fois de voir un de ces animaux endormi, que la mer, en se retirant, avait laissé à sec sur le rivage ; sans défense, et hors d'état d'échapper par la fuite, il fut tué misérablement à coups de hache et de bâton.

Il est plus facile de croire que cet animal puisse s'apprivoiser que d'ajouter foi à ce qu'on raconte de sa merveilleuse sagacité ; car sa stupidité et son avidité pour la nourriture font que, sans même être apprivoisé, il est fort doux. Un cruel hasard m'a fourni pendant dix mois l'occasion d'observer, de la porte de ma cabane

les mœurs et les habitudes de ces animaux, et je vais dire en peu
de mots et en toute vérité les faits que j'ai observés.

Ces animaux aiment les parties basses et sablonneuses du rivage, et principalement les embouchures des rivières, où ils sont
attirés par la douceur de l'eau courante. Ils sont toujours en troupes ; ils conduisent devant eux les petits et les individus non adultes ; mais ils les environnent en arrière et sur les côtés, et
les laissent toujours dans le milieu du troupeau : à la marée
haute ils s'approchent tellement du rivage, qu'il m'est arrivé
souvent, non seulement de les frapper du bâton ou de la lance,
mais même de leur toucher le dos avec la main. Lorsqu'on les attaque violemment, ils ne font autre chose que de s'éloigner du
rivage, puis bientôt après ils s'approchent de nouveau.

Communément on voit vivre ensemble une famille entière,
composée du mâle, de la femelle, d'un individu adulte, et d'un
autre plus petit. Ils me paraissent monogames ; ils mettent bas en
tout temps, mais plus fréquemment en automne, comme je l'ai
conclu du nombre de petits récemment nés que je remarquais à
cette époque. De plus, comme c'est au printemps que je les ai vus
principalement engendrer, je pense qu'ils portent le fœtus pendant plus d'une année. La brièveté des cornes utérines et le
nombre des mamelles me font croire qu'ils ne mettent bas qu'un
petit, et d'ailleurs je n'ai jamais remarqué plus d'un jeune animal
auprès de sa mère.

Ces animaux sont sans cesse occupés à manger ; leur avidité
fait qu'ils ont toujours la tête sous l'eau, et le soin de leur
vie et de leur sûreté les occupe si peu, que vous pouvez,
sur un bateau ou à la nage, aller au milieu d'eux, choisir en
toute sûreté, et frapper du grappin au milieu du troupeau celui
qui vous conviendra. Lorsqu'ils paissent, toutes les quatre ou
cinq minutes ils sortent les narines hors de l'eau, et en chassent
l'air et un peu d'eau avec un bruit semblable au hennissement
du cheval ; tantôt ils nagent tranquillement, tantôt ils marchent, en quelque sorte, et placent lentement un pied devant
l'autre, comme le font en paissant les bœufs et les brebis.

La moitié du corps, c'est-à-dire le dos et les flancs sont toujours au-dessus de l'eau, et les mouettes ont coutume de s'y
reposer pour se nourrir des insectes parasites qui se trouvent
dans l'épiderme, comme on voit les corneilles se repaître des

parasites du porc et de la brebis. Les lamantins ne mangent pas indistinctement tous les fucus, mais principalement : 1° un fucus ridé et crépu comme une feuille de chou de Savoie ; 2° un fucus en forme de massue ; 3° un autre en forme de fouet romain antique ; 4° un autre très-long, à bords ondulés. Dans les lieux où ces animaux ont passé un seul jour, la mer rejette sur le rivage d'énormes amas de tiges et de racines. Lorsque leur ventre est plein, on les voit quelquefois nager couchés sur le dos ; et, lorsque la marée baisse, ils s'écartent du rivage pour n'y pas demeurer à sec. Souvent en hiver ils sont suffoqués par les glaces qui flottent près des côtes, et ils sont rejetés morts sur le rivage ; ce qui arrive aussi lorsque, étant surpris par les vents, les flots agités les jettent et les froissent contre les rochers. En hiver ces animaux sont maigres au point qu'on leur voit l'épine du dos et toutes les côtes. Au printemps ils s'accouplent à la manière de l'homme ; c'est surtout vers le soir et par une mer tranquille ; mais avant l'accouplement ils se livrent à mille préludes amoureux : la femelle, nageant tranquillement en différentes directions, suit toujours le mâle ; mais elle lui échappe par mille tours et détours ; tant qu'enfin, comme fatiguée, et impatiente d'un plus long délai, elle se renverse sur le dos, et reçoit le mâle, qui se précipite avec ardeur.

La capture de ces animaux se faisait au moyen d'un grand crochet de fer, dont la pointe représentait la branche d'une ancre, et dont l'autre extrémité, percée d'un anneau, était attachée à un long et fort câble. Un homme vigoureux s'armait du grappin, et, aidé de quatre ou cinq autres, montait la chaloupe : l'un tenant le gouvernail, trois ou quatre ramant, on s'approchait du troupeau. Le harponneur se tenait sur la proue, le grappin à la main, et, lorsqu'il était assez près pour pouvoir frapper de la chaloupe, il lançait son arme, et aussitôt trente hommes sur le rivage, saisissant l'autre extrémité du câble, retenaient l'animal, et l'attiraient péniblement vers le rivage, malgré ses violens efforts pour résister. Ceux qui étaient dans la chaloupe s'amarraient avec un autre câble, et accablaient l'animal de coups redoublés, jusqu'à ce qu'enfin, percé de coups de poignard, de couteau ou d'autres armes, il fût amené mort sur le rivage. Quelquefois on enlevait à l'animal d'énormes lambeaux. Tout ce qu'il faisait alors, était d'agiter violem-

ment la queue et de résister de ses pieds de devant, au point
que souvent il se détachait de grands fragmens d'épiderme.
De plus, l'animal respirait fortement et comme en gémissant, et
le sang s'élevait en jaillissant de son dos blessé ; tant qu'il avait
la tête cachée sous l'eau, le sang ne coulait pas, mais, dès qu'il
élevait la tête pour respirer, le sang sortait de nouveau : cela
tenait à ce que les poumons, placés dans le dos, avaient été
blessés, et que l'air dont ils se remplissaient ajoutait à l'impulsion du sang. De ce phénomène j'avais peine à ne pas conclure que la circulation se faisait dans cet animal, comme dans le
phoque, de deux façons : à l'air libre par les poumons, sous l'eau
par le trou ovale et le conduit artériel, quoique je n'aie trouvé
ni l'un ni l'autre.

Les individus adultes et les très-grands sont plus faciles à cap-
turer que les petits, parce que ces derniers ont des mouvemens
beaucoup plus impétueux, et que leur peau en se déchirant
leur permet d'échapper au grappin, ce que j'ai vu plusieurs fois.

Lorsqu'un de ces animaux, saisi par le harpon, commence à
s'agiter violemment, ses proches et les troupeaux voisins se
disposent à porter secours au prisonnier : les uns cherchent à
renverser la chaloupe avec leur dos, d'autres s'attachent au
câble et cherchent à le briser, ou essaient par les secousses de
leur queue d'arracher le fer du dos du blessé ; et leurs efforts sont
quelquefois heureux. J'ai vu un exemple curieux d'affection
conjugale dans un mâle : après avoir fait de vains efforts pour
délivrer sa femelle saisie par le harpon, sans paraître sensible
aux coups qu'il avait reçus, il continua de la suivre jusqu'au rivage,
et, à plusieurs reprises, au moyen d'efforts violens, il s'approcha
d'elle. Le lendemain, lorsque nous vînmes pour couper la chair
et la porter dans nos demeures, nous retrouvâmes de nouveau
le mâle auprès de sa femelle, et je fus témoin du même fait le
troisième jour, m'étant dirigé seul vers ce point pour examiner
les intestins.

Cet animal est muet, il ne fait entendre aucune voix ; il souffle
seulement fortement, et pousse, lorsqu'il est blessé, une espèce
de soupir.

Je ne saurais affirmer jusqu'où s'étendent chez ces animaux les facultés de la vue et de l'ouïe : peut-être voient-ils et entendent-ils
peu, parce qu'ils ont toujours la tête sous l'eau : d'ailleurs, il

semble qu'ils fassent peu d'usage et peu de cas de ces organes.

Parmi tous ceux qui ont écrit sur le lamantin, personne n'en a parlé d'une manière plus complète et plus exacte que le capitaine Dampier, dans son voyage publié en anglais, Londres, 1702. Je n'y trouve rien à reprendre, sauf quelques faits qui ne se rapportent pas exactement à notre animal ; car il dit qu'il y a deux espèces de lamantin, dont l'une a la vue plus fine que l'ouïe, et l'autre l'ouïe plus fine que la vue. Pour ce qu'il raconte de la chasse de cet animal, que les Américains s'approchent sans bruit et sans parler, de peur de le faire fuir, cela vient sans aucun doute de ce que, dans les lieux où on les chasse le plus fréquemment, ils ont appris par une longue expérience que l'homme leur était ennemi. La même chose a eu lieu pour les loutres, les phoques, les isatis, qui jamais n'avaient rencontré d'homme dans cette île déserte, et n'avaient jamais été inquiétés dans leur repos. Lorsque nous arrivâmes dans l'île de Behring, nous les tuions sans peine ; mais bientôt ils devinrent aussi sauvages qu'au Kamtschatka, et, reconnaissant leur ennemi, non seulement par la vue, mais à sa trace, ils lui échappaient par la fuite.

Il arrive quelquefois que les lamantins sont rejetés morts par les flots vers le promontoire appelé Kronoskoi, et dans le golfe d'Awatscha. Ils sont appelés par les habitans du Kamtschatka, à cause de la nourriture qu'ils en tirent, *kapustnik*, ce que jai appris après mon retour en 1782. Enfin, pour ce qui regarde les usages de cet animal, les Américains, au rapport d'Hernandez, en emploient la peau, épaisse et résistante, pour des semelles et des ceintures. On m'assure que les Tschuktschis se servent de la peau pour faire des nacelles, en l'étendant au moyen de bâtons et en la façonnant de la même manière que le font les Coréens pour les peaux des grands phoques appelés lachtak.

La graisse sous-cutanée, qui forme autour du corps une enveloppe de huit pouces, et en quelques endroits de neuf pouces d'épaisseur, est glanduleuse, consistante, blanche ; exposée au soleil, elle jaunit un peu comme du beurre ; elle a une odeur et une saveur très-agréables ; elle ne ressemble à la graisse d'aucun autre animal marin, et elle est bien supérieure à la graisse des quadrupèdes ; car, outre qu'on peut la conserver long-temps et par les jours les plus chauds, sans qu'elle rancisse ou prenne une mauvaise odeur, elle devient, quand on la fait cuire, si douce et si sapide, qu'elle nous a ôté tout désir de posséder du beurre ; elle se rapproche de la saveur de l'huile d'amandes douces, et peut être employée aux mêmes usages que le beurre. Elle brûle en donnant une lumière brillante, sans fumée et sans odeur. Peut-être son usage en médecine n'est-il pas à dédaigner, car elle relâche doucement le ventre, ne cause ni nausées ni perte d'appétit, et serait, je crois, plus utile aux calculeux que les os masticateurs ou ce qu'on nomme les pierres de lamantins. La graisse de la queue est plus ferme, plus consistante, et plus délicate à la cuisson. La chair consiste en fibres un peu plus fortes et plus épaisses que dans la chair de bœuf ; elle est plus rouge que celle des animaux terrestres, et, ce qui est bien remarquable, elle se conserve fort long-temps sans odeur à l'air libre, et par les jours les plus chauds, bien qu'elle soit de toutes parts rongée par les vers. Je crois que la raison de ce fait réside en ceci, que l'animal se nourrit exclusivement de fucus et de plantes marines. Or ces fucus renferment moins de soufre, et plus de sel marin et de nitre ; et ces sels empêchent l'exhalation du soufre, le ramollissement et la putréfaction de la chair, de la même manière que le font les sels ou le muriate de soude dont on imprègne des viandes ; et cela est ici d'autant plus fort, que ces substances salines, pénétrant dans la structure intime de la chair, retiennent avec plus d'énergie les parties sulfureuses.

La chair, quoique elle ait besoin d'une cuisson prolongée, a une saveur très-agréable, et est difficile à distinguer de celle du bœuf. La graisse des jeunes ressemble tellement au lard frais du cochon, qu'on l'en distingue à peine : leur chair ne diffère pas de celle du veau ; elle se ramolit rapidement par la cuisson, et elle s'y gonfle à tel point, qu'elle occupe un espace double de celui qu'elle occupait avant.

La graisse tendineuse autour de la tête et de la queue cède peu à l'ébullition ; les muscles de l'abdomen, du dos et des flancs, sont les meilleurs ; leur chair n'est pas du tout impropre à la salaison, comme on l'a dit ; mais elle s'adoucit un peu, et devient en tout semblable à la viande de bœuf salée.

Le cœur, le foie, les reins, sont trop durs, et nous n'en faisions pas beaucoup de cas, à cause de la grande abondance de viande où nous vivions.

L'animal adulte pesait environ 8000 livres 80 centièmes, ou 200 pouds de Russie.

La multitude de ces animaux autour de cette seule île est si grande, qu'elle suffit constamment à nourrir les habitans du Kamtschatka.

Les lamantins sont attaqués par un insecte parasite particulier, qui occupe en grand nombre les bras, les mamelles, le mamelon, les parties génitales, l'anus, et les rugosités de l'épiderme ; et, lorsqu'ils percent l'épiderme et la peau, la lymphe en s'épanchant produit ces tumeurs qu'on distingue quelquefois en différens endroits. La présence de ces insectes attire les mouettes, qui viennent, sur le dos des lamantins, saisir de leurs becs pointus cette nourriture, qu'ils aiment, et rendent par là à ces animaux, que ces insectes fatiguent, un service important (1).

(1) On pourra remarquer, entre la traduction que nous venons de donner et les caractères génériques du stellère, tels que mon frère les a tirés du mémoire latin lui-même, une différence assez notable relative aux dents. Dans cette traduction nous disons qu'il n'y a qu'une dent a chaque machoire, et dans l'extrait de mon frère on trouve que les machoires portent une dent de chaque côté ; dans le premier cas il n'y en aurait en tout que deux, dans le second il y en aurait quatre. Ce serait sans doute une anomalie que toutes les analogies repoussent, qu'une seule dent a chaque machoire chez un mammifère ; néanmoins nous avons dû traduire littéralement ; et ce qui nous y a en quelque sorte forcé, c'est que Steller semble, dans tout le cours de son mémoire, sous la pensée que chaque machoire n'a qu'une dent à sa partie moyenne : ainsi, en parlant de la langue, qui est cachée au fond de la gorge, il dit: *Quæ si longior esset, ut in aliis animalibus masticationem ossibus perficiendam impediret.* De plus, il ne parle jamais de la dent ou de l'os dentaire de la machoire supérieure sans l'attacher au palais, *una palato infixa.* Or Steller ne designait pas le palais d'une manière vague, et il s'exprimait autrement et très-clairement lorsqu'il avait a parler de dents de chaque côte des machoires. Ainsi en donnant la description du phoque moine, il dit des machoires et des dents *in unoquovis latere.* Comment n'a-t-il pas senti la nécessite d'en dire autant de son lamantin ? Au surplus, voici les propres paroles de Steller : *Masticationem absolvunt præter normam omnium animalium, non dentibus quibus in universum carent, sed duobus ossibus validis, candidis, seu dentium integris massis, quorum una palato, altera maxillæ inferiori infixa et huic opposita est.*

DES DAUPHINS EN GÉNÉRAL.

Les dauphins constituent dans l'ordre des cétacés un groupe naturel, qu'on a pu étendre ou resserrer à certaines espèces, suivant qu'on attribuait aux dauphins tel ou tel caractère générique ; mais ce groupe n'a jamais été méconnu.

Les dauphins sont des animaux fusiformes, qui semblent tout-à-fait privés de cou, dont l'extrémité antérieure se termine par un museau plus ou moins allongé, et l'extrémité postérieure, la queue, par la nageoire horizontale commune à tous les cétacés. La tête de ces animaux est sans disproportion par sa grandeur avec la grandeur du corps; ils ont des dents aux deux mâchoires, ou peuvent en avoir à l'une ou à l'autre; outre la queue et sa nageoire, ils ont pour organe du mouvement deux nageoires pectorales, et souvent, vers le milieu du dos, un pli de la peau qui a une apparence de nageoire. Leurs sens paraissent être en même nombre que ceux de tous les autres mammifères, quoique la plupart soient peu développés. Leur œil, très-petit et garni de paupières étroites dénuées de cils, a la pupille en forme de cœur. Leur oreille ne se montre au dehors que par une ouverture à peine visible. Leur langue est épaisse, douce, courte, peu mobile et quelquefois frangée sur ses bords. Leur

peau. tout-à-fait dépourvue de poils, excepté quelquefois
au museau, et recouvrant une épaisse couche de lard,
rend leur toucher tout-à-fait obtus; et quant à l'odorat,
on n'en connaît point encore le siége : il ne peut être
placé dans les narines, comme chez les autres mammifères,
puisque ces conduits aériens servent de passage continuel à l'eau, en supposant que les odeurs ne puissent
pas avoir d'autre véhicule que l'air, et que les nerfs
ethmoïdaux soient essentiels à leur perception.

Le nombre des dents chez les dauphins est susceptible
de beaucoup de variations. En général, elles sont simples,
plus ou moins coniques ou comprimées; elles se développent au bord des maxillaires, et, chez quelques espèces, dans une rainure de l'alvéole, plutôt que dans
des alvéoles particuliers pour chacune d'elles. Il résulte
de cette disposition des dents qu'elles ont peu de fixité,
et qu'un effort même léger les déplace. Cette variation
dans le nombre des dents se rencontre entre les individus d'une même espèce, comme entre les espèces elles-
mêmes, ce qui fait que ces productions organiques ne
tiennent qu'une place fort secondaire dans les conditions
d'existence des dauphins.

Le système d'organes par lequel les rapports de ces
animaux s'établissent le mieux, par lequel ils se rapprochent le plus naturellement, qui donne avec plus
d'exactitude la mesure de leur ressemblance, est celui
qui se compose de l'ensemble des os de la tête. En effet,
les organes du mouvement ne diffèrent point, ou ils ne
le font que par des modifications si légères, qu'on ne
peut en apprécier l'importance, ou plutôt qu'on ne peut
leur en attribuer aucune; tandis que les os de la tête,
tout en se ressemblant par leurs formes et par leurs relations générales, offrent cependant, sous ce double

rapport, des différences assez grandes et assez importantes pour qu'on soit en droit de supposer du moins
qu'elles se lient d'une manière intime au naturel des
espèces qui les présentent.

Pour faire connaître la structure générale de la tête
des dauphins, nous décrirons celle du delphinorhynque
microptère, qui ne l'a point encore été; elle nous servira
de point de comparaison pour faire connaître les modifications que les espèces les plus importantes de cette
nombreuse famille présentent dans cette partie principale de leur organisation.

Le crâne du delphinorhynque microptère (pl. 7) est
triangulaire, très-élevé en avant et bombé en arrière ; le
museau est singulièrement allongé. Vu en dessus, l'ouverture des narines se montre en partie cachée par le re-
ploiement en avant des intermaxillaires (ii). Les os du
nez (aa) consistent en deux tubercules un peu allongés,
placés verticalement, enchâssés et circonscrits en arrière
par les frontaux (bb), et appuyés sur l'ethmoïde (o).
Les frontaux (bb) ne se montrent au dehors que comme
une bande étroite entre les maxillaires et la crête
occipitale. Les pariétaux (cc) n'occupent que la fosse
temporale. Cette fosse est limitée en bas, de chaque
côté, par le temporal (d), dont l'apophyse zigomatique (d')
va rejoindre directement l'apophyse post-orbitaire du
frontal (b'), comme cela a généralement lieu dans les
reptiles ; de telle sorte que le jugal (m), qui ne se compose guère que d'un stylet, est entièrement renversé
pour border inférieurement la fosse orbitaire. Le tubercule (d'') de ce temporal, séparé par une suture,
peut être considéré comme le mastoïdien. L'occipital (d)
occupe presque toute la large et haute face postérieure
de la tête ; il produit, en dessous de chaque côté de sa

portion basilaire (*c'*), une lame saillante (*c"*) qui, se continuant avec le bord de l'aide ptérygoïdienne (*f*) et le corps du sphénoïde (*g*), forme une espèce de voûte sous laquelle sont placées les arrière-narines et une paroi qui sert d'appui à la face interne de la caisse. Sur les sphénoïdes (*gg*) vient s'appuyer la lame qui sépare les deux fosses nasales, et qui est formée de l'ethmoïde (*o*) et du vomer (*h*). Les intermaxillaires (*ii*) et les maxillaires (*kk*) constituent le museau. Les premiers forment ensuite les bords antérieurs et extérieurs des narines, et, remontant à la hauteur des os du nez et des frontaux, ils se recourbent pour former un bourrelet qui se prolonge en avant, au-dessus des fosses nasales. Les maxillaires (*kk*) qui bordent extérieurement les intermaxillaires (*ii*) participent aussi de cette courbure extérieure en (*k'*), et, parvenus à la région des yeux, ils s'élargissent considérablement pour recouvrir toute la partie des frontaux qui forme le plafond de l'orbite. Une chose particulière à cette espèce, ou qui ne tient qu'au jeune âge de l'individu qui la représente, c'est qu'elle est pourvue d'un os lacrymal (*i*) occupant la place où chez les autres dauphins on trouve la portion externe et postérieure du jugal, celle qui forme l'angle antérieur de la fosse orbitaire. Ce lacrymal compose avec le concours du maxillaire un canal (*l'*) qui communique sans doute, soit directement, soit indirectement, avec les fosses nasales, ce qu'il n'a pas été possible de constater. La portion antérieure et aplatie du jugal (*m*) est ici petite et ne s'articule pas avec le maxillaire et le frontal comme dans les autres dauphins, mais avec le maxillaire et le lacrymal. Une autre particularité que nous présente ce delphinorhynque microptère, est la grande étendue de ses ailes ptérygoïdiennes (*ff*), qui dépassent en arrière les

fosses nasales et descendent plus bas que le niveau du
bord inférieur de la mâchoire inférieure. En outre, ces os
n'offrent point une double lame, mais des saillies (f f')
qui bordent leur large face triangulaire et donnent avec
elles attache à de puissans muscles. Les ptérygoïdiens ne
se divisent point en externe et en interne, ce qui doit
faire supposer que cette lame osseuse est destinée à soutenir des efforts considérables. Les palatins (nn) sont
plus étroits que chez le dauphin commun, et ne se
montrent que comme un bandeau entre les maxillaires et
les ptérygoïdiens.

La mâchoire inférieure se distingue par une symphyse
qui occupe plus du tiers de sa longueur, et par la forte concavité de son bord inférieur, en avant de cette symphyse.
Une dent moyenne et trois petites se voient de chaque côté
vers le milieu de cette mâchoire, mais tellement enfoncées
dans les alvéoles, qu'elles ne devaient point paraître hors
des gencives; et de leur état rudimentaire, comme de
leur irrégularité, on peut conjecturer qu'il s'en trouvait
d'autres qui ont ou disparu ou échappé à l'observateur;
mais par cela même on voit à quel point ces productions
organiques sont sans importance chez ces animaux.

Après avoir donné, pour une espèce de dauphin, la
description détaillée de la tête de cette partie principale
du squelette, nous avons à faire connaître les os de l'é-
pine et ceux des membres; mais, pour ces divers systèmes, nous nous bornerons à les indiquer d'une manière
générale, et non pas relativement à une espèce; d'abord
parce que nous ne connaissons point ces parties dans
l'espèce dont nous avons décrit la tête, ensuite parce
que, quant à l'épine, dont nous considérons comme une
dépendance le sternum et les côtes, il n'y a de différence
entre les espèces que pour le nombre des vertèbres et

des côtes, et enfin parce que les membres, **les organes**
du mouvement, chez les dauphins, ne paraissent point
présenter de modifications spécifiques notables.

Chez ces animaux, qui n'ont point de cou apparent,
les vertèbres de cette partie de l'épine, au nombre de
sept, sont d'une grande minceur, l'atlas et l'axis sont
quelquefois soudés l'un à l'autre, tandis que les cinq
autres restent libres : dans quelques espèces, toutes restent séparées et indépendantes les unes des autres.

Les vertèbres dorsales varient pour le nombre. Les
uns en ont douze, d'autres treize, d'autres quatorze.
Leurs apophyses articulaires s'effacent avec l'âge, en
commençant par les postérieures, et leurs apophyses
transverses égalent en longueur l'apophyse épineuse.

Les vertèbres lombaires varient également en nombre ;
le marsouin en a onze et le dauphin commun dix-huit ;
mais c'est le dauphin du Gange, de tous ceux qui sont
connus sous ce rapport, qui en a le moins ; il n'en a
que fixe.

Les vertèbres sacrées pourraient être considérées
comme non existantes dans les dauphins, puisque ces
animaux n'ont qu'un bassin rudimentaire, qui consiste
dans deux petits os suspendus dans les chairs, et que
l'on considère comme les ischions. On ne pourrait donc
placer au nombre de ces vertèbres que celle qui se trouve
le plus rapprochée de ces petits os, et, dans ce cas, il
n'y en aurait jamais qu'une seule.

Les suivantes sont celles de la queue, ce sont les plus
nombreuses : le marsouin en a jusqu'à trente-quatre ;
le dauphin du Gange n'en a que vingt-quatre. Ces vertèbres ont cela de particulier que les apophyses épineuses et transverses sont très-longues, et que les os en
V sont nombreux et fort développés.

Le sternum des dauphins est généralement composé de quatre pièces, et il est remarquable par sa brièveté.

Les côtes n'offrent rien de particulier; elles varient en nombre comme celui des vertèbres dorsales, le caractère de ces vertèbres, pour les distinguer des lombaires, étant de s'articuler à une côte par chacune de leurs apophyses transverses.

On sait que la queue des dauphins, comme celle des autres cétacés, est leur principal organe du mouvement; aussi les muscles qui meuvent cette partie de leur colonne vertébrale présentent toutes les dispositions que nous avons décrites en traitant des cétacés en général.

Les membres antérieurs, les seuls dont les dauphins soient pourvus (1), n'ont l'épaule formée que par l'omoplate, aucun cétacé n'ayant de clavicule; mais, contrairement à ce qu'on observe sur la plupart des mammifères, le côté spinal de l'omoplate des dauphins égale en longueur le plus court les deux autres côtés; le bord dorsal de cet os est presque double de sa hauteur; la fosse anté-épineuse est réduite à un léger sillon ou tout-à-fait nulle; l'épine est peu saillante, mais on en voit naître une grande lame acromiale coupée obliquement et dirigée en avant. Le bras, ou la nageoire pectorale se compose d'un humérus extrêmement court, arrondi vers le haut et y présentant une légère tubérosité extérieurement; d'un radius et d'un cubitus, comprimés, plats, avec un rudiment d'olécrâne, et unis par synchondrose avec l'humérus et le carpe; d'un carpe composé de cinq ou six os aplatis, de figure hexagone, et serrés les uns contre les autres. Ces os sont rangés

____

(1) M. Baer pense que le bassin est complet, et que les ischions sont seuls ossifiés; les autres os se reconnaîtraient dans un tissu fibreux auquel ils tiennent.   (*Sur l'anat. du marsouin.* Isis, 1826, p. 807.)

sur deux lignes, trois sur la première et deux sur la seconde; d'un métacarpe formé aussi de cinq os également
aplatis et tout-à-fait semblables aux phalanges comprimées et souvent cartilagineuses qu'ils supportent, et
dont le nombre est variable et plus grand que celui des
phalanges d'aucun mammifère terrestre. On sait que les
dauphins sont, en général, de tous les animaux aquatiques,
ceux qui nagent avec le plus de force et le plus d'agilité.
Les marins ne trouvent point d'expressions trop fortes
pour peindre l'impétuosité de leurs mouvemens et la
vivacité de leurs jeux; ces cétacés semblent même se plaire
au milieu des flots en furie, et braver en se jouant leur
masse soulevée et menaçante. Cette rare faculté de se
mouvoir, les dauphins la doivent surtout à leur queue
et aux muscles vigoureux qui la forment; car leurs
membres pectoraux ne peuvent guère avoir pour eux
d'autre usage que d'aider l'action de la queue pour modifier la direction des mouvemens.

Lorsqu'on pénètre dans la structure des sens des dauphins, on voit que, pour ceux dont on connaît les organes
et le siége, cette structure est tout-à-fait analogue à celle
des autres animaux à mamelles. Leur œil se compose
des mêmes parties élémentaires, mais il est moins sphérique que celui des mammifères qui vivent dans l'air.
La vie de ces cétacés dans un milieu qui agit sur la lumière, pour la réfracter, plus fortement que l'air, rend
cette modification d'autant plus nécessaire, que le cristallin, par sa forme, et les humeurs par leur nature, ne
la suppléent pas. La pupille, dans le dauphin commun et
dans le marsouin, approche de la forme d'un cœur;
mais elle pourrait présenter une forme différente dans
d'autres espèces, et le tapis, chez ces animaux, est d'un
jaune doré pâle. Leurs paupières sont peu mobiles.

épaissies par la graisse qui les remplit, et la face inférieure de ces parties verse une humeur épaisse et muci-
lagineuse qui remplace celle des larmes , et qu'une glande
située autour du globe de l'œil sécrète (1). Les dauphins,
pour la plupart du moins, paraissent tout-à-fait privés de
trou et de glandes lacrymales, ils le sont aussi complètement d'une troisième paupière.

Il n'est donc pas douteux que les dauphins perçoivent
les corps extérieurs par le moyen de la vue; mais l'extrême petitesse de leurs yeux, la place qu'ils occupent en
arrière sur les côtés de la tête, leur peu de mobilité, ne
font pas présumer que l'œil soit pour eux un sens très-
actif, sinon très-délicat; l'ignorance où l'on est de l'étendue
qu'ils font de son usage , de l'exercice auquel ils le sou-
mettent, ne donne pas les moyens d'apprécier le développement qu'il peut recevoir, le perfectionnement que
cet exercice peut lui procurer.

L'oreille, qui ne se montre au dehors que par un orifice
à peine apparent, est très-développée intérieurement, et
formée des mêmes parties que les autres oreilles de
mammifères : d'une oreille externe composée d'un conduit auditif et d'un tympan avec ses osselets; d'une
oreille interne , c'est-à-dire d'un vestibule, d'un limaçon
et de canaux semi-circulaires, avec la substance géla-
tineuse qui la remplit et les nerfs acoustiques qui y
flottent ; sans compter les muscles, les ouvertures , les
membranes, les vaisseaux et les autres nerfs de ces diverses parties. Mais, dans les dauphins, le rocher, d'une
capacité qu'aucun autre os n'atteint , ne s'articule point
avec les os du crâne ; il est suspendu par des ligamens
sous une cavité située à chaque côté de la base du crâne,

(1) Recherches anatomiques sur quelques organes des cétacés, par
Rapp. Naturwissenschaft, Abandlung. t. 1. 2ᵉ cah. 1827. p. 297.

et formé en grande partie par l'os occipital. La caisse est formée par une lame osseuse qui semble roulée sur elle-même, et qu'on peut comparer pour la forme aux coquilles nommées *bulles*, excepté que le côté épais n'est point en spirale, mais solide. Ce côté est l'interne; le côté opposé est plus mince, et son bord est irrégulier : c'est entre deux de ses apophyses qu'est placée la membrane du tympan, tout-à-fait dépourvue de cadre. Cette caisse adhère au rocher par son extrémité postérieure et par une apophyse de la partie antérieure de son bord mince. L'extrémité antérieure de la caisse est ouverte, et c'est là que commence la trompe membraneuse analogue à la trompe d'Eustache, qui, en montant le long de l'apophyse ptérygoïde, et en perçant l'os maxillaire, aboutit à la partie supérieure du nez, où elle est fermée par une soupape. Dans le limaçon, la spirale, qui est fort grande, reste presque dans le même plan, et ne fait qu'un tour et demi; les canaux demi-circulaires sont d'une grande minceur.

Nous nous bornerons à ces faits principaux, qui nous font voir, comme les yeux pour la vue, que les dauphins ont été peu favorisés pour la perception des sons; l'absence de toute conque externe ne leur permet point de les recueillir; la brièveté du limaçon, la petitesse des canaux demi-circulaires, doivent contribuer à restreindre ou à affaiblir les vibrations qui parviennent jusqu'au tympan par le léger orifice du canal auditif, ou par la trompe qui communique avec le nez, et qui semble plus favorable que ce canal à la conduite des sons dans l'intérieur de l'oreille. Il est, au reste, certain que les dauphins sont sensibles aux sons; des faits qui ne peuvent être révoqués en doute attestent même que leur ouïe est délicate : mais quelles sont les qualités des sons qu'ils perçoivent? C'est ce qu'aucune observation ne peut nous faire connaître.

Le siége de l'odorat chez les dauphins est encore une question pour les naturalistes, comme nous l'avons dit plus haut. Les analogies conduiraient à le chercher dans les premières parties du conduit aérien, dans les narines ; mais ces premières voies de la respiration ne servent pas seulement de passage à l'air : car, quoique quelques auteurs aient pensé le contraire (1), il paraît certain que les narines des dauphins offrent un passage à l'eau que ces animaux peuvent avoir besoin de faire sortir de leur arrière-bouche ; les attestations d'une multitude d'observateurs mettent ce fait hors de doute (2). D'ailleurs la structure particulière de la membrane qui tapisse l'intérieur des narines des dauphins, et l'absence chez eux de nerf olfactif et de la partie criblée de l'ethmoïde, indiquent déjà un changement de fonction dans ces narines et une analogie fort incomplète entre elles et les narines des mammifères terrestres. Nous partageons donc tout-à-fait l'opinion de ceux qui pensent qu'il faut chercher ailleurs que dans la membrane qui tapisse les narines, laquelle est sans cryptes ni follicules muqueux, le siége de l'odorat des dauphins, si ces animaux jouissent en effet véritablement de ce sens ; car je ne sache pas qu'avant d'entrer en discussion sur le siége de l'odorat on se soit assuré que la faculté de percevoir les odeurs existe réellement pour ces cétacés. Dans cet état d'ignorance ou d'incertitude, nous ne considérerons les narines que

(1) Baer, voyez plus haut. Scoresby, Account of the arctic regions, t. 1, page 456.

(2) Indépendamment de tout ce qui a été dit à ce sujet jusqu'à ce jour, voyez sur les phénomènes du soufflage chez les cétacés, par M. Faber, Isis. 1827, t. xx. p. 858.

6.

mcome des conduits destinés simplement à l'introduction de l'air dans les poumons et à l'expulsion dans certains cas de l'eau de la bouche, et nous n'en parlerons qu'en traitant de la respiration.

La langue, par son peu d'étendue et de mobilité, et la petitesse des nerfs qui y pénètrent (1), fait présumer que le sens du goût chez les dauphins est très-peu développé ; et cette conjecture acquiert de la force lorsqu'on considère que les dents chez ces animaux ne sont point destinées à broyer les alimens, qu'ils ne peuvent qu'avaler immédiatement leur proie dès qu'ils l'ont saisie, et qu'ils sont entièrement privés de glandes salivaires.

La grossièreté de ce sens serait portée au dernier point si ces animaux étaient en effet privés du sens de l'odorat ; car il est bien reconnu que, sans le secours de ce sens, celui du goût est réduit au plus petit nombre de modifications, lesquelles ne suffiraient pas, à beaucoup près, pour avertir ces animaux de la bonté ou de l'insalubrité des alimens qu'ils prennent et qu'ils avalent. Au surplus, ne serait-il pas possible que les dauphins, comme tous les cétacés, comme tous les poissons, n'eussent les sens de l'odorat et du goût que dans un grand état d'imperfection, par cette raison très-puissante que les substances dont ils se nourrissent n'étant jamais que des substances animales, que des animaux marins, qui leur offrent tous une nourriture convenable, il devenait assez inutile de donner à ces sens quelque étendue, quelque délicatesse ?

Le toucher n'est pas moins obtus que les sens précédens. La peau est vraisemblablement composée des

---

(1) Rapp., voyez plus haut.

mêmes tégumens que celle des autres mammifères ; mais la peau seule n'est point par elle-même un organe du toucher délicat ; entre sa surface extérieure, par laquelle elle se met immédiatement en rapport avec les corps, et le tissu des nerfs, au moyen desquels elle les sent, se trouvent plusieurs couches de produits organiques, insensibles, qui atténuent, plus ou moins fortement, l'action des corps sur elle. L'usage délicat que l'homme fait de ses doigts pour arriver à percevoir les qualités les plus délicates des corps n'a rien de contraire à cette règle, et s'explique surtout par l'influence de sa raison. C'est par l'intermédiaire des poils que les animaux sentent avec quelque délicatesse la présence des corps, et cela par les rapports immédiats des nerfs de l'organe producteur des poils avec les nerfs de la peau. Les dauphins, étant entièrement nus, ne peuvent donc avoir de la présence et des qualités des corps que des sensations assez grossières. Cette nudité, au reste, n'est pas absolue chez toutes les espèces et à toutes les époques de leur vie ; car il paraît que certaines espèces ont toujours des poils autour du museau, et que d'autres en présentent autour des lèvres lorsqu'elles sont encore à l'état de fœtus ; et l'on peut considérer ces poils comme des rudimens de moustaches : ce serait donc de tous les poils les moustaches qui disparaîtraient les dernières. Or on sait que ce genre de poils est, plus encore que tous les autres, un moyen de transmission, d'avertissement du contact des corps.

Les dauphins ne paraissent pouvoir faire usage de leurs dents que pour saisir et retenir leur proie. La forme et les rapports de ces productions organiques s'opposent à ce qu'elles soient des instrumens de mastication ; et la privation de toute glande salivaire achève de montrer que ces animaux n'éprouvent point la nécessité de broyer les alimens et de les réduire en pâte avant de les avaler. En effet, les animaux dont ils se nourrissent ont toujours été trouvés entiers dans leur estomac lorsque l'action de la digestion ne les avait point encore altérés.

Le canal intestinal ne paraît présenter de modifications importantes que dans les divisions de l'estomac. Tous les auteurs qui ont décrit ce canal ne se sont pas accordés sur le nombre d'estomacs qu'ils reconnaissent aux dauphins ; les uns n'en n'ont vu qu'un , d'autres en ont vu quatre, d'autres trois seulement. Nous ne saurions dire à quoi tiennent ces différences de jugemens. On ignore encore s'il y a quelque chose de général quant au nombre des estomacs chez ces animaux ; mais il paraît que l'estomac de plusieurs espèces présente trois renflemens essentiels, qui seraient même séparés l'un de l'autre par des sortes de valvules ; un quatrième renflement, qui a aussi été considéré comme un estomac ou comme une dépendance de l'estomac, ne serait pour plusieurs auteurs que le duodénum (1), par la raison que le canal cholédoque y débouche. La longueur du canal intestinal est onze à douze fois plus grande que celle du corps dans les dauphins et dans les marsouins ; il est sans irrégularité dans son diamètre, qui va en ne diminuant que très-

(1) Phocœna or the anatomy of a porpess dissected at Gresham college, with a preliminary discours, concerning anatomy and a natural history of animals ; in-4° de 48 p. Londres, 1680. Tison, Journal philosophique, Dublin, février, 1826, p. 45, et mai, p. 192. Sur l'anatomie du marsouin ; sur le nez des cétacés, et spécialement sur celui du marsouin. Isis, 1826, p. 807 et 811.

Mon frère dit positivement (Anat. comp., t. 4, p. 30) que le canal cholédoque, chez le marsouin et le dauphin, perce le *cinquième* estomac ; mais il ne donne réellement, t. 5 p. 402, que quatre estomacs à ces animaux, et il en donne une description fort détaillée.

peu du pylore à l'anus, et il manque tout-à-fait de cœcum.

La respiration se fait au moyen de l'air extérieur, qui pénètre par les évens et la trachée-artère dans des poumons dont la capacité pour l'aspiration ou l'expiration est agrandie ou diminuée, comme chez les autres mammifères, par les mouvemens des poumons du diaphragme, des côtes et de l'abdomen. L'obligation où la nature paraît avoir été de donner aux dauphins le moyen d'aspirer l'air sans changer leur situation naturelle, qui est l'horizontale, l'a conduit à ramener chez ces animaux, vers la partie supérieure de la tête, l'ouverture des narines, qui, chez les mammifères terrestres, se trouve généralement plus ou moins rapprochée du bout du museau. C'est cette seule partie de l'appareil respiratoire qui, dans l'organisation des dauphins, présente des modifications importantes; aussi est-ce la seule de cet appareil que nous décrirons, et nous tirerons notre description de celle qu'a donnée mon frère des narines des cétacés et de leurs jets d'eau (1), d'autant plus qu'il l'a tirée de ses observations sur le dauphin commun et le marsouin. Mais nous ferons d'abord remarquer que, quant à l'aspiration et à l'expiration, elles s'expliquent naturellement par la disposition du larynx, qui pénètre, en remontant, jusque dans les narines, et par la disposition des muscles, qui, en étreignant cet organe, interrompent toute communication entre lui et l'œsophage, et lui permettent de s'ouvrir impunément pour laisser un passage libre à l'air. C'est la transmission de l'eau de l'arrière-bouche dans les narines, et son expulsion en forme de jet par celles-ci, qui demandent

___

(1) Anat. comp., t. 2, page 670, 1re édit. Bulletin des Sciences par la soc. philomatique, n. 4, juillet 1797, p. 6, pl. fig. 1, 2 et 3.

à être expliquées. Or voici ce que rapporte mon frère,
et ce qui paraît encore le plus vrai dans tout ce qui a
été écrit sur cette matière.

« Si l'on suit l'œsophage en remontant, on trouve
qu'arrivé à la hauteur du larynx, il semble se partager en deux conduits, dont l'un se continue dans la
bouche et l'autre remonte dans le nez : ce dernier est
entouré de glandes et de fibres charnues qui forment
plusieurs muscles. Les uns sont longitudinaux, s'attachent au pourtour de l'orifice postérieur des narines
osseuses, et descendent le long de ce conduit jusqu'au
pharynx et à ses côtés ; les autres sont annulaires, et
semblent une continuation du muscle propre du pharynx : comme le larynx s'élève dans ce conduit en manière d'obélisque ou de pyramide, ces fibres annulaires
peuvent le serrer dans leurs contractions.

« Toute cette partie est pourvue de follicules muqueux qui versent leur liqueur par des trous très-visi-
bles. Une fois arrivée au vomer, la membrane interne
du conduit, qui devient celle des narines osseuses,
prend un tissu particulier ; il devient mince, lisse, noirâtre, sans nerfs ni vaisseaux apparens et très-sec.
Les deux narines osseuses, à leur orifice supérieur ou
externe, sont fermées d'une valvule charnue en forme
de deux-demi cercles, attachée au bord antérieur de
cet orifice, qu'elle ferme au moyen d'un muscle très-fort,
couché sur les os intermaxillaires. Pour l'ouvrir il
faut un effort étranger de bas en haut. Lorsque cette
valvule est fermée, elle intercepte toute communication entre les narines et les cavités placées au-dessus.

« Ces cavités sont deux grandes poches membraneuses formées d'une peau noirâtre et muqueuse, très-
ridées lorsqu'elles sont vides, mais qui, étant gonflées,

prennent une forme ovale, et ont dans le marsouin chacune la capacité d'un verre à boire. Ces deux poches sont couchées sous la peau en avant des narines ; elles donnent toutes deux dans une cavité intermédiaire placée immédiatement sur les narines, et qui communique au dehors par une fente étroite en forme d'arc.

Des fibres charnues très-fortes forment une expansion qui recouvre tout le dessus de cet appareil : elles viennent en rayonnant de tout le pourtour du crâne se réunir sur les deux bourses, et peuvent les comprimer violemment.

« Supposons maintenant que le cétacé ait pris dans sa bouche de l'eau qu'il veut faire jaillir : il meut sa langue et ses mâchoires comme s'il voulait l'avaler, et, fermant son pharynx, il la force de remonter dans le conduit et dans les narines, où son mouvement est accéléré par les fibres annulaires, au point de soulever la valvule et d'aller distendre les deux poches placées au-dessus. Une fois dans les poches, l'eau peut y rester jusqu'à ce que l'animal veuille produire un jet. Pour cet effet, il ferme la valvule, afin d'empêcher cette eau de redescendre dans les narines, et il comprime avec force les poches par les expansions musculaires qui les recouvrent ; contrainte alors de sortir par l'ouverture très-étroite en forme de croissant, elle s'élève à une hauteur correspondante à la force de la pression. »

Les dauphins ne sont pas privés de voix. Presque tous ceux qui sont venus échouer vivans sur le rivage, et qui ont pu alors être observés, jetaient des cris plaintifs, que les uns comparaient à un faible beuglement, et que d'autres trouvaient plus semblables aux gémissemens arrachés par la douleur.

Le système général de circulation est le même chez

les dauphins que chez les autres mammifères : il est double. Leur cœur est composé des mêmes parties que chez ces derniers animaux ; ces parties agissent entre elles dans les mêmes rapports , et communiquent avec les mêmes systèmes de vaisseaux : il n'y a pas même jusqu'au trou de Botal qui ne soit fermé, quoique la faculté qu'ont les dauphins de rester très-long-temps sous l'eau sans respirer ait pu être facilitée, comme dans le fœtus, par l'ouverture de cette communication entre les deux ventricules. Ce n'est pas à ce moyen en effet que la nature a eu recours pour permettre aux dauphins la suspension de leur respiration. Le mélange du sang d'une oreillette avec le sang de l'autre oreillette aurait produit des conséquences telles, que la nature de ces cétacés aurait été changée, et qu'ils auraient cessé d'être des mammifères. Pour éviter cette transformation, elle paraît avoir eu recours à un autre moyen : elle a multiplié les artères et leurs divisions de telle sorte que le sang oxigéné semble être mis en réserve en grande quantité pour se retrouver pendant l'inactivité des poumons. Cette multiplication d'artères se voit surtout dans la cavité thoracique, sur les côtés de la colonne rachidienne, où elle forme un lacis que l'injection manifeste, que Hunter avait indiqué, et qui vient d'être complètement décrit par M. Breschet. Ces artères naissent d'un tronc commun de la partie postérieur de l'aorte; elles ne se terminent point capillairement, et ne paraissent communiquer directement avec aucune veine. La veine asygos n'est plus située à la partie antérieure de la colonne rachidienne; elle est remplacée de chaque côté par un tronc veineux considérable situé à la partie postérieure de cette colonne , qui reçoit les branches veineuse intercostales, lombaires, etc., et qui vient se réunir à la veine cave su-

périeure (1). L'absence des membres postérieurs devait
encore être une cause de modification pour le système de
la circulation des dauphins. En effet, les vaisseaux destinés à nourrir ces membres n'existent point : ces animaux sont tout-à-fait privés de l'iliaque externe.

La génération s'opère par le rapprochement des deux
sexes ventre contre ventre , couchés sur le côté. Les
organes ne présentent aucune modification importante ;
ils sont au fond les mêmes que chez les autres mammifères ; mais ils n'ont pas la constance dans leur
structure des autres systèmes d'organes ; on les voit
variés d'une espèce à l'autre dans un même genre, et
confirmer ainsi une vérité qui n'est point encore assez
reconnue : c'est que les organes génitaux ne présentent
que des caractères peu faits pour établir les rapports
naturels des mammifères , leurs modifications n'exerçant qu'une très-faible influence sur ces animaux, et
n'entrant que pour peu de chose dans leurs conditions
d'existence. Aussi n'est-ce point comme caractères généraux que nous parlerons de ces organes; nous nous
bornerons à rappeler sommairement quelques-unes des
observations auxquelles ils ont donné lieu.

Les testicules, très-allongés, ne se montrent pas au
dehors ; ils restent cachés dans l'abdomen à côté des
reins , fixés à leur place par une production ligamenteuse du péritoine. Dans cette situation, le muscle cré-
mastère leur étant inutile, ils en ont été privés. Ils manquent aussi de vésicules séminales et des glandes de Cowper ; mais la prostate est grande, de structure celluleuse,
et verse dans l'urètre par plusieurs orifices l'humeur
qu'elle sépare. La forme de la verge est grosse, conique

(1) Descrip. d'un organe de nat. vascul. , par M. Breschet , Mémoire
lu à l'Académie des Sciences, le 18 août 1834.

dans le marsouin, et de plus aplatie dans le dauphin ; c'est aux rudimens de leur bassin qu'elle est attachée , et elle ne se divise pas par une cloison en deux corps caverneux. Elle ne contient aucun os. Le gland présente une pointe effilée, un peu renflée à sa base dans le marsouin; il est large, conique et aplati dans le dauphin.

La femelle ne présente rien de très-particulier dans ses organes génitaux. Les rides du vagin, au lieu d'être longitudinales, sont transversales. Les mamelles , au nombre de deux , se trouvent situées de chaque côté du vagin , ayant leur mamelon caché dans un pli de la peau hors du temps de la lactation, mais prenant à cette époque une forme hémisphérique par la pression du lait qui les remplit ; car, quoi qu'on en ait dit, les dauphins nourrissent leurs petits , immédiatement après la naissance , comme les autres mammifères.

C'est par le canal de l'urètre que l'urine est expulsée , et les reins ont cela de remarquable qu'ils se composent d'une réunion de petites glandes polygones qui dans le dauphin et le marsouin vont à plus de deux cents.

Le cerveau du dauphin commun est d'une forme très-remarquable : ses hémisphères épais, arrondis de toutes parts, ne recouvrent le cervelet qu'en partie; il est presque du double plus large que long ; et, comme sa partie la plus antérieure est aussi la plus élevée , il en résulte une face spéciale , qu'on peut appeler *face antérieure*.

Cette face se joint par en haut, à angle droit, ou même un peu aigu, avec la face supérieure ; en bas et de côté elle se confond, en s'arrondissant, avec les faces inférieure et latérales ; elle ne présente que des circonvolutions nombreuses, et la scissure interlobaire.

La *face supérieure* est formée par la partie supérieure du cervelet et par les hémisphères du cerveau ; ceux-ci produisent par leur réunion la forme d'un cœur, très-arrondi par la pointe et très-élargi par les ailes, entre lesquelles est placé le cervelet.

La scissure interlobaire a en avant plus de cinq centimètres de profondeur.

Les *faces latérales*, formées en avant par le cerveau, en arrière par le cervelet, sont triangulaires; mais d'ordinaire dans les annimaux où le cerveau a cette forme, la base est en arrière et la pointe en avant : ici c'est le contraire ; l'extrême hauteur des hémisphères en avant fait que la base du triangle correspond à ceux-ci , et la pointe au cervelet. Sur cette face , vers le milieu de l'hémisphère du cerveau , est la scissure de Sylvius , large , profonde et vers laquelle viennent converger un grand nombre des circonvolutions.

On ne retrouve , ni dans le profil de l'encéphale , ni à la base ou *face inférieure*, ces grosses éminences cendrées qui représentent le nerf olfactif, et qui sont si énormément développées dans la plupart des mammifères. A leur place, on voit la partie antérieure du cerveau se reployer en un lobe arrondi dans la scissure de Sylvius. Ces lobes antérieurs des hémisphères, sillonnés par des circonvolutions nombreuses, se rapprochent beaucoup, en se recourbant, de la protubérance annulaire. L'espace étroit qui sépare ces deux parties est enfoncé , et laisse voir en avant les nerfs optiques, en arrière la troisième paire ; il est limité sur les côtés par l'extrémité inférieure, également très-arrondie, du lobe postérieur du cerveau. La protubérance annulaire est, ainsi que la moelle allongée, engagée dans le fond d'une vaste concavité que lui présente la face inférieure du cervelet.

Les circonvolutions du cerveau sont extrêmement multipliées : elles sont plus nombreuses, plus étroites et plus contournées que dans l'homme ; leur largeur varie de 5 à 3 millimètres ; les sillons qui les séparent présentent des profondeurs inégales. Les principaux sont : la scissure de Sylvius, vers laquelle convergent, en grand nombre, d'autres sillons d'un ordre inférieur ; un autre suit, un peu irrégulièrement, à la face supérieure des hémisphères, et d'arrière en avant, le contour de la scissure interlobaire ; un troisième, situé plus en dehors, décrit à peu près la même courbe que le précédent. C'est entre ces sillons principaux que s'en rencontrent d'autres moins profonds.

Le corps calleux n'est point horizontal comme dans l'homme ; mais il est, comme la partie antérieure des hémisphères cérébraux, fortement incliné de haut en bas, et d'arrière en avant ; en avant, il s'applique sur le corps strié, et en suit tout le contour ; en arrière, il se continue simplement en deux lames minces, qui s'enfoncent dans la corne d'Ammon.

Les corps striés ont la forme et le volume d'une olive ; ils sont situés presque verticalement en avant et en dehors des couches optiques.

Celles-ci sont volumineuses, placées fort en dehors des tubercules quadrijumeaux. La paire antérieure de ces tubercules est aplatie et arrondie ; ceux de la paire postérieure , séparés l'un de l'autre par un large sillon qui longe l'extrémité antérieure de la protubérance vermiforme du cervelet , sont prismatiques, saillans et d'un tiers plus gros que les antérieurs.

Le cervelet a un volume considérable. Le lobe médian , ou protubérance vermiforme , est apparent sur toutes les faces de l'organe ; mais il est étroit, légèrement sinueux, et sépare l'un de l'autre deux hémisphères ou lobes latéraux qui s'étendent beaucoup en dehors, en

bas et en arrière, de façon qu'ils débordent et enveloppent
en partie la protubérance annulaire, la moelle allongée
et le commencement de la moelle épinière. Ces lobes
offrent en avant une face aplatie recouverte par les hémisphères cérébraux ; en haut et en dehors, ils sont
arrondis ; en arrière, il résulte de leur écartement une
échancrure où se loge l'origine de la moelle épinière ;
car celle-ci, par la disposition du trou occipital, se
trouve plus élevée que la moelle allongée.

Les lobes du cervelet, le médian et les latéraux, offrent
ces mêmes sillons rapprochés, souvent parallèles, qu'on
rencontre dans l'homme. Ils offrent aussi des circonvolutions, qu'on peut comparer à certains égards à celles du
cerveau, et qui sont formées par des sillons de profondeurs diverses, dont les uns pénètrent jusqu'au centre
du cervelet, et les autres, secondaires, viennent aboutir
à une profondeur variable sur le noyau de ces replis
principaux.

La protubérance annulaire. Son volume est en rapport
avec celui du cervelet ; son bord postérieur, surtout, forme
un bourrelet saillant de plusieurs millimètres au-dessus
de la bandelette trapézoïde ; les fibres nées de ce bourrelet, et réunies en un gros faisceau, remplissent l'espace qui sépare la 5ᵉ paire de la 8ᵉ, et, après s'être unies
au-dessus de la 5ᵉ paire avec le faisceau formé par les fibres antérieures de la protubérance, elles s'enfoncent
dans le centre du cervelet.

Moelle allongée. L'ouverture de l'occipital se trouvant
au-dessus de l'os basilaire, la moelle suit un plan incliné de haut en bas et d'arrière en avant, et elle est
débordée par les lobes du cervelet, qui s'enfoncent de
chaque côté dans les fosses occipitales. Elle est courte
si on la limite à l'origine des pyramides antérieures ;

elle est très-longue, au contraire, si on comprend sous ce nom tout ce qui est en dedans du trou occipital. Il faut y remarquer surtout la face inférieure, où les pyramides et les corps olivaires réunis forment deux éminences fortement saillantes, séparées l'une de l'autre par un sillon.léger, et de la protubérance annulaire par un enfoncement quadrilatère, correspondant à la bandelette trapézoïde qui se voit sur la moelle des autres mammifères, et en dehors de laquelle naît le nerf de la 7e paire. Les olives ne sont distinctes des pyramides qu'en avant. Les corps rectiformes se reconnaissent sur les côtés. Le sillon antérieur ou inférieur de la moelle épinière, qui est assez profond, s'arrête tout d'un coup à l'origine et à la décussation des pyramides.

Les nerfs encéphaliques. Quant à leur origine, ils ne présentent rien de particulier. On ne trouve aucune trace de l'existence d'un nerf olfactif, et c'est à l'absence de tout organe de cette [nature qu'est due la forme remarquable de la base du cerveau en avant.

La 5e, la 7e et la 8e paires, placées à leur point d'origine ordinaire, sont remarquables par leur volume et par la manière dont elles sont logées dans de profondes échancrures que leur présente la face inférieure du cervelet. Le nerf de la 8e paire surtout est énorme : le diamètre du nerf de la 5e est de. . . . . . 0,005 mill.

Celui du nerf de la 7e de 0,003

Celui du nerf de la 8e de 0,007

Principales dimensions de l'encéphale.

	m.
Longueur des hémisphères cérébraux. . . .	0,097
— des hémisphères et du cervelet. . . .	0,121
Largeur des hémisphères cérébraux.	0,143

Largeur du cervelet. 0,102
Hauteur des hémisphères en avant. 0,083
—   —   en arrière. 0,067
Longueur de la protubérance d'arrière en
  avant. 0,031
Largeur de la moelle allongée. 0,022
Longueur de la pyramide antérieure. . . . 0,020

En considérant le grand développement du cerveau des dauphins et des marsouins, il est impossible de ne pas conjecturer au moins, faute de renseignemens assez positifs pour affirmer, que les facultés de l'intelligence chez ces animaux sont remarquables par leur étendue et proportionnelles au développement de l'organe qui en est le siége. Les temps modernes ne nous font connaître aucune action propre à confirmer cette conjecture : les dauphins n'ont encore été, chez nous, sous ce rapport, le sujet d'aucune observation digne d'être rapportée, d'aucune expérience qui soit venue jusqu'à nous : la science d'aujourd'hui, quant à leurs actions, à leur intelligence, les a complètement négligés; et, pour ne point laisser à cet égard leur histoire tout-à-fait incomplète, nous sommes obligés de recourir à ce que nous en apprend l'antiquité. Tout ce qu'elle rapporte n'a cependant point le caractère de la vérité pure : ses récits sur ces animaux ne sont point le résultat d'une étude spéciale, faite dans la vue de déterminer avec précision et par les faits le nombre et l'étendue de leurs facultés; ils sont le fruit d'une imagination peu éclairée et que des préjugés égarent; mais cette imagination, dans ces récits, n'a pas tout créé; elle se fonde sur des faits réels, qu'elle exagère sans doute, qu'elle interprète faussement, et qu'on ne mettrait dans la nudité que la vérité demande qu'en les dépouillant des ornemens dont, sans le savoir peut-être, elle les a revêtus. En effet, les auteurs qui nous rapportent sur les dauphins des actions si extraordinaires sont des hommes graves, qui croient à ce qu'ils disent, qui ne donnent point leurs récits comme des jeux conçus dans des vues de simples amusemens; et, s'ils n'avaient pas pu exercer sur les faits qu'ils nous racontent une critique bien sévère, faute de connaissances nécessaires pour cela, ils l'ont sans doute exercée sur le degré de croyance qu'ils devaient à ceux auxquels ils empruntaient ces faits; car ni Pline ni Élien, ni Pausanias, etc., qui nous apprennent les principaux, n'en ont point été eux-mêmes les témoins. Il faut toutefois en excepter ce dernier, qui dit: J'ai vu moi-même à Poroséléné un dauphin qui, ayant été blessé par des pêcheurs et guéri par un enfant, lui témoignait sa reconnaissance : je l'ai vu venir à la voix de l'enfant, et, quand celui-ci le désirait, lui servir de monture pour aller où il voulait (1).

Si le rôle que les anciens faisaient jouer aux dauphins dans leur mythologie était propre à les égarer, il était propre aussi à les favoriser dans les observations qu'ils se trouvaient à portée de faire sur ces animaux ; ce qui devait à cet égard leur donner sur nous des avantages réels. Les dauphins ne sont, pour les navigateurs modernes, que des animaux revêtus d'une épaisse couche de graisse, recherchée par le commerce: ils étaient, dans certains cas, pour les Grecs, des êtres presque sacrés, et quelquefois des messagers des dieux : Apollon en avait pris la forme. Dès qu'ils sont à la portée de nos marins, on se hâte de les harponner et de les mettre à mort : quand ils étaient rencontrés par les navigateurs anciens, on les respectait comme des augures favorables, et c'était presque un sacrilège que d'attenter à leur vie. De cette différence dans la manière d'envisager les dau-

<hr>

(1) Descript. de la Grèce, liv. III, chap. 25, trad. de Clavier.

phins, il a dû résulter qu'autrefois plusieurs de ces animaux ont pu se familiariser sur certaines côtes, s'arrêter dans certaines baies, pénétrer même dans les ports où ils étaient accueillis avec bonté, et peut-être s'y fixer. C'est du moins ce qu'on peut conclure de ces récits des anciens, quand on en retranche ce qu'ils ont de trop évidemment fabuleux. On pourrait même aller jusqu'à penser que ces animaux sont capables de contracter un certain degré de familiarité avec les hommes qu'ils voient habituellement, de s'attacher à eux, de reconnaître leur voix, de leur obéir; mais jusqu'où s'étend leur connaissance, leur confiance, leur docilité? C'est ce qu'on ne peut établir, et c'est en ce point que les anciens se sont laissé égarer par leur imagination. Au reste, en cela ils n'ont été que trop bien imités par les modernes; car ils n'ont fait que prêter aux actions des animaux les causes qui auraient pu les porter eux-mêmes à les faire; et c'est là ce que nous voyons tous les jours encore dans l'explication que l'on cherche à donner quelquefois de ces actions.

Nous ne rappellerons pas toutes les histoires fabuleuses que nous devons à l'antiquité sur les dauphins : on doit même supprimer celles qui sont entièrement imaginaires, celle dont Arion a été le sujet, et vingt autres analogues, dans lesquelles il n'y a rien de vraisemblable. Il n'en est pas de même de celle du dauphin du lac de Lucrin, rapportée par Pline (1): elle ne permet guère de douter qu'un de ces animaux ne se soit plu à obéir à la voix d'un enfant, et à se rendre près de lui lorsqu'il s'entendait appeler. Nous regardons aussi comme renfermant plusieurs circonstances vraies celle que cet auteur raconte d'un dauphin qui, de son temps, sur le rivage d'Hippone, s'amusait à jouer avec les nageurs, et à les recevoir sur

____
(1) Liv. xi, chap. 8.

7.

son dos, et ce qu'il rapporte de la facilité qu'ont ces animaux à se laisser dresser par les pêcheurs qui s'en font aider, et qui, pour les récompenser de leurs peines, leur donnent une part dans les poissons qu'ils ont pris.

Ce qu'Élien (1) rapporte de la tendre et ingénieuse sollicitude des mères pour leurs petits, de la facilité d'éducation dont les dauphins sont doués, du degré d'obéissance dont ils sont susceptibles, de l'affection profonde qu'ils manifestent, de l'intelligence qui préside à leurs jeux, et même à toutes leurs actions, dans les nombreuses histoires qu'il s'est plu à rassembler sur ces animaux, porte aussi un caractère de vérité qui ne permet guère de doutes que quand on ne dégage pas les faits nombreux et vrais dont il s'est rendu l'historien du merveilleux qui les accompagne, et qui les rend trop souvent méconnaissables.

Il est bien vraisemblable (et nous en devons prévenir) que c'est ordinairement du dauphin commun dont il est question dans ces histoires à détails fabuleux; mais il est aussi certain que Pline et Élien attribuent aux actions des dauphins des circonstances qui ne peuvent être rapportées qu'à des poissons. Nous n'avons toutefois pas dû être arrêté par ces difficultés pour présenter ces actions comme propres aux dauphins en général, d'abord parce que la capacité cérébrale chez tous les dauphins qui nous sont connus ne diffère point essentiellement de celle du dauphin commun, et que par conséquent les actions des uns ne doivent point essentiellement différer de celles des autres; ensuite parce que l'erreur qui a porté ces auteurs à attribuer à des dauphins des particularités qui ne pouvaient

(1) De Anim., lib. i, cap. 18; lib. ii, cap. 6; lib. vi, cap. 15; lib. viii, cap. 5; lib. x, cap. 5; lib. xi, cap. 12; lib. xii, cap. 1, 4, 5, 6.

être attribuées vraisemblablement qu'à des requins, ne portant que sur des organes du mouvement ou de l'alimentation, est sans rapports avec l'intelligence. Nous avons donc pu, sans trop d'erreurs, étendre à tous les dauphins ce qui n'est absolument vrai que pour l'espèce commune, et ne tenir aucun compte de la confusion qui est résultée du nom de dauphin appliqué à des cétacés et à des poissons, comme tous les anciens l'ont fait à l'exemple d'Aristote.

Les cétacés, et conséquemment les dauphins, ont d'abord été soumis aux principes de classification qui avaient présidé à l'établissement des rapports des autres mammifères entre eux : les modification des organes du mouvement combiné avec celles des dents avaient fait le fondement de ces principes; et ce sont eux qui guidèrent Rai, Artedi, Linnéus, Brisson, Gmelin, Erxleben, Bonnaterre, et les portèrent à ne former des dauphins qu'un seul genre, dont ils séparèrent le narwal, sous le nom générique de monodon. Lacépède sépara en outre des dauphins les *anarnaks*, les *delphinaptères* et les *hyppéroodons*. Mon frère n'admit point le genre anarnak, mais il en forma un des *marsouins*. M. Desmarets et Blainville, arrivant à une époque où la science s'était enrichie d'observations nouvelles sur les dauphins, et ayant à les classer, admirent toutes les divisions formées précédemment, y ajoutèrent celle des *delphinorhynques*, et réunirent sous la dénomination commune d'*hétérodon* les *anarnaks* et les *hypéroodons* de Lacépède, ainsi que quelques autres espèces. Précédemment M. Raffinesque avait formé le genre *occiptère* d'un dauphin à deux nageoires dorsales. M. Lesson, plus favorisé encore par les espèces nouvellement publiées, et guidé par des vues qui lui étaient propres, a divisé les dauphins en deux familles qu'il a divisées elles-mêmes en genres nombreux.

La première, celle des HÉTÉRODONS, renferme les genres *narwal*, *anarnak*, *diodons*, *hyperoodons*, *ziphius* et *aodons*. La seconde, qui est celle de ses DAUPHINS, contient les genres *belugas*, *delphinaptère*, *delphinorhynque*, *sousous*, *dauphins*, *oxiptères*, *marsouins* et *globiceps*. Ce travail de classification de M. Lesson renferme donc tout ce que ses prédécesseurs avaient fait en ce genre. Nous allons actuellement examiner les principes et les conséquences de ces diverses classifications, pour passer ensuite, en nous appuyant sur les principes que nous aurons établis nous-même dans cet examen, à la classification que nous croyons devoir adopter.

Nous ferons d'abord remarquer que, jusqu'à Lacépède, les modifications des organes du mouvement, caractéristiques des cétacés, n'entrèrent pour rien dans les distinctions génériques des dauphins, et que, jusqu'à ce naturaliste, les caractères des genres chez ces animaux furent tirés principalement des organes de la mastication. Ce fut lui qui admit parmi ces caractères les modifications que paraissaient offrir les organes du mouvement, et qui prit, pour caractériser son genre hypéroodon, les tubercules pointus et durs qui garnissaient le dedans de la mâchoire supérieure et le palais du dauphin de Baussard, sur lequel ce genre est fondé. Mon frère y ajouta les formes de la tête de l'animal vivant, et en fit l'application aux dauphins dans la formation du groupe des marsouins. MM. Blainville et Desmarets s'attachèrent principalement aux caractères fournis par les dents et par les formes de la tête chez l'animal vivant, caractères que, comme eux, M. Lesson n'a fait qu'adopter et étendre.

Lacépède, n'envisageant guère les classifications que dans le point de vue des successeurs de Linnéus, sépara le Béluga des autres dauphins, sous le nom générique de delphinaptère, parce qu'il regardait surtout la protubérance triangulaire, produite par une extension de la peau, dans la partie moyenne du dos de la plupart des dauphins, protubérance dont manque la béluga, comme formant un caractère très-propre par son évidence à faire distinguer l'un de l'autre des groupes génériques, sinon comme faisant partie des organes du mouvement. Mais c'est principalement parce que cette protubérance a été depuis considérée comme une dépendance de ces organes que le genre delphinaptère a été conservé.

Si cependant nous appliquons à l'appréciation de ce caractère les moyens que pour cela la science possède, l'examen de l'organe pour en déterminer l'importance par celle de son organisation, ou par celle de ses fonctions et de ses corrélations, et les résultats auxquels il conduit par son emploi comme caractère générique, nous voyons que cette protubérance ne se présente avec aucune des qualités d'un tel caractère. En effet, cette extension triangulaire n'est formée que par une saillie ou un pli de la peau, et ce pli ne contient qu'un tissu cellulaire dont les mailles sont remplies de graisse: elle ne constitue point un organe spécial; aucun muscle ne lui appartient; elle est impropre à tout mouvement, ne prend jamais aucune part à ceux de l'animal, peut s'agrandir ou s'effacer sans qu'il en résulte aucune conséquence pour les autres organes, et n'est point analogue par conséquent à la nageoire dorsale des poissons, avec laquelle cependant on a cru pouvoir la confondre. D'un autre côté, les espèces réunies par ce caractère se repoussent par tant d'autres, qu'il devient impossible de les laisser ensemble. Le béluga à museau court et à tête sphérique n'a rien de commun avec le dauphin de Péron, dont le museau allongé est tout d'une venue avec la partie cérébrale.

Reste actuellement à savoir si cette fausse nageoire serait au moins le signe d'un caractère générique réel, que l'examen des parties cachées de l'animal ferait seul découvrir. Mais ce que nous venons de dire de l'éloignement qui se trouve entre le béluga et le dauphin de Péron prouve assez le contraire; et on en aurait une nouvelle preuve par l'examen de la tête osseuse de ces animaux, celle du béluga se rapprochant de celle des marsouins, et l'autre rappelant complétement celle des dauphins.

Lorsqu'on a étudié avec quelque attention les dauphins, il est impossible de ne pas reconnaître que chez ces animaux les dents, par leur nombre et leur situation, ne peuvent pas même constituer avec certitude un caractère spécifique et à plus forte raison un caractère générique. Ces productions organiques sont essentiellement rudimentaires et variables chez la plupart de ces animaux : il est rare que, sous ce rapport, deux individus de la même espèce se ressemblent, même quand ils ne diffèrent point par l'âge; souvent les dents restent pendant toute la vie de l'animal cachées sous les gencives et sans utilité pour lui; d'autres fois elles tombent bientôt pour ne plus reparaître; dans quelques espèces ce sont celles de l'une ou de l'autre mâchoire qui sont chassées les premières, ou les antérieures se conservent quand les postérieures disparaissent. Toutes ces variations, tous ces accidens, bien constatés aujourd'hui, ne permettent plus de faire usage des dents pour la formation des genres dans la famille des dauphins, et obligent de dissoudre les divisions, de quelque nature qu'elles soient, qui n'ont été fondées que sur elles dans cette nombreuse famille de cétacés. Ainsi les anarnaks de Lacépède, caractérisés par deux petites dents recourbées à la mâchoire supérieure, n'ont rien de certain, rien de fondé, pas plus que les hétérodons de M. Desmarets, qui n'ont pas changé de nature, et n'ont pas reçu de meilleurs caractères pour avoir été réunis en genres par M. Lesson et élevés par lui au rang de famille.

Si à présent nous cherchons à apprécier les caractères tirés des dents par les associations auxquelles ils ont conduit, nous voyons que quatre espèces du genre hétérodon, l'anarnak, le dauphin de Chemnitz, celui de Sowerby, et l'épiodon de Raffinesque, n'ont point été figurées, et qu'on n'en a que des descriptions trop insuffisantes pour qu'il soit possible de se prononcer, d'après l'ensemble de leur organisation, d'après leur physionomie générale, sur leur identité générique. Quant aux trois dauphins qui restent, celui de Hunter, celui de Baussard et celui de Dale, les seuls que l'on connaisse par leurs organes et par des figures, elles appartiennent vraisemblablement à la même espèce, à l'hyperoodon : la chose est même certaine pour les deux premières : de sorte qu'en réalité ce genre ne se compose véritablement que d'une seule espèce, les autres ne pouvant y être rapportées que conjecturalement. Ce que nous venons de dire du genre hétérodon, nous le disons, avec plus de fondement encore, de la famille à laquelle M. Lesson a appliqué ce nom ; car il n'a guère fait que de transformer en genres les dauphins que MM. Blainville et Desmarets avaient cru devois se borner à considérer comme des espèces. En effet, ses anarnaks ne reposent encore que sur l'espèce décrite sous ce nom par Othon Fabricius : ses diodons consistent dans l'hétérodon de Sowerby, et dans une espèce décrite et représentée par M. Risso, sous le nom de dauphin de Desmarest ; ses hyperoodons se composent des individus décrits par Hunter et Baussard, et ses aodons reposent sur le dauphin de Dale, auquel il a ajouté le delphinorhynque microptère. Quant à son genre ziphius, il est formé d'une espèce fossile. Or, en examinant ces conséquences, nous voyons que M. Lesson n'a pu arriver aussi qu'à des réunions tout-à-fait hétérogènes, quand ces réunions sont de nature à être appréciées. Cette appréciation ne peu

avoir lieu pour les genres anarnaks, diodons, hyperoodons et ziphius, le premier n'ayant d'existence que
dans une description peu circonstanciée, la seconde n'é-
tant représentée que par l'espèce dont M. Risso donne
la figure générale, la troisième ne consistant qu'en une
espèce seule, et la quatrième se faisant connaître uniquement par quelques portions de têtes pétrifiées qui, suivant mon frère, paraissent avoir appartenu à trois espèces différentes. Reste le genre aodon, formé de deux
espèces figurées et comparables; car, comme nous l'avons
déjà dit, nous écartons de cet examen le genre narwal, qui n'est pas susceptible de critique, dont nous parlerons à part, et qui se trouve à la tête de cette famille
des dauphins, hétérodons de M. Lesson. Eh bien! les
deux espèces de ce genre aodon n'ont rien de commun:
le dauphin de Dale est très-probablement un hyperoodon, et le delphinorhynque microptère constitue une
espèce toute différente des hyperoodons, et n'est point
privé de dents.

Quand les genres dont se compose une famille ne sont
pas naturels, il serait possible, à la rigueur, que la
famille le fût : les espèces pourraient avoir été mal associées; mais, dans ce cas, les caractères de la famille ne
seraient pas de même nature que ceux des genres, ne
porteraient pas en eux le vice qui les rend généralement
impuissans. En effet, si le nombre, la présence ou l'absence des dents chez les dauphins n'ont rien d'assez
certain pour caractériser les genres, ils n'auront rien
de ce que la science demande à des organes pour caractériser des familles ; or c'est sur les dents qu'est fondée
la famille des hétérodons de M. Lesson.

On a vu plus haut que le genre hyperoodon a été
caractérisé, par Lacépède, au moyen de tubercules durs,

coniques ou pointus, qui garnissaient l'intérieur de la
mâchoire supérieure de l'espèce sur laquelle ce genre a
été fondé. Le peu de détails dans lesquels entre Baussard sur ces tubercules, dont lui seul a parlé, dans la
description qu'on lui doit de deux individus de cette
espèce, ne permet guère d'en apprécier la nature, et
de leur assigner un rang parmi les caractères zoologiques ; mais, si on en juge par les tubercules moins saillans, et peut-être moins durs, qui s'observent aussi
dans la bouche de plusieurs espèces de dauphins, et,
entre autres, dans celle du marsouin commun, on n'y
verra qu'une modification du derme, et on ne leur attri-
buera qu'une assez médiocre importance. Si cependant
cette particularité organique paraît peu propre à caractériser des genres, il serait possible qu'elle le fût à
signaler, à indiquer extérieurement des caractères d'un
ordre beaucoup plus élevé, et qui auraient besoin de
l'anatomie pour être découverts. C'est ce que des observations plus nombreuses pourront apprendre. Ce qui
est certain, c'est qu'elle remplit aujourd'hui ce rôle pour
le genre hyperoodon. On verra en effet que la tête osseuse
de l'espèce qui a donné lieu à la création de ce genre
présente une structure qui la sépare essentiellement de
la tête osseuse de toutes les autres espèces de dauphins.

Il nous reste actuellement à examiner la valeur des
caractères tirés des formes extérieures de la tête chez les
dauphins, lorsque cette partie de leur corps a conservé
toute son intégrité, lorsqu'elle présente ses formes et
ses proportions naturelles, comme sur l'individu vivant
par exemple.

Le premier emploi de ce caractère est dû, je crois,
à mon frère, qui s'en servit pour séparer les marsouins des dauphins proprement dits ; les premiers

se caractérisant par un museau très-court et une tête
sphérique, et les seconds par une tête moins bombée
et un museau long. Depuis, nous avons vu MM. de
Blainville et Desmarets en faire usage pour caractériser
leurs delphinorhynques, et M. Lesson pour caractériser
ses globicéphales.

Il est certain que des différences notables dans les
formes de la tête annoncent, en général, chez les mammifères, des différences de nature suffisantes pour qu'on
soit autorisé à les faire servir ou de fondemens ou de
signes à des distinctions génériques. La tête, chez ces
animaux, renfermant le cerveau et les organes des sens,
ne peut pas éprouver de modifications de quelque profondeur, dans l'une de ses parties, sans qu'elles ne réagissent
plus ou moins sur toutes les autres parties, et que les importantes fonctions qui s'y exécutent n'en soient modifiées elles-mêmes. C'est une vérité d'observation in-
contestable; et, si elle ne s'explique point encore par
des raisons de détails, on voit du moins évidemment
qu'il suffirait d'en faire la recherche pour les découvrir.

Ce qui est vrai pour les mammifères terrestres, en général, l'est aussi pour les mammifères cétacés, et conséquemment pour les dauphins; aussi les genres marsouins
et delphinorhynques ont-ils été adoptés par les naturalistes de tous les pays. Mais, comme nous l'avons dit,
pour que les modifications des différentes parties de la
tête d'un type donné soient caractéristiques pour des
genres, il faut qu'elles aient une certaine étendue, une
certaine profondeur, que, jusqu'à présent, l'expérience
seule nous enseigne, et qu'il serait bien important de
faire reposer sur des raisons physiologiques détaillées.
Sans cette étendue, les modifications dont nous parlons
ne conduisent point à des groupes génériques, et ceux

qu'on fonde sur elles ne sont point de nature à être conservés. C'est par cette raison que nous ne pourrons admettre le genre globicéphale de M. Lesson, qui, jusqu'à
présent, nous paraît se confondre avec celui des marsouins.

Mais, si des différences sensibles dans les formes de la
tête, telles que nous les envisageons ici, doivent être
des raisons suffisantes pour séparer dans des genres distincts les espèces qui se présentent avec ces caractères, il
ne faudrait pas en conclure que les ressemblances, à un
certain degré, doivent toujours conduire à former des
genres naturels. En ce point la simple observation extérieure des animaux est trop grossière pour être un bon
guide, et les dauphins me paraissent en offrir la preuve.
Si à l'époque où Lacépède écrivait son histoire naturelle
des cétacés, il eût eu une connaissance plus scientifique
de ces animaux, ou s'il eût pu les étudier dans l'esprit
de la méthode naturelle, il est hors de doute qu'il n'aurait pas appelé dents les tubercules de nature plus ou
moins cornée que Baussard observait sur le dauphin
qu'il a eu occasion de décrire, et il ne lui serait vraisemblablement pas venu à l'esprit de fonder une division générique sur ce seul caractère. Considérant alors
les autres traits, les autres particularités de l'organisation de ce dauphin, il aurait vu que, s'il n'avait pas les
nombreuses dents de plusieurs espèces de ce genre, il
avait du moins la tête sphérique de quelques-unes, et,
en s'arrêtant à ce caractère, il aurait pu le rapprocher
du marsouin et de l'épaulard; et, lorsque, plus tard,
l'esprit de la méthode naturelle dominait la science,
et qu'on avait pu reconnaître la grande variabilité du
nombre de dents chez les dauphins des espèces à tête
sphérique, il est peu probable qu'on eût pensé à le
séparer des marsouins; mais alors la grande impor-

tance des formes de la tête osseuse était appréciée, et
la figure que Baussard avait donnée de l'ostéologie de la
tête de son dauphin, en faisant voir combien cette ostéologie différait de celle de la tête de tous les autres
dauphins, s'opposa à une réunion qu'appelaient des
caractères d'une autre nature, mais d'une importance
moindre, et le genre hyperoodon fut maintenu malgré
l'illégitimité de son origine. On est donc autorisé à conclure, de ces diverses considérations, qu'aujourd'hui
encore la sphéricité de la tête pourrait conduire à réunir
une espèce de cétacé aux marsouins, si cette espèce
n'était connue que par ses formes, que par son organisation extérieure, sans que cependant elle appartînt à
ce genre, et que, par conséquent, la ressemblance extérieure des formes de la tête n'est pas suffisante pour
fonder un bon caractère générique chez les dauphins.

L'examen critique que nous venons de faire des différens caractères qu'on a mis en usage pour fonder et faire
distinguer les genres dans la famille des dauphins, en
nous montrant qu'aucun d'eux ne présente toutes les
conditions que de tels caractères exigent pour former
des genres naturels, nous a conduit aussi à faire pres-
sentir que, si les caractères propres à servir de fondemens à de tels genres ne se rencontrent ni dans les
organes du mouvement, ni dans ceux de la mastication,
ni dans les formes extérieures de la tête, ils se rencon-
treraient dans la structure osseuse des têtes, devant laquelle disparaissent toutes les ressemblances de formes
extérieures qui ne reposeraient pas sur elle. C'est en
effet sur les modifications de cette structure que nous
avons fait reposer nos distinctions génériques parmi
les dauphins. Elles entraînent avec elles, comme il est
aisé de le sentir, des conséquences assez grandes pour

modifier les fonctions des parties où elles se présentent, et changer le naturel des espèces où elles ont lieu. Il résulte de l'application de ces derniers caractères aux dauphins que pour nous ces animaux se divisent en sept genres : les *delphinorhynques*, les *dauphins*, les *inias*, les *marsouins*, les *hyperoodons*, les *narwals* et les *sousous*.

Les *delphinorhynques*, dont nous avons fait connaître l'ostéologie de la tête dans ce discours général, en la présentant comme un type duquel nous rapprocherions les autres têtes osseuses de dauphins, pour en faire sentir les différences, se caractérisent surtout (pl. vii) par un museau excessivement étroit, et d'une longueur comparativement très-grande, qui est quatre fois celle du crâne; par la courbure, en avant, de l'extrémité postérieure des intermaxillaires (ii), courbure qui entraîne celle des maxillaires (kk), des frontaux (b) et de l'occipital (e); par les os du nez (a), enchâssés dans les frontaux et les intermaxillaires; par l'extrême petitesse de la fosse temporale, l'état rudimentaire des dents, etc.

Les *dauphins*, proprement dits, dont le museau étroit n'a à peu près que trois fois la longueur du crâne (pl. ix, fig. 4 et 5), dont les intermaxillaires (ii), les maxillaires (kk) et les frontaux (c) se relèvent sans se recourber en avant, dont la fosse temporale, fort étroite dans quelques espèces, s'étend sensiblement dans d'autres par le développement qu'acquiert chez celles-ci l'apophyse zygomatique, et dont les dents sont étroites, coniques et crochues.

Les *Inias*, qui se distinguent (pl. xi, fig. 1 et 2) des dauphins proprement dits par leurs dents mamelliformes, par la grande étendue de la fosse temporale (aa), bordée supérieurement d'une forte crête (bb), et par la brièveté de la fosse orbitaire (cc).

Les *marsouins*, caractérisés par la grande largeur du museau (pl. xiv), qui résulte de celle des intermaxillaires (aa), ou des maxillaires (bb), qui ont augmenté la leur en prenant une situation plus horizontale; par sa brièveté, qui ne surpasse pas une fois la longueur du crâne, et par les intermaxillaires, les maxillaires et les frontaux (cc), qui se relèvent postérieurement, comme chez les dauphins, sans se recourber en avant comme chez les delphinorhynques. Les dents sont coniques ou comprimées.

Les *narwals*, très-rapprochés des marsouins par la largeur de leur museau, mais qui se distinguent de tous les genres de dauphins par une ou deux longues défenses horizontales qui sortent de l'extrémité antérieure de leurs maxillaires (pl. xvii, fig. 3) (bb), lorsque les germes de toutes deux se développent. Ordinairement il ne s'en développe qu'un.

Les *hyperoodons*, dont la tête (pl. ix, fig. 1, 2 et 3) acquiert son caractère particulier du développement en crête verticale de la partie moyenne des maxillaires, crête qui descend obliquement en avant, et plus rapidement en arrière. Les dents sont coniques, et il ne s'en développe qu'un très-petit nombre.

Enfin les *sousous*, qui, outre leur museau long et fort étroit (pl. xviii), se caractérisent par leurs maxillaires (bb), produisant chacun une grande paroi osseuse qui se redresse en forme de voûte au-dessus des narines. Leurs dents sont coniques et crochues (1).

C'est entre ces sept divisions génériques que nous paraissent se partager les dauphins, mais non pas, à beaucoup près, en nombre égal pour toutes. Les genres inias, hyperoodons, narwals et sousous, ne sont fondés chacun que sur une seule espèce; et, si l'on en rapporte plusieurs

____

(1) Voyez pour les détails de ces têtes l'explication des figures.

au genre delphinorhynque, on ne connaît cependant encore que la tête du microptère. Les seuls genres dauphin et marsouin sont formés de plusieurs espèces bien connues; aussi sont-ce les seuls qu'on puisse regarder comme à peu près définitivement caractérisés ; non pas que les caractères génériques chez ces animaux soient identiques chez toutes les espèces : on trouve des dauphins dont le museau est tout d'une venue avec le crâne, et qui ne présentent point la dépression du bas du front qui caractérise le dauphin commun, par exemple ; et chez les marsouins la sphéricité de la tête a plusieurs degrés, et il en est qui ont des dents coniques, tandis que d'autres les ont comprimées. Or il pourrait arriver que quelque jour ces espèces présentassent dans ces caractères, ou dans d'autres qui s'y ajouteraient, des motifs suffisans pour qu'on en formât des groupes distincts. Ce sont des questions qui, avec bien d'autres, sont réservées aux solutions de l'avenir. Quant à nous, notre but n'a pu être que de faire usage des faits qui aujourd'hui sont acquis à la science, de manière à en faire connaître les rapports, et à faciliter l'appréciation de ceux qu'elle est destinée à acquérir encore.

LES DELPHINORHYNQUES. — *Delphinorhyncus.*

Ces dauphins paraissent arriver à une très-grande taille. Une des espèces atteint jusqu'à trente-six pieds de longueur. Ils se distinguent d'abord par leur tête bombée et leur museau étroit et fort long , qui peut ou non être armé de dents coniques et crochues. Le delphinorhynque couronné se trouve abondamment dans les mers du Nord ; on ignore quelles sont les mers qu'habitent les deux autres espèces de ce genre. Leur caractère générique principal réside dans la structure de la tête osseuse , comme nous l'avons indiqué dans nos généralités précédentes.

LE DELPHINORHYNQUE MICROPTÈRE.
D. Micropterus.

Cette espèce (pl. 9, fig. 1) n'est connue que depuis 1825. Jusqu'à cette époque elle n'avait été indiquée par aucune observation ; aucune trace, aucune partie de dépouilles, n'avait fait soupçonner son existence ; et c'est sur nos côtes, à l'embouchure de la Seine, qu'elle a été découverte. Depuis, aucun fait n'est venu se rattacher à son histoire. Un seul individu a été vu, et quelques-uns des restes de cet individu sont aux mains de la science. Quelles sont donc les régions éloignées, naturelles à cette espèce, pour qu'elle n'ait été vue qu'une seule fois depuis qu'on étudie les productions de l'Océan ? Et, si en effet elle appartient à des mers lointaines, quelles sont les causes qui ont concouru à amener sur nos rivages l'individu qu'on y a trouvé ? Si, au contraire, elle appartient aux mers voisines, quelles sont ses mœurs, pour qu'elle ait pu se dérober aussi long-temps à nos curieuses recherches ? Car il ne s'agit point d'un animal de nature à échapper, par la médiocrité de sa taille, à la vue des navigateurs, ni que l'on puisse confondre par ses formes et ses proportions avec des espèces déjà connues : ce dauphin doit arriver à une très-grande taille : l'individu très-jeune qui nous l'a fait connaître avait quinze pieds de longueur, et, à l'exception du dauphin couronné, et du dauphin Geoffroy presque aussi rares que lui, aucun autre ne lui ressemble.

M. de Blainville (1) a fait connaître les circonstances de la découverte de ce cétacé. Ce fut le 9 septembre 1825, en plein jour, que cet animal vint échouer à l'embouchure de la Seine, à un demi-quart de lieue au-dessus du Hâvre. Il fut aperçu se débattant pour se remettre à flot ; mais, la marée le laissant toujours de plus en plus à sec, il ne tarda pas à être attaqué et tué par ceux qui l'avaient découvert. Il fut transporté au Hâvre, et pendant quelques jours montré au public. Bientôt on fut contraint, par la mauvaise odeur qu'il répandait, d'enlever ses intestins et de le dépouiller de sa graisse et de ses chairs ; malheureusement ce travail ne fut point dirigé par un naturaliste, et les parties ne pu-

(1) Nouv. Bullet. des Sciences, septembre 1825, p. 139.

rent être ni observées ni décrites. La peau, contenant la tête,
fut cependant conservée; on lui rendit grossièrement sa forme
première, et c'est dans cet état qu'elle arriva à Paris, où elle
fut d'abord exposée à la curiosité publique, et enfin acquise par
le Muséum d'Histoire naturelle. M. de Blainville fit au Hâvre,
de ce dauphin, une description que nous rapporterons plus bas,
et il le considéra comme appartenant à la même espèce que celui
de Dale.

Ayant moi-même reçu une description sommaire et un léger
croquis de cet animal, j'en donnai une figure, et je le décrivis
sous le nom qu'il avait reçu de M. de Blainville, dans la 33ᵉ livraison de mon Histoire naturelle des mammifères.

C'est mon frère qui, après avoir pu observer les formes de la
tête osseuse de ce cétacé, reconnut qu'il appartenait à une espèce très-différente de celle du dauphin de Dale, et lui donna
le nom de Microptère (1), à cause de la petitesse de sa nageoire
dorsale.

M. de Blainville fit la description de ce dauphin, pendant que
ceux qui en étaient devenus propriétaires s'occupaient à le dépouiller; et, comme il n'en a point été fait dans des circonstances
plus favorables, nous devons la transcrire.

« Le corps de ce cétacé, dit M. de Blainville, était fusiforme.
La ligne dorsale était plus relevée et plus bombée vers l'occiput
et au milieu du dos; au-delà de la nageoire elle se relevait en carène, qui était d'autant plus marquée qu'elle était plus voisine
de la nageoire caudale. On remarquait aussi de chaque côté de la
queue une indice de carène, mais bien moins longue et bien
moins sensible; le ventre était un peu plus arrondi que le dos.
La longeur totale était de quinze pieds, et la circonférence de
sept pieds et demi, en arrière des nageoires pectorales. La tête,
assez distincte par un rétrécissement du reste du corps, avait
deux pieds sept pouces de long de l'extrémité du museau à l'occiput. Le front était aussi fortement bombé à son origine nasale;
l'évent, situé à deux pieds trois pouces de la pointe des mâchoires,
avait trois pouces de largeur; il était peu courbé, les cornes en
avant. L'œil était assez grand; il avait deux pouces de diamètre
longitudinal, et un peu moins de vertical; l'ouverture des pau-

____
(1) Règne animal, édit. de 1829, t. 1, p. 288.

pières n'était cependant que de quinze lignes ; sa supérieure était assez distincte. On n'a pu voir l'ouverture du tympan, ni pendant la vie, ni après la mort. Les mâchoires, prolongées en forme de bec subcylindrique, n'étaient pas séparées du reste de la tête par une sorte de pli radical, comme dans les véritables dauphins : la supérieure était un peu plus courte et plus étroite que l'autre ; elle offrait en dedans, tout le long du palais, une rigole latérale dans laquelle pénétrait le bord gencival de l'inférieure, tandis que le sien pénétrait dans une rainure semblable de celle-ci. L'ouverture de la bouche était extrêmement grande (deux pieds environ); il n'y avait aucune trace de dents sur le bord des mâchoires (1), non plus que de rugosités au palais ; tout était parfaitement lisse. Les nageoires, ou membres antérieurs, étaient fort petites proportionnellement, puisqu'elles n'avaient que dix-huit pouces de longueur sur six pouces de largeur ; leur forme était ovale, allongée, un peu angulaire vers le milieu du bord postérieur ; leur racine était à trois pieds quatre pouces de l'extrémité du museau. La nageoire dorsale était également fort petite, surbaissée, triangulaire, arquée et recourbée à l'extrémité ; elle commençait à neuf pieds onze lignes de l'extrémité du museau, avait dix pouces de bord et onze de hauteur à son sommet. La nageoire caudale était fort large ; ses deux cornes, assez arquées et un peu pointues, comprenaient entre elles une longueur de trois pieds. L'ouverture de la vulve avait presque huit pouces de longueur ; l'anus en était à environ un pouce en arrière : de chaque côté de la première était le pli des mamelles, qui avaient trois à quatre pouces de long.

» La couleur générale était d'un gris luisant, plus foncé en dessus et blanchâtre en dessous ; la peau, qui offrait la structure de celle des cétacés, était lisse partout, si ce n'est sous la gorge, où M. le docteur Surriray m'a dit avoir observé quatre fentes parallèles, longues de cinq à six pouces, et de trois ou quatre lignes dans leur plus grande largeur. »

M. de Blainville n'a rien observé des viscères ; il sait seulement, par M. le docteur Surriray, qu'il y avait trois estomacs, comme dans la plupart des espèces de ce genre, et que le reste du canal intestinal était très-grêle et très-long.

(1) Quelques-unes, à l'état rudimentaire, ont été trouvées dans les maxillaires inférieurs après qu'ils ont été dépouillés de leurs chairs.

Il a pu examiner une partie du squelette et le crâne assez incomplètement. Le système osseux de la colonne vertébrale était, comme dans toutes les espèces de ce groupe, très-solidement établi. Les vertèbres, peu mobiles entre elles, et réunies par un tissu fibreux, court et serré, avec une petite quantité de matière comme graisseuse, mais réellement mucoso-gélatineuse au milieu, étaient au nombre de neuf au dos, quinze à vingt à la queue, et sept disposées comme les dauphins, au cou. Les côtes n'étaient qu'au nombre de neuf, dont six sternales.

La tête osseuse de cette espèce se trouve décrite en détail dans nos généralités sur les dauphins. Elle montre des rapports nouveaux entre les os qui la composent, rapports sur lesquels nous avons cru devoir fonder les caractères du groupe dont le delphinorhynque microptère présente le type.

LE DELPHINORHYNQUE COURONNÉ.—*D. Coronatus.*

C'est à M. de Fréminville, officier de marine et savant fort distingué, que l'on doit la découverte de cette espèce de dauphin ; et la seule description originale qui en ait été donnée date de 1818 (8). C'est cette description en effet qui a été copiée dans tous les ouvrages où l'on fait connaître ce dauphin (2) ; je la tirai d'un mémoire que M. de Fréminville communiqua en 1818 à la Société Philomathique. Je puis heureusement donner aujourd'hui ce mémoire lui-même ; et, quoiqu'il contienne des observations étrangères à l'espèce du dauphin couronné, je ne les retrancherai pas. Des observations d'histoire naturelle, quelles qu'elles soient, sur les cétacés, sont trop précieuses pour qu'on ne doive pas les conserver avec soin, quand elles viennent d'un marin et d'un observateur aussi éclairé que M. de Fréminville.

« L'histoire des mammifères cétacés est une des parties les moins connues de la zoologie ; et, malgré les progrès que lui ont fait faire Linné, Bonnaterne, Lacépède, etc., elle offre aux naturalistes un vaste champ, où restent encore beaucoup d'observations nouvelles à recueillir, de faits importans à constater, d'espèces inconnues à décrire.

(1) Bulletin des Sciences, p. 69.
(2) Desmarets, Mammal., esp. 754, p. 512. G. Cuvier, Ossem. foss, t. v, p. 278. Lesson, Cétacés, p. 151.

» Mais l'étude de ces animaux présente un si grand nombre de difficultés, tant d'obstacles se réunissent pour s'opposer aux efforts et au zèle de l'observateur, que de long-temps encore elle ne pourra être suffisamment approfondie. En effet, comment examiner et décrire avec l'attention et les détails indispensables pour les progrès de la science, des êtres vaguant sans cesse dans l'immensité de l'Océan, évitant l'approche des domaines de l'espèce humaine, habitant de préférence les mers les moins fréquentées, celles surtout qu'enchaînent les plaines de glace de l'un et de l'autre pôle ? Comment observer en naturaliste des animaux qui ne s'offrent aux yeux du navigateur que par hasard, ne lui offrent le plus souvent qu'une partie de leur énorme masse, et disparaissent ensuite pour jamais à ses regards ?

» Aussi, si l'on excepte les espèces extrêmement communes, telles que le dauphin commun, le marsouin, etc., et celles que le hasard a fait échouer quelquefois sur les côtes, tout le reste, de ce qui concerne les cétacés, n'est que confusion et qu'erreurs, les naturalistes n'ayant eu à leur égard d'autres bases de leurs travaux que les relations tronquées et souvent absurdes des pêcheurs baleiniers ; et même quand les rapports de ceux-ci ne seraient pas tout-à-fait sans fondement, ils sont toujours bien insuffisans pour 'histoire naturelle, étant faits par des hommes qui n'approfondissent rien, et n'ont d'ailleurs aucune teinture de cette science. Toutes leurs connaissances, sous ce rapport, se bornent à savoir distinguer les baleines d'avec les autres cétacés. Ils savent fort bien que les baleines ont seules des fanons, parce que cette partie est un objet de spéculation pour eux. Ils reconnaissent même deux espèces de baleines, les grosses et celles dont le corps est allongé ; tout ce qu'ils ont rapporté au sujet de ces deux sortes de baleines a été généralement appliqué par les zoologistes à la baleine franche, *balœna mysticetus* et au gibbar *balœna physalus*.

» Il est néanmoins certain que parmi ces deux espèces de baleines, les pêcheurs confondent beaucoup d'autres espèces distinctes, et dont la plupart nous sont inconnues. J'ai eu occasion de m'en convaincre par le fait suivant. Pendant l'expédition de 1806 au pôle boréal, durant laquelle j'ai été à bord de plusieurs navires baleiniers, j'ai remarqué que, parmi les queues des baleines qu'ils avaient prises, et qu'ils ne manquent pas d'attacher à l'avant comme un trophée, témoignage de leur courage et de leur adresse, il en était de formes très-différentes, et qui avaient appartenu sans doute à des espèces encore inconnues. On ne peut donc rien statuer sur les récits des pêcheurs ; mais il serait à désirer que des observateurs plus judicieux fissent avec eux une ou deux campagnes ; leurs travaux répandraient un jour tout nouveau, sans doute, sur l'histoire des cétacés.

» Pendant l'expédition autour du pôle boréal, de laquelle je faisais partie, je m'étais promis de faire sur ces animaux toutes les observations qui seraient en mon pouvoir ; et, malgré l'insuffisance de mes moyens, j'espérais pouvoir mieux au moins que les pêcheurs baleiniers rendre quelques services à la zoologie ; mais j'avais d'autres difficultés à vaincre : le bâtiment que je montais, spécialement destiné à des travaux géographiques et à des opérations militaires, ne pouvait employer à la pêche des animaux marins un temps précieux pour le succès de sa mission : ce ne fut donc qu'au hasard que je dus la rencontre des différens cétacés que j'ai été à même d'observer ; et, quoique nous en ayons quelquefois harponné plusieurs, ils furent presque toujours perdus pour nous ; la forme défectueuse et la faiblesse de nos instrumens de pêche, bien inférieurs sous tous les raports à ceux des Anglais, les rendant incapables de résister aux efforts violens que font ces animaux dès qu'ils se sentent blessés.

» La seule espèce que je puisse décrire avec certitude est un dauphin qui paraît n'avoir pas été connu jusqu'à présent, et qui surpasse en dimensions toutes les autres espèces de ce genre.

» Sa forme générale est allongée ; sa longueur totale, la plus ordinaire, est de dix mètres ; mais j'en ai vu qui pouvaient en avoir près de douze, depuis l'extrémité de la mâchoire inférieure jusqu'à l'extrémité de la nageoire caudale. La circonférence est de cinq mètres un décimètre ; la tête est petite relativement au volume général du corps ; le front est convexe, obtus ; les mâchoires sont prolongées en un bec fort pointu ; l'inférieure est la plus longue, et elle est armée de quarante-huit petites dents coniques, très-aiguës ; on en compte seulement trente à la mâchoire supérieure.

» La nageoire dorsale, en forme de demi-croissant, se trouve placée plus près de la queue que de la tête ; la caudale forme un croissant entier ; les deux pectorales sont de médiocre grandeur.

» La couleur de ce dauphin est d'un noir uniforme, tant en dessus qu'en dessous ; mais ce qui le caractérise principalement, sont deux cercles jaunes concentriques placés sur le front : cette particularité le distingue éminemment des espèces déjà décrites. Le plus grand cercle a neuf décimètres de diamètre, l'intérieur en a à peu près sept. Cette circonstance m'a déterminé à donner à cette espèce, que je crois nouvelle, le nom de *dauphin couronné*, *delphinus coronatus*.

» Le dauphin couronné est commun dans la mer Glaciale. J'ai commencé à le rencontrer vers le 74ᵉ degré de latitude nord; mais ce n'est qu'entre les grandes îles de glace qui avoisinent le Spitzberg, entre le 77ᵉ et le 80ᵉ degré de latitude, qu'on le trouve en troupes nombreuses : souvent, pendant les calmes, qui, en été, sont fréquens dans ces parages, nous en étions environnés. Ces animaux paraissaient si peu défians, qu'ils venaient jeter le long du bord l'eau qu'ils lançaient par leur évent. Ils lancent cette eau avec bruit, et avec une force telle, qu'elle en est divisée aussitôt au point de n'avoir que l'apparence d'une légère vapeur. Leur jet ne s'élève pas à plus de deux mètres. Ils nagent en décrivant des arcs de cercle comme les autres espèces du même genre.

» Ce dauphin m'a paru tellement répandu autour du Spitzberg, que je ne puis douter qu'il n'ait été vu souvent par les pêcheurs baleiniers ; il serait même possible qu'il eût déjà été mal décrit et confondu avec le D. Nesarnak, figuré dans l'Encyclopédie méthodique, planche 2 des cétacés, figures 1 et 2 : c'est au moins la seule espèce avec laquelle il ait quelque rapport; mais la forme de la tête, celle du museau et des nageoires, les bandes jaunes de la tête suffisent pour l'en distinguer.

» Le temps et les circonstances, qui ne m'ont pas permis de joindre à cette description aucuns détails anatomiques, la rendent sans doute très-incomplète : mais elle suffira du moins pour signaler désormais cette espèce, et la faire reconnaître à des observateurs qui, plus heureux, la termineront de manière à ne plus rien laisser à désirer aux naturalistes. »

DELPHINORHYNQUE DE GEOFFROY. — *D. Frontatus.*

Cette espèce n'est encore fondée que sur les dépouilles d'un individu.

M. Geoffroy, ayant été chargé en 1810 de visiter, à Madrid et à Lisbonne, les collections d'histoire naturelle appartenant aux gouvernemens d'Espagne et de Portugal, afin de recueillir les objets propres à enrichir les collections du Muséum de Paris, découvrit ces dépouilles dans la dernière de ces villes, et y reconnut les caractères d'une espèce nouvelle. Mais ces restes de dauphin ne présentent point par eux-mêmes les couleurs naturelles de l'animal, ils sont recouverts d'une couche de peinture, et, pour les admettre comme représentant les caractères de leur espèce, il faut supposer que ces couleurs ne sont que la fidèle imitation de celles qu'avait l'animal de son vivant. On voit combien est étroite la base sur laquelle repose cette espèce de dauphin, dont on ne connaît d'ailleurs l'origine sous aucun rapport : cependant ces restes gardent un caractère que leur préparation, pour les conserver, n'a pu altérer : c'est la forme de la tête et le nombre des dents ; et ces caractères, ne rattachant l'individu qui les présente à aucune espèce connue, fondent les caractères d'une espèce nouvelle.

Toute l'histoire de cette espèce de dauphin ne peut donc consister aujourd'hui que dans les formes de la tête, les mesures proportionnelles et les couleurs des différentes parties de l'individu que nous avons à décrire.

A la vérité, on pourrait penser avec mon frère que la figure qui fut envoyée du Canada à Duhamel, sous le nom de marsouin blanc (1), et qui en effet représente un animal à front très-bombé et à museau mince et allongé, est celle d'un individu de l'espèce qui nous occupe : alors on dirait de plus dans son histoire qu'elle est américaine ; mais Duhamel se borne à ajouter à ce que nous venons de rappeler que cet individu avait douze pieds de longueur : il ne dit rien de ses autres caractères ; et la figure tronquée qu'il donne est si défectueuse, qu'on ne peut y avoir confiance : d'ailleurs le dauphin de Geoffroy ne pourrait, dans aucun cas, être considéré comme un animal blanc.

Nous pensons donc qu'il est prudent de n'attribuer à cette espèce que les caractères qu'on peut tirer du seul individu qui la représente, et qui, par lui-même, prête suffisamment aux con-

(1) Traité des Pêches, IIe partie, section X, chapitre 2, page 41, planche X, figure 4.

jectures, sans qu'il soit besoin d'y ajouter celles qui pourraient être suggérées d'ailleurs.

Le dauphin de Geoffroy est remarquable par la forme de sa tête et par l'allongement et l'étrécissement de ses mâchoires; son front, très-bombé et très-arrondi, forme presque, avec le dessus de la mâchoire supérieure, un angle droit. Les mâchoires minces et étroites, c'est-à-dire comprimées dans tous les sens, rattachent ce dauphin aux delphinorhynques. Ses dents sont au nombre de vingt-quatre à vingt-cinq de chaque côté de l'une et de l'autre mâchoire, et les dernières paraissent plus émoussées que les antérieures. La nageoire dorsale ne paraît consister qu'en un pli de la peau, qui a deux pieds de long et dix-huit lignes seulement de hauteur; les pectorales sont longues d'un pied, et elles sont en forme de faux; la caudale, échancrée dans son milieu, a dix-huit pouces d'une de ses extrémités à l'autre; la commissure des mâchoires est à dix pouces de leur extrémité, et la nageoire dorsale commence à deux pieds du sommet de la tête, qui porte l'ouverture de l'évent, laquelle se trouve immédiatement au-dessus des yeux, et sa partie concave est du côté du dos.

La longueur totale de l'animal est de sept pieds; ses couleurs connues, nous l'avons dit, sont artificielles; mais il est permi de supposer qu'elles représentent celles de l'animal avant sa mort. Cependant une crainte nous arrête : la couleur du dos ne doit-elle pas représenter celle que les naturalistes sont convenus de désigner par ces mots : *plombé* ou *gris plombé* ? Si mon doute était fondé, les couleurs artificielles de cet animal ne seraient plus fidèles. Quoi qu'il en soit, ce dauphin a toutes les parties supérieures du corps et les mâchoires d'un gris peu foncé, et toutes les parties inférieures, remontant au-dessus des yeux, d'un blanc pur; les nageoires sont d'un blanc roussâtre, même celle du dos.

LES DAUPHINS PROPREMENT DITS. — *Delphinus.*

De toutes les espèces de ces dauphins qui sont connues par des descriptions et des figures, aucune ne présente une très-grande taille. Celle dont le corps est le plus long a de huit à neuf pieds. On les reconnaît comme appartenant à ce genre au bec dont se forme leur museau, bien moins allongé et bien moins étroit que celui des delphinorhynques, et chez quelques espèces séparé de la partie cérébrale, qui est bombée par une dépression marquée. D'autres espèces ont leur bec tout d'une venue avec ces parties cérébrales et sans dépression; enfin il en est une qui manque de l'appendice cutané qu'on a appelé nageoire dorsale, tandis que toutes les autres en sont pourvues. Ces dauphins se rencontrent dans toutes les mers. Nous avons fait connaître dans nos généralités sur ces annimaux les principaux caractères ostéologiques de leur tête. (Pl. x. fig. 1.)

LE DAUPHIN VULGAIRE. — *D. delphis.*

Cette espèce est celle qui se montre le plus communément près de nos rivages; on la rencontre dans la Méditerranée comme dans l'Océan et dans les mers du Nord, comme dans celles qui se rapprochent de l'équateur. Son corps fusiforme, la couche de graisse dont elle est revêtue, les muscles vigoureux de sa queue, concourent pour les mouvemens à en faire une espèce essentiellement aquatique. Elle vit en troupes nombreuses, et semble ne rencontrer dans la nature aucun obstacle à son activité; les mers du globe entier lui sont ouvertes, et on ne lui connaît point d'ennemis auxquels elle ne paraisse pouvoir échapper.

Lorsque ces animaux rencontrent un vaisseau voguant à pleines voiles, on dirait qu'ils se complaisent à lutter de vitesse avec lui, et à se faire un jeu de leurs efforts, par la variété et la légèreté de leurs mouvemens, par leurs bonds rapides, leurs culbutes multipliées, par tous les caprices enfin d'une activité qui paraît sans but, et surtout sans utilité pour ceux qui l'exercent. Les dauphins remontent aussi quelquefois dans les fleuves, et les individus qui y ont été observés y sont demeurés assez longtemps pour qu'il ait été permis de penser qu'ils vivraient aussi facilement dans les eaux douces que dans l'eau de la mer, s'ils y rencontraient une nourriture suffisante.

Malgré l'abondance de ces animaux, et la sécurité au milieu de laquelle ils paraissent constamment vivre; quoique de toutes les espèces du genre des dauphins ce soit celle qu'on est à portée

de mieux observer chez nous, et que des individus isolés viennent fréquemment échouer sur nos côtes, ou se prendre dans les
filets de nos pêcheurs; quoique cette espèce enfin ait été connue
des anciens, qu'on la trouve gravée sur leurs monumens, et qu'ils
en parlent dans leurs ouvrages, nous ne possédons encore que
bien peu d'élémens de son histoire : on en a tracé de bonnes
figures; ses couleurs, les formes et les proportions de ses différentes parties ont été décrites ; on a étudié son organisation; on
a expliqué quelques-unes des fonctions qui lui sont spécialement
propres, et que la connaissance des autres animaux ne pouvait
point expliquer ; mais plusieurs de ces fonctions restent encore
cachées sous un voile épais, et l'on ne sait à peu près rien d'assez
précis, d'assez vrai, sur son naturel, sur ses mœurs, pour avoir
pu déterminer les causes efficientes de ses actions. On a vu l'enveloppe du mécanisme, plusieurs des rouages dont il se compose
ont été étudiés, on a déterminé les effets de quelques-uns d'entre
eux, mais on n'a point pénétré jusqu'à la force qui les met en
mouvement, ni par conséquent jusqu'aux rapports de ces mouvemens avec ceux du mécanisme général de la nature, dont ils
font partie, et à l'harmonie duquel ils paraissent prendre une si
grande part.

Les anciens, malheureusement, comme on le sait, ne décrivaient
pas les animaux dont ils parlent. On dirait qu'ils n'eurent l'intention d'écrire sur l'histoire naturelle que pour leur nation ; qu'ils
supposèrent que leur langue ne pouvait point s'altérer, que la
tradition conserverait toujours aux noms des animaux la même
signification, qu'aucune révolution sociale en un mot ne viendrait
creuser un abîme entre leur siècle et ceux qui lui succéderaient.
Cette erreur si grave des anciens, et qui rend la science qu'ils
avaient acquise si peu profitable aux modernes, eux-mêmes en
ont été les victimes, en ont subi les conséquences, et le dauphin
en est un exemple. Aristote applique incontestablement ce nom
à de véritables dauphins ; car on a trouvé, dans ce qu'il en rapporte, des particularités qui ne peuvent pas convenir à d'autres
animaux. Il connaissait aussi les requins : il les caractérise comme
genre, et en distingue plusieurs espèces, auxquelles il donne
des noms particuliers : eh bien, malgré l'étendue et la profondeur
de sa science, nous le voyons donner aux dauphins un des caractères essentiels des requins, en supposant que les premiers

sont obligés de se renverser pour saisir leur proie, parce qu'ils auraient la bouche ouverte en dessous du museau (1); ce qui ne peut convenir qu'aux seconds. Aristote même assimila, sous ce rapport, ces deux genres d'animaux ; ce qui ferait supposer que le nom de dauphin était aussi appliqué à quelques-uns des genres de poissons dont l'ouverture de la bouche est en dessous ; mais cette circonstance elle-même serait une preuve des graves inconvéniens qu'il y a, en histoire naturelle, à ne point décrire et à ne point nommer avec exactitude les êtres dont on parle. Ces inconvéniens se font encore plus fortement sentir lorsqu'on s'éloigne d'Aristote, et qu'on descend aux auteurs qui lui succédèrent, soit comme compilateurs ou historiens, soit à tout autre titre. Pline (2) ne se contente plus de placer la bouche des dauphins au-dessous de leur museau; il leur donne une nageoire épineuse, arme puissante, au moyen de laquelle ils combattent et domptent le crocodile, et qu'ils savent abaisser et rendre inoffensive quand ils pourraient craindre d'en faire usage.

Pour Oppien, les cétacés, genre si bien caractérisé par Aristote, et auquel le dauphin appartient, ne sont plus guère que des requins (3) ; le dauphin n'en fait plus partie, il dépend d'un genre différent; mais Oppien a une idée si peu exacte de cet animal qu'il ne voit aucune difficulté à le faire sortir de la mer, au son de la flute des bergers, pour accompagner les brebis et goûter avec elles le repos et l'ombre des bois (4).

Cependant il faut reconnaître que, sous quelques rapports, ce que ce poète attribue au dauphin, dans plusieurs chants de ses halieutiques, mérite toute l'attention des naturalistes, par les notions justes qui s'y trouvent.

OElien ne se soustrait point entièrement à la confusion que font ses prédécesseurs, en donnant le nom de dauphin à une espèce de cétacé et à une espèce de requin ; ce qui altère grossièrement quelques-unes de ses intéressantes histoires relatives aux actions des dauphins : et ces histoires, répétées sans critiques par ceux qui sont venus depuis, n'en sont pas devenues plus

(1) Hist. Anim. , lib. viii, cap. 2.
(2) Histoire naturelle , liv. ix , chap. 8.
(3) Halieutiques , chant 1er.
(4) Chant 5.

vraisemblables pour avoir été admises par un plus grand nombre d'historiens.

Il ne suffirait cependant pas de rassembler, des récits des anciens, ce qui appartient évidemment à des dauphins, pour composer l'histoire de cette espèce. Par là on s'exposerait à appliquer ; à une même espèce des notions qui appartiennent à plusieurs; car il est trop évident que, sous ce nom de dauphin, même quand il ne s'agit que d'animaux de ce genre, les anciens ont dû confondre des espèces étrangères l'une à l'autre.

En effet, quoiqu'ils aient distingué des dauphins par des noms différens, tels que ceux de *delphis*, de *tursio*, d'*aries marinus*, il leur aurait été bien plus difficile qu'à nous de ne jamais rapporter les notions qu'ils acquéraient sur une espèce qu'à cette espèce elle-même. Or un des travaux des naturalistes modernes qui présente le plus d'obstacles, qui exige les connaissances les plus étendues, et la pénétration la plus grande, est celui qui consiste à faire la part de chaque espèce dans les observations de toute nature où ils sont obligés de puiser les élémens dont ils constituent la science ; et cependant nous avons sur les anciens l'avantage d'une méthode plus rigoureuse dans l'observation des faits et dans l'établissement de leurs rapports.

Pour ce qui concerne les caractères et le naturel du dauphin proprement dit, les observations des anciens ne peuvent pas être d'un très-grand secours aux naturalistes modernes. Tout ce qu'ils ont vu, tout ce qu'ils ont rapporté, sous des couleurs plus ou moins vraies, n'est guère propre à répandre quelques lumières que sur l'histoire générale des dauphins : c'est pourquoi nous avons fait à peu près mention de tout ce qu'ils nous ont appris sur ces animaux, dans la partie de notre travail où nous les envisageons d'une manière générale : mais, sous ce point de vue, et en ce qui concerne surtout le naturel et les mœurs de ces cétacés, les anciens ne doivent point être négligés, car, malgré leurs exagérations, malgré leurs erreurs mêmes, ils rapportent du moins des faits , et à cet égard ils nous paraissent aussi supérieurs aux modernes que ceux-ci le sont aux premiers en ce qui concerne les caractères physiques et l'organisation.

Toutefois, si ce que les anciens ont écrit des dauphins ne peut être attribué avec certitude au dauphin proprement dit, il n'en est pas de même souvent des représentations qu'ils ont données de cet animal. Certaines de leurs figures du dauphin rappellent très-exactement l'espèce que nous entendons désigner par ce nom. Ainsi la dénomination de dauphin avait pour eux comme pour nous un sens bien déterminé, mais seulement quand ils l'appliquaient à l'animal que représente certaines de leurs figures de dauphin; et c'est Belon, je crois, qui le premier a fait connaître quelle était véritablement l'espèce à laquelle cette dénomination appartenait chez les anciens; ce qui l'a conduit à établir la synonymie de cette espèce, du moins en ce qui concerne les noms qu'elle reçoit chez les modernes, et surtout en France.

C'est par le nom d'oie de mer que nos pêcheurs ont désigné le dauphin : l'espèce de bec aplati, déprimé, que forment ses mâchoires, est le caractère qui les a portés à donner un nom si singulier à cet animal, nom qui se conserve encore aujourd'hui sur quelques-unes de nos côtes. Il a également reçu celui de cochon de mer, de marsouin, qui sont, l'un, la traduction du nom allemand *mer swein*; l'autre, la contraction de ce nom que l'on trouve dans la plupart des langues germaniques, et dont le sens fait allusion à la couche graisseuse qui s'accumule sous la peau des dauphins, comme sous celle des cochons.

Depuis le travail si lumineux de Belon sur le dauphin, les naturalistes n'ont plus fait de confusion relativement à cette espèce; ils se sont assez généralement entendus sur les caractères qui devaient la distinguer des autres; mais les observations dont elle a pu être le sujet ont été bien peu nombreuses, et l'on s'est généralement moins attaché à en faire de nouvelles qu'à présenter celles qu'on avait acquises, conformément à l'esprit qui dominait la science, au moment où l'on écrivait. Ainsi Rondelet, mais surtout Gesner, Aldrovande, ne parlent guère du dauphin qu'en érudits; et les auteurs modernes se sont principalement attachés à en faire connaître les organes; mais ils se sont livrés à leurs recherches dans des vues différentes; ce qui est cause de la diversité des résultats de leurs travaux : les uns n'ayant guère eu d'autre but que d'établir entre les espèces des caractères distinctifs, les autres ayant eu de plus pour objet la connaissance de l'organisation et des rapports qui peuvent être fondés sur elle.

A l'époque de la renaissance des lettres, les naturalistes se

seraient trouvés dans une fort heureuse situation, si la science
eût été alors assez avancée pour les porter à se livrer à l'étude
de l'espèce qui nous occupe, mais surtout à l'étude de son organisation ; car à cette époque la chair du dauphin était aussi
recherchée qu'elle est dédaignée aujourd'hui ; son prix était
fort élevé ; elle ne paraissait que sur la table des riches, et
était préférée à la chair de tous les poissons. C'est ce que
tous les auteurs du seizième siècle qui ont écrit sur ces animaux nous apprennent, et ce qui a mis plusieurs d'entre eux
dans le cas de nous parler des dauphins d'après leurs propres
observations.

Mais c'est en France surtout que la chair du dauphin était
goûtée, et le temps du carême était celui où il s'en consom-
mait le plus ; car, dans ces siècles si peu avancés dans les connaissances naturelles, tous les cétacés étaient considérés comme
des poissons. Cet usage ne paraît pas s'être établi dans tous
les autres pays catholiques, lesquels, conséquemment, n'auraient
pas procuré aux naturalistes l'avantage de pouvoir se livrer à
l'étude des dauphins, comme la France. Les motifs de ces différences ne sont pas partout les mêmes. D'après les recherches spéciales de Belon, il paraît que le dauphin était trop rare
dans les mers d'Italie pour que l'usage de s'en nourrir eût pu
s'introduire dans ce pays, et les Grecs, à l'imitation de leurs
ancêtres, avaient des idées si particulières sur le naturel du dauphin, éprouvaient pour cette espèce un sentiment si affectueux,
et croyaient si fortement que cette affection était partagée par
elle, qu'il n'a jamais pu venir dans leur esprit de s'en nourrir.
Il paraît qu'à l'époque où Belon visita la Grèce toutes ces histoires des rapports sympathiques du dauphin avec l'espèce humaine, que l'imagination des anciens Grecs sut revêtir de si brillantes couleurs, se racontaient et s'écoutaient encore avec toute
la confiance qu'on leur accordait à leur origine ; et si mettre
à mort un dauphin n'était pas, aux yeux des Grecs modernes,
un sacrilège, c'était peut-être autant qu'un homicide. Ces
croyances, tout-à-fait opposées à celles qui en France auraient
été si favorables à l'étude organique des dauphins, se trouvaient
au moins très-favorables à leur étude morale, si aucune espèce de science à cette époque eût pu être cultivée en Grèce.
Nous ignorons si aujourd'hui l'histoire d'*Arion*, celle *du lac*

Lucrin, etc., ont conservé sur les esprits, dans cette belle contrée, l'empire qu'elles exercèrent si heureusement autrefois sur eux ; mais, dans le cas où les mêmes croyances s'y seraient perpétuées, où les mêmes sympathies pour les dauphins s'y retrouveraient, on doit faire des vœux pour que l'étude morale de ces animaux attire l'attention des hommes éclairés qu'elle doit produire sous le gouvernement plus humain qui s'est aujourd'hui chargé de sa prospérité.

Belon a donné, d'après nature, des parties extérieures du dauphins et de ses dents, une description presque aussi détaillée et aussi exacte que celle qu'on pourrait en donner aujourd'hui, et la figure qui accompagne cette description donne elle-même de cet animal une idée assez précise. C'est aussi d'après nature, et en en donnant une figure originale, que Rondelet parle du dauphin, et il expose sur cet animal des faits anatomiques et des explications physiologiques dont Belon ne s'était point occupé.

Les faits anatomiques, tout incomplets que sont plusieurs d'entre eux, ajoutent cependant quelques connaissances positives à l'histoire naturelle de cette espèce. Ceux qui ont pour objet les fonctions sont beaucoup moins heureux ; ainsi, ayant cru, comme Aristote, observer chez une femelle deux orifices à l'endroit que devaient occuper les mamelons, il s'exprime ainsi, à l'imitation du philosophe grec (1) : « *A l'entour de sa nature ell'ha des mamelles sans bout ou papilions, au lieu desquels ha deux petits tuyaux, un deçà, l'autre delà, par lesquels sort le laict, qui est reçu par les petits suivant leur mère* (2). » Cette erreur, Rondelet ne l'aurait ni répétée ni commise s'il eût examiné plus attentivement les tuyaux dont il parle; car alors il aurait reconnu que ces prétendus tuyaux ne consistaient qu'en deux plis au fond desquels se trouvaient les mamelons, plis qui s'effaçaient, et laissaient à découvert ces mamelons lorsque les mamelles se trouvaient gonflées par le lait; et cette première observation l'aurait dispensé de donner de l'allaitement des petits cette explication singulière, dont il n'a pas même osé aborder les difficultés : *que les petits reçoivent le lait en suivant*

(1) Arist., lib. ii, cap. xiii.
(2) Hist. entière des Poissons, p. 346.

leur mère. A plusieurs erreurs de ce genre Rondelet joint, sans critique, ou en les expliquant arbitrairement, les faits qu'il trouve chez les anciens; ce qui le place, comme naturaliste, fort au-dessous de Bélon, si remarquable par la droiture de sens qui préside à tous ses récits.

Gesner (1) compile les anciens, et donne des extraits de Belon et de Rondelet avec leurs figures du dauphin, et en évitant quelques-unes des erreurs de ce dernier.

Il en est à peu près de même d'Aldrovande (2), qui donne deux figures originales de dauphin dont il serait difficile de déterminer les caractères. Johnston (3), compilateur moins éclairé que ses prédécesseurs, les copie sans les rectifier. Worinius (4), que l'on cite encore au nombre des premiers auteurs qui ont parlé du dauphin, ne dit rien qui puisse ajouter le moins du monde à l'histoire de cette espèce; et l'on peut en dire autant de Charleton (5), et même de Sibbald (6), qui ne fait guère que nommer le dauphin, et comparer sa taille à celle du marsouin. Willughby (7) copie Rondelet, et donne pour figure du dauphin celle que celui-ci en a donnée. Rai caractérise le dauphin comparativement avec le marsouin (8), etc.

Martens, Eggede, Anderson, Oth-Frid-Muller, Oth-Fabricius, et la plupart de ceux qui ont écrit sur l'histoire naturelle des contrées maritimes du Nord, parlent du dauphin avec plus ou moins de détails, mais sans rien ajouter d'essentiel à ce que leurs prédécesseurs avaient fait connaître; et tous, conformément à l'esprit de leur temps, se sont attachés à décrire les organes, plutôt qu'à retracer le naturel et à peindre les mœurs : mais, sur cette organisation elle-même, c'est aux anatomistes modernes qu'il faut avoir recours pour en prendre une connaissance quelque peu exact.

(1) De Aquatilibus, p. 319.
(2) De Cetis, p. 701.
(3) Des Piscibus, p. 218.
(4) Musæum, p. 288.
(5) Exerc. pisc. p. 47.
(6) Scotia illustrale, t. 11, p. 11, p. 23.
(7) De Historia Piscium, etc., p. 22, t. 1, fig. A, 1.
(8) Synop. mat. pisc., p. 12.

Des diverses notions que l'on peut puiser dans les sources nombreuses et variées que nous venons d'indiquer, ne résulte donc qu'une histoire bien imparfaite encore de l'espèce de cétacé à laquelle les anciens donnèrent le nom de dauphin.

Ce nom est celui qu'on donne aujourd'hui chez nous à cette espèce en histoire naturelle, et que notre langue a adopté. Il n'est, au reste, que le nom grec δελφιν, que les Latins avaient déjà traduit par *delphinus*, d'où il paraît être immédiatement passé dans la langue italienne, qui l'écrit et le prononce *delfino*.

Ce nom n'était point encore français au quinzième siècle. Les pêcheurs de nos côtes, qui avaient besoin de désigner le dauphin, avaient tiré son nom des analogies qu'ils trouvaient en lui avec les animaux qu'ils connaissaient ; nom qui, par conséquent, a pu différer suivant les populations : d'autres l'empruntèrent aux nations qui les avaient précédées dans la connaissance de cette espèce.

Tels ont été, par exemple, les noms d'*oie de mer* et de *bec d'oie*, donnés au dauphin à cause de la forme de son museau, et celui de *marsouin*, dérivé des langues germaniques, qui, comme nous l'avons dit plus haut, signifie cochon de mer, et a été donné à cet animal à cause de l'épaisse couche de lard qui se développe sous sa peau, etc.

Le dauphin ne paraît jamais acquérir au-delà de six à huit pieds de longeur. Son corps, fusiforme, est plus effilé du côté de la queue que du côté de la tête, et sa plus grande épaisseur se trouve un peu en avant de l'appendice adipeux, qu'on nomme nageoire dorsale, et est de seize à dix-huit pouces. Des membres antérieurs en forme de nageoires se trouvent sur les côtés de la poitrine, et l'on ne voit à l'extérieur aucune trace de membres postérieurs, à l'exception de la queue. La tête n'est point distincte du cou ; le front se termine en s'arrondissant et en descendant sur le museau, qui est déprimé, et qu'on a généralement comparé à un bec d'oie.

La nageoire dorsale est située un peu en arrière du milieu du dos ; son bord antérieur se courbe d'avant en arrière, et son bord postérieur est légèrement concave ; sa hauteur en ligne droite est d'environ neuf pouces. Les nageoires pectorales, à vingt-deux pouces du bout de la mâchoire inférieure, un peu plus longues que la nageoire dorsale, mais plus étroites, sont arrondies à leurs bords antérieur et postérieur, et légèrement vers l'extrémité de celui-ci. La nageoire caudale, en forme de croissant, est divisée en deux parties par une échancrure moyenne, et sa largeur est d'environ un pied.

L'œil, d'une grandeur médiocre, ayant une pupille en forme de cœur, et la membrane nommée ruichienne d'une brillante couleur d'or, est garni de paupières, et situé au-dessus et à trois pouces en arrière de la commissure de la bouche ; il est à quatorze ou quinze pouces du bout du museau. L'évent, simple, en forme de croissant ayant les cornes dirigées en avant, se trouve au sommet du front et à la même distance du bout du museau que les yeux.

L'oreille ne se montre au dehors que par une ouverture à peine assez grande pour qu'une épingle puisse y être introduite.

La langue, douce, peu étendue, est frangée : on voit à sa base quatre fentes dont l'usage n'a point encore été déterminé.

Le bec, de son extrémité à sa base, a environ six pouces de longueur, et il est séparé du front par un bourrelet qui vient se perdre insensiblement sur les côtés.

Les organes génitaux et l'anus ne se montrent au dehors que par une fente longitudinale, ouverte aux deux tiers à peu près de la longueur de l'animal, et à la partie postérieure de laquelle s'ouvre l'anus. Les femelles, outre cette fente, présentent deux petits plis, un sur chacun de ses côtés, qui cachent le mamelon quand les mamelles sont inactives et sans lait. La peau est entièrement nue, lisse, brillante ; les parties supérieures sont d'un noir grisâtre, et les parties inférieures blanches ; mais le noir s'étend irrégulièrement sur celles-ci : il descend plus bas, vis-à-vis de la nageoire dorsale, où il fait un angle, qu'aux parties antérieures et postérieures ; et quelques lignes grises isolées se mêlent à la couleur blanche. Les nageoires sont noires. Telles sont les formes des parties extérieures, les proportions et les couleurs du dauphin.

Ses mâchoires, très-grandes, ne sont recouvertes que de lèvres minces et peu mobiles, et elles sont garnies de trente-deux à quarante-sept dents de chacun de leurs côtés, suivant l'âge des individus ; ces dents coniques, pointues, un peu crochues, légèrement renflées dans leur milieu, plus grandes dans la partie moyenne des maxillaires qu'à leurs extrémités, sont aussi simples

dans leur racine que dans leur couronne ; et, lorsque les mâchoires se ferment, les dents de l'une se logent dans les intervalles
que laissent entre elles les dents de l'autre. Ces dents ne servent
point à mâcher, mais simplement à retenir une proie que les
dauphins avalent entière ; et ils avaleraient peut-être l'eau qui
pénètre avec elle, s'ils n'avaient pas la faculté de la faire sortir
au moyen du mécanisme particulier de leurs évents.

Les organes de ces animaux ne semblent point annoncer de délicatesse dans les sens. On dit cependant qu'ils ont la vue très-
perçante, et l'ouïe fort bonne. Quant à l'odorat, on n'en connaît
point encore le siége. Dans l'état actuel de nos connaissances,
la bouche et la langue seraient le seul siége du goût chez les
dauphins. La nudité absolue de la peau, l'épaisse couche de
graisse dont le corps entier de cet animal est revêtu, l'extrême
minceur et brièveté de ses lèvres, l'état, en quelque sorte, rudimentaire de ses membres, ne permettent pas de douter que le
sens du toucher ne soit chez lui très-obtus.

Ce qui distingue le dauphin est la force et la vivacité de ses
mouvemens, qu'il doit tout entiers aux muscles vigoureux de sa
queue ; car sa nageoire dorsale n'y prend aucune part, et ses nageoires pectorales ne pourraient que les modifier, et peut-être
encore seulement lorsqu'ils sont faibles ou modérés.

La manière de nager du dauphin, surtout quand il le fait
avec rapidité, a un caractère tout particulier ; pour cet effet il
se ploie en demi-cercle et se redresse ensuite ; et, quand il est à
la surface des flots, on voit, à chacune des impulsions qu'il se
donne, son dos se montrer au-dessus d'eux et se cacher ensuite,
comme s'il s'amusait à faire ce que les nageurs appellent des
têtes, tant ces deux sortes de mouvemens ont en apparence
d'analogie. Cet animal ne peut porter sa tête ni à droite ni à
gauche : elle est absolument fixée à la partie antérieure de son
corps ; ce qui résulte de l'immobilité des vertèbres du cou les
unes sur les autres. Lorsqu'il veut la diriger dans un sens, tout le
corps doit la suivre, ou plutôt elle ne peut s'y diriger que quand
le corps l'y conduit.

C'est sûrement la prédominance de la nageoire de la queue
dans les mouvemens du dauphin, l'instinct par lequel il est
porté à faire principalement usage de cette nageoire, qui déter-

minent la forme de ces mouvemens quand ils ont de la rapidité, qui forcent le corps de l'animal à se ployer quand il veut s'élancer et précipiter sa marche. Alors, en effet, devant opposer à l'eau sa nageoire caudale, et ne pouvant le faire qu'en la ramenant de haut en bas, il est obligé de ployer dans ce sens toute la partie postérieure de son corps : lorsqu'il la redresse ensuite, il frappe l'eau dans la direction convenable, c'est-à-dire opposée à celle dans laquelle il veut se porter.

L'évent est, comme nous l'avons déjà dit, l'orifice du conduit aérien, au moyen duquel le dauphin respire, et qu'il élève hors des flots lorsqu'il éprouve le besoin de respirer ; mais ce besoin se fait sentir bien moins fréquemment chez le dauphin que chez la plupart des mammifères terrestres ; car il lui arrive souvent de rester sous l'eau pendant un temps très-considérable ; ce qui tient à une disposition organique toute particulière, que l'étude des parties intérieures a fait assez bien connaître, et dont nous parlons dans notre discours général sur les dauphins.

Cet organe de la respiration, qui est absolument l'analogue des narines des autres mammifères, ne contient point les lammes osseuses nommées cornets qui garnissent l'intérieur des narines proprement dites ; il forme un double conduit dont les parois sont revêtues d'une membrane lisse et sèche, peu sensible sans doute, et qui peut entrer en contact avec l'eau sans que l'animal en souffre. Ces conduits sont garnis chacun à leur partie supérieure d'une soupape qui se ferme par sa propre élasticité, et qui ne s'ouvre qu'à l'aide d'un fort muscle. Entre ces soupapes et l'orifice de l'évent, se trouvent des sacs membraneux d'une certaine étendue, et susceptibles de contraction par l'effet de muscles propres. A leur partie inférieure ces narines se lient avec le prolongement postérieur de l'œsophage, et communiquent avec le larynx par la forme pyramidale de celui-ci, qui l'élève de manière à pouvoir être embrassé par les muscles annulaires du voile du palais.

Ce sont ces dispositions qui permettent au dauphin de respirer sans que l'eau qui entrerait alors dans sa bouche pût s'introduire dans sa trachée-artère, et de se débarrasser, dit-on, de l'eau qui pénètre dans sa bouche lorsqu'il l'ouvre pour saisir une proie, et qu'autrement il serait obligé d'avaler avec elle. Dans le premier cas, il lui suffit d'embrasser le larynx avec le voile du palais; dans le second, de contracter son pharynx et une partie de l'œsophage : dans ce dernier cas, il forcerait l'eau à s'élever dans les narines et à s'accumuler dans les sacs qui les surmontent, lesquels, se contractant à leur tour, forceront cette eau à sortir par l'orifice extérieur de l'évent ; ce qui produit les jets aqueux dont les dauphins donnent souvent le spectacle. Ce mécanisme fort compliqué, qu'a dévoilé et expliqué mon frère, est une des modifications les plus curieuses que la nature ait imprimées à un organe pour qu'il remplisse ses fonctions dans des circonstances extraordinaires et difficiles. Cependant, si nous comprenons ce mécanisme, jusqu'à un certain point, nous ne comprenons pas encore les causes qui l'ont rendu nécessaire. Cette nécessité en effet ne vient pas de la respiration : les phoques exposent hors de l'eau une moins grande partie encore de leur tête que les dauphins, et ils ont des narines comme les autres mammifères; et ces mêmes phoques, comme je l'ai vu cent fois, prennent aussi leur nourriture au milieu des eaux, sans pour cela avoir des moyens particuliers de se débarrasser de ce liquide. C'est que sans doute sous cet appareil restent encore cachés pour nous quelques-uns de ces mystères qui font de l'étude de la nature vivante la science à la fois la plus curieuse et la plus difficile de toutes celles que nous pouvons cultiver.

Il paraît que le dauphin a la faculté de rendre des sons, mais sa voix ne ressemble qu'à un léger mugissement.

On dit que, pour opérer leur accouplement, ces animaux se couchent sur le côté et se rapprochent ventre contre ventre. Aristote porte à dix mois le temps de la gestation, phénomène que certainement il n'avait pu constater, et que cependant on rappelle encore aujourd'hui, comme s'il était fondé sur les expériences les plus précises. Mais ce qui ne peut-être mis en doute, c'est qu'à l'époque de la mise bas, qui paraît avoir lieu vers l'automne, les femelles ont leurs mamelles remplies de lait, que le gonflement de ces organes efface, en tendant la peau, les dépressions où sont logés les mamelons, qui alors deviennent saillans, et que le jeune dauphin saisit ces mamelons avec ses lèvres pour téter. Sa mère, ainsi que lui, se couche alors un peu sur le côté, afin de pouvoir tous deux élever leurs tête au niveau de l'eau pour respirer.

On dit aussi, d'après Aristote, que la vie de cette espèce est d'environ trente ans, se fondant sur une expérience ingénieuse, et qui aurait consisté à faire des marques aux nageoires des jeunes individus, lesquelles, après ce nombre d'années, auraient été retrouvées sur des dauphins adultes qui ne pouvaient être que les premiers ; mais ce fait peu détaillé date d'une époque où les expériences entraient si peu dans l'esprit des sciences, et où les observations étaient si imparfaites, qu'il serait difficile d'y ajouter une foi entière.

Le dauphin n'est aux yeux des modernes qu'un des animaux carnassiers les plus avides, qui n'éprouverait que le besoin de se nourrir, de se reposer et de se reproduire, et dont l'instinct n'aurait pour objet que de satisfaire ces besoins. Pour les anciens, au contraire, c'était un animal doux, bon, intelligent, sensible à la bienveillance, qui se familiarisait avec ceux qui lui fesaient éprouver de bons traitemens, leur obéissait, s'attachait à eux, et s'en faisait même un tel besoin, qu'il périssait quand, par une cause quelconque, il en était abandonné.

Pour porter un jugement entre deux opinions aussi contraires, il faudrait des observations que dans les temps modernes personne n'a même pensé à entreprendre. Mais, si pour porter ce jugement les observations directes manquent, on peut du moins, pour cet effet, avoir recours à des inductions et à des raisonnemens qui, sans conduire à une solution complète du problème, permettent au moins des conjectures raisonnables sur le plus ou le moins de vérité des deux opinions que nous venons d'exposer.

D'abord, on sait que les animaux qui sont doués de plus d'intelligence sont ceux qui ont le cerveau le plus étendu : or il est peu de mammifères qui soient à cet égard mieux partagés que le dauphin ; son cerveau se compose des mêmes hémisphères que celui de l'homme ; ces parties bien arrondies présentent aussi de nombreuses circonvolutions ; elles recouvrent un grand cervelet, et leur largeur, considérable, est à peu près double de leur longueur. Les singes eux-mêmes, sous le rapport du développement du cerveau, ne pourraient prendre rang qu'après les dauphins.

Ce seul développement de l'organe, qui est le siége et le premier instrument de l'intelligence, suffirait déjà pour conclure en faveur des facultés intellectuelles et morales des dauphins :

car il est contre toute vraisemblance qu'un tel développement soit toujours accompagné d'effets chez l'immense majorité des mammifères, et soit sans aucun résultat chez quelques autres seulement. Or, comme le cerveau du dauphin est composé au moins d'autant de parties que celui des chiens par exemple, nous ne pouvons pas nous refuser à reconnaître à l'un autant d'intelligence, autant de qualités morales qu'aux autres; et l'on sait jusqu'où peut être portée, par la culture, l'étendue de ces qualités chez ces derniers animaux !

Sans doute, les individus de l'espèce du dauphin qu'on a rencontrés en mer ont pu ne montrer qu'une stupide gloutonnerie. Ce sont des animaux qui paraissent pourvoir sans peine à leurs besoins, et n'ont que de rares ennemis; circonstances, comme on sait, peu favorables au développement intellectuel. Mais l'homme lui-même, dans de telles conditions, et à plus forte raison les animaux, qu'est-il autre chose qu'une machine vivante, susceptible de perfectionnemens par son expérience et sa raison, mais à peine capable, quand il est dépourvu de besoins, de rivaliser d'industrie avec le singe, qui le surpasse par le développement de plusieurs de ses organes ?

D'ailleurs une des conditions auxquelles paraît attachée en partie l'existence du dauphin est l'état de sociabilité : or cet état est fondé sur le besoin de vivre auprès de ses semblables, de s'attacher à eux, de les aimer, de les défendre ; et c'est ce besoin, modifié dans des conditions particulières et artificielles, qui a donné naissance à toutes nos races d'animaux domestiques.

De ces faits seuls nous croyons qu'on serait en droit de conclure que le dauphin est un animal fort intelligent, doué de précieuses qualités morales, et qui, placé au milieu de circonstances convenables, devrait éprouver, dans ses facultés en général, un développement au moins égal à celui de plusieurs de nos animaux domestiques.

L'imperfection de quelques-uns de ses sens et de ses organes du mouvement ne pourrait point nous être opposée. Le temps n'est plus où l'on prétendait faire dépendre d'une manière absolue l'intelligence de l'organisation : les causes efficientes des actions peuvent être sans proportion avec les organes qui agissent ; comme les phoques, comparés sous ce point de vue avec

les animaux les plus heureusement organisés, nous en ont donné
la preuve dans les recherches spéciales que nous avons faites à
ce sujet.

Les faits curieux que les anciens rapportent du dauphin,
l'idée qu'ils avaient que cet animal était l'ami de l'homme, les
fables riantes dont il était le sujet, l'affection réelle qu'ils cul-
tivaient pour lui, ne peuvent, il est vrai, se justifier entièrement;
mais ils nous semblent au moins venir à l'appui des conséquences
que nous avons tirées de l'état des organes et de l'observation
des penchans naturels.

On a, nous devons l'avouer, singulièrement abusé de cette
idée, que les croyances fabuleuses des anciens n'étaient en
réalité que des symboles sous lesquels se cachaient les vérités
les plus profondes et les plus étendues ; mais, si l'on ne peut
admettre, pour l'explication de ces croyances, des idées modernes, dont les anciens ne firent évidemment jamais l'application, et si l'explication de la plupart de leurs fables ne sont
que des suppositions sans fondement, ou qu'on fait reposer sur
d'autres suppositions moins fondées encore, il n'en est pas
moins constant qu'un grand nombre des erreurs auxquelles
ils ajoutaient foi avaient pour origine des faits réels ; et nous
ne doutons pas que ceux dont les dauphins étaient l'objet n'aient
été de ce nombre. Ce que nous avons dit précédemment des
organes nous y autorise ; et les procédés naturels à l'esprit humain dans la génération des idées, vraies ou fausses, sont à nos
yeux une confirmation de notre pensée.

On comprend que les singes de toute espèce aient offert un
vaste champ à la liberté capricieuse des imaginations ; leur ressemblance avec l'espèce humaine était pour cela une cause
bien suffisante : on conçoit même qu'on se soit plu à rassembler
de toutes les manières les différentes formes sous lesquelles la
force, l'adresse, l'intelligence ou la grâce se présentent dans la
nature, et qu'on ait créé des centaures, des griffons, des sphinx,
etc. Rien de plus simple encore que de faire traîner par des
dauphins le char d'Amphitrite, ces animaux se plaisant à
suivre les navires ; mais rien, ni dans les formes extérieures du
dauphin, ni dans les actions dont il nous rend habituellement les
témoins, ne conduit à l'idée d'un animal presque raisonnable, ami
de l'homme, qui peut se familiariser avec lui, et même se conformer

à sa volonté et le servir. Il faut donc chercher ailleurs l'origine
de cette idée ; et rien ne nous paraît moins caché. En effet,
par la même raison que les singes sont devenus des espèces d'hommes, à cause de leurs mains et de leur figure plus ou moins
approchantes des nôtres, les dauphins ont transporté des
hommes au travers des mers, et sont morts de douleur en perdant ceux qu'ils aimaient, parce qu'ils avaient eu occasion de
montrer une intelligence et un besoin d'affection qui ont d'autant plus frappé les imaginations qu'on ne s'attendait pas à les
trouver en eux, et que rien ne permettait de les prévoir.

On ne doit donc pas rejeter, comme des contes faits entièrement à plaisir, ce que les anciens nous ont raconté d'extraordinaire des dauphins. A notre sens, nous devons trouver, au
contraire, dans ces contes, la preuve que ces animaux sont,
sous le rapport intellectuel, tout autres que nous ne le croyons,
et qu'ils procureront à ceux qui les observeront une source de
vérités importantes pour la connaissance de l'espèce du dauphin et pour le perfectionnement de la psychologie générale.

Nous avons vu, dans ce que nous avons eu à dire sur les dauphins, quelle est la structure générale de la tête osseuse chez ces
animaux. Sous ce rapport, le dauphin vulgaire (pl. ix, fig. 4 et 5)
se caractérise par l'étroitesse de son museau et l'allongement des
maxillaires (kk) et des intermaxillaires (ii), qui ne se recourbent
point à leur partie postérieure, comme chez les delphinorhynques.
La mâchoire supérieure est un peu plus courte que l'inférieure.
La première, légèrement convexe en dessus, est plate en dessous ;
une légère dépression sur les intermaxillaires se remarque en
avant des narines. De chaque côté du museau, en avant de l'orbite, est une légère saillie obtuse, déprimée, formée du jugal (h),
recouvert du maxillaire, et distinct du reste du museau par
une échancrure peu profonde. L'occiput (f) est à peu près
hémisphérique. Les tubercules représentant les os du nez (dd)
sont un peu plus larges que longs, et situés au-dessus des intermaxillaires.

En dessous la tête osseuse du dauphin vulgaire se distingue par
son palais, dont le milieu forme une saillie longitudinale qui s'é-
tend, en s'effaçant par degré, depuis la pyramide des arrière-
narines jusque presqu'à sa pointe, et est accompagnée de chaque
côté d'un enfoncement longitudinal et par les ailes ptérigoïdien-

nes qui sont d'une médiocre étendue et formées de deux lames.

Nous prendrons entièrement de mon frère la description du reste du squelette.

« Les vertèbres cervicales, au nombre de sept comme dans les quadrupèdes, sont réunies en un seul corps. L'atlas s'y montre cependant avec tout son développement et des apophyses transverses coniques assez fortes. L'axis est très-mince de son corps, mais son apophyse épineuse, soudée à l'atlas, est encore assez marquée. Les quatre suivantes sont minces comme du papier, et leur partie annulaire s'unit en dessus à la face inférieure de l'épine de l'axis. La septième cervicale seule reprend du volume et des apophyses distinctes assez fortes.

» Il y a treize dorsales et treize côtes. Les trois premières côtes seulement ont une tête et un tubercule, et s'articulent à la fois sur le corps de deux vertèbres et sur l'extrémité de l'apophyse transverse de l'une des deux. Les dix suivantes ne s'articulent qu'à l'extrémité de l'apophyse transverse.

» La dernière cervicale, et les six premières dorsales ont leurs apophyses articulaires unies l'une à l'autre par des faces horizontales, dont l'antérieure est en dessus.

» A la sixième elles commencent à devenir obliques ; à la septième elles sont presque verticales, l'antérieure en dedans.

» A commencer de la quatrième, l'apophyse transverse donne une petite pointe de son bord antérieur. Cette pointe se rapproche de l'apophyse articulaire antérieure, et s'y confond à la septième.

» Ensuite il n'y a plus que ces pointes pour toute apophyse articulaire ; celles d'une vertèbre embrassent le bas de l'apophyse épineuse de la vertèbre précédente.

» Vers la vingt-deuxième vertèbre ou deuxième lombaire, elles n'y atteignent plus ; mais elles restent irrégulièrement marquées jusque fort avant sur la queue.

» Les apophyses transverses de la région lombaire sont fort longues, et les épineuses très-hautes ; sur la queue elles se raccourcissent ; les épineuses s'y élargissent ; les transverses s'y dirigent un peu en avant.

» Elles disparaissent à la quarante-neuvième vertèbre.

» Les épineuses, à la cinquante-unième ou cinquante-deuxième.

» Il y en a soixante en tout, sans compter les cervicales.

» Les os en V du dessous de la queue commencent sous la trente-huitième.

» Les corps des vertèbres sont ronds, un peu anguleux en dessous, plus comprimés et plus épais dans la région du dos, plus courts dans celle des lombes et de la queue, où ils prennent en dessous une espèce de carène. Leurs épiphyses antérieures et postérieures demeurent long-temps distinctes.

» Le sternum est composé de trois os.

» Le premier, très-large, est échancré en avant, et donne de chaque côté, entre la première et la seconde côte, une pointe aiguë dirigée en arrière. Il a au milieu un trou.

» Le second est simplement rectangulaire. Entre le premier et lui s'articule la seconde côte ; la troisième s'attache entre lui et le troisième, qui reçoit sur ses côtés la quatrième, et vers sa pointe la cinquième et la sixième, qui est la dernière vraie. Les parties sternales des côtes sont toutes ossifiées.

» L'omoplate est en forme de large éventail, à face externe légèrement concave, et son bord spinal en segment de cercle. Les deux autres bords sont un peu concaves et presque égaux.

» L'antérieur se bifurque, et donne ainsi deux bords, l'un externe, l'autre plus voisin des côtes.

» L'externe est le seul vestige d'épine : il donne une apophyse plate, dirigée en avant, élargie à son extrémité, qui représente l'acromion.

» L'autre bord, qui est le véritable bord antérieur, donne aussi, mais tout près de la face articulaire, une apophyse plate, moins grande que l'acromion, descendant un peu, également élargie au bout, et qui est le bec coracoïde.

» L'humérus est extrêmement court et gros. Sa tête supérieure porte antérieurement une tubérosité aussi grosse qu'elle. Sa tête inférieure est élargie et comprimée d'avant en arrière, et ne se termine point par une facette qu'on puisse appeler articulaire, mais s'unit par synchondrose et sur une ligne brisée en angle obtus au radius et au cubitus.

» Ces deux os sont courts et comprimés. Le radius est en avant et le plus large ; sa forme est presque rectangulaire. Le cubitus est en arrière et plus étroit ; son bord postérieur est concave, et il donne à sa tête supérieure un angle saillant, seul vestige d'olécrâne.

» Les os du carpe sont plats , anguleux, et forment ensemble comme une sorte de pavé.

» J'en trouve trois au premier rang , dont l'antérieur répond au radius , le postérieur au cubitus , et l'intermédiaire à tous les deux : et quatre au second, dont l'antérieur est plus petit.

» Sous cet os antérieur, que l'on pourrait aussi prendre pour un métacarpien , est un os pointu , seul vestige de pouce. Le doigt suivant, qui est le plus long et répond à l'index , est composé de neuf articulations qui doivent représenter son métacarpien , ses phalanges et leurs épiphyses ; je n'en compte que sept dans le troisième doigt, et quatre dans le quatrième ; le cinquième est réduit à un seul très-petit tubercule. »

LE NÉSARNAK. — *D. Tursio.*

Les Groënlendais donnent le nom de *nésarnak* ou *nisarnak,* au rapport d'Othon Fabricius (1) , à un dauphin fort rare , habitant la haute mer, ayant les dents obtuses, le corps épais , le museau aplati en dessus, une nageoire dorsale , et tout le corps noirâtre, à l'exception d'une petite partie de l'abdomen qui est blanchâtre, etc. Il le distingue du dauphin proprement dit, celui-ci ayant le museau plus allongé que le nésarnak, les mâchoires garnies d'un plus grand nombre de dents, et les parties inférieures plus blanches ; et il le distingue encore de son *delphinus orca,* qui est l'épaulard.

Jusqu'à Fabricius, l'espèce du nésarnak avait été confondue assez généralement avec celle de l'épaulard , qui , elle-même, l'avait été avec celle du globicea ; confusion qu'on ne parvient à éviter avec quelque assurance, en tout ce qui tient à la détermination des espèces , que quand on peut éclairer les descriptions par de bonnes figures. Aussi n'a-t-on commencé à avoir une idée un peu nette de ce dauphin que lorsqu'on l'eut reconnu dans la figure que Hunter donne de son *bottle-nose-whale* (2) , ou dans celle que Bonnaterre (3) a publiée sous le nom de nésarnak : car, en ce point , je partage entièrement la dernière opinion de mon

(1) Faun. groënl., p. 49.
(2) Trans. philos., 1787, pl. 18, fig. 4 et 2.
(3) Cétologie, p. 21, pl. 11. fig. 1.

frère (1), qui réunit ces deux animaux à l'espèce du nésarnak de Fabricius ; et je ne pense pas que ni lui (2) ni M. Desmarets (3) aient jamais eu des motifs suffisans pour les en séparer. On ne peut guère admettre, comme mon frère l'avait d'abord fait, que ce soit une ou deux dents de plus à l'une ou à l'autre mâchoire qui, chez les animaux de cette famille, doivent motiver des distinctions d'espèces, ni surtout les différences de terminologie qu'on observe entre les descriptions des auteurs que nous venons de citer. Il faut apprécier la nature de ces différences, et, lorsqu'elles ne sont pas trop caractéristiques, les rejeter dans un ordre secondaire. Sans doute, ces comparaisons, qui n'ont elles-mêmes pour objet que d'autres comparaisons, ne conduisent pas à de grandes certitudes ; mais malheureusement le naturaliste est trop souvent obligé de se contenter de probabilités, et c'est nécessairement le cas où nous sommes pour plusieurs des espèces qui doivent nous occuper dans cet ouvrage ; ce n'est même que parce que le rapprochement du nésarnak et du *bottle-nose-whale* nous paraît fondé sur de plus grandes probabilités que nous les réunissons dans la même espèce.

Hunter avait pris son *bottle-nos-whale* pour un dauphin commun, et ni Bonnaterre ni Lacépède ne paraissent avoir reconnu les rapports qui se trouvaient entre cet animal et leur nésarnak.

C'est M. Desmarets (4) qui nous semble avoir le premier reconnu ce rapport, et réuni dans la même espèce la figure donnée par Hunter et celle que Bonnaterre a publiée.

Le mérite de ce dernier est d'avoir saisi les traits de ressemblance qui existent entre l'individu qu'il faisait représenter et la description peu circonstanciée que Fabricius donne de son nésarnak. Mais ce nésarnak avait été représenté et décrit longtemps avant Hunter et Bonnaterre : seulement il avait été confondu, avec d'autres dauphins, dans cette espèce artificielle où l'on croyait reconnaître l'orca des anciens, et qui se composait principalement de notions relatives soit à l'épaulard, soit au

---

(1) Rech. sur les ossem. foss., t. v, pl. i, pag. 277.
(2) Annal du Mus. d'Hist. nat., t. xix, b. 9.
(3) Mamm., p. 514 et 515, esp. n° 761 et 762.
(4) Mamm., p. 514, esp., n° 761.

globiceps. Nous voulons parler de l'oudre de Belon (1), que lui-même regardait comme cet *orca*, qu'on ne peut rapporter aujourd'hui avec quelque apparence de fondement qu'à un cachalot.

Je crois que, jusqu'à mon frère, la véritable espèce de cet oudre avait été méconnue ; et il ne pouvait guère en être autrement, tant que l'espèce formée par les modernes pour représenter l'*orca* ne serait pas décomposée, et que ses élémens hétérogènes ne seraient pas associés de nouveau plus naturellement. La distinction précise de l'épaulard et du globiceps ont facilité cette association nouvelle, et il n'a plus été possible de rattacher l'oudre ni à l'une ni à l'autre de ces espèces. Or, de toutes celles qui sont décrites de manière à être à peu près caractérisées, c'est du nésarnak que l'oudre se rapproche le plus intimement ; il n'est même guère possible de méconnaître l'identité spécifique de cet animal avec le nésarnak de Bonnaterre et le *bottle-nos-whale* de Hunter.

Bonnaterre et quelques auteurs après lui ont pensé qu'on devait rapporter à ce dauphin ceux dont parle Duhamel (2), et que les pêcheurs de la Méditerranée nomment *coudieux* ou *coudin*. Cet animal a, en effet, la taille, les couleurs du nésarnak, ainsi que des dents émoussées.

Si ce rapprochement était fondé, la note où Duhamel parle des coudieux nous apprendrait que cette espèce vit dans la Méditerranée et en très-grande troupe ; circonstances de son histoire qu'on ne rencontre dans aucun des auteurs qui en ont parlé ; mais il faudrait d'autres détails que ceux que rapporte Duhamel pour faire regarder comme certaine l'existence du nésarnak dans la Méditerranée.

Si l'on pouvait admettre ce que M. Risso dit du nésarnak, comme d'une espèce qui se rencontre quelquefois sur les côtes de Nice (3), nous aurions une confirmation de ce que dit Duhamel ; mais le rapport de M. Risso ne nous semble point original ; sa description ne paraît être qu'un extrait de celles qui ont aupara-

(1) Hist. nat. des Poissons marins étrangers, chap. 45, p. 3o, fig. fol. 32 verso.
(2) Traité des Pêches, sect. 10. chap. 3, p. 44.
(3) Hist. nat. de l'Europe mérid., t. III. p. 21.

vant été données de ce dauphin ; et ce qu'il ajoute d'un cétacé échoué près de Nice en 1768, sur lequel il possède des notes, et qu'il ne fait que supposer pouvoir être rapporté au nésarnak, serait, à ce qu'il nous semble, son seul motif pour admettre cette espèce dans la Méditerranée. Il nous fait connaître, à la vérité, l'usage où sont les pêcheurs de se livrer à des réjouissances lorsqu'ils se sont emparés du dauphin qu'ils nomment *caudues* et *capidoglio;* dauphin que M. Risso regarde comme étant le nésarnak. Mais, si ces réjouissances font supposer qu'une espèce particulière y donne lieu, elles ne prouvent pas que cette espèce soit le nésarnak. Il est donc fort à regretter que cet estimable naturaliste n'ait pas donné une description détaillée de ces dauphins, nommés *caudues*, en écartant de sa pensée tout ce que ses prédécesseurs avaient pu dire du nésarnak, afin de se trouver par là dans la situation où il faut être pour tracer avec originalité le portrait d'un animal.

Bellon nous apprend que son oudre, qu'il rapportait, comme nous l'avons dit, à l'orca des anciens, avait été pris dans le voisinage de Tréport, et envoyé à l'hôtel de Nevers, à Paris, où il en fit un examen très-détaillé. La longueur de ce dauphin était de neuf pieds et demi; sa circonférence, dans la partie la plus grosse, était de sept pieds; le diamètre de la nageoire caudale était de vingt-deux pouces ; ses nageoires pectorales et sa nageoire dorsale étaient petites proportionnellement à la grandeur du corps; son museau se prolongeait moins que celui du dauphin commun ; sa mâchoire inférieure dépassait un peu la supérieure ; son dos était noir et son ventre blanc ; l'évent était au-dessus des yeux, et ceux-ci étaient très-petits; l'orifice du conduit auditif s'ouvrait extérieurement ; les dents, au nombre de quarante-deux dans chaque mâchoire, n'étaient point aiguës comme celles du dauphin, mais émoussées à leur pointe.

Cet individu était une femelle qui, au commencement de mai, se trouvait pleine ; et son petit avait environ trois pieds de longueur. Elle avait une mamelle de chaque côté de la vulve, terminée par un mamelon caché dans un léger pli de la peau.

Hunter, en 1787, eut à étudier deux individus de son *bottle-nos-whale*, une femelle et son petit, qui échouèrent sur la côte à quelques lieues de Glocester. La femelle avait environ dix pieds de longueur, quarante-six dents à la mâchoire supérieure, et cinquante à l'inférieure ; soixante vertèbres, six au cou, dix-sept au dos, et trente-sept à la queue ; dix-huit côtes de chaque côté; point de cœcum, et un estomac divisé en sept parties, avec un duodénum très-volumineux et semblable lui-même à un estomac.

C'est à Pline (1) que Fabricius a emprunté le nom de *tursio*, pour en faire le nom latin de l'espèce du nésarnak ; mais pour cela il ne faudrait pas conclure que les tursions de Pline étaient des nésarnaks. En effet, l'auteur romain de l'histoire naturelle ne dit autre chose des tursions, sinon qu'ils ressemblent aux dauphins, mais qu'au lieu d'avoir leur vivacité ils sont tristes et lourds. Or nous sommes encore dans la plus profonde ignorance sur le naturel des nésarnaks.

Bonnaterre avait donné la description de cette espèce d'après un individu que l'on conservait empaillé dans le cabinet de l'école vétérinaire d'Alfort. Ce dauphin avait neuf pieds quatre pouces depuis le bout du museau jusqu'à l'extrémité de la queue ; ses nageoires pectorales avaient dix-huit pouces de longueur et six pouces dans leur plus grande largeur; la nageoire dorsale avait dix-huit pouces de hauteur et quinze de base ; la distance de cette nageoire à l'extrémité de la queue était de quatre pieds trois pouces, et le diamètre de la nageoire caudale était de vingt-trois pouces. Le plus grand diamètre de cet animal se trouvait entre les nageoires dorsales et les pectorales. L'évent était situé presque au-dessus des yeux, qui étaient eux-mêmes situés à quatre pouces et demi des coins de la bouche. La partie antérieure de la tête, élevée au-dessus de la partie antérieure des mâchoires, se terminait en s'arrondissant, et cette partie des mâchoires, ou le bec, avait vingt-cinq pouces de largeur à sa base et quatre pouces de longueur. La mâchoire inférieure dépassait un peu la supérieure, et l'une et l'autre étaient garnies de quarante-deux dents, vingt et une de chaque côté ; ces dents étaient cylindriques et émoussées à leur sommet. Toute la partie supérieure du corps était noire, et le ventre était blanchâtre. Bonnaterre paraît entièrement avoir ignoré l'origine de son nésarnak.

Il résulte de ces diverses sources, les seules où l'on puisse tirer quelque chose de l'histoire naturelle de cette espèce, que ce dau-

(1) Hist. nat., liv. IX, cap. 9.

phin appartient à la section des dauphins à museau long et déprimé, se séparant nettement du front; qu'il atteint à une longueur de dix à quinze pieds; qu'il a de chaque côté des deux
mâchoires de vingt-et-une à vingt-cinq dents : que sa couleur est
noire en dessus et blanche en dessous, et qu'il habite l'Océan
dans le voisinage de l'Europe, en s'élevant fort avant dans les
mers du Nord.

Son museau est moins allongé que celui du dauphin vulgaire ;
sa mâchoire inférieure s'avance un peu plus que la supérieure ;
ses dents (même dans ceux qui n'ont point encore acquis toute
leur croissance) ont leur pointe émoussée. Ses nageoires pectorales et sa nageoire dorsale sont petites, proportionnellement
à sa taille, et de la même longueur ; l'évent n'a qu'un orifice ; le
canal auditif a une petite ouverture extérieure, et la partie
blanche du ventre est bien moins étendue dans cette espèce que
dans celle du dauphin vulgaire. Enfin la femelle a deux mamelles, et paraît au mois de mai peu éloignée de l'époque de
la mise bas ; elle ne porte qu'un seul petit. On voit par ces
détails que l'histoire naturelle de cette espèce n'est encore que
bien peu avancée. Quant au nom de tursio, qui est aujourd'hui
pour les naturalistes le nom scientifique du nésarnak, c'est, comme
nous venons de le dire, assez arbitrairement qu'il a été appliqué à
cet animal; car ce que Pline (1) dit en deux mots du caractère
triste du tursio comparé à la gaîté du dauphin est loin assurément
de désigner avec clarté le nésarnak.

LE DAUPHIN DU CAP. — *D. Capensis.*

M. Gray a donné sous ce nom la description et la figure d'un
dauphin du cap de Bonne-Espérance, d'après un individu qui
se trouve aujourd'hui dans le muséum des chirurgiens de Londres (2). Mais nous devons faire remarquer qu'il y a entre cette
description et cette figure une contradiction qui semble indiquer une erreur dans celle-ci. Le dauphin du Cap est représenté avec un bec fort long, et l'auteur nous dit qu'au contraire

(1) Hist. nat., lib. ix, cap. xi.
(2) Spic. Zool, p. 2, pl. ii, fig. 1.

cette espèce est remarquable par la brièveté de son museau.
Quoi qu'il en soit, M. Gray nous apprend que ce dauphin a
le corps lancéolé avec une nageoire dorsale très-élevée, en forme
de faux ; que les nageoires pectorales ont la même forme, mais
qu'elles sont d'une grandeur médiocre ; que le dos, les lèvres et
les nageoires sont noires ; que le ventre est blanc, et que chaque
mâchoire a cinquante dents. La taille de cette espèce est d'environ sept pieds. La distance du bout du museau à la base de la
nageoire dorsale est de trois pieds ; la hauteur de la nageoire
dorsale est de plus de neuf pouces. Les nageoires pectorales ont
près d'un pied de longueur, et leur largeur approche de cinq
pouces. La largeur de la nageoire caudale est de seize pouces et
demi.

Ces dimensions ne sont pas absolument les mêmes sur les figures : ainsi la nageoire dorsale est représentée beaucoup plus
grande que les nageoires pectorales ; mais nous admettons l'exactitude dans la description plutôt que dans le dessin, en ce qu'elle
est due à un naturaliste savant et expérimenté.

LE DAUPHIN A SOURCILS BLANCS.

D. superciliosus.

M. Garnot, médecin de *la Coquille*, dans le voyage de cette
corvette autour du monde, sous le commandement de M. Duperrey, s'étant embarqué au port Jacson pour revenir en France
sur le navire anglais *le Castle-Forbes*, eut occasion de décrire
et de dessiner ce dauphin, harponné par l'équipage en doublant
le cap Diémen par le 44ᵉ degré de latitude sud. La description
et le dessin de M. Garnot ont été publiés par M. Lesson
dans la partie zoologique de la *Relation du voyage de la Coquille* (1), et on retrouve cette descripton dans l'*Histoire naturelle
des cétacés*, du même auteur, avec quelques variantes (2).

Voici ce qu'en disait primitivement M. Garnot :

« Sa longueur totale était de quatre pieds deux pouces ; la
mâchoire supérieure offrait de chaque côté trente dents, et l'infé-

(1) P. 181, pl. IX, fig. 2.
(2) P. 174.

rieure vingt-neuf. Tout le dos, ainsi que la tête et le museau, qui est conique, étaient de couleur noire. La dorsale placée un peu au-delà du milieu du corps, la pectorale et la caudale étaient brunes, les côtés et le ventre d'un blanc satiné ; une bande blanche, passant au-dessus de l'œil, se rendait au front, et une tache blanche se dessinait près de la queue. »

C'est à cette espèce que M. Lesson rapporte des dauphins qu'il aperçut en mer après avoir doublé le cap Horn, et qu'il prit d'abord pour des albigènes de MM. Quoy et Guaimard. A son retour en Europe, la vue du dessin de M. Garnot le désabusa. C'est sur ce dessin que nous rapportons cette espèce aux dauphins proprement dits.

LE DAUPHIN DE LA NOUVELLE ZÉLANDE.

D. novæ Zélandiæ.

MM. Quoy et Guaimard donnent la description de ce dauphin dans la partie zoologique du *Voyage de l'Astrolabe, sous le commandement de M. Dumont d'Urville* (1).

Ce dauphin, qui fut pris sur la côte orientale de la Nouvelle-Zélande, près du cap Gable, et non loin de la baie Tolaga, avait cinq pieds six pouces de longueur et deux pieds onze pouces de circonférence au milieu du corps. La distance du bout du museau à l'évent était d'un pied un pouce, et de deux pieds huit pouces six lignes du même point à l'origine de la dorsale. La dorsale avait deux pouces de plus en hauteur qu'en largeur. La distance des deux extrémités de la caudale était d'un pied deux pouces, et les pectorales étaient longues de neuf pouces et larges de quatre et demi.

Voici la description que M. Quoy donne de cette espèce :

« Ce dauphin, dont la forme est allongée, arrondie en avant, a le museau cylindrique, subaplati du haut en bas et pointu. Le maxilaire inférieur dépasse un peu le supérieur ; le front s'abaisse insensiblement en s'arrondissant et vient former, sur le milieu du museau, une arête ou un promontoire très-saillant et coupé net. Les flancs sont bien arrondis, le lobe de la queue

(1) P. 149, pl. xxviii.

aplati à mesure qu'on l'examine vers le bout, où il est tout-à-fait comprimé, et où il offre une arête très-sensible, laquelle va joindre la nageoire dorsale. Celle-ci est grande, triangulaire, arrondie à la pointe ; la caudale est petite, échancrée en cœur au milieu ; les pectorales sont médiocres et falciformes.

» La couleur en dessus est d'un brun noir qui ressemble beaucoup au cuir bouilli ; le ventre, ainsi que le bord de la mandibule supérieure et toute l'inférieure, sont blanc mat. Une large bande jaune isabelle commence à l'œil et va se terminer, en s'amincissant sur les flancs, au-dessous de la dorsale ; le reste de la queue est ardoisé, devenant plus clair à mesure qu'on l'examine plus inférieurement ; les pectorales sont blanc de plomb, ainsi que le milieu de la dorsale, dont les contours sont noirs. Une ligne noirâtre prend en dessus du museau, et va en s'agrandissant jusqu'à l'œil, qu'elle entoure : elle est accompagnée en haut et en bas d'une ligne blanche. L'œil, assez grand, est noir. On remarque, sous la mâchoire inférieure, des pores formant de petits anneaux, et sur le corps de petites plaques de stries blanches assez régulièrement contournées. Tout le corps est luisant. Les dents, petites et pointues, sont au nombre de quarante-trois en haut de chaque côté, et de quarante-sept en bas, également de chaque côté, ce qui porte le nombre total des dents à cent quatre-vingts. »

LE DAUPHIN MALAIS. — *D. malayanus.*

La Coquille, dans son voyage sous le commandement de M. Duperrey, s'empara, entre Java et Bornéo, du dauphin qui a servi de fondement à l'établissement de cette espèce que M. Lesson a décrite, et dont il a donné la figure dans la partie zoologique (1) de la relation de ce voyage. On retrouve sa description dans son *Histoire naturelle des cétacés* (2) ; mais il fait de ce dauphin, dans cet ouvrage, un delphinorhynque. Il ne nous a pas été possible de suivre en cela M. Lesson, car il n'y a rien ni dans la description ni dans la figure de ce dauphin qui rappelle le bec étroit du delphinorhynque ; cette figure

(1) T. 1, p. 184, pl. xiv, fig. 5.
(2) P. 152.

même, par son museau aplati et large, ne peut être que celle d'un dauphin. Au reste, la différence qui existe sur ce point entre la manière de voir de M. Lesson et la nôtre tient vraisemblablement à ce que nous n'ajoutons pas tous deux la même idée à la dénomination de delphinorhynque. Quoi qu'il en soit, voici la description qu'il donne de ce dauphin :

« Ce dauphin avait cinq pieds onze pouces de longueur totale, et quinze pouces d'épaisseur vis-à-vis les nageoires pectorales. La hauteur de la dorsale, placée au milieu du corps, et échancrée au sommet, était de huit pouces, la longueur de la pectorale de treize pouces ; la tête était longue de seize pouces sur dix de largeur ; la nageoire de la queue avait vingt-trois pouces, et cinq de diamètre à sa base ; une forte carène, comme celle de certains scombres, occupait les parties latérales et postérieures du corps ; l'évent, en croissant, était placé un peu en arrière des yeux, qui étaient très-petits ; la tête, grosse et arrondie, très-convexe sur le front, qui s'abaisse subitement, présentait à la base du museau une forte rainure ; celui-ci, mince et allongé, garni de dents nombreuses, offrait une plus grande longueur que la mâchoire inférieure. La couleur de ce dauphin était uniformément cendrée. Sa chair, qui fut mangée par les marins de la corvette *la Coquille*, était noire, huileuse et désagréable pour tout autre que pour des navigateurs avides de viande fraîche. La couche de graisse dense qui leur sert d'enveloppe était revêtue d'une peau parfaitement lisse, sur laquelle seulement paraissaient parfois quelques cicatrices d'anciennes plaies. »

LE DAUPHIN PLOMBÉ. —*D. plumbeus.*

Nous commençons, par cette espèce, à faire connaître celles du genre dauphin que l'histoire naturelle doit au zèle et aux lumières de M. Dussumier. Ce navigateur, dans ses nombreux voyages, a mis à profit toutes les occasions qu'il a eues d'enrichir la science des objets qui lui paraissaient dignes d'attention, mais surtout des animaux nouveaux qu'il se trouvait à portée de recueillir ; et parmi ces animaux nous devons surtout signaler les dauphins, espèces si imparfaitement connues, et dont l'histoire ne peut être due qu'aux navigateurs éclairés qui sauront les observer et les décrire. M. Dussumier est du nombre de ceux qui auront mis le plus d'application à étudier les espèces de ce genre de mammifères : il a figuré et décrit tous ceux que le hasard lui a offerts , et le hasard l'a heureusement servi ; car ses notes et ses figures de dauphins que nous avons vues paraissent se rapporter à dix ou douze espèces. Cependant nous serons loin de les tous publier : pour le faire avec fruit dans cet ouvrage, il faudrait pouvoir joindre à l'histoire de ces espèces des détails que nous ne possédons point encore , et que sans doute M. Dussumier fera connaître quand ses entreprises commerciales lui en laisseront le loisir.

Le dauphin plombé a été publié par nous dans la 57ᵉ livraison de notre *Histoire naturelle des mammifères ;* nous en avons donné la figure d'après des individus conservés dans la saumure, et les esquisses faites par M. Dussumier lui-même au moment de la prise de ces animaux.

Cette espèce, dit M. Dussumier, a été harponnée sur la côte de Malabar , où elle est abondante ; elle se tient près du rivage, où elle poursuit les bancs de sardines. Ses mouvemens n'ont pas la vélocité de ceux des dauphins qu'on rencontre dans les hautes mers. Ces animaux se prennent dans les filets, mais difficilement ; ils se défient des préparatifs qu'ils voient faire aux pêcheurs, et savent éviter les piéges qu'on leur tend. Le bruit du fusil les effraie ; ils fuient en plongeant , et on les voit reparaître à quelque distance dans une direction contraire à celle qu'ils avaient prise.

L'individu adulte que nous décrivons avait environ huit pieds de longueur, et toutes ses proportions rappelaient celles du dauphin commun. Ses dents étaient au nombre de soixante-douze à la mâchoire supérieure, et au nombre de soixante-quatre à l'inférieure. Le corps entier avait une teinte uniforme d'un gris plombé, à l'exception du bout et du dessous de la mâchoire inférieure , qui sont blanchâtres.

Les jeunes individus sont blanchâtres sur le bord de la mâchoire supérieure, à l'inférieure et aux parties inférieures du corps jusqu'à la moitié de la queue ; mais leurs nageoires pectorales sont du gris du corps.

Mon frère pensait que cette espèce ne différait point de la précédente. Leur différence en effet ne consiste guère que dans

la carène de la queue, très-marquée chez la première et peu sensible chez la seconde.

DAUPHIN DOUTEUX. — *D. dubius.*

On a eu l'idée de quelques-uns des caractères de cette espèce
long-temps avant de la connaître en entier par une description
complète et de bonnes figures.

Ces premières notions avaient été tirées de quelques têtes osseuses qui se trouvaient dans le cabinet d'anatomie du Muséum, et qu'on ne pouvait rapporter d'une manière absolue à
aucune des espèces connues. Ces têtes avaient le museau déprimé
comme celui du dauphin commun, mais un peu plus court, et
chaque maxillaire était garni de trente-cinq dents petites et
aiguës, ce qui faisait soixante-dix dents à chaque mâchoire, ou
cent quarante en tout : or on sait que le nombre des dents du
dauphin commun est de cent quatre-vingts. Ces caractères incomplets déterminèrent mon frère à distinguer les dauphins qui
les présentaient sous le nom de *delphinus dubius* (1).

C'est à ce dauphin que nous avons cru pouvoir rapporter un in-
vidus entier, découvert par **M. Dussumier**, et harponné à la hauteur du cap Vert. Cet individu paraît avoir servi de fondement à
une espèce établie par ce navigateur éclairé sous le nom de *Fron-
talis* (2), avant qu'il connût l'existence de l'espèce nommée *dubius*. Cet individu a en effet le même nombre de dents, à deux ou
quatre près, que les têtes dont nous venons de parler ; chacun de
ses maxillaires en porte trente-six qui sont semblables à celles de
ces têtes.

Sa longueur totale est de quatre pieds six pouces. Son diamètre,
dans la partie la plus épaisse du corps, est de dix à onze pouces.
La nageoire dorsale est un peu plus rapprochée de l'extrémité
de la queue que du bout du museau ; elle est grande et fort
arquée en arrière. Les pectorales sont larges, longues et en

(1) Annales du Mus. d'Hist nat., p. 9 et 14.
(2) Règ. anim., p. 288.

forme de faux. La nageoire caudale est fortement échancrée dans
son milieu, et le bord de ses lobes est peu courbé.

Tout le dessus du corps et les flancs, ainsi que la queue, en
dessus et en dessous, sont d'un noir profond. Le ventre est blanchâtre. Une bande large et plombée descend de l'angle de la
bouche à la base de la nageoire pectorale. Cette nageoire est entièrement noire.

On voit que la connaissance de cette espèce laisse encore
beaucoup à désirer, et que son nom spécifique ne lui convient
guère moins aujourd'hui qu'il ne lui convenait à l'époque où
elle l'a reçu.

LE DAUPHIN LÉGER. — *D. velox.*

M. Dussumier s'est emparé de ce dauphin entre l'île de Ceylan
et l'équateur. Cet animal faisait partie d'une troupe innombrable
qui disparut aussitôt qu'il fut blessé. La rapidité de ces dauphins
dans leurs mouvemens surpassait celle de tous les autres dauphins que **M. Dussumier** avait vus, ce qui le porta à donner à
l'espèce le nom de léger, sous lequel nous l'avons publiée (1).

Les dents de cette espèce sont au nombre de quarante-et-une
de chaque côté des deux mâchoires, c'est-à-dire de cent soixante-
quatre en tout. Le museau est très-allongé, et l'évent est à l'a-
plomb de l'œil. Sa couleur est entièrement noire, et non marbrée
de noir sur un fond verdâtre foncé, comme le porte la première
description que j'ai donnée de cette espèce. Je fais cette recti-
fication d'après les renseignemens nouveaux que je dois à la complaisance de **M. Dussumier.**

Sa longueur totale est de quatre pieds neuf pouces; sa hauteur
vis-à-vis de la dorsale est de dix pouces, et son épaisseur au
même point est un peu moindre. En général, les nageoires sont
longues et larges. Celle du dos est à peu près placée à égale distance
de la partie antérieure de la tête et de la nageoire de la queue; sa
hauteur, de cinq pouces, est égale à sa base. La nageoire caudale a plus d'un pied de largeur, et la longueur des pectorales
est de neuf pouces sur trois, dans leur partie la plus large. Ces
nageoires ne présentent rien de particulier dans leurs formes,
elles ressemblent tout-à-fait à celles de l'espèce qui précède.

(1) Hist. nat. des Mamm., 57ᵉ liv., sept. 1829.

La troupe au milieu de laquelle fut pris ce dauphin a présenté
la même observation que celle où se trouvait le dauphin bridé :
elle a fui tout entière dès qu'elle a eu lieu de craindre un danger et que le signal lui en a été donné. Tout porte à conjecturer
que l'individu qui fut harponné n'était pas le chef de cette
troupe. La rapidité de la fuite et le concert de tous les dauphins
qui la composaient, pour s'éloigner, en seraient la preuve, s'il
nous était permis d'induire ce qui doit être pour ces cétacés
de ce qui s'observe chez les troupes des mammifères terrestres.
Dans tous les cas, il serait très-curieux de savoir si ces animaux,
dans le cas où leur chef serait pris en pleine mer, se conduiraient
comme le font quelquefois ceux dont les chefs viennent échouer
au rivage , si l'instinct de la sociabilité serait plus puissant chez
eux que la crainte du danger.

LE DAUPHIN BRIDÉ. — *D. frœnatus.* Pl. x, fig. 1.

M. Dussumier a donné ce nom à un dauphin qui fut pris par
son équipage à trente lieues au sud des îles du cap Vert, et que
j'ai publié (1). Il faisait partie d'une troupe nombreuse qui s'é-
loigna du navire aussitôt qu'il fut pris, effrayée sans doute par
les efforts violens qu'il fit pour se défendre , et qui fut pour elle
le signal d'un danger. Cette fuite précipitée des dauphins, au
moment où l'un d'entre eux se débattait pour échapper à ses
ennemis , semble annoncer à la fois de l'intelligence et de la ti-
midité, et sans doute aussi le signal d'un chef , dont une troupe
n'est jamais dépourvue, quand elle ne résulte pas d'une cause
fortuite, et qu'elle est la conséquence d'un penchant naturel et
instinctif.

Ce dauphin avait dans son estomac un grand nombre d'exocets
et de calmars.

Il était noirâtre sur le dos ; cette couleur pâlissait sur les
flancs, et le ventre était blanc jusqu'à la moitié de la queue, qui,
dans sa partie postérieure, était entièrement noire. Sa tête ,
noire en dessus, avait sur ses côtés une teinte cendrée , et une
bande plus sombre formait sur les joues une sorte de moustache
qui s'étendait de l'angle de la gueule jusqu'au-delà des yeux.

(1) Hist. nat. des Mamm. , liv. 58. La figure n'est pas exactement enlu-
minée, la description seule est fidèle.

Sa longueur totale était de quatre pieds six pouces ; sa hauteur, vis-à-vis de la partie antérieure de la nageoire dorsale, était de neuf pouces. Cette nageoire s'élève à peu près au milieu du corps, et est triangulaire. Les pectorales sont longues et étroites, et la caudale est fort large. L'évent est situé à l'aplomb des yeux.

Les dents étaient nombreuses ; mais leur nombre n'a point été déterminé.

Il faut espérer que ces premières notions, sur une espèce de dauphin que les navigateurs doivent avoir souvent occasion de rencontrer, ne seront pas perdues pour la science ; c'est-à-dire que la connaissance de cette espèce ne restera pas bornée à ce que nous venons de rapporter, et que des observations nouvelles viendront bientôt s'ajouter aux notions recueillies par **M. Dussumier**, pour les compléter et leur donner toute l'importance qu'elles sont destinées tôt ou tard à acquérir.

Les espèces qu'il nous reste à décrire dans ce genre se distinguent extérieurement des précédentes par une tête sans front, où le bec est tout d'une venue avec le crâne ; et nous les aurions séparées des dauphins proprement dits, sous le nom de céphalorhynques, si ces différences extérieures eussent entraîné des différences intérieures plus marquées. Un examen de ces espèces plus approfondi que celui que nous en avons pu faire déterminera peut-être plus tard cette séparation.

LE DAUPHIN A LONG BEC. — *D. Rostatus.* Pl. x, fig. 2.

On connaissait depuis long-temps la tête osseuse de ce dauphin (1), sans que les caractères de l'espèce elle-même fussent connus. Mon frère supposa d'abord que ces têtes osseuses provenaient d'un dauphin dont il devait la connaissance au conseil de santé de la ville de Brest et à **M. Dorbigny**, et dont le front était bombé, ce qui l'avait porté à lui donner le nom de *frontatus ;* et il regardait comme appartenant à la même espèce un individu rapporté de Lisbonne par **M. Geoffroy**, que **M. Desmarest** avait décrit sous le nom de *delphinus Geffroyi* parmi ses delphinorhynques (2).

(1) Recherches sur les Ossemens fossiles, t. v, p. 278 et 400, planche 21, fig. 7 et 8.

(2) Nouv. Dict. d'Hist. nat., t. IX. p. 161, et Mamm. p. 512.

Mais mon frère ayant reçu de M. Van Breda, professeur d'histoire naturelle à Gand, le dessin d'une tête semblable à celles dont nous venons de parler, et celui de l'animal d'où elle avait été tirée, il reconnut que l'espèce à laquelle cet animal appartenait, différait essentiellement de son *delphinus frontatus*, et du *delphinus Geffroyi* de M. Desmarest, et il le prit pour type d'une espèce nouvelle qu'il nomma *rostratus* (1). Depuis, le Muséum a reçu une peinture de cette même espèce faite très-soigneusement à Brest, d'après un animal qui était venu échouer sur la côte.

C'est ce dessin que nous avons publié dans la soixante-septième livraison de notre Histoire naturelle des Mammifères, sous le nom de dauphin à long bec.

Mon frère, comparant la tête osseuse de cette espèce à celle du dauphin vulgaire, dit qu'elle a le museau plus comprimé vers le bout et un peu plus élargi vers le quart supérieur; que le lobe du devant de l'orbite est plus marqué et séparé du museau par une plus grande échancrure; que les os du nez sont plus larges, moins saillans et touchant aux maxillaires; que la crête occipitale est plus effacée, la tempe beaucoup plus grande, et l'occiput en conséquence plus étroit; qu'enfin le nombre total des dents est de quatre-vingt-quatre à quatre-vingt-douze.

L'individu envoyé en dessin par M. Van Breda avait huit pieds de longueur.

Dans cette espèce la nageoire dorsale s'élève en demi-croissant à peu près vers le milieu du corps. Les pectorales sont en forme de faux, et la caudale, taillée en croissant, est échancrée à son milieu.

Toutes les parties supérieures de cette espèce sont d'un noir de suie, et les parties inférieures d'un blanc rosé; mais ces parties ne se distinguent pas par une ligne uniforme : cette ligne, au contraire, est fort découpée, et quelques petites taches isolées se voient sur les parties blanches. Le bord de la lèvre inférieure est du blanc rosé des parties inférieures du corps.

Le museau, qui est presque tout d'une venue avec la partie crânienne, montre assez qu'elle s'éloigne également des dauphins à bec étroit, qu'on a plus particulièrement désignés par le nom

---

(1) Cette espèce entre pour beaucoup dans le dauphin à bec mince de mon frère. Règ. anim., édit. de 1817, p. 278.

de delphinorhynqnes, et des dauphins à bec large séparé du front, comme le dauphin commun en donne l'exemple.

Le nom de *rostratus* est sans doute celui que ce dauphin conservera dans les catalogues méthodiques, quoiqu'il ait été donné par Schaw à l'espèce du Gange ; mais ce dauphin du Bengale a lui-même changé de nom et comme genre et comme espèce.

Le dauphin dont Johnston donne la figure sous la dénomination de *delphinus alius* (1) se présente avec le trait caractéristique du dauphin à long bec ; mais cet auteur ne donne point les moyens d'en reconnaître les caractères spécifiques.

LE DAUPHIN CÉPHALORHYNQUE. —*D. cephalorhyncus*.

Cette espèce ne présente sans doute pas absolument la même forme de tête que la précédente ; mais c'est de cette espèce qu'elle se rapproche le plus ; car elle n'a ni le bec étroit des delphinorhynques, ni le bec allongé des dauphins proprement dits, ni enfin le front élevé et arrondi et le bec court des marsouins : elle a, comme l'espèce dont nous la rapprochons, un museau conique et tout d'une venue avec le crâne, ce qui donne à cet animal, plus qu'à aucun autre dauphin, cette forme de fuseau dont quelques auteurs ont fait un des caractères du genre ; mais un des caractères particuliers de cette espèce est la hauteur de sa mâchoire inférieure, qui sous ce rapport l'emporte sur la mâchoire supérieure et le crâne. Si cette disposition de la mâchoire inférieure est réelle, et ne résulte pas d'une faute du dessinateur, on doit supposer dans la partie postérieure de cette portion de la tête, ou à sa suite, quelque particularité d'organisation que ne présenteraient pas les autres dauphins. C'est à **M.** Dussumier que l'on doit la découverte de ce cétacé : il le trouva dans la rade du cap de Bonne-Espérance, où cet animal paraît se rencontrer rarement, et n'eut pas occasion de le revoir pendant le reste de son voyage. Cette espèce n'a pas dans les mouvemens la vélocité des dauphins ; sous ce rapport elle se rapproche des marsouins ; et c'est un des motifs qui avaient déterminé **M.** Dussumier à lui donner le nom de marsouin du Cap.

Ce dauphin avait la mâchoire inférieure plus avancée que la

____
(1) De Piscibus, pl. 43.

supérieure ; la première avait quarante-six dents (vingt-trois de chaque côté), et la seconde cinquante-deux (vingt-six de chaque côté).

Sa couleur était noire aux parties supérieures comme aux parties inférieures du corps, à l'exception d'une tache blanche qui se voyait de chaque côté, en arrière de la nageoire dorsale.

La longueur de cet animal était d'environ quatre pieds, sa hauteur d'environ dix pouces.

La commissure de la bouche se rapproche beaucoup de l'œil. L'évent est un peu en arrière de l'œil, et consiste dans une seule ouverture.

La nageoire dorsale est un peu plus rapprochée de la queue que de la tête, et a plus de longueur à la base que de hauteur.

La distance du bout du museau à la nageoire pectorale est d'environ un pied. Cette nageoire est peu étendue ; elle n'a que six pouces de longueur et trois de largeur, et est arrondie à son extrémité.

Les deux extrémités de la nageoire caudale sont distantes l'une de l'autre d'environ un pied. Une légère échancrure divise cette nageoire en deux parties égales.

Cette espèce est figurée et décrite dans notre Histoire naturelle des mammifères (1) sous le nom de *marsouin du Cap*, que lui avait donné M. Dussumier ; mais la tache blanche des côtés n'est point marquée dans la figure.

C'est ce même cétacé que mon frère indique comme un marsouin naturel aux mers du Cap (2).

LE DAUPHIN DE DESMAREST. — *D. Demaresti.*

M. Risso a établi cette espèce sur un dauphin de la Méditerranée qui ne paraît pas se montrer communément, et qui ne fréquente les mers de Nice qu'en mars et septembre (3).

La figure qu'il donne de cette espèce la rapproche des dauphins sans front ; quant à lui, il en fait un hétérodon par la considération des deux dents qu'elle paraît avoir à la mâchoire inférieure.

(1) 58ᵉ livraison.
(2) Règne animal, 2ᵉ éd., p. 289.
(3) Hist. nat. de Nice, etc., t. III, p. 24, pl. 2, n. 3.

Les formes singulières de ce dauphin, sa mâchoire inférieure recourbée en haut et les deux dents coniques qui la terminent, sa nageoire dorsale si différente de celle des autres dauphins, font regretter que M. Risso n'ait pas donné une description plus détaillée d'une espèce qui se voyait pour la première fois, qu'il n'en ait pas fait connaître les parties intérieures, mais principalement la tête.

« Le corps de ce dauphin, dit M. Risso, est fort gros, épais au milieu, diminuant vers la queue, où il forme une longue carène, et s'arrondissant sous le ventre; sa tête, non bombée, est terminée par un long museau dont la mâchoire supérieure est courte et édentée, et l'inférieure, beaucoup plus longue, arquée en dessous, et armée vers son extrémité de deux grosses dents coniques, qui sont échancrées de chaque côté près de leur pointe ; les yeux sont petits, ovales, à iris bleuâtre ; l'ouverture des évents est large, semi-lunaire ; les nageoires thoraciques sont courtes, et la dorsale est placée plus près de la queue que de la tête, à peu près au-dessus de l'orifice de l'anus ; la vulve de la femelle est oblongue et entourée d'un petit rebord; la nageoire caudale est large et festonnée; le dessus du corps et de la queue sont d'une couleur d'acier poli, avec une multitude de lignes et de traits blancs disposés sans régularité; le ventre est blanchâtre, l'intérieur de la gueule est d'un blanc noirâtre. La longueur du corps est de près de 5 mètres. Le poids de ce dauphin était de 80 myriagrammes environ .»

« Ce cétacé, continue M. Risso, appartient évidemment à la division des dauphins nommés hétérodons, et l'espèce dont il se rapproche le plus est le *delphinus diodon* de Hunter et de Lacépède. Sa taille paraît être presque aussi élevée que celle de cet animal. Sa mâchoire inférieure est également armée de deux seules dents placées vers son extrémité; mais le dauphin de Hunter a le front bombé, et le nôtre a le sien plat et continué sur la même ligne par un bec fort avancé ; le premier à la mâchoire inférieure médiocrement prolongée et épaisse, tandis que le second l'a forte et qui dépasse de beaucoup la supérieure. Les nageoires offrent aussi des différences : si les pectorales sont pointues dans le dauphin de Desmarest, la dorsale est plus aiguë, plus obtuse dans celui-là que dans celui-ci, etc. ; enfin le dauphin diodon a la couleur générale d'un brun noirâtre uniforme qui s'éclaircit sous le ventre, et ne présente point les lignes et les vergetures blanches qui décorent notre nouvelle espèce. »

LE DAUPHIN HASTÉ. — *D. hastatus.*

L'existence de cette espèce est fondée sur deux descriptions accompagnées de figures qui ont entre elles une parfaite ressemblance, et qui font connaître des traits si caractéristiques, qu'aucun doute ne peut s'élever contre sa réalité ; et, quoique beaucoup de notions soient encore nécessaires pour composer son histoire, ceux qui se trouveront à portée de l'observer ne peuvent cependant avoir la crainte de la méconnaître et de la confondre avec d'autres.

C'est à M. Quoy que nous devons la première connaissance de ce dauphin. Il en trouva la dépouille préparée au cap de Bonne-Espérance, chez M. Verreaux, qui habitait cette partie de l'Afrique, pour y recueillir des objets d'histoire naturelle dont il faisait le commerce. Voici la description manuscrite que nous trouvons de la main de M. Quoy, et que nous ne sachions pas avoir été publiée.

« Ce dauphin a le museau médiocrement allongé, assez gros, et les mâchoires d'égale longueur ; vingt-six dents à la supérieure, vingt-cinq à l'inférieure. La nageoire dorsale est large et triangulaire, peu élevée, placée un peu à l'arrière du corps. La nageoire caudale est grande, bien évidée, un peu pointue à l'extrémité de ses deux lobes. Les pectorales sont courtes. Ce qui distingue cette espèce, ce sont des marques blanches régulières qu'elle porte sous le ventre, et que nous allons décrire. En avant des pectorales est un large losange dont les deux pointes paraissent comme une tache en dehors et sur les côtés de ces nageoires, lorsque l'animal est dans sa position naturelle. En arrière des pectorales sont deux petites taches ovalaires; puis vient la grande tache blanche qui couvre le ventre de ce cétacé ; elle a un peu la forme d'un fer de lance dont les branches seraient allongées et fortement recourbées en bas. Ces branches s'étendent sur les flancs de l'animal, tandis que la partie inférieure du fer de lance se porte en arrière et se termine en trèfle ; sa partie antérieure se porte en avant et se termine à peu près en pointe. Tout le reste du corps est noir, si ce n'est la tête, qui est plus ardoisée. Ce dauphin habite les **mers du Cap.** Sa longueur totale est de cinq pieds deux pouces. La distance du bout du museau à l'origine de la dorsale est de deux pieds cinq pouces, et à l'origine des pectorales d'un pied un pouce. La longueur de ces nageoires est de dix pouces, et leur largeur de trois. La largeur de la nageoire caudale est d'un pied trois pouces.

La seconde description de cette espèce est due à M. Gray (1), qui la nomme *heavisidii.* Elle n'ajoute rien à celle que nous venons de rapporter, et y est entièrement conforme. L'individu d'après lequel il l'a faite se trouve au Muséum des chirurgiens à Londres, et il venait aussi des mers du Cap.

C'est d'après les figures de MM. Quoy et Gray que nous rangeons ce dauphin parmi les dauphins à museau tout d'une venue avec le crâne.

LE DAUPHIN OBSCUR. — *D. obscurus.*

Dans cette espèce, suivant M. Gray (2), à qui l'on en doit la première connaissance, les jeunes auraient des couleurs un peu différentes de celles des adultes ; ils seraient pourvus d'une sorte de livrée analogue à ce qui se voit chez plusieurs espèces de mammifères et d'oiseaux : circonstance importante qui mérite d'être notée, parce qu'elle devrait avoir une grande influence sur la détermination des espèces, dans le cas où elle viendrait à être généralisée. Il paraîtrait que cette livrée irait en s'affaiblissant avec l'âge; chez les individus adultes, on n'en apercevrait plus de trace que sous certains aspects et favorisée par les reflets de la lumière. Dans les deux figures que donne M. Gray de cette espèce, celle d'un jeune et celle d'un adulte, la distribution des couleurs de la première est, en effet, différente de ce qui se voit chez la seconde ; mais M. Gray avertit que cette seconde figure n'est pas aussi fidèle qu'elle aurait pu l'être, et que le peintre, en observant mieux le modèle qu'il avait sous les yeux, aurait pu indiquer, mais plus légèrement, les mêmes distributions de couleurs que chez la première.

M. Quoy (3) reconnaît cette espèce, et nous partageons sa

(1) Spic. Zool, p. 2, tab. 2, fig. 6.
(2) Spic. zool., page 2, planche 2, le jeune, 3, l'adulte; et 5, le crâne.
(3) Voy. de l'*Astrolabe*, t. 1, page 151, pl. 28.

manière de voir, dans un individu préparé qu'il a eu occasion d'observer dans le cabinet d'histoire naturelle de la ville du Cap; mais cet individu, comparé à celui de M. Gray, présentait quelques variations dans les couleurs ; et les dauphins sont généralement des animaux si peu connus, que toutes ces particularités deviennent importantes pour leur histoire. C'est pourquoi nous distinguerons la description de M. Quoy de celle de M. Gray, du moins en ce qui concernera les différences qui existent entre elles.

M. Gray a observé les deux individus sur lesquels il fait reposer l'espèce de son dauphin obscur, dans le Muséum des chirurgiens de Londres , où ils avaient été envoyés du Cap par le capitaine Héaviside. La longueur de l'individu adulte était de six pieds, celle du jeune était de trois pieds. Chez celui-ci le dos et le dessus de la tête , à partir du bord de la mâchoire supérieure jusqu'à la queue , étaient noirs; les côtés du corps et les parties inférieures étaient blanches, à l'exception de deux bandes se dirigeant obliquement d'avant en arrière : la première partant des côtés de la tête, embrassant l'œil, et se terminant sur la nageoire pectorale ; la seconde partant de dessous la nageoire dorsale et se terminant sous le ventre. Chez l'individu adulte , comme nous l'avons dit , se voyaient les mêmes couleurs, mais bien plus faiblement marquées. Son corps était élancé, la tête oblique, le museau pointu ; ses dents étaient petites, coniques, au nombre de quarante-huit à la mâchoire inférieure, et au nombre de cinquante-deux à la supérieure.

L'individu décrit par M. Quoy avait cinq pieds un pouce de longueur totale ; du bout du museau à la nageoire dorsale , il avait deux pieds un pouce , et trois pieds du milieu de cette nageoire au bout de la queue; la largeur de la nageoire caudale était d'environ deux pouces. Le museau et le front de ce dauphin étaient tout d'une venue. La mâchoire inférieure avait cinquante-deux dents, et la supérieure cinquante-quatre. Les nageoires dorsales étaient longues et en forme de faux ; le bout du museau , la gorge, les joues et le dessous du ventre, d'un blanc plus ou moins grisâtre ; une large bande d'un blanc gris commençait à la queue, se portait en devant, se divisait en deux, et finissait au-dessous de la dorsale. La lèvre supérieure et le milieu de l'inférieure étaient noires. Tout le reste du corps avait cette couleur.

C'est à cette espèce que nous serions encore tenté de rapporter le *phocæna homeii*, dont **M.** Smith (1) donne la description dans ce qu'il fait connaître de l'*Histoire du midi de l'Afrique*, si le nombre des dents de cette espèce ne surpassait pas trop celle dont nous venons de donner les caractères. Néanmoins c'est ici que j'en parlerai. Les traits qui la caractérisent, et les mers du cap de Bonne-Espérance, où elle se trouve, sont des motifs suffisans pour nous de la rapprocher du dauphin obscur, n'ayant point à en parler spécifiquement, puisqu'elle ne se trouve pas figurée. D'après la description de M. Smith, ce dauphin est noir en dessus et grisâtre sur les côtés de la tête et du corps, avec une bande commençant sous la nageoire dorsale et descendant obliquement en arrière jusque sous le ventre. La partie antérieure de la mâchoire inférieure, et la partie postérieure du corps en dessous, sont noirâtres. Le museau est court, terminé en pointe, et il se distingue peu de la partie antérieure de la tête. Les dents, légèrement courbées en arrière, sont au nombre de soixante-douze à la mâchoire inférieure, et de quatre-vingts à la supérieure. Sa longueur est de six pieds. La nageoire dorsale, haute et terminée en pointe, est plus près de la tête que de la queue; les nageoires pectorales sont longues, terminées en un angle assez aigu et en forme de faux, etc.

LE DAUPHIN DE PÉRON.— *D. Peronii*, pl. xv, f. 2.

Péron, dans le voyage de Baudin aux terres australes, rencontra, en janvier 1802, cette espèce, en bandes nombreuses, dans les mers du cap d'Entrecastaux, au sud de la terre de Diémen (2); et M. de Lacépède, trouvant la description de ce cétacé dans les notes envoyées par Péron durant son voyage, changea le nom de *delphinus leucoramphus*, que celui-ci lui avait donné, en celui de *delphinus Peronii*, et le publia sous ce dernier nom dans son *Histoire naturelle des cétacés*.

Ce ne fut que long-temps après, en 1820, que mon frère, retrouvant le *delphinus leucoramphus* dans une peau rapportée d'un voyage aux Indes par M. Dussumier, reconnut que cette espèce n'avait pas de nageoire dorsale, et il crut devoir attribuer

(1) Zoological Journal, t. iv, n. 16, p. 440.
(2) Voyage aux terres aust., t. i, p. 217, 1807.

à ce delphinaptère une tête osseuse, que M. Houssart, capitaine de vaisseau, s'était également procurée dans un voyage au Bengale (1).

Depuis, MM. Quoy et Gaimard, dans le voyage de *l'Uranie* autour du monde, paraissent avoir rencontré cette espèce aux environs de la nouvelle Guinée, et M. Lesson l'observa près du cap Pillars (2), à l'entrée du détroit de Magellan, dans la mer du Sud. Ce dernier en a donné deux figures, l'une dans le voyage de *la Coquille*, et l'autre dans son *Histoire naturelle des cétacés;* mais celle-ci n'est qu'une copie de la première.

L'histoire de ce dauphin, par M. Lesson (3), contient un extrait de la description que mon frère avait donnée de cette espèce ; mais l'auteur de cet extrait a oublié d'en tirer un caractère important : le nombre des dents, qui, dans la tête rapportée par M. Houssart, était de trente-huit et quarante de chaque côté des deux mâchoires ; ces dents étaient grêles et pointues. Nous regrettons qu'il ait également omis de nous apprendre dans quels parages l'équipage de *la Coquille* parvint à harponner un de ces animaux. Il nous avait fait connaître l'impossibilité où l'on avait été d'en prendre un seul dans la troupe de plusieurs centaines qui, le 12 janvier 1823, dans le voisinage du cap Pillars, environnaient le bâtiment à quelques pieds de distance, s'élançant hors de l'eau à la manière des bonites. Or il n'est point de détails indifférens quand il ne s'agit encore que de recueillir les élémens qui devront un jour servir à composer l'histoire d'une espèce.

Le dauphin de Péron, décrit par M. Lesson, d'après un individu que les matelots de *la Coquille* harponnèrent un jour, avait trente-neuf dents grêles et pointues de chaque côté de l'une et de l'autre mâchoire, terme moyen du nombre donné par la tête que mon frère a décrite. Il pesait soixante-cinq kilogrammes, et sa longueur totale était de cinq pieds huit pouces. La longueur de l'individu rapporté par M. Dussumier était de cinq pieds six pouces.

Jusqu'à présent, tout ce qu'on sait de l'histoire de ce dau-

<hr>

(1) Recherch. sur les Ossem. foss., t. v, p. 228.
(2) Voyage de la Coquille, pl. 9, fig. 1.
(3) Histoire naturelle des cétacés, pl. 4, fig. 1.

phin consiste dans ses formes générales, dans quelques-unes de ses parties organiques, et dans un ou deux traits de son naturel.

Des différens points où il a été observé, on peut conclure qu'il habite dans toute l'étendue de la mer du Sud, ou plutôt dans l'océan Pacifique, entre la ligne équinoxiale et le cinquante ou le cinquante-cinquième degré de latitude australe ; car il ne paraît point avoir été vu sur les côtes occidentales de l'Amérique. Il vit en troupes très-nombreuses.

Sa taille est de cinq pieds six à huit pouces ; ses formes générales sont celles des dauphins ; mais le peu de sévérité qu'on a mis à le faire représenter permet difficilement d'apprécier les formes particulières de ses diverses parties. A en juger par la figure de *la Coquille*, les nageoires pectorales seraient beaucoup plus en arrière dans cette espèce que dans la plupart des autres dauphins, et la nageoire caudale, au lieu d'être échancrée dans son milieu, aurait la forme régulière d'un croissant, et serait festonnée dans toute l'étendue de son bord concave ; ce qui ne se rapporte pas avec l'individu de M. Dussumier, qui a cette nageoire échancrée comme celles de toutes les autres espèces de cette famille.

Il paraît, d'après ce que rapporte M. Lesson, que le museau est séparé du crâne par un sillon profond, ce que n'indique pas la figure. Il est entièrement privé de nageoire dorsale, c'est-à-dire qu'il appartiendrait au genre des delphinaptères, si ce genre tout-à-fait artificiel pouvait subsister.

Ses dents, comme nous l'avons dit, sont au nombre de trente-huit à quarante de chaque côté des deux mâchoires ; elles sont grêles et très-pointues. La tête, osseuse, diffère peu de celle du dauphin vulgaire, et surtout du dauphin douteux ; le museau est seulement un peu plus plat et plus large que celui de ces deux espèces.

LES INIAS. — *Inia* (1).

La seule espèce qui constitue ce genre rappelle les dau-

(1) Nom donné à ce dauphin par les Indiens Guarayos des rives du Rio de San-Miguel, entre les provinces de Chiquitos et de Moxos, république de Bolivia.

phins proprement dits, par l'ensemble de ses formes extérieures ; mais son museau est plus allongé, ses nageoires pectorales sont plus larges, et la nageoire dorsale n'est représentée
que par une simple élévation de la peau. Ces caractères, peu
propres à servir de fondement à la formation d'un genre, acquièrent une importance suffisante par les caractères qui se
tirent de la tête osseuse de cette espèce, pl. xi, fig. 2 ; caractères
que nous avons fait connaître dans nos généralités sur les dauphins, et qui consistent surtout dans des dents mammelliformes.

L'INIA DE BOLIVIE. — *J. Boliviensis,* pl. x *bis.*

C'est à M. d'Orbigny que l'on doit la découverte de cette singulière espèce de dauphin. Il en a nouvellement écrit l'histoire (1),
et, pour faire connaître cet animal, nous n'avons rien de mieux
à faire que de transcrire ou d'extraire ce qui s'y rapporte dans le
mémoire qu'il a publié sur ce sujet, et qu'il a bien voulu mettre à
notre disposition.

« En pénétrant dans l'intérieur du Haut-Pérou (Bolivia), dit-il,
les habitans de la ville de *Santa-Croz de la Sierra* nous parlè-
rent d'un grand poisson que, par leur description, nous recon-
nûmes pour un cétacé ; cet animal habitait, disait-on, dans toutes
les rivières de *Moxos,* et remontait jusqu'au port de Santa-Cruz
et de Chiquitos. Ce rapport nous parut d'autant plus étrange,
que les rivières qu'on nous citait étaient les premiers affluens du
Rio-Mamoré, qui va se jeter dans l'Amazone, c'est-à-dire à plus
de sept cents lieues de la mer. »

» Nous vîmes les premiers de ces animaux près des lieux habités
par les Guarayos, et dès lors il fut facile de nous convaincre
que c'étaient de véritables cétacés. Nous les rencontrâmes ensuite
dans toutes les rivières de la province de Moxos ; mais tous les
moyens que nous employâmes pour les obtenir furent inutiles,
les Indiens de ce pays n'ayant jamais pu se servir d'un harpon ;
et nous désespérions de parvenir à nous en procurer, lorsque
nous apprîmes que les soldats brésiliens du fort du *Principe de
Beira* en faisaient la pêche pour se procurer de l'huile nécessaire
à leur éclairage.

(1) Nouvelles Annales du Muséum d'Histoire naturelle, t. iii, p. 22, pl. 3.

» A notre arrivée dans ces contrées sauvages, le commandant de ce *presidio,* ou galère, donna, sur notre prière, les ordres nécessaires pour faire harponner des dauphins; et nous stimulâmes l'exécution de cet ordre par des promesses d'argent. Pendant trois jours la pêche n'eut aucun succès, à cause de la crue des eaux; nous commencions à perdre tout espoir, quand, le quatrième jour, on vint nous prévenir qu'un de ces cétacés venait d'être harponné; et en effet on ne tarda pas à nous l'apporter tout vivant.

» Cet animal vécut pendant cinq à six heures. On reconnut aussitôt son analogie de forme avec les dauphins proprement dits. Son corps cependant est gros et court, comparé à celui de ces derniers animaux. Son museau est en forme de bec prolongé très-mince, presque cylindrique, et obtus à son extrémité; sa bouche est fendue jusqu'au-dessus des yeux, et forme une ouverture linéaire, arquée seulement à la partie postérieure. Ses narines sont tellement obliques d'avant en arrière, que son orifice est placé presque au-dessus des nageoires pectorales. Derrière l'œil est l'orifice du canal auditif, plus sensible qu'il n'est communément chez les autres espèces de cette famille. Les nageoires pectorales sont larges, longues et obtuses. Une dorsale peu saillante est placée presque au tiers postérieur de la longueur totale. La partie postérieure du corps est légèrement comprimée; la queue est grande et bien divisée dans son milieu.

» Le crâne est déprimé; le museau est long et muni de dents sur toute sa longueur. La totalité des dents est de cent trente à cent trente-quatre; il y en a soixante-six ou soixante-huit à la mâchoire supérieure, et de soixante-quatre ou soixante-six à l'inférieure; toutes sont rugueuses ou marquées de sillons profonds et interrompus. A la mâchoire supérieure des trente-trois ou trente-quatre qui existent de chaque côté, les vingt-trois premières sont arquées et coniques, et les autres sont élargies à leur base interne; et ce caractère va en augmentant à mesure qu'on se rapproche de la partie postérieure des mâchoires, de telle sorte que les dernières dents sont à peine coniques. A la mâchoire inférieure les dix-huit ou dix neuf premières seulement sont coniques et arquées, les autres sont semblables aux postérieures de la mâchoire opposée.

» Le corps de ce dauphin était couvert d'une peau lisse, et de poils gros et crépus, mais rares, garnissaient le museau du jeune individu que nous observions. Cet individu était une femelle qui se trouvait prête à mettre bas, et ses deux mamelles, situées aux côtés du vagin, étaient remplies de lait qu'on faisait sortir par la pression. Cette femelle, en effet, mit au monde un petit vivant pendant qu'on l'observait, et le nouveau-né avait le museau garni de poils comme sa mère. On dit que les mâles de cette espèce parviennent à la longueur de quatre mètres. La femelle en avait la moitié moins. » La différence qui existe entre la physionomie générale de ces inias et celle des dauphins proprement dits nous engage à donner en détail les proportions des diverses parties du corps de l'individu qui a fait le sujet des observations de M. d'Orbigny.

	mèt.	cent.
Longueur du bout du museau à l'extrémité de la queue...	2,	4
— — — à sa base....	0,	23
— — — à l'œil.....	0,	34
— — — à l'orifice des narines....	0,	40
— — — à l'oreille....	0,	43
— — — à la nageoire pectorale...	0,	52
— — — à la nag. dorsale.	1,	30
— de l'œil................	0,	0, 9
— du bout de la queue à sa base...	0,	24
— — — à la vulve..	0,	60
— de la nageoire pectorale......	0,	42
Largeur de cette nageoire...........	0,	18
— de la nageoire caudale........	0,	50
Hauteur de la nageoire dorsale........	0,	9
Circonférence du museau...........	0,	20
— de la tête à la hauteur de l'œil.	0,	67
— aux nageoires pectorales....	0,	99
— vis-à-vis de la dorsale....	1,	4

Les couleurs de cette espèce sont variables : communément le dessus du corps est bleuâtre pâle, passant au rosé en dessous ; la queue et les nageoires sont bleuâtres. Quelques individus ont des teintes tout-à-fait rougeâtres : d'autres, au contraire, sont noirâtres, et il en est qui sont couverts de taches ou de raies. Il paraîtrait que la couleur de ces cétacés est d'autant plus pâle qu'ils habiteraient davantage les grandes rivières, et qu'elle devient plus foncée lorsqu'ils se retirent dans les lacs que ces rivières forment.

Cette espèce se rencontre dans toutes les rivières qui traversent les immenses plaines de la province de Moxos, et vont former les *Rios-Mamoré* et *Guaporé*, qui constituent plus loin la rivière de Madeiras, un des premiers bras des Amazones ; elle remonte jusqu'au pied des dernières montagnes du versant est de la Cordilière orientale, à plus de sept cents lieues de distance de la mer, où elle ne paraît pas descendre ; il est même très-vraisemblable qu'elle ne dépasse jamais les cascades du Rio-Madeiras, et qu'elle se trouve renfermée entre les dixième et dix-septième degrés de latitude sud, et les soixante-quatrième et soixante-cinquième degrés de longitude ouest de Paris.

D'après les rapports des naturels, ce dauphin ne fait qu'un petit à la fois, et la mère a pour son enfant, comme celui-ci a pour sa mère, une affection qui va jusqu'à leur faire méconnaître les dangers les plus grands, et qui leur causeraient le plus d'effroi s'ils n'avaient à veiller qu'à leur propre conservation.

Ces dauphins viennent plus fréquemment que les espèces marines respirer à la surface de l'eau ; mais leurs mouvemens n'ont ni la vivacité ni l'impétuosité des mouvemens de celles-ci. Ils se réunissent habituellement en petites troupes de trois ou quatre individus, et on les voit quelquefois élever leur museau au-dessus des flots pour manger leur proie.

Les Brésiliens du fort du Principe de Beira nomment cette espèce *Bote* ; les Espagnols, *Bufeo* ; les Guarayos, *Inia* ; les Chapacuras, *Sisi* ; les Baures, *Jhui* ; les Itomanas, *Puchca* ; les Cayuvava, *Potohi* ; les Iten, *Sata* ; les Paguaras, *Cachoïcana* ; les Movimas *Potohi* ; les Canichanas, *Nituya* ; et les Moxos, *Aïco* : car, quoique ces peuplades soient très-voisines les unes des autres, leurs langues, comme on sait, ne se ressemblent pas.

LES MARSOUINS. — *Phocœna*.

Comme dans presque tous les genres de mammifères, les marsouins nous offrent de grandes et de petites espèces : le globiceps a jusqu'à vingt pieds de longueur, et le marsouin commun en a à peine quatre. Ils se distinguent des dauphins proprement dits en ce qu'ils n'ont point de bec; leur museau ne se distinguant presque point de ce qui constitue en apparence leur partie cérébrale. Leur tête osseuse a des mâchoires allongées et très-distinctes du crâne; mais sur l'animal vivant cette distinction est effacée par les parties dont les mâchoires sont recouvertes, et qui donnent à la tête de ces dauphins une forme plus ou moins sphérique. En effet, sous ce rapport, toutes les espèces ne se ressemblent pas : il en est quelques-unes chez lesquelles cette sphéricité est plus marquée que chez d'autres, quoiqu'elle soit caractéristique chez les unes comme chez les autres.

Tous les marsouins, à l'exception d'un seul, le beluga, sont pourvus de l'appendice cutané nommé nageoire dorsale; et il n'en est aucun qui ne soit pourvu de dents; mais, si chez les uns elles sont coniques et crochues, chez d'autres elles sont comprimées latéralement. Six des sept marsouins qui sont connus se sont rencontrés au nord, une seule espèce a été rencontrée à quelques degrés au sud de l'équateur. Nous avons parlé dans nos généralités sur les dauphins des caractères propres à la tête osseuse des marsouins, représentée pl. xiv.

LE MARSOUIN COMMUN. — *P. communis.*

Cette espèce est la plus commune dans nos mers d'Europe; c'est celle dont les pêcheurs s'emparent le plus fréquemment, la trouvant souvent prise et asphyxiée dans leurs filets.

C'est une des plus petites espèces de dauphin : il ne paraît pas que sa taille dépasse la longueur de six pieds, et le plus ordinairement elle n'est que de quatre à cinq. La distance du bout du museau à l'œil, sur un individu de quatre pieds, est de cinq pouces, et il en est de même du bout du museau à l'évent. Du bout de la mâchoire inférieure à l'origine de la nageoire pectorale, la distance est d'environ quinze pouces. La longueur de cette nageoire est de sept pouces. La distance du museau au milieu de la nageoire dorsale triangulaire est de vingt-sept pouces. Cette nageoire est haute de trois pouces six lignes ; le diamètre de la nageoire caudale est de cinq pouces environ.

Le corps du marsouin est plus fusiforme que celui du dauphin vulgaire : son plus grand diamètre est à peu près vis-à-vis de la nageoire dorsale ; mais ces animaux diffèrent surtout par la forme de la tête. Autant le premier, comme nous l'avons vu, a le museau obtus et arrondi, autant l'autre l'a déprimé et allongé ; et le raccourcissement du museau a entraîné, pour le marsouin, le raccourcissement de la bouche.

Les dents de cet animal sont au nombre de vingt à vingt-trois de chaque côté des deux mâchoires, et, au lieu d'être coniques, comme celles de la plupart des autres dauphins, elles sont comprimées latéralement, tranchantes, et plus larges à l'extrémité de leur couronne qu'à leur partie moyenne ; elles sont courbées d'avant en arrière à leur collet, qui, en général, est plus étroit que l'extrémité de la racine.

Les organes des mouvemens ne présentent aucune particularité remarquable, et il en est à peu près de même des organes des sens. Ce que nous avons dit à ce sujet dans les observations générales sur les dauphins et dans la description du dauphin vulgaire, convient tout-à-fait au marsouin, si ce n'est que la pupille, chez celui-ci, est en forme de V, et que la langue est festonnée dans tout son contour.

« Les organes de la génération, dit mon frère (1), varient très-peu à l'extérieur chez les deux sexes ; la verge rentre entièrement sous la peau, et l'on n'aperçoit en dehors que l'extrémité du gland. Cet organe, d'abord cylindrique, après avoir fait un coude, se termine en cône assez aigu. Les testicules sont cachés en dedans, et portés par un ligament membraneux fourni par le péritoine, dans l'épaisseur duquel l'artère spermatique forme un plexus comme la veine. Le canal déférent, comme celui de l'éléphant, est replié sur lui-même jusqu'à son entrée dans l'urètre. Il n'y a ni vésicule séminale ni glande de Cowper ; mais la prostate est énorme. La première moitié de l'urètre fait, avec

1. Ménagerie du Muséum, in-12, t. II, p. 78.

celle contenue dans la verge, un angle de quarante degrés : les corps caverneux et leurs muscles s'attachent aux petits osselets, qui tiennent lieu de tout le bassin. La femelle n'a point de nymphes, mais un clitoris assez notable. Son vagin est garni de rides transversales, presque semblables à des valvules. Sa matrice est partagée très-près de son orifice. »

Sa couleur aux parties supérieures du corps est d'un noir à reflets violacés ou verdâtres; elle est blanche aux parties inférieures; mais cette couleur prend moins d'étendue aux parties antérieures du corps qu'aux postérieures, la couleur noire descendant bien plus bas sur les premières que sur les secondes. La mâchoire inférieure est légèrement bordée de noir, et toutes les nageoires sont de cette couleur, même les pectorales qui naissent dans la partie blanche. Le bourrelet qui tient lieu de lèvres est couleur de chair.

Tels sont les caractères extérieurs du marsouin proprement dit; ses caractères intérieurs sont aussi dignes de remarques, et surtout ceux que l'ostéologie de la tête présente. Comparée à celle du dauphin vulgaire, elle est beaucoup plus courte, sans cependant être plus large à l'endroit où le jugal fait saillie au-delà des maxillaires. Les intermaxillaires forment de plus une saillie au-devant de l'ouverture des narines, et une autre saillie de l'occipital se voit au-dessus de ces ouvertures. Les maxillaires séparent largement les intermaxillaires à leurs parties postérieures, et ces os ne s'étendent pas le long du bord externe des narines jusqu'aux naseaux; ils en restent séparés par un intervalle qu'une partie des maxillaires remplit. En dessous, le vomer se montre dans le palais entre les maxillaires et les intermaxillaires (1).

Le reste du squelette du marsouin diffère peu de celui du dauphin vulgaire. L'omoplate est moins large et son apophyse coracoïde plus égale à l'acromion dans le premier que dans le second, et le premier os du sternum n'a point chez l'un les parties anguleuses qui s'observent sur les côtés de cet os chez l'autre, etc.

« L'œsophage, dit encore mon frère dans sa description du marsoin (2), conduit directement dans le premier estomac, le plus volumineux de tous, en forme de poche ovale; le passage

____

(1) Rech. sur les Ossem. foss., t. v, part. 1re. p. 296

(2) Mém. du Mus., t. 11, p. 29.

de cet estomac au second est près de l'entrée de l'œsophage dans le premier, et, comme il y a deux étranglemens, ce petit passage a pu être compté lui-même comme un estomac. Le second estomac est sphérique et presque aussi grand que le premier; sa sortie est opposée à son entrée ; entre lui et le troisième est encore un petit passage étranglé à ses deux bouts, qui a pu être considéré comme une cavité particulière. Le troisième estomac est fait comme un tube courbé en S, et le quatrième est arrondi comme le second. Ainsi, suivant qu'on compte ou qu'on ne compte pas comme estomacs les cavités comprises entre les étranglemens des conduits des grandes cavités l'une dans l'autre, on a quatre ou six estomacs; et, comme c'est dans le dernier que s'ouvre le canal hépatique et le canal pancréatique, il a été considéré par quelques auteurs comme un duodénum. On ne doit donc pas s'étonner si les anatomistes ne s'accordent pas sur le nombre d'estomacs des marsouins. Quoi qu'il en soit, les parois du premier estomac sont fort ridées en dedans et revêtues d'un velouté assez épais. Son pylore est garni de rides tellement fortes et saillantes, qu'aucun corps un peu gros ne pourrait le traverser. Les parois du second estomac sont très-épaisses et creusées de rides longitudinales qui en ont de côté d'obliques comme des feuilles pennées. La substance de ces parois est une sorte de pulpe assez homogène et de velouté fin et lisse. Les deux passages tiennent de la nature de ce second estomac. Le troisième est membraneux, et son velouté est marquée d'une infinité de petits pores. Enfin le quatrième est presque ridé comme le premier. Le canal intestinal va en diminuant de diamètre jusqu'à l'anus, et on n'y voit point de cœcum. »

Les marsouins vivent en troupes assez nombreuses ; on les rencontre à la surface des flots, où ils aiment à se jouer, même dans les plus grandes tempêtes. Leur nourriture consiste en poissons et en mollusques, dont ils font une grande consommation, ce qui les fait redouter des pêcheurs ; ils s'établissent quelquefois, comme en embuscade, à l'embouchure des fleuves, pour saisir les poissons qui retournent à la mer, et ils les remontent même quelquefois fort avant. Il n'est pas rare d'en voir dans la Seine à Rouen, dans la Loire à Nantes, dans la Garonne à Bordeaux ; on en a vu jusqu'à Paris.

L'été paraît être pour le marsouin la saison de l'amour : on dit

qu'à cette époque son aveuglement devient tel qu'il méconnaît
tout danger ; à en croire les marins, il poursuivrait alors ses femelles avec tant d'ardeur, qu'il s'élance sur les vaisseaux qu'il
rencontre sur son passage, et se précipiterait sur le rivage sans l'a-
percevoir ; ce qui ne semble guère s'accorder avec la vie sociale
qui paraît être naturelle à ces animaux. Anderson dit que leur
gestation est de six mois ; il ne naît qu'un seul petit à la
fois ; et Klein nous apprend qu'au moment de sa naissance le
jeune marsouin a vingt pouces de longueur. La femelle nourrit
son petit et le protége avec la plus grande sollicitude, et ordinairement elle expose sa vie quand il expose la sienne. C'est, dit
Othon Fabricius, après leur première année que les jeunes marsouins peuvent pourvoir eux-mêmes à leur nourriture.

Cette espèce se trouve dans les mers du Nord, comme dans
nos mers, dans la Méditerranée comme dans l'Océan ; mais
je ne sache pas qu'on ait fixé les latitudes entre lesquelles elle
se trouve renfermée. Il paraîtrait, au reste, que les troupes de
marsouins voyagent, et qu'elles sont soumises à des migrations
périodiques ; que ces cétacés s'avancent du Nord au Midi dans les
saisons froides, et du Midi au Nord dans les saisons chaudes.
C'est du moins ce qu'on pourrait supposer de ce que dit Othon
Fabricius que c'est en été que ces animaux sont les plus communs
dans les parages du Groënland, et de ce que dit Belon que c'est
au printemps et en automne qu'on en rencontre davantage
sur nos côtes, où ils sont fort rares en été.

Les anciens ont indubitablement connu le marsouin, assez
commun dans la Méditerranée. Mais il est difficile de reconnaître
cette espèce dans ce qu'Aristote (1) dit de la *Phocène,* qui pour
lui est un cétacé, qu'elle est plus petite que le dauphin ; que sa
couleur est d'un vert d'eau ; qu'elle nourrit ses petits avec son
lait, et qu'elle se trouve dans la mer du Pont. C'est cependant ce
nom de phocène que les naturalistes ont admis comme nom
scientifique du marsouin.

On a aussi cru pouvoir rapporter au marsouin ce que dit
Pline (2) du *Tursio,* que, semblable au dauphin, il en diffère cependant en ce qu'il a moins de gaîté, et en ce que sa gueule est redou-

(1) Lib. vi, cap. 8 et lib. viii, cap. 13.
(2) Hist. nat., lib. ix, cap. xi.

table comme celle du chien de mer. C'est Belon (1), nous le croyons du moins, qui le premier a pensé que le tursio de Pline pourrait être le marsouin, ayant remarqué que le premier de ces noms se transformait aisément dans le second, puisque pour cela il suffisait d'en changer la première lettre et à la place d'un **T** de mettre une **M**; mais on conviendra qu'il serait difficile d'ajouter foi à des analogies spécifiques fondées sur un pareil système.

Belon a fort bien indiqué les caractères, tirés de la forme du museau, qui distinguent le marsouin du dauphin vulgaire, et c'est encore lui qui paraît avoir restreint ce nom de marsouin à l'espèce à laquelle on le donne aujourd'hui; car, comme nous l'avons déjà dit, cette dénomination avait originairement été appliquée au dauphin comme au marsouin, ce nom, qui, dans les langues germaniques, signifie cochon de mer, étant applicable à l'une comme à l'autre de ces espèces, l'une et l'autre se trouvant, comme le cochon, revêtues d'une épaisse couche de lard. Le nom que le marsouin recevait des pêcheurs, qui ne le confondaient nullement avec le dauphin, était celui de gras-pois, contraction de gras poisson, dont les Anglais ont fait leur *grampus*, nom qu'ils appliquent encore aujourd'hui au marsouin. La figure que donne Belon, quoique grossière, a bien les caractères généraux de cette espèce.

Il en est de même de celle non moins grossière que donne Rondelet (2), qui, du reste, ne dit rien d'essentiel de l'animal que cette figure représente, sinon qu'il se nomme tursio ou marsouin, et qu'il diffère du dauphin par son museau mousse.

Gesner copie la figure de Rondelet, et Aldrovande celle de Belon, sans rien ajouter d'utile à la connaissance de cette espèce; et il en est de même de Johnston, qui donne aussi une figure de marsouin assez reconnaissable.

L'indication de cette espèce se trouve fréquemment dans les voyageurs, et les naturalistes l'ont admise dans leurs catalogues; mais, comme on l'a vu dans ce que nous avons dit de ses caractères et de son organisation, il faut descendre jusqu'aux anatomistes modernes pour trouver quelque circonstance importante à ajouter à son histoire.

(1) De Aquat., page 15, pl. 16.
(2) Rondelet, de Piscibus, liv. xvi, chap. 9, p. 473, p. 474.

Au seizième siècle, la chair du marsouin n'était pas moins recherchée comme aliment que celle du dauphin, ou plutôt l'une
ne se distinguait pas de l'autre ; et, comme la première espèce
est beaucoup plus commune que la seconde, c'est elle qui se
trouvait le plus habituellement en vente. Belon nous apprend
qu'il en a vu jusqu'à cinq à la fois, à Paris, au marché du vendredi.
Aujourd'hui les marins et les habitans du Nord sont les seuls qui
s'en nourrissent encore. Dans toutes les autres contrées de l'Europe l'art de la cuisine a amené dans les goûts des changemens
si considérables, que la chair des cétacés ne fait plus éprouver
que de la répugnance.

L'ÉPAULARD (1). — *P. orca.*

Cette espèce paraît une des plus anciennement connues sur nos
côtes : elle se rencontrait assez fréquemment, dit-on, dans le golfe
de Gascogne, sans doute lorsque la navigation, moins étendue
qu'elle n'est aujourd'hui, ne l'en avait pas encore éloignée. Il
paraît que c'est à elle que les Saintongeois donnaient plus
particulièrement le nom d'épaulard, quoique depuis ce nom
paraisse avoir été oublié par eux (2) ; mais, si elle était connue
des pêcheurs, elle l'était peu des naturalistes, qui, même encore
aujourd'hui, n'en peuvent composer l'histoire qu'en réunissant
des notions éparses qu'ils lui rapportent plus ou moins conjecturalement.

Les caractères les plus frappans de cette espèce sont : un
museau très-court, une grande taille, une très-haute nageoire
dorsale, de grosses dents en assez petit nombre, enfin les parties supérieures du corps noirâtres, les parties inférieures blanches,
et une tache de cette couleur au-dessus de l'œil.

Tous les dauphins auxquels on a plus ou moins reconnu ces
caractères, mais surtout la grande nageoire dorsale, ont été
rapportés à cet épaulard des Saintongeois, assez mal décrit et
encore plus mal représenté par Rondelet.

Quoi qu'il en soit, le type de cette espèce nous est donné dans

(1) Rondelet, p. 483.
(2) M. Lesson, habitant le pays, n'y a plus retrouvé l'usage de ce nom.
Cétacés, p. 194.

une figure publiée par Hunter sous le nom de *grampus* (1), figure dont on a cru retrouver des traits dans celle que Duhamel a fait représenter sous le nom de cachalot d'Anderson (2), et dans celle que Lacépède (3) nomme gladiateur, qu'il devait à Banks, et qui a une ressemblance très-grande avec celle de Duhamel. Au premier coup d'œil, il est assez difficile de reconnaître d'intimes rapports entre la première de ces figures et les deux dernières ; elle n'a été saisie ni par Lacépède ni par M. Desmarest ; mais, en faisant la part du vague des teintes de la figure de Hunter, par leur fusion l'une dans l'autre, et de l'exagération de celles des figures de Duhamel et de Lacépède, par les limites tranchées qu'elles ont reçues, on juge que, quant aux couleurs, les différences réelles des animaux qui ont donné lieu à ces figures ont dû être assez faibles ; et, comme ces dauphins se rapprochent par leurs autres caractères, nous pensons que ce n'est pas sans raison qu'ils ont été rapportés à la même espèce. Il en résulte cependant que nous ne possédons point encore de très-bonne représentation de l'épaulard ; et, comme nous le verrons plus bas, nous ne sommes guère plus avancés sur son histoire.

Plusieurs auteurs (4) ont pris l'épaulard pour l'*orca* des anciens, mais sans grand fondement. D'abord il n'est pas très-certain que l'épaulard se trouve dans la Méditerranée ; ensuite ce que disent de leur orca les anciens, qui n'en parlent qu'en quelques mots, ne convient pas exclusivement à l'épaulard. En effet, quoique cet animal atteigne à une fort grande taille, il n'en conserve pas moins la forme générale des dauphins, c'est-à-dire que son corps, gros à sa partie moyenne, va en diminuant plus ou moins graduellement jusqu'à ses deux extrémités. S'il y a moyen de trouver dans cette forme, comme le fait Festus (5), celle d'un vase à mettre du vin, on ne tirera pas de ses proportions, comme le fait Pline (6), « l'idée d'une masse de chair ayant des dents

(1) Trans. phil. 1787, pl. xvi. Ce nom de grampus est devenu générique pour les naturalistes anglais ; il a pour eux le sens que nous donnons génériquement à celui de marsouin.

(2) Traité des Pêches, 2e partie, sect. x, pl. 9, fig. 1. p. 25.

(3) Hist. nat. des Cétacés, pl. v, fig. 3, p. 302.

(4) Rondelet, Fabricius, Bonnaterre, etc.

(5) De verb. signif.

(6) Lib. x, cap. 6.

menaçantes.» Ces deux images conviennent beaucoup mieux à un cachalot, comme on l'a déjà pensé ; et ce qui le confirme, c'est ce que le même Pline rapporte du combat que l'empereur Claude fit livrer à un orque qui était échoué dans le port d'Ostie, combat dont il fut témoin, et dans lequel une des barques fut submergée par l'eau dont le souffle de l'orque l'avait remplie. Au reste, les anciens n'étaient sans doute pas plus exempts que les modernes de l'erreur qui consiste à appliquer le même nom à des espèces différentes, surtout lorsqu'il s'agit d'animaux aussi difficiles à observer que le sont les cétacés ; et ce n'est qu'à cette circonstance, ou à toute autre analogue, qu'il faut attribuer le dauphin sur lequel Claude s'est fait représenter dans la médaille où il a voulu consacrer le combat dont nous venons de parler, et qui semble n'être que le dauphin commun.

Il est plus vraisemblable, comme l'a conjecturé mon frère, que l'épaulard est l'*aries marinus* des Latins ; car l'épaulard a une tache blanche, étroite et un peu courbée, très-nettement dessinée derrière l'œil ; et Pline rapporte (1) que la mer laissa sur les côtes de la Saintonge des béliers marins dont les cornes n'étaient représentées que par des lignes blanches.

Élien dit aussi que le bélier marin mâle a le front orné d'une bandelette (2), et il ajoute que cet animal se trouve entre la Corse et la Sardaigne.

Si les modernes avaient reconnu la présence de l'épaulard dans la Méditerrannée, la conjecture de mon frère serait à peu près hors de doute ; mais ce fait n'a point été constaté ; et , si M. Risso a cru dans un temps retrouver cet *aries marinus* dans les mers de Nice (3), il a dû lui-même reconnaître plus tard son erreur ; le dauphin auquel il avait donné le nom d'aries a pris depuis le sien même.

C'est de cet épaulard que l'on a aussi voulu reconnaître les caractères dans quelques-uns des dauphins qui, chez les nations du Nord, ont reçu les noms de *buts-kopf;* mais le buts-kopper d'Eggède (4) peut tout aussi bien être rapporté au globiceps qu'à

(1) Lib. ix, cap. 5.
(2) Hist. anim., lib. xv, cap. 2 : Marinus aries frontem, sic alba vitta redimitam habet, etc.
(3) Ann. du Mus. d'hist. nat, pl. 1.
(4) Description du Groenl., trad. franç., p. 56.

l'épaulard, puisque le seul de ses caractères spécifiques qui convienne à ce dernier consiste dans une tête grosse et obtuse. Il en serait de même du premier *buts-kopf* de Martens (1), s'il n'ajoutait pas à la forme sphérique de la tête que les parties supérieures du corps sont brunes et que la tête est marbrée; mais il y a plus de vraisemblance que c'est de l'épaulard qu'il parle dans son second buts-kopf, qui a, dit-il, la nageoire dorsale trois fois plus haute que celle du premier.

Anderson parle aussi d'un buts-kopf, mais les traits qu'il en rapporte ne sont que ceux du premier buts-kopf de Martens. C'est son épée de mer qui pourrait être l'épaulard; car ce dauphin joint à une tête arrondie la nageoire très-élevée qui forme un des caractères principaux de ce dernier; et c'est encore à notre épaulard des Saintongeois qu'il faudrait rapporter, comme Anderson l'a déja fait, ces dauphins assassins (2) des côtes du nord des États-Unis, si une très-haute nageoire dorsale appartient en effet exclusivement à cette espèce.

Bonnatère (3) donne le premier grampus de Hunter pour type de l'épaulard; mais il rattache à cet animal tout ce que les anciens rapportent de l'orque, et il fait une espèce distincte de l'épée de mer d'Anderson.

Lacépède fait également deux espèces des animaux que l'on réunit aujourd'hui en une seule. Le premier grampus de Hunter représente son dauphin orque, quoiqu'il en sépare expressément l'*orca* des anciens; et il donne la figure qu'il reçut de Bancks, et dont nous avons parlé plus haut, pour type de son dauphin gladiateur (4), qu'il rapporte à l'épée de mer de Bonnatère; mais il

1) Voy. au Nord, t. 11, trad. franç., p. 143.
2) Killers, Trans. philos., n. 387, p. 265.
3) Cétologie, p. 22, pl. 12, fig. 1
(4) On trouve dans l'ouvrage de M. William Dewhurst, intitulé Histoire naturelle de l'ordre des Cétacés, p. 181, pl. id., fig. 1, la description sommaire d'un dauphin gladiateur, avec une figure grossièrement dessinée, dont l'auteur ne fait pas connaître l'origine, et qui est remarquable par la nageoire dorsale étroite, aussi longue que la moitié du corps de l'animal, qui avait vingt pieds, recourbée en arrière à sa pointe, et qui, d'après le texte, devait être osseuse et très-dangereuse pour les baleines que le gladiateur attaque. Cette figure semble tout-à-fait imaginaire; et ce que M. Dewhurst rapporte de cette espèce n'est en grande partie qu'une copie d'Anderson et de Martens.

fait une espèce distincte, sous le nom de dauphin de Duhamel, du dauphin que ce dernier nomme dauphin d'Anderson, lequel ne diffère en rien du gladiateur, car il est trop évident que la nageoire dorsale de celui-ci, si rapprochée de la tête, ne vient que de l'infidélité du dessinateur.

Quoi qu'il en soit du plus ou moins d'exactitude de ces rapprochemens, toujours est-il que les élémens de l'histoire de cette espèce sont encore bien insuffisans.

L'épaulard est un des plus grands dauphins ; il atteint jusqu'à vingt-cinq pieds de longueur, et sa plus grande circonférence, qui se trouve à sa partie moyenne, est de douze pieds ; son corps, comme celui de tous les dauphins, est fusiforme, mais beaucoup plus allongé en arrière qu'en avant, son museau étant tronqué et sa tête arrondie. Une nageoire de quatre pieds de haut, recourbée en arrière et terminée en pointe, s'élève au milieu de son dos ; ses deux nageoires pectorales sont élargies, arrondies à leur extrémité, et moins longues proportionnellement que celles du globiceps. La nageoire caudale a environ cinq à six pieds d'une extrémité, à l'autre, et elle est partagée en deux parties égales par une échancrure dans son milieu.

Sa couleur est d'un noir brillant aux parties supérieures, et d'un blanc pur aux parties inférieures, à l'exception des flancs, sur lesquels on voit s'avancer une tache noire plus ou moins irrégulière, qui prend naissance sur les côtés noirs de la queue. On voit de plus une tache blanche courbe et étroite au-dessus et en arrière de l'œil. L'évent n'a qu'un seul orifice extérieur ; l'œil est petit. La verge des mâles est conique, et sa longueur sur l'individu vu par Hunter était de trois pieds.

Ses dents sont grosses, coniques, un peu courbées en arrière, et au nombre de onze de chaque côté des deux mâchoires ; celles qui terminent en avant la mâchoire inférieure s'usent les premières.

La tête osseuse de cette espèce (1), comparée à celle du globiceps, a un museau large et court comme les précédens ; mais la région en avant des narines est concave, au lieu d'être renflée, et elle se distingue des plafonds des orbites

____

(1) Rech. sur les Ossem. foss., t. v, part. 1, p. 297, pl. 22, fig. 3 et 4. Lacépède, Hist. nat. des Cétacés, pl. xvi, fig. 1.

par une crête un peu saillante. Le lobe antérieur de l'orbite est gros et bien séparé par une échancrure de la base du museau. Les tempes, profondes et concaves, sont séparées de l'occiput par des crêtes plus saillantes même que la crête temporale ; ses os du nez sont petits.

Pline (1) nous représente l'orque comme un des plus grands ennemis des baleines. Rondelet fait de même pour son épaulard ; et il ajoute que les pêcheurs ne font point la guerre à ce cétacé, qu'ils le ménagent même, parce qu'en poursuivant les baleines il les pousse au rivage, où elles viennent échouer, ce qui donne aux pêcheurs plus de facilité pour s'en rendre maître ; et c'est aux Terres-Neuves, dit-il, que les mariniers en agissent ainsi ; ce qui nous rappelle ces *killers*, ces dauphins assassins des côtes du nord de l'Amérique, que les pêcheurs, dans des temps plus modernes, ont regardés comme leurs plus dangereux ennemis ; c'est que ce ne sont plus des baleines qu'on vient chercher sur ces côtes, mais des morues, que les épaulards détruisent en grande quantité.

Depuis, l'épaulard a toujours été considéré comme un des plus grands ennemis de la baleine, sans que nous sachions qu'aucune observation nouvelle à cet égard ait été faite.

Il paraît que ces animaux vivent en petites troupes, et que, comme les baleines ils se sont réfugiés dans les glaces du Nord.

Anderson nous dit que les pêcheurs les rencontrent dans les mers du Spitzberg et dans le détroit de Davis, et il ajoute qu'ils n'attaquent la baleine que pour lui dévorer la langue, ce qui fait qu'on rencontre assez fréquemment des baleines mortes privées de leur langue.

La rapidité avec laquelle ces dauphins nagent ne permet pas de les atteindre avec le harpon ; on ne parvient à les blesser qu'à coups de fusil.

LE MARSOUIN DE D'ORBIGNY. — *P. griseus.*

Un des travaux des naturalistes les plus pénibles et les plus ingrats, mais en même temps les plus utiles, est celui qui a pour objet de rapporter à chaque espèce les faits épars qui leur

(1) Voy. ci-dessus.

appartiennent, et qui se trouvent dans des ouvrages de toute nature.

Ce n'est en effet que par des travaux de ce genre que l'histoire des espèces parvient à se composer; car il n'est jamais arrivé qu'un individu ait été vu assez long-temps, et dans des conditions assez diverses, pour que son espèce se soit fait connaître par lui sous tous les rapports. La connaissance des espèces n'est ordinairement que le résultat des observations faites sur un nombre plus ou moins grand d'individus isolés, et presque toujours à des intervalles éloignés les uns des autres : c'est pourquoi l'on ne parvient à reconnaître que ces individus sont congénères qu'à l'aide de beaucoup d'expérience, d'une grande pénétration et d'une critique très-déliée. Il n'est donc point étonnant si quelques erreurs échappent au milieu de toutes ces difficultés, qui trop souvent se compliquent encore de l'incohérence des observations, de la légèreté avec laquelle elles ont été faites, et de la différence de points de vue des observateurs.

Ces difficultés existent pour toutes les espèces d'animaux; mais elles sont portées au dernier point pour les cétacés.

Le marsouin de M. d'Orbigny fut d'abord connu par son squelette, provenant d'un individu échoué près de Brest et préparé par les soins du conseil de santé de cette ville. Ce squelette, à la demande de M. Duméril, fut envoyé au Muséum d'histoire naturelle, et mon frère y reconnut les caractères d'une espèce nouvelle. Un dessin de l'animal échoué fut également envoyé, et c'est ce dessin incorrect et inexactement enluminé qui détermina mon frère en le publiant (1) à désigner cette espèce par le nom de *griseus*.

Depuis, en 1822, quatre dauphins étant venus échouer près de l'Aiguillon, bourg des côtes du département de la Vendée, et M. d'Orbigny en ayant envoyé une tête et une peinture, mon frère y reconnut son *delphinus griseus*, et put corriger l'erreur où l'avait induit le dessin du dauphin de Brest.

En effet, cette espèce est noire et non pas grise. C'est à elle que mon frère nous paraît rapporter le dauphin découvert par M. Risso, et nommé par celui-ci *aries* (2), le prenant par

(1) Règ. anim., p. 290, note 1.
(2) Anales du Mus., t. xix, pl. 1, fig.

erreur pour l'aries marinus de Pline et d'Ælien. Mais une figure
et une description nouvelle de ce dauphin, faites par M. Laurillard, sur des individus pris à Nice, nous a porté à croire qu'il
s'agissait, dans ce *delphinus aries*, d'une espèce bien distincte
de celle de d'Orbigny, et qu'on s'exposerait en les confondant à
composer une espèce d'élémens tout-à-fait hétérogènes.

Il nous reste pour faire connaître le marsouin de cet article,
outre les notions qui ont été tirées du squelette envoyé de Brest,
et de la figure faite d'après les individus échoués à l'Aiguillon,
un mémoire de M. d'Orbigny, qui accompagnait cette figure,
et que nous croyons ne pouvoir mieux faire que de reproduire.

« Vers le milieu du mois de juin, plusieurs habitans de l'Aiguillon, bourg situé sur les côtes de la Vendée, furent éveillés sur
les onze heures de la nuit par un bruit effrayant, qui paraissait
partir du bord de la mer, et qu'ils comparèrent au mugissement
de plusieurs centaines de taureaux beuglant tous à la fois; quelques-uns des plus courageux sortirent et s'approchèrent du rivage ; mais, effrayés par ce bruit extraordinaire, rendu encore
plus sensible par le silence d'une nuit calme, et augmenté par des
coups répétés sur le sable et dans la mer, ils rentrèrent dans
leurs habitations.

» Au point du jour ils osèrent enfin retourner sur la plage ;
ils virent alors avec surprise le sable de la côte bouleversé et
sillonné sur une étendue de plus de cent toises, et quatre grands
animaux qui luttaient encore avec la mort, en se débattant et
poussant des cris affreux.

» Il est présumable qu'un plus grand nombre de ces animaux
s'était d'abord échoué, en poursuivant un banc de *mugil cephalus*
(ces poissons sont nommés dans nos départemens littoraux *menil*
ou *mulet ;* les dauphins en sont très-friands, et plusieurs furent
recueillis le lendemain sur la grève), et qu'en se roulant sur le
sable mouillé par la marée la plupart était parvenue à regagner
la mer.

» Je ne fus prévenu du naufrage de ces cétacés que le 21,
et nous ne pûmes, mon fils et moi, nous rendre à l'Aiguillon que
le 25 : le degré de décomposition dans lequel nous les trouvâmes
était tel, qu'il nous fut impossible de les ouvrir pour en observer
l'intérieur, et nous fûmes forcés de nous borner à en mesurer les
diverses parties extérieures, à en prendre un dessin exact, et à les

faire ensuite traîner sur la dune, pour les enfouir dans le sable
après les avoir placés dans de grands paniers, afin que pendant
leur décomposition complète aucune partie osseuse ne se perdît.

» Ces quatre cétacés sont de même espèce et du sous-genre
des marsoins ; ils ont les plus grands rapports de conformation
extérieure avec le *grampus* de Hunter, dont Lacépède a fait son
dauphin ventru ; mais ils en diffèrent essentiellement par l'absence totale de dents à la mâchoire supérieure, et par le nombre
de celles de la mâchoire inférieure.

» Un d'entre eux paraît jeune, et n'a que sept pieds quelques
pouces de long, les autres ont à peu près dix pieds de longueur ;
les dents du jeune sont coniques, presque entières à leur sommet,
et au nombre de huit : elles sont émoussées, cariées, et au nombre de six à sept dans les trois grands ; il n'y a qu'une seule femelle.

» La mâchoire supérieure est plus longue et s'avance de quatre pouces au-delà de celle d'en bas ; elle n'offre même dans le
plus jeune individu aucun indice de dents, et l'on n'y observe à
l'intérieur qu'une rainure peu profonde qui reçoit le bord de la
mâchoire inférieure. La langue est épaisse, charnue et courte.

» Le diamètre des yeux est de quatre pouces, et leur largeur
d'un pouce et demi ; l'orifice externe de l'oreille est situé à environ quatre pouces en arrière et un peu en dessous de l'œil ; il est
fermé par une valvule très-mince, qui paraît avoir la faculté de
s'ouvrir et de se fermer à la volonté de l'animal.

» Les évents n'ont qu'une seule ouverture extérieure ; mais
elle est séparée longitudinalement en dedans, un peu au-dessous
de son orifice, en deux parties latérales, par une membrane très-
mince. Cette ouverture est située sur le sommet de la tête, à deux
pieds et demi du bout du mufle.

» Les nageoires pectorales ont trois pieds de longueur sur un
pied de largeur auprès de leur base ; elles sont éloignées du
museau de trois pieds et demi.

» La dorsale est à peu près placée à la moitié de la longueur
totale de l'animal ; elle est large à sa base de quinze pouces,
longue de devant à l'arrière de son sommet de deux pieds, et sa
hauteur perpendiculaire à l'axe de l'animal est de quatorze pouces. Il paraît que cette dorsale est souvent en tout ou en partie
détruite, soit par une maladie particulière à cette espèce, soit par

des animaux parasites, soit par les glaces du nord , soit enfin par la morsure de quelque ennemi. Sur les quatre individus observés, deux seulement ont cette nageoire entière, un autre l'a tout-à-fait détruite ; mais la cicatrice est très-reconnaissable en ce qu'elle est inégale, d'une couleur plus claire que le dos, et recouverte seulement d'une épiderme très-mince. Cette cicatrice et l'absence de cette nageoire n'auraient-elles pas trompé quelques naturalistes, et fait quelquefois considérer ce cétacé comme un delphinaptère ?

» La caudale est horizontale, longue et large de vingt pouces ; elle est comme anguleuse (carénée) à sa partie supérieure par une ligne saillante qui descend de la dorsale jusqu'à la queue.

» A la partie postérieure inférieure de l'abdomen et à quatre pieds de l'extrémité de la queue, on remarque une fente profonde, longue de huit pouces ; en séparant ses lèvres latérales on observe , 1° en avant, la vulve ou la verge selon le sexe ; 2° en arrière, l'orifice de l'anus : la verge est longue de neuf pouces , conique, pointue à son extrémité ; elle se replie pour se loger dans cette cavité, qui en avant se prolonge sous la peau. Dans les femelles les mamelles sont placées latéralement en avant de cette fente, qui est moins allongée que dans les mâles.

» La longueur totale est de dix pieds , le diamètre pris à la base des pectorales est de trois pieds, et est à peu de chose près égal de haut en bas et d'un côté à l'autre.

» La teinte générale du dessus du corps et de la tête est d'un noir bleuâtre ; le dessous est d'un blanc sale, qui se fond sur les côtes avec le noir. »

LE MARSOUIN CARÉNÉ. — *P. compressi caudata.*

M. Lesson (1) a donné sous ce nom la description d'un dauphin qui fut pris par l'équipage de la corvette *la Coquille* , commandée par M. Duperrey, le 27 septembre 1822 , à quatre degrés au sud de l'équateur et à vingt-six degrés de longitude occidentale. Déjà il en avait parlé , mais sans le désigner spécifiquement, dans la partie zoologique du *Voyage de la Coquille* (2).

(1) Cétacés, p. 199.
(2) P. 178, note 1.

Nous répéterions avec la plus grande confiance cette description, si nous n'en n'avions pas une originale faite d'après le même dauphin par M. Garnot, chirurgien-major de l'expédition, laquelle, sans différer essentiellement de celle de M. Lesson, fait un peu envisager cet animal sous un autre point de vue. Et rien n'est plus favorable à l'avancement de l'histoire naturelle que ces descriptions naïves, faites sans autre but que de conserver les traits d'un objet dont le souvenir pourrait s'effacer. Il résulte toujours de leur comparaison des lumières nouvelles ; et c'est ce qui nous détermine principalement à mettre au jour un travail fait avec une parfaite intelligence de la matière. Voici dans quels termes s'exprimait M. Garnot :

« Je vais essayer de tracer une légère esquisse des principaux caractères de ce cétacé.

» Plombé sur le dos et blanchâtre sous le ventre, ce dauphin est allongé, plus large à sa partie moyenne, qui semble le point de réunion des bases des deux cônes qui forment l'ensemble de ce cétacé. Sa tête, arrondie, se termine par un museau court, la mâchoire supérieure dépassant un peu l'inférieure. Les dents, au nombre de quarante-quatre à la supérieure et de quarante-six à l'inférieure, sont petites, coniques et crochues, également éloignées l'une de l'autre ; elles diminuent de grandeur en se portant vers le bout du museau, qui en est dépourvu. L'ouverture des paupières est très-petite, allongée ; son grand diamètre est dans le sens de la longueur ; l'évent, formant un croissant dont la convexité, est en avant et diamétralement opposé aux yeux ; une seule dorsale placée au milieu du corps, dont la hauteur égale la douzième partie de la longueur, représente un triangle à bord convexe en avant et concave en arrière. Les pectorales, distantes de vingt pouces du museau, sont courtes et disproportionnées par rapport à la longueur de l'animal. Les organes de la génération, placés dans une fente formée par les replis de la peau, sont éloignés du museau de trois pieds et demi ; la longueur totale de la verge était de quatorze pouces ; le gland, canuliforme, est reçu dans la duplicature de la peau, qui lui forme une espèce de prépuce. L'ouverture de l'anus est située à onze pouces à peu près plus en arrière.

» La queue, échancrée à sa partie moyenne, a un pied sept pouces d'envergure. La partie de ce cétacé qui tient à la queue est aplatie de droite à gauche et forme deux bords tranchans.

» Après la section de la peau, et après avoir pénétré jusqu'aux muscles, dont la couleur est brune, on trouve une couche de graisse blanche dont la plus grande épaisseur est d'une dizaine de lignes. En débarrassant la tête des chairs, nous avons trouvé, dans les fosses nasales, une énorme quantité de vers hydatigènes.

» Situés sur les parties latérales de la cavité thorachique, les poumons ont la forme d'un cône dont la base, qui repose sur le diaphragme, a neuf pouces de diamètre sur quinze de hauteur ; leur couleur, d'un blanc tirant sur le jaune, est parsemée de quelques taches rougeâtres ; le poumon droit offre une petite scissure à sa partie inférieure ; le bord antérieur de l'un et de l'autre est mince et s'avance au-devant du cœur ; on trouve vers la base, dans l'épaisseur de cette espèce de toile celluleuse formée par ce bord, un petit lobule de trois pouces de longueur ; les vaisseaux sanguins et les conduits aérifères viennent s'insérer à la partie moyenne et un peu supérieure de la face interne de ce viscère. Leur organisation est la même que dans les mammifères en général. Une glande allongée, que j'ai trouvée au devant des artères aorte et pulmonaire, doit être sans doute la thymique.

» Le cœur a la forme d'un cône, dont la base est dirigée en avant ; les vaisseaux qui en partent et qui viennent s'y rendre ne m'ont point offert de sujets de remarque : on apercevait à peine la trace des ligamens artériels. La longueur du cœur de la base au sommet est de cinq pouces, et celle de la base est de cinq et demi, mesures prises dans l'état de vacuité des cavités. Le trou botal était entièrement oblitéré : on remarquait, du côté de la fosse ovale, un petit cul-de-sac ; les piliers des ventricules étaient forts et résistans ; l'épaisseur du ventricule gauche est d'un pouce, celle du droit de cinq lignes. La forme de l'estomac est difficile à déterminer : il est divisé en deux portions : une gauche volumineuse un peu triangulaire, recevant la terminaison de l'œsophage ; une autre droite moins considérable, se terminant par une partie plus restreinte et allongée au duodénum, qui est renflé et forme en quelque sorte un troisième estomac. Près de l'extrémité gauche au pylore, l'estomac a dix-huit pouces de long, la portion gauche, en a dix sur dix de large ; la surface intérieure de cette dernière est tapissée d'une muqueuse blanche épaisse, ridée, bien distincte de l'autre, qui est brune et établit une grande ligne de démarcation; nous y avons trouvé des paquets de vers lombrics qui y étaient fixés intérieurement. La valvule pylorique est tellement rétrécie, qu'on peut à peine introduire le bout du petit doigt; elle s'oppose au passage des alimens avant qu'ils ne soient entièrement chylifiés. Le duodénum a à peu près huit pouces de long; la muqueuse qui le tapisse est blanchâtre et forme plusieurs valvules conniventes. Il paraît susceptible d'une grande dilatation, le péritoine ne lui étant uni que par un tissu cellulaire très-lâche.

» Les intestins sont blancs et peu injectés; les intestins grêles sont longs de cinquante-six pieds; le mésentère détaché offre de distance en distance des étranglemens. La surface intérieure de ces intestins présente une infinité de replis valvulaires; la muqueuse n'est unie à la musculaire que par un tissu cellulaire très-expansible. La terminaison de cet intestin peut être considérée comme formant un intestin distinct, droit et lisse à son intérieur, à replis longitudinaux : cette portion du tube digestif a beaucoup de rapport par son organisation avec l'intestin rectum. Les matières qui y étaient contenues étaient très-liquides et noirâtres. Les reins, longs de huit pouces et larges de quatre, au nombre de deux, sont allongés et composés d'une masse de lobules pentagones unis par un tissu cellulaire trèslâche; les vaisseaux qui viennent s'y rendre s'insèrent à sa partie moyenne; on n'y trouve pas de bassinet. Le foie est volumineux, d'une seule pièce; l'extrémité droite offre une petite scissure; sa couleur est lie de vin; point de vésicule biliaire. La rate, rouge brun, n'est pas plus grosse qu'un œuf de poule. Entouré par le duodénum, le pancréas semble divisé en deux portions, l'une blanche et l'autre brune. La vessie ovoïde est petite, d'une texture assez épaisse; on trouve peu de replis à l'intérieur; l'entrée des uretères présente deux petites gouttières qui se prolongent jusqu'à la naissance du canal de l'urètre. Les organes de la génération ont été tellement détruits, que j'ai eu beaucoup de peine à les étudier : j'ai trouvé deux glandes oblongues, d'un tissu analogue à la thyroïde, donnant naissance à deux canaux qui venaient se rendre dans le canal de l'urètre : je pensais que ce devaient être les testicules, lorsque, poussant plus loin mes recherches, je découvris deux corps ronds blancs, contenant dans leur intérieur un fluide extrêmement limpide : je cherchais à mettre toutes ces parties en rapport, je ne pus y parvenir. Si nous sommes assez heureux pour en prendre d'autres, je me propose d'étudier ces parties avec soin, et de choisir un autre lieu que le pont, où l'on n'est pas commodément lorsqu'il s'agit de faire de l'anatomie minutieuse. »

LE MARSOUIN GLOBICEPS. — *P. globiceps.*

C'est au hasard que nous devons la connaissance de la plupart des espèces de dauphins. Les faibles avantages qu'en général on tire de ces animaux ne compensant point les peines que donnerait leur capture, on ne les cherche point ; et, s'ils ne venaient pas de temps en temps échouer sur nos rivages, nous n'en saurions que ce que nous rapporteraient les navigateurs qui les auraient fortuitement rencontrés dans leur chemin. C'est ce qui doit expliquer la découverte si récente de plusieurs espèces de dauphins qui, par la grandeur de leur taille et leur habitation dans nos mers, sembleraient devoir être connues depuis fort long-temps.

Le marsouin globiceps est du nombre de ces grands dauphins, vivans dans des parages dont on n'a pu se former que très-nouvellement des idées exactes et précises. Non pas qu'il n'eût été vu fréquemment dans nos mers et sur nos plages, mais les observateurs avaient manqué, et des richesses qui venaient d'elles-mêmes s'offrir à la science avaient passé, sans qu'elles lui aient été acquises, sans qu'elle en ait pu profiter.

Les premiers individus de cette espèce qui, en France, aient suffisamment excité l'intérêt pour devenir des sujets d'observation et mêmes d'études, échouèrent dans le voisinage de la ville de Paimpol, près du village de Ploubazlanec, c'est-à-dire à l'extrémité septentrionale de la Bretagne ; mais cet événement eut lieu par des circonstances qu'il est utile de connaître. Nous en devons le récit à M. Lemaoüt, ancien professeur d'histoire naturelle et pharmacien à Saint-Brieuc, qui fut chargé, par le préfet du département, de recueillir toutes les observations auxquelles ces dauphins pourraient donner lieu.

Ce naturaliste nous apprend que, le 7 janvier 1812, des pêcheurs de Ploubazlanec, se trouvant à une lieue en mer par un très-mauvais temps , rencontrèrent ces dauphins qui faisaient jaillir l'eau de leurs évents , et dont la tête paraissait de temps en temps de quelques pieds au-dessus des flots. Après avoir lutté pendant plusieurs heures inutilement contre ces animaux sans pouvoir en tuer aucun ni avec les gaffes, ni avec les fusils dont ils étaient armés, ils se réunirent à trois contre un des plus forts individus, et le poussèrent à coups de gaffes au rivage, où il échoua. Pendant le trajet, cet animal poussait des mugissemens douloureux, et, contre l'attente des pêcheurs , il fut suivi de toute la troupe, qui vint échouer elle-même , et qui se trouva composée de sept mâles, de cinquante et une femelles, et de douze jeunes à la mamelle. Dès que ces animaux touchèrent la grève, ils ne surent plus que se débattre machinalement, sans donner à leurs violens efforts une direction fixe ; et , tout en se débattant contre la mort , ils poussaient des sons plaintifs qu'on entendait avec peine, et qui produisaient sur les spectateurs, dit M. Lemaoüt , un sentiment particulier, mélange d'attendrissement et d'effroi. Le plus vigoureux vécut cinq jours entiers.

Tous ces animaux avaient les mêmes proportions et la même physionomie. Ils étaient particulièrement remarquables par la forme sphérique de la partie antérieure de leur tête et par la brièveté de leur museau.

La longueur du plus grand individu était de dix-neuf à vingt pieds, et , à la partie la plus grosse de son corps, c'est-à-dire à l'origine de la nageoire dorsale , sa circonférence était de dix pieds ; elle était de vingt-six pouces seulement à l'origine de la nageoire caudale ; la tête avait six pieds trois pouces de longueur, les nageoires pectorales en avaient cinq et deux pouces, et leur largeur la plus grande, c'est-à-dire leur origine, était d'un pied. La nageoire dorsale avait trois pieds d'étendue à sa base, et sa hauteur était de quatre pieds. L'envergure de la nageoire caudale était de quatre pieds trois pouces.

Ces mesures nous donnent les proportions d'un animal élancé dont les mouvemens sont rapides et faciles , et qui , comme la plupart des autres dauphins , doit faire son habitation de la haute mer.

Le nombre des dents chez ces individus variait beaucoup : quelques-uns des jeunes en manquaient tout-à-fait, et d'autres n'en avaient encore que dix à la mâchoire supérieure et à l'inférieure. Chez les adultes, elles ont varié, pour chaque mâchoire, de dix-huit à vingt-six. Les plus grandes se trouvaient vers le milieu des maxillaires ; leur forme était conique, légèrement recourbée en dedans à leur pointe, et leur saillie hors des gencives n'était que d'environ un pouce. Chez les uns, elles se trouvaient entièrement usées par le frottement ; chez d'autres, l'émail paraissait avoir disparu ; en général, elles ne présentaient d'autre caractère fixe que leur simplicité. Le palais, était garni d'aspérités transversales, comme celui du bœuf; et de nombreux tubercules, d'une consistance assez ferme et serrés l'un contre l'autre, garnissaient les lèvres et les gencives. Les yeux, extrêmement petits et bleuâtres, se trouvaient à quatre pouces de la commissure des lèvres et sur la même ligne qu'elles ; les paupières étaient sans cils ; l'orifice de l'oreille n'a pu être reconnu sur aucun individu. L'évent était simple, en forme de croissant, et les cornes dirigées vers le front. La langue consistait en une masse charnue et spongieuse. La peau avait une épaisseur de trois lignes ; elle était dense, d'un gris foncé, et d'une si grande élasticité, que M. Lemaoüt la compare, sous ce rapport, à la gomme élastique; un épiderme très-mince, d'un noir éclatant, se détachant avec facilité du derme, le recouvrait entièrement. La verge se trouvait renfermée dans un fourreau, et sa forme était conique. La vulve se montrait au dehors par une ouverture longitudinale ; et chez les femelles qui n'allaitaient pas, les mamelons des deux mamelles se voyaient de chaque côté du vagin dans un pli de même longitudinal. Dans les femelles qui allaitaient, ces plis étaient remplacés par les deux mamelles devenues saillantes, qu'un mamelon terminait ; et, ce qui est digne de quelque attention, c'est que le lait jaillissait spontanément par intervalle de ces mamelles, même après la mort des animaux, dit M. Lemaoüt. La couleur de ce lait était d'un blanc fauve, de consistance sirupeuse, presque inodore, et d'une saveur fade.

L'anus était à vingt-deux pouces en arrière des parties génitales, et consistait dans un simple orifice musculaire.

L'estomac de plusieurs de ces dauphins ayant été ouvert, on y trouva des débris de sèches et de morue qui, chez les jeunes, étaient mélangés de lait.

Le canal intestinal d'un individu de moyenne grandeur avait cent vingt pieds de longueur.

Ces animaux étaient entièrement noirs, à l'exception d'une ligne qui naissait sous le cou en forme de cœur, et qui se prolongeait étroite jusqu'aux parties génitales qu'elle embrassait.

Mon frère, qui eut occasion de disséquer un des animaux échoués près de Paimpol, et qui dut en faire préalablement la détermination, reconnut que cette espèce chez nous ne faisait point encore partie de celles que la science admettait; et il la nomma *globiceps*, à cause de la forme arrondie de sa tête. Il reconnut en même temps qu'elle se trouvait représentée imparfaitement, ce qui sans doute l'avait fait méconnaître, dans le *Traité des Pêches* de Duhamel (1). Cependant, dès 1806 et 1809, MM. Neill 2) et Traill (3), reconnaissant la nouveauté de cette espèce, en avaient publié des descriptions; et le dernier l'avait fait en lui donnant le nom de *delphinus melas*, et en accompagnant sa description d'une assez bonne figure due aux soins de M. Watson; mais, à cette époque, et jusqu'en 1814, les relations scientifiques elles-mêmes étant interrompues avec l'Angleterre, ce fait était resté inconnu; il n'a même été dévoilé qu'en 1820 par M. Scoresby, qui a reproduit la description et la figure un peu modifiée publiées par M. Traill, en ajoutant de nouveaux renseignemens sur l'histoire de cette espèce, à laquelle il donne le nom de *delphinus deductor* (4).

Il résulte des observations de M. Traill et des recherches de M. Scoresby que l'espèce de dauphin qui nous occupe est une des plus communes dans nos mers du Nord; que sans doute il y est connu de tout temps, et que, s'il ne fait pas un objet spécial de pêche comme la baleine, il est cependant un objet de recherches et d'industrie pour les habitans des Orcades, des îles Shetland, des îles Féroë et de l'Islande. Aussi loin qu'on peut remonter dans l'histoire naturelle ou industrielle de ces îles, on trouve presque pour chaque année la preuve que des troupes nombreuses de cette espèce de dauphin sont venues échouer sur leurs rivages, et procurer à leurs habitans les moyens de faire d'abondantes provisions d'huile. Il y a plus : l'intérêt que

(1) Traité des Pêches, part. 11, section x, pl. 9, fig. 5.

(2) Tour througt somme of the Island of Orkney and Shetland, etc., p. 221 ; Edimbourg, 1806.

(3) Nicholson's Journal, vol. 22, p. 81, pl. 3. 1809.

(4) An Account of the arctic regions, t. 1, p. 496, pl. 23, fig. 15.

ceux-ci ont dû mettre à s'emparer de ces troupes de dauphins leur a fait reconnaître depuis long-temps que ces animaux suivent instinctivement un chef, quelque part qu'il se dirige ; et en conséquence ils ont appris, lorsqu'ils rencontrent une troupe de ces dauphins près des côtes, à pousser ce chef au rivage et à l'y faire échouer, bien sûrs que tout le reste de la troupe viendra s'y échouer avec lui. Ainsi nous trouvons, comme une pratique établie de tout temps, la manœuvre qu'imaginèrent les pêcheurs de Ploubazlanec dans la seule vue de s'emparer d'un dauphin, et qui, contre leur attente, leur en procura une troupe entière, comme elle le fait pour les pêcheurs des Orcades et des îles voisines, qui en connaissent toute l'efficacité. Il paraît toutefois que cette pratique n'est pas toujours suivie de succès : ainsi **M. Traill** nous apprend qu'ayant assisté un jour à cette espèce de chasse, le dauphin conducteur, que les pêcheurs dirigeaient au rivage, effrayé sans doute, ou plus expérimenté que beaucoup d'autres, ne fut pas plus tôt près de terre, que, faisant une culbute, il prit une direction tout opposée, et fut à l'instant suivi de la troupe qu'il commandait, et qu'il sauva ainsi d'une perte inévitable.

Les troupes que forment ces animaux sont extrêmement nombreuses : on en a vu qui se composaient de cinq cents individus, et celles de cent cinquante à deux cents sont communes. Elles paraissent être en général inoffensives, excepté pour les poissons de petite taille et les molluques, qui seuls font leur nourriture, et qu'elles viennent chercher dans les nombreux détroits des groupes d'îles dont elles fréquentent le voisinage, et qui leur sont si souvent funestes.

Les individus observés par **M. Watson**, et dont **M. Traill** nous a donné l'histoire, étaient revêtus d'un épiderme que le premier compare à une étoffe de soie huilée pour en indiquer la finesse et l'éclat ; et il nous apprend que ceux qui étaient arrivés au terme de leur développement n'avaient que vingt-deux dents à chaque mâchoire. **M. Scoresby** dit cependant expressément que **M. Watson** trouva à l'un de ces individus vingt-huit dents à la mâchoire supérieure et vingt-quatre à l'inférieure ; mais, ce qui fut bien constaté alors, comme il l'a été encore depuis, c'est que le nombre des dents chez ces animaux est très-variable, et que les vieux comme les jeunes en manquent souvent tout-à-fait. **M. Watson** compare les mamelles des femelles qui allaitaient au pis des vaches, et il ajoute qu'on en faisait couler le lait en les pressant aussi long-temps que ces animaux vécurent.

Ce fut dans le mois de décembre que M. Watson trouva ces femelles allaitant leurs petits, lesquels avaient environ quatre pieds et demi de longueur ; et c'est dans les premiers jours de janvier que le même phénomène a été observé sur les individus échoués dans la baie de Paimpol ; mais, chez ceux-ci, les jeunes avaient de sept pieds à sept pieds et demi de longueur. Il est donc permis de conjecturer que, si les femelles ont une époque régulière pour la mise bas, elle a lieu vers la fin de l'été ou au commencement de l'automne ; et, comme, ainsi que dans les jeunes individus de Paimpol, on trouvait dans leur estomac des débris de sèches mélangés au lait, il est vraisemblable que l'allaitement cesse dans les premiers mois de l'hiver.

Les Shetlandais donnent à cette espèce le nom de *c'aing-whale*, c'est-à-dire baleine conductrice, et ceux de Féroë celui de *grind-whale*, pour indiquer sans doute qu'elle est pourvue de dents. Quelques naturalistes ont pensé que le *butz-kopper* d'Eggède (1) était le dauphin globiceps ; mais ce que cet auteur dit du *butz-kopper* est si insignifiant, qu'autant vaudrait n'en rien savoir ; et, si quelques-uns des traits qu'il rapporte conviennent en effet à ce dauphin, d'autres lui sont tout-à-fait étrangers. Ainsi sa nageoire dorsale n'est point rapprochée de la queue, et il n'a pas plusieurs évents.

M. Risso (2) a rapporté au globiceps un dauphin dont il donne la figure, et qui, dit-il, visite annuellement les côtes de Nice ; mais M. Risso s'est évidemment mépris, rien dans la figure qu'il donne ne rappelle le globiceps, et plusieurs traits de sa description ne conviennent point à cette espèce. Mais c'est une tête de ce dauphin que Bonnatère a fait figurer (3). Lacépède a donné une copie de cette tête (4) en l'attribuant au cachalot, qu'il nomme swinewal. Camper a aussi donné, sous

(1) Descript. et Hist. nat. du Groënl., trad. franç., p. 56.

(2) Hist. des prod. de l'Europe mérid., 5e vol. in-8°, Paris, t. III, pag. 23, fig. 1.

(3) Cétologie, pl. 9, fig. 2.

(4) Hist. nat. des Cétacés, pl. 9, fig. 2.

le nom de narval édenté, la figure d'une tête osseuse de cette espèce, et mon frère en a fait de même représenter une d'après une des têtes envoyées par M. Lemaoüt : le premier dans les planches 32, 33 et 34 de ses observations anatomiques sur les cétacés ; le second dans le cinquième volume de ses *Recherches sur les animaux fossiles*, planche 21, figures 11, 12, 13.

LE MARSOUIN RISSO. — . *P. rissonnus*, pl. XIII, fig. 1.

C'est à cette division qu'appartient le dauphin de Risso ; et ce nom lui a été donné parce que M. Risso de Nice l'a fait connaître le premier avec exactitude : l'on peut même dire que c'est lui le premier qui l'a découvert. En effet, nous croyons que c'est à tort que quelques naturalistes rapportent à cette espèce un dauphin qu'Aldrovande a fait représenter sans description sous le nom de *delphinus prior* (1) ; car ce dauphin, par la longueur de son museau, ne rappelle nullement le dauphin de Risso, dont le museau est entièrement effacé ; aussi les naturalistes avaient-ils eu anciennement bien plus de raison de rapporter la figure du premier dauphin d'Aldrovande au dauphin commun qu'au marsouin, qui se rapproche beaucoup plus du dauphin de Risso que celui-ci ne se rapproche de l'espèce vulgaire, commune sur nos côtes de l'Océan, et caractérisée par l'aplatissement et l'allongement de son museau.

Nous n'avons donc véritablement une idée exacte du dauphin, qui fait l'objet de cet article, que depuis que M. Risso l'a fait connaître par une figure passable, qui montre bien la forme arrondie et obtuse de la tête de cet animal, ainsi que les singulières lignes blanches dont la couleur de sa peau est confusément découpée. C'est dans s les Annales du Muséum d'histoire naturelle (2) que cette figure de dauphin fut publiée ; mais alors M. Risso lui-même ne croyait pas que l'espèce fût nouvelle ; il la rapportait à l'*aries marinus* des anciens, que mon frère a fait voir être l'épaulard ; et, parce que l'individu qu'il avait découvert était privé de dents à la mâchoire supérieure, il le considérait comme un cachalot.

(1) De Piscibus, p. 703.
(2) T. XIX, pl. 19.

Un examen plus attentif de la tête osseuse de ce même individu ayant fait reconnaître que l'absence de dents à la mâchoire supérieure n'était que le résultat d'un accident, il a été rendu à la famille des dauphins à laquelle tous ses caractères le rattachaient.

M. Risso, admettant définitivement cette détermination, a donné de ce dauphin, dans son histoire naturelle de Nice (1), la première description un peu détaillée qu'on en ait, et M. Lesson a copié cette description, en rangeant ce dauphin dans son genre globicéphale (2).

La nouvelle figure que nous en donnons aujourd'hui nous a été communiquée par notre ami M. Laurillard, qui l'a dessinée avec l'exactitude qui a toujours caractérisé ses travaux, d'après un individu échoué avec plusieurs autres près de Nice, en 1829, où il se trouvait. Et c'est l'histoire même qu'il a faite des individus qu'il a eu occasion d'observer, qui accompagnera la figure qu'il a bien voulu nous communiquer, et que nous avons publiée, une première fois, dans la livraison de notre histoire naturelle des mammifères. Ces dauphins de Risso, mâles et femelles, avaient environ neuf pieds de la partie antérieure de la tête à l'origine de la nageoire caudale. Leur largeur, dans la partie la plus épaisse du corps, était à peu près de deux pieds. La tête avait dix-huit pouces et demi de longueur, et la nageoire caudale, de son origine à une ligne fictive réunissant ses deux pointes, neuf pouces. Nous allons actuellement laisser parler M. Laurillard.

« En 1829, l'un des premiers jours de juin, une troupe de dauphins entra dans la baie de Saint-Jean, où se trouve la madrague, filet à prendre les thons. Ces animaux, qui semblaient jouter d'adresse et de légèreté, sautaient les uns par-dessus les autres absolument comme des nageurs qui se donnent des passa-des. Ils se tenaient souvent dix à quinze minutes dans une situation verticale, la queue et le tiers postérieur du corps hors de l'eau, paraissant épier ce qui se passait dans les profondeurs de la mer, ou guettant ainsi probablement leur proie. Ces dauphins, comme les marsouins, quand ils nageaient à la surface des flots, ne laissaient voir leur corps qu'en trois temps : d'abord ou

(1) T. III, p. 23.
(2) Cétacés, p. 208.

aperçoit la tête, puis elle disparaît, et c'est le dos qui se montre, lequel, disparaissant à son tour, fait place à la queue. On dirait que, ployés en arc, ils avancent en pirouettant. Dans leurs mouvemens variés et rapides ils paraissent peu attentifs à ce qui se passe au-dessus des flots ; car je m'en suis approché à vingt pieds sans qu'ils aient paru s'apercevoir du bateau qui me portait.

» Le lendemain on trouva toute la troupe engagée dans les filets de la madrague ; alors les pêcheurs, se plaçant derrière eux, les poussèrent dans la partie de ce filet qu'on appelle la chambre des morts, d'où quelques-uns cependant parvinrent à s'échapper ; mais ce ne fut qu'à force de bras, de cordages, de leviers, qu'on parvint à s'emparer des onze individus qui restaient.

» Pour cet effet on souleva successivement le filet, de manière à restreindre graduellement l'espace où ils se trouvaient, et à les amener ainsi près des bateaux pour les y pousser ou les y jeter ensuite. Tant qu'ils purent se mouvoir librement, ils ne manifestèrent aucune crainte ; mais, dès qu'ils sentirent de la gêne, ils s'agitèrent avec inquiétude, et en frappant l'eau de leur queue avec une telle violence, que les bateaux en étaient inondés. On aurait dit de fortes lames d'une mer houleuse. Cependant les pêcheurs, redoublant d'efforts, finirent par soulever les filets, et, dès que ces animaux n'eurent plus suffisamment d'eau, ils tombèrent sur le côté comme des masses inertes. Quelques-uns vécurent pendant vingt-quatre heures. Ils manifestaient de temps en temps leur existence par des inspirations qui ressemblaient à un soupir profond et douloureux, et quelquefois aussi par un mouvement ondulatoire de la queue tellement puissant, que l'un d'eux renversa trois hommes et les jeta à quelque distance.

» La couleur de ces dauphins différait suivant les sexes. Celle qui faisait le fond de la peau des femelles était un brun uniforme ; les mâles, au contraire, étaient généralement d'un blanc bleuâtre ; mais ce qui caractérisait les uns et les autres, c'étaient les singulières lignes semées irrégulièrement sur toutes les parties supérieures du corps, et qui ressemblaient, au premier coup d'œil, à des égratignures produites par des épines. Ces lignes, vues de près, se composaient de traces plus claires que le fond de la peau, et bordées d'une multitude de petites lignes perpendiculaires d'un brun foncé. De plus, les mâles, comme le montre la figure que nous donnons, avaient des taches irrégulières d'un brun foncé sous la moitié postérieure du corps, et les nageoires avaient la même couleur ; mais la dorsale et la pectorale se trouvaient de plus ornées de lignes blanches. Deux lignes brunes garnissent le dessus et le dessous de la bouche, et un cercle de même couleur entoure l'œil.

« Ces animaux sont sujets à perdre leurs dents, et surtout celles de la mâchoire supérieure ; aussi n'en connaît-on pas le nombre normal : leur forme est semblable à celle des dents de dauphin. »

LE BÉLUGA. — *P. leucus.*

Quoique la mer Glaciale, les côtes du Spitzberg, du Groënland, aient été fréquentées très-anciennement par les Norwégiens, les Danois, et que ces mers paraissent être l'habitation principale de cette grande espèce de dauphin, on a été bien long-temps avant de la connaître, avant même d'en trouver une indication suffisante pour ne plus la confondre avec d'autres espèces, ou même pour ne plus la rapporter à des genres auxquels elle n'appartient pas. C'est Martens qui le premier l'a décrite avec quelques détails, sous le nom de *whit-vistch* (poisson blanc). Or Martens, chirurgien sur un baleinier de Hambourg, fit son voyage au Spitzberg en 1671, et en publia la relation en 1675 (1).

Comme le nom de whit-vistch l'indique, c'est par sa couleur que le béluga a primitivement été distingué des autres espèces de cétacés. Dans toutes les langues d'origine germanique, c'est le même nom qu'il porte, mais modifié suivant le caractère de chacune d'elles. Celui de béluga ou bélouga est russe et a le même sens : il signifie blanc ; et, comme le nom allemand, il a été donné à la fois à ce dauphin et à des poissons remarquables par leur blancheur, naturels aux fleuves qui se jettent dans la mer Glaciale ou dans la mer du Nord, et qui appartiennent à des espèces différentes l'une de l'autre. On n'a jamais méconnu les analogies du béluga avec les cétacés. Martens, en indiquant la couleur de cet animal, qu'il dit être jaunâtre, parle de ses évens, de ses nageoires pectorales, de la forme de sa queue, de l'épaisse couche de graisse qui l'enveloppe : il

(1) Cette première édition est en un vol. in-4°.

fait en outre remarquer qu'on ne voit sur son dos aucune trace de nageoire.

Zordrager, dans son *Traité de la Pêche de la baleine*, publié en 1720, parle aussi du béluga, mais sans rien ajouter qui vaille la peine à ce qu'on connaissait de cet animal.

Eggède (1), qui vint plus de soixante ans après Martens, nous apprend que l'espèce de baleine qu'en Norwège on nomme *hviid-fiske* (poisson blanc) a de douze à seize pieds de longueur, que sa chair et sa graisse sont d'un assez bon goût, et qu'on voit souvent les *hviid-fiske* entourer en foule les vaisseaux : il confirme en outre ce qu'en avait dit Martens ; et il en donna une grossière et mauvaise figure sous le faux nom de *hund-fisk*.

Ces renseignemens, tout bornés qu'ils étaient, n'avaient d'autre inconvénient que leur insuffisance. Eggède, comme Martens, rapportant ce qu'ils avaient vus en observant extérieurement leur poisson blanc, donnaient une idée fort incomplète de cet animal, mais n'en donnaient aucune idée fausse.

Anderson, qui publiait son *Histoire naturelle de l'Islande et du Groënland* en 1748, et qui ne se bornait plus à décrire les formes extérieures de son weisfisch, quoiqu'il n'eût pas de connaissances suffisantes pour apprécier le véritable état des parties plus profondes qu'il se trouvait à portée de faire connaître, commence à mêler quelques erreurs aux faits simples et vrais de ses prédécesseurs, qu'en ce point il ne fit que copier. C'est le récit de Martens qu'il rapporte ; et, ayant en sa possession une tête de béluga, à la mâchoire supérieure de laquelle les dents manquaient, sans qu'il eût reconnu que cette absence de dents n'était due qu'à un accident, il conclut que cette espèce n'avait de dents qu'à la mâchoire inférieure, et qu'elles sont au nombre de huit de chaque côté ; en conséquence il la caractérise ainsi : *Balæna minor, alba ; in inferiore maxilla tantum dentata ; sine pinna in dorso*, et c'est cette erreur qui a conduit plusieurs auteurs systématiques à faire du weisfisch un *cachalot blanc*.

Gmelin (Jean-George) et Muller (Gérard-Félix) (2), associés l'un à l'autre pour explorer la Sibérie, parlent du béluga, le décrivent même, mais avec inexactitude et en faisant un tel

(1) Descript. et hist. nat. du Groënland. trad. franç.
(2) Muller, Découvertes des Russes, t. 1, p. 317. trad. franç.

mélange de notions propres à des animaux différens, qu'ils en forment un être presque méconnaissable.

Crantz (David), auteur d'une histoire et d'une description du Groënland (1), qui exerça dans le pays les fonctions de pasteur, et qui publia cette histoire en 1770, rectifie l'erreur d'Anderson, en faisant connaître que le weissfisch a des dents aux deux mâchoires.

C'est Pallas qui a levé tous les doutes sur la nature du béluga : il en donne une description exacte et détaillée dans son premier voyage en Sibérie (2), et il accompagne cette description de la figure d'une tête où l'on voit des dents à la mâchoire supérieure comme à l'inférieure. Dès lors la place de ce cétacé dans la famille des dauphins n'a plus laissé d'incertitude ; et Othon Fabricius, comme tous ceux qui sont venus après lui, le réunit aux autres dauphins, et en expose l'histoire avec exactitude (3).

Pallas, en 1811, dans sa *Zoographia Rosso-Asiatica*, t. 1, p. 273, donne une nouvelle description du béluga, beaucoup plus détaillée que la première, et où se trouvent de nombreuses particularités anatomiques. A cette description est jointe une très-bonne figure de béluga femelle.

Depuis l'on doit à MM. Neill et Barcklay (4) une nouvelle et excellente description zoologique et anatomique de ce cétacé, accompagnée de planches qui font connaître la physionomie générale de cette espèce et plusieurs de ses parties internes.

L'animal qui a fait le sujet de ce travail fut tué dans le Forth, près de Stirling. Depuis plus de trois mois, il parcourait le golfe qui se trouve à l'embouchure de ce fleuve, attiré par les saumons dont il faisait sa proie. C'était un mâle adulte d'environ treize pieds de longueur et de près de neuf pieds de circonférence à la partie la plus grande, à l'endroit des nageoires pectorales. Un rudiment de nageoire, d'un pouce de hauteur et d'un pied de long, se montrait vers le milieu du dos. Sa couleur

(1) Première édit. en allemand, 1765, 2 vol. in-8°; deuxième édit., 1770, augmentée page 150.

(2) Voyage, t. IV, p. 113.

(3) Fauna Groenlandica, p. 10.

(4) Mém. de la Soc. Vernérienne, vol. III, p. 371, pl. 17 et 18.

était d'un blanc de crème. On n'a trouvé aucune trace de méat auditif. La mâchoire inférieure avait de chaque côté six dents épaisses et arrondies, et la mâchoire supérieure en avait neuf. Le pénis était entièrement membraneux.

Cette description nous apprend de plus que de jeunes bélugas d'environ sept pieds de longueur, qui avaient été pris sur le rivage du détroit de Pentland en 1793, étaient tachetés de gris et de brun sur un fond blanc ; ce qui, étant rapproché de ce que Crantz, Fabricius et Pallas rapportent, ne laisse pas de doutes sur la couleur foncée des jeunes bélugas, laquelle ne se changerait, pour devenir entièrement blanche, qu'à l'époque où ces animaux ont atteint l'âge adulte.

Les observations anatomiques de M. Barcklay nous apprennent que l'œsophage de six à sept pouces de diamètre était revenu à sa partie inférieure d'une membrane d'un blanc de lait qui revêtait entièrement le premier des quatre estomacs du béluga. Le premier estomac est le plus grand, et la membrane qui le revêt est inégale, rugueuse, et se détache facilement des parties qu'elle recouvre. Le deuxième estomac, moins grand que le premier, est brunâtre intérieurement, et sa surface interne présentait un grand nombre d'éminences, de la grosseur d'une noix, qui pouvaient être dues aux gaz que la putréfaction commençait à dégager. La membrane interne du troisième estomac était également brune, mais parfaitement lisse. Le quatrième, le plus petit de tous, était cylindrique. Les intestins avaient environ 80 pieds de longueur ; leur diamètre était à peu près uniforme et de quatre à cinq pouces, et il n'y avait point de cœcum.

Les vertèbres, à l'exception des dernières de la queue, qui ont été perdues, étaient au nombre de trente-un : sept cervicales, onze dorsales et treize lombaires, et caudales, etc.

C'est surtout à la description de MM. Neill et Barcklay que M. Scoresby a pris ce qu'il rapporte du béluga (1), et il en est de même pour ce que M. Dewhurst dit de cet animal (2).

Mon frère (3) a ajouté aux notions que nous devons à ces voya-

(1) Account of the Arctic regions, t. 1, p. 500, pl. 14.
(2) The Nat. Hist. of the order of cetacea, p. 190.
(3) Ossemens fossiles, t. v, p. 288 et 290, pl. 21, fig. 7 et 8.

geurs et à ces naturalistes la description et la figure d'une tête osseuse de béluga.

C'est de Pallas que nous tirerons principalement ce que nous avons à dire de l'histoire et de l'organisation de cette espèce. Ce savant naturaliste en a fait une étude assez complète, et il donne une description détaillée des organes des sens, qui ne se trouve point ailleurs, et que nous ne pouvons mieux faire que de reproduire. Mais ce qui nous détermine surtout à donner textuellement les observations de Pallas sur le béluga, c'est qu'elles se trouvent dans un ouvrage qui, à bien dire, n'a point été publié, quoiqu'il soit imprimé, et qui est très-peu connu en France ; je veux dire la *Zoographie de la Russie asiatique* (1).

« Cette espèce se rencontre fréquemment en troupes sur tous les rivages de l'Océan arctique, et vers l'extrémité orientale de la Sibérie, surtout aux embouchures des fleuves poissonneux : souvent elle les remonte jusque fort avant dans les terres avec les poissons, et fait sa proie des plus grands d'entre ceux-ci, principalement de saumons. Elle ne descend pas au-delà du 56ᵉ degré de latitude australe. Elle est commune dans la mer d'Okhotsk et dans le golfe de Penzinsk jusqu'à l'Uth, et surtout à l'embouchure du Tigil, puis aux embouchures de la Katangha, de la Léna, de la Yénissey, de l'Obi et de la Petschora ; on l'a vue remonter l'Obi jusqu'au confluent de l'Irtich, et la Yénissey jusqu'à Tongousk.

» Ces dauphins nagent avec beaucoup de rapidité, recourbant leur queue pour frapper l'eau. On les distingue à leur éclatante blancheur. L'eau jaillit de leur évent à une grande élévation. Les mères accompagnent leurs petits, qu'elles mettent au monde au printemps, et au nombre de deux. La couleur de ceux-ci, dans leur premier âge, et même quelquefois quand ils ont quatorze pieds de longueur, est d'un brun cendré, qui disparaît avec l'âge, en commençant par le ventre, et fait enfin place à un blanc de lait. L'abondance de leur graisse, semblable à celle du porc, leur fait donner la chasse, à l'embouchure des fleuves, par nos peuples ichthyophages. On les prend avec des filets très-forts, avec des harpons, et aussi avec des hameçons amorcés

____

(1) *Zoographia Rosso-Asiat.*, vol. 1, page 273.

de poisson. Leur chair, quoique noire, n'est pas dédaignée. Les filets sont faits de la peau de ces dauphins coupée en lanières. Les Samoyèdes fixent à des pieux le crâne de ceux qu'ils prennent, et les consacrent à leurs dieux.

» On rencontre encore cette espèce en abondance du côté de l'Amérique, et dans toute la mer Boréale. On l'a vue, poussée par la marée, remonter le fleuve Saint-Laurent jusqu'à Québec.

» Cette espèce, qui n'a encore été complétement décrite par personne, me paraît mériter une longue description, avec des planches et des détails anatomiques.

» Description. Corps de douze pieds, à peu près cylindrique, élargi vers le ventre, s'arrondissant en diminuant vers la queue, plus décliné vers la tête, un peu gibbeux au milieu du dos; tête terminée par un bec obtus et arquée; ouverture de la bouche moyenne, oblique, qui s'agrandit par la dilatation de ses bords; évent ouvert au milieu du front, unique, en forme de croissant, garni d'une valvule; yeux petits; narines nulles; méats auditifs très-petits (**M. Neill** n'a pu les découvrir); nageoires pectorales petites en proportion de la taille de l'animal, de forme ovale trapézoïde, grasses; leur charpente se compose des phalanges de cinq doigts, que l'on peut reconnaître au toucher; pas de nageoire dorsale (un rudiment suivant **M. Neill**); la caudale bilobée à lobes rapprochés, triangulaires, fort étendus par leur pointe; l'une et l'autre mâchoires garnies de dents, en nombre mal déterminé; pas de dents en avant. Dents écartées, se joignant par engrenage, au nombre de neuf de chaque côté à la mâchoire supérieure, coniques, aiguës, inclinées en avant, concaves à leur face postérieure, au nombre de huit à neuf à la mâchoire inférieure, obtuses; celles de devant inclinées en avant, celles de derrière dans le sens opposé. Dans les jeunes, le nombre des dents est moindre d'une ou de deux.

» L'évent est ouvert au milieu du front, entre les yeux, au sommet d'une convexité égale à un œuf de poule; son ouverture, circonscrite par un double arc de cercle, de manière à paraître double, a deux pouces de longueur et à peine un de largeur, béant de trois lignes. La peau s'incline vers l'orifice, et forme en avant une valvule papillaire nulle, comparable à une épiglotte, et destinée à en écarter les corps extérieurs. La peau

sur la valvule a à peine deux lignes d'épaisseur ; mais en
dedans elle forme et enveloppe un corps très-saillant, épais
de deux pouces, composé d'un lacis de fibres tendineuses dont
la dureté égale celle du bois, et résiste au tranchant du meilleur
couteau. C'est un organe qu'on ne peut comparer à aucun de ceux
des autres mammifères. Un semblable lacis de fibres tendineuses,
disposé en cercles, forme la convexité externe de l'évent, et naît
de la réunion d'une expansion tendineuse, par laquelle deux forts
muscles, propres à l'évent, et voisins de chaque côté du frontal,
se réunissent en recourbant leurs fibres et les entre-croisant autour
de l'évent. En dedans l'évent se dilate en forme de cylindre
dirigé un peu obliquement en avant, et ressemble à un tube
d'une substance tendineuse, suspendu dans l'épaisseur même de
la peau, et partagé à sa partie inférieure par une cloison ten-
dinéo-cartilagineuse. La peau qui revêt l'intérieur du canal est
parsemée de follicules ovales, oblongs, de trois pouces de longueur, et n'offrant aucun orifice excrétoire distinct; elle est d'un
blanc de neige à l'orifice, puis elle prend peu à peu une teinte
plus foncée, et sa surface devient rugueuse. On observe aussi à
l'extérieur de l'évent des sinus distincts, dont il y a trois paires.
Les supérieurs ont la grandeur d'un œuf de poule ; ils s'enfoncent sous les muscles cités plus haut, s'insèrent par un col
long d'un pouce à la partie supérieure du canal, s'y ouvrent par
une bouche large de plus d'une pouce, et ne sont pas éloignés l'un
de l'autre de plus de trois lignes. Ces sinus sont formés par
la peau noire et rugueuse du canal, qui se continue dans leur
intérieur, puis par une tunique tissue d'une grande quantité
de vaisseaux et de nerfs, laquelle est enfin revêtue d'une enveloppe tendineuse, pourvue par intervalles de faisceaux musculaires longitudinaux. La tunique vasculaire est parsemée de
follicules, semblables à ceux de l'évent, vides, affaissés, et
qu'on insuffle facilement. Les sinus de la seconde paire s'ouvrent
dans un enfoncement placé à la partie inférieure et antérieure
de l'évent, et séparé en deux par une cloison tendineuse ; ils
sont oblongs, ont leur fond dirigé en haut, logeraient un corps
du volume d'une noix, sont formés de tuniques plus minces
que les précédens, et dépourvus de follicules. La troisième paire
de sinus s'ouvre un peu au-dessous dans l'évent ; ils ressemblent à des vésicules oblongues, longues de trois pouces,

contournées autour du canal, se rejoignant par leur sommet, et offrant aussi des parois minces et une cavité vide. Ce n'est pas sans une grande vraisemblance qu'on pourrait considérer ces sinus comme les organes de l'olfaction. — Le conduit de l'évent traverse une large ouverture du crâne, partagée par une épaisse cloison et répondant à la double embouchure du conduit.—Le crâne, outre la boîte cérébrale, qui n'est marquée d'aucune suture, est formé par les deux maxillaires, séparés par les deux os du nez, et c'est avec ceux-ci que les maxillaires forment l'ouverture de l'évent. Dans le double canal de l'évent adhèrent deux conduits qui aboutissent au tube externe, ont une structure fort différente, suivent les flexuosités du canal osseux, sans adhérer au périoste autrement que par une cellulosité lâche, et peuvent s'étendre en droite ligne quand on les en détache. Leur longueur, depuis la bifurcation jusqu'au palais, est de huit pouces. Vers le palais elles s'unissent en se dilatant, et forment une sorte d'infundibulum, long de deux pouces, qui flotte dans l'arrière-gorge. La tunique externe de ces conduits se compose de fibres tendineuses entremêlées de beaucoup de vaisseaux, et recouvre un muscle vaginal dont la structure est élégante ; entre celui-ci et la tunique interne nervéo-vasculaire, sont placés des tubercules ou corpuscules ovales, de trois lignes de diamètre, plus nombreux à mesure qu'on descend, et enfin extrêmement rapprochés à la partie inférieure d'un rouge obscur : la tunique interne est noire à sa partie supérieure, devient blanche auprès du palais, est percée de sinus très-nombreux, d'une à trois lignes d'étendue, engagés entre les corpuscules dont je viens de parler, ayant une direction contraire à celle du conduit, et dont les ouvertures, garnies de valvules membraneuses, ne laissent d'accès qu'à sa partie supérieure.

» Le corps de la langue, long de six pouces et demi, large de trois et demi, est soutenu en avant par une saillie ensiforme, composée d'une substance tendineuse, dépourvue de villosités sous-cutanées, ayant trois pouces de longueur, un pouce de largeur, et qui est fortement attachée, ainsi que la langue, au moyen de la peau, à la saillie de la mâchoire. Dans la gorge, de chaque côté de la langue, il y a des follicules lenticulaires nombreux, et entre ceux-ci des villosités abondantes. Il n'y a pas de traces de glandes ni de conduits salivaires.

» Le bulbe de l'œil, dépouillé de toutes parties étrangères, a quinze lignes dans son plus grand diamètre, et un pouce dans son plus petit. Il se compose d'une sclérotique d'un blanc argenté, de forme sphérique, légèrement comprimée à chaque extrémité, surtout à la postérieure. Une gaîne particulière, attachée en arrière à la sclérotique, d'une texture très-serrée, enveloppe et le nerf optique et la membrane transparente qui lui est propre, et s'implante au fond de l'orbite. Au-dessous d'elle marchent deux artérioles, quatre veines et autant de filets nerveux : de là les vaisseaux afférens et les nerfs pénètrent directement dans le bulbe de l'œil par un sinus particulier de la sclérotique, large de trois lignes. Autour de cette gaîne est un triple muscle, large d'un pouce, qui, né du fond de l'orbite, vient s'insérer autour de ce sinus de la sclérotique. Puis vient une autre gaîne, peu différente de la précédente, parsemée de vaisseaux à l'intérieur, et de granulations ou glanduleuses ou adipeuses. Enfin suivent les muscles extérieurs, dont le premier, étendu depuis le milieu jusqu'à la base du globe de l'œil, se compose de fibres de l'orbite annulaire. Le second forme une couche semblable; le troisième, né de la circonférence externe de l'orbite, s'attache au-dessous de ceux-ci, au milieu de la sclérotique, par quatre faisceaux droits; le quatrième enfin est oblique et arrondi. L'action de tous ces muscles doit donner à l'œil une grande variété de mouvemens. — La sclérotique, d'une consistance moitié osseuse, moitié cartilagineuse, très-blanche, est marquée de quatre sillons longitudinaux pour le trajet des veines afférentes. La cornée a un diamètre de neuf lignes ; séparée de la sclérotique par un cercle particulier, elle se compose de deux lames manifestement séparées par une sorte de *deploé* spongieux. L'iris offre, à la partie la plus externe, une membrane propre, ou un réseau coloré, qui présente, comme le ferait la trame la plus délicatement tissue, des formes arborescentes, ainsi qu'on le voit plus distinctement dans les yeux des grandes baleines; à l'entour du réseau de l'iris adhère, d'une manière lâche, un vaisseau circulaire, dont les ramifications irradient vers la pupille. Entre le réseau de l'iris et l'uvée il y a trois cercles vasculaires ou sinus, disposés autour de la pupille : le plus externe, appelé sinus veineux d'Hovius, voisin de la terminaison de la sclérotique, traverse cette membrane par les quatre veines

afférentes citées plus haut, et reçoit plusieurs vaisseaux séreux
de la choroïde ; le second, plus petit ou moyen, dont Ruysch
n'a parlé nulle part, et que Hovius a appelé cercle artériel de
Nuck, a un calibre égal partout, et ne présente pas d'anfractuosités ; le troisième, extrêmement fin, et placé à peine à un
quart de ligne du bord libre de la pupille, n'a été indiqué ni par
Ruysch, ni par Hovius ; il ressemble à un fil de soie très-délié,
et n'est pas continu ; mais il se compose de deux vaisseaux opposés, se bifurquant auprès de la pupille en deux branches
circulaires, qui, quoique presque contiguës par leurs extrémités,
ne s'anastomosent pas, mais se recourbent vers la choroïde. En
dedans de ce troisième cercle, le rebord de la pupille est d'un
tissu réticulé ! Entre le cercle moyen et le cercle interne ou
pupillaire, rampent à intervalles égaux, des vaisseaux très-fins
dont une partie pénètre le cercle pupillaire, et une autre se recourbe et retourne au cercle moyen. Dans le même espace qui
sépare les deux cercles, on voit de nombreux vaisseaux séreux
qui tantôt descendent simplement et en serpentant vers les
sinus pupillaires, et tantôt se réfléchissent pour revenir vers le
sinus moyen. Le milieu de la sphère de la rétine est ceint d'un
vaisseau sanguin circulaire, où viennent aboutir les vaisseaux
rouges du nerf optique. Les humeurs vitrée et cristalline sont
comme dans les autres mammifères.

» Les conduits auditifs sont placés à cinq pouces de l'œil, près
des nageoires, de chaque côté ; ils sont petits, arrondis, non
proéminens, et au-dessous de la peau, qui les rétrécit, ils deviennent larges. Le méat, charnu et graisseux, ayant à son origine
l'épaisseur d'un doigt, cylindrique, semé de papilles à sa face
interne, traverse en ligne droite la couche graisseuse dans
une étendue de trois pouces ; puis il devient arqué, acquiert
une masse plus considérable, s'unit vers son extrémité interne
avec trois conduits longitudinaux, et, présentant à son extrémité
externe une substance différente dans une épaisseur d'un pouce
et demi, vient s'attacher au rebord de la partie conchoïde du
rocher. La partie droite du méat consiste en une gaîne externe,
épaisse, musculaire, tissue de faisceaux longitudinaux et de
fibres tendinéo-membraneuses et celluleuses. En dedans de
cette gaîne en existe une autre, épaisse de trois lignes, adipeuse,
très-blanche. L'autre partie du méat, voisine de la conque, con

siste en un tube grêle, presque libre, dans une membrane composée d'une double lame-tendinéo-membraneuse, et en trois
cartilages flexibles, dont deux, semblables à des demi-canaux,
sont appliqués à la partie supérieure et à la partie inférieure du
méat, et dont le troisième, annulaire, s'appuie sur la conque. Il
y a une glande, du volume d'une noisette, placée à trois lignes à
peine de la conque et adhérente au méat, et un muscle arrondi,
inséré à l'extrémité externe du cartilage. Entre la cavité de la
conque et le meat auditif, il n'y a aucune trace de tympan. (J'ai
trouvé dans la cavité de la conque d'un autre individu des *ascarides*, quelques-uns d'un pouce et demi, du volume d'une
soie rougeâtre.) La cavité de la conque se continue par une large
ouverture, avec un canal remarquable, charnu-membraneux,
plus large que le méat externe, traversant la graisse du côté
du palais, et se terminant par un large orifice à la base du canal
de l'évent : c'est l'analogue de la trompe d'Eustache. L'os de la
caisse est mobile, de trois pouces de long, d'un de large, replié
en dedans, et ayant la cavité tapissée d'une membrane; l'ouverture du canal de la caisse est close par un étrier solide (non
percé), qui est mû par deux muscles, et touche à l'enclume et
au marteau; le premier des osselets a quelque ressemblance avec
l'enclume des mammifères, et le second est un osselet irrégulier
ovale, angulaire, dépourvu de manche. La caisse présente à peine
deux enfoncemens. Il n'y a pas de canaux demi-circulaires (1).

» La peau de tout le corps est glabre, très-blanche, d'un
poli et d'une blancheur qui approchent de celle de l'ivoire,
marquée de stries parallèles, transparentes, qui simulent de
petits sillons. On ne distingue à l'extérieur aucun pore, aucun
sinus muqueux. Sous l'épiderme, qui est à peine épais d'une
demi-ligne et se subdivise en quelques lamelles, est un corps
réticulaire de couleur plombée, adhérant plus à la peau qu'à
l'épiderme, épais d'une ligne, et marqué de petits enfoncemens qui lui donnent l'aspect d'un réseau. Sous ce corps
réticulaire se trouve une couche qui paraît particulière aux
cétacés, qui enveloppe tout le corps dans une épaisseur de
cinq lignes, et consiste en fibres parallèles, perpendiculaires au

(1) On sait que ces canaux existent chez les cétacés, mais que leur extrême ténuité dans les adultes empêche souvent de les découvrir.

chorion, fortement agglutinées, très-blanches, spongieuses :
elles constituent une substance parenchymateuse, à la fois molle
et résistante, dépourvue de sucs; cette couche se sépare en
fragmens après une macération prolongée; on n'y trouve ni vaisseaux ni nerfs, et elle est traversée par des pores ou de petites
gaines perpendiculaires appartenant au chorion, et qui logent
dans leur intérieur des villosités molles de la peau. La *peau*
elle-même ou le *chorion* est formée d'une substance jaunâtre,
de quatre lignes d'épaisseur, hérissée à sa face externe de villosités très-rapprochées, molles, soyeuses, qui pénètrent dans
la couche fibreuse ci-dessus, et qui, lorsque celle-ci est enlevée, se balancent sous leur propre poids, se partagent par la
macération dans l'eau, non pas comme Ruysch l'a observé
dans les papilles d'une mamelle de baleine, de manière à être
prises pour des faisceaux de fibrilles nerveuses, mais divisées
de façon à paraître manifestement sous forme d'une bandelette
membraneuse, qui auparavant, par ses replis, offrait l'apparence
de villosités. Ces caractères, joints à l'absence de pores à l'é-
piderme et au corps réticulaire, établissent la grande différence
qu'il y a entre les tégumens des cétacés et ceux des autres
animaux. — (Il ne restait des viscères de l'individu que nous
décrivons que les organes mâles de la génération.)

» L'appareil génital externe a une base large qui diminue rapidement en pointe ; il est contourné en spirale, envaginé à sa
base par un pli de la peau amincie ; il se termine par un gland
en alene, enveloppé d'un prépuce épais, et perforé à son sommet.
Tout le pénis externe est revêtu d'une peau fine et villeuse ; la
peau du gland est lisse en dehors ; elle répond en dedans
aux papilles extrêmement fines du gland lui-même. Le corps
caverneux est simple, arrondi, enveloppé d'une membrane
épaisse, et traversé profondément par le canal de l'urètre
qu'environne son propre corps caverneux, lequel se gonfle vers
sa base en un bulbe volumineux. Les muscles érecteurs sont
épais, courts ; et un double faisceau, étendu longitudinalement entre les muscles éjaculateurs et le milieu du pénis, fait
l'office de muscle rétracteur. Les testicules sont placés de
chaque côté, au-dessus de l'anus, couchés près de la vessie
urinaire, plus grands que celle-ci, oblongs-ovales, enveloppés de
graisse, et présentant, lorsque celle-ci est enlevée, la dispo-

sition élégante des canaux spermatiques dans les quadrupèdes ; l'épididyme enveloppe de ses flexuosités la moitié
du testicule, et gagne, par un canal déférent également flexueux,
la base de l'urètre, à laquelle il s'insère près du bulbe. Les vésicules séminales sont courtes, anfractueuses, situées entre les
testicules et la vessie. La vessie urinaire est ovoïde, surmontée
d'une membrane musculaire remarquable ; les uretères s'insèrent à son col ; de là l'isthme de l'urètre, jusqu'à l'insertion des conduits éjaculateurs, est plus ample, et présente trois
nervures longitudinales, ou sorte de raphés. Les membranes
autour des testicules et de la vessie sont très-vasculaires. Dans
la région la plus basse du ventre, de chaque côté près de
l'anus, il y a à la peau deux sinus rapprochés, contenant chacun
une caroncule granulaire, rougeâtre, qui répond à une glande
sous-cutanée ouverte à l'extérieur. Seraient-ce les vestiges des
mamelles dans le mâle ?

» Le poids de l'individu que je décris était de dix-sept cents
livres. La longueur de tout le corps était de onze pieds, la plus
grande circonférence du tronc de six pieds dix pouces (6 ' 10 ").

Longueur de la tête. . . .	1' 4"	
Circonférence de la tête. .	2' 7" 6'''	
Sa hauteur	1' 1"	
Distance de l'évent à l'œil.		5"
Circonférence de l'ouverture de la bouche. .	1'	3"
Longueur des nageoires.	1'	5"
Leur largeur, environ.		11"
Longueur de la queue.	1'	3"
Sa largeur	2'	6"
Son épaisseur à sa base		8"
Longueur du pénis	1'	9"

Longueur du crâne (dont j'ai donné une figure dans le troisième volume de mon voyage
en Sibérie. Tab. 4.). . . . . 1' 10 "4

Voici les noms que dans diverses parties de la Russie on donne
au béluga :

Rossice, *morskaja bjelugha.* — Samojedis, *wyborka.* — Jura-
cis, *koghe* vel *kogha.* — Ostiacis, *wysingh-potlaengh.* — Camts-
chadalis, *sisch.* — Occidentalibus, *seschüd,* vel *syhsyh.* — Corac-
cis, *gittyhgit* vel *saeth.* — Curilis, *bestschurika.*

14.

DES DAUPHINS,

DONT L'EXISTENCE COMME ESPÈCE EST DOUTEUSE.

D'après ce qu'on a pu voir dans l'histoire des espèces de dauphins qui viennent de nous occuper, du peu d'étendue de nos connaissances sur la nature de ces animaux, on peut aisément conjecturer que les notions sur les dauphins, qui se trouvent éparses dans les ouvrages des naturalistes, mais surtout dans les récits des voyageurs, sont loin d'avoir été toutes suffisantes pour qu'on pût les rapporter aux espèces connues, ou reconnaître en elles des caractères propres à fonder des espèces nouvelles. Ces notions ont dû par conséquent demeurer sans emploi dans la formation et l'histoire des espèces, sans pour cela être rejetées de la science. Elles restent donc, et sont pour le naturaliste des indications précieuses qu'il doit conserver avec soin : tôt ou tard il pourra en faire un usage utile ; il ne lui faudra pour cela peut-être que quelques mots d'un voyageur nouveau, qui viendront donner à un récit sans caractère une physionomie toute nouvelle, comme quelques gouttes d'eau rendent la force et la vie à une plante que la soif, en la flétrissant, avait rendue méconnaissable.

Nous allons rappeler ces différentes notions en suivant l'ordre chronologique autant que les faits nous le permettront. On verra que, si elles devaient servir de type à autant d'espèces, elles en ajouteraient plus de vingt à celles que les naturalistes croient avoir eu le droit de distinguer par des caractères précis.

LE DAUPHIN DE SÉNÉDETTE. — *D. senedetta.*

Rondelet donne, sous le nom de mular ou de sénédette, une grossière figure de cétacé, ayant des dents crochues aux deux mâchoires, et dépourvus de protubérance dorsale. A cette figure se trouve joint un texte qui y a peu de rapport, et où Rondelet nous apprend que cet animal porte le nom de sénédette chez les Saintongeois, celui de physeter chez les Grecs, de peis-mular en Languedoc, et de capidoglio en Italie. Or ces trois derniers noms sont ceux d'un cachalot. Il est bien probable que c'est d'un cachalot en effet que Rondelet entendait parler ; aussi Lacépède n'en a fait un dauphin que d'après la figure qui a les dents de ce genre ; et il l'a réuni à ses delphinaptères à cause de l'absence de la nageoire dorsale. Malheureusement cette figure n'a aucun titre à la confiance.

LE DAUPHIN CHINOIS. — *D. sinensis.*

Osbeck, disciple de Linnéus, fit le voyage de la Chine comme aumônier d'un bâtiment marchand, et publia dans ce voyage les observations de tout genre qu'il avait été à portée de faire pendant la traversée soit en mer, soit dans les points de la route où le vaisseau relâcha, soit enfin pendant le séjour qu'il fit à Canton (1). C'est dans ce voyage qu'il parle d'un dauphin qui fut rencontré dans les mers de la Chine ; mais, ne comprenant pas les principes de son maître, et s'attachant exclusivement, comme tant d'autres, à remplir le catalogue que Linnéus avait publié sous le nom de *Systema naturæ*, Osbeck se borne à caractériser ainsi ce dauphin : *semblable au dauphin vulgaire, mais entièrement d'un blanc éclatant.*

Quelques auteurs distinguent ce dauphin comme espèce, et M. Desmarest (2) est du nombre. D'autres, tels que Bonnaterre (3), n'en font qu'une variété du dauphin commun, prenant à la lettre les premiers mots d'Osbeck ; et mon frère était disposé à réunir ce dauphin blanc au delphinaptère de Péron (4).

Le fait est que la phrase d'Osbeck est insuffisante pour caractériser aujourd'hui une espèce du genre dauphin.

DAUPHIN DE PERNETTY. — *D. Pernettyi.*

Dom Pernetty, bénédictin très-savant, mais peu éclairé, accompagnant Bougainville aux Malouines, lorsque celui-ci allait y fonder des établissemens pour le commerce, eut occasion d'observer un dauphin dont il donne une description incomplète et

(1) Journal d'un Voyage aux Indes-Orientales pendant les années 1750, 51 et 52, etc.; trad. allemande de Georgi Rostock, 1765, in-8°.
(2) Mammal., p. 581.
(3) Cétologie, p. 21.
(4) Rech. sur les Ossem. foss., t. v, 1re part., p. 289.

une grossière figure. Il dit dans sa description qu'ils prirent un
de ces animaux du poids de cent livres, qui avait la tête faite
comme le grouin d'un cochon, mais presque semblable à la tête
d'un oiseau, revêtue d'une peau épaisse et grise, et que son bec était
armé d'un bout à l'autre de dents aiguës blanches, et de la forme
de celles du brochet ; que ce dauphin avait une ouverture sur
la tête par laquelle il lançait de l'eau , après quoi il en sortait
de l'air, qui rendait un son assez semblable au grognement d'un
cochon ; que la partie antérieure de la tête de cet animal se terminait par un bourrelet près de la racine du museau, et y formait
comme les bords d'un coqueluchon ; que son dos était noirâtre
et son ventre d'un gris de perle un peu jaunâtre , moucheté de
taches noires et d'autres gris de fer; enfin qu'il avait une nageoire
sur le dos et deux sur les côtés. La figure est celle d'un dauphin
élancé et à long bec, dont le ventre est en effet marqué de
mouchetures, et le dos d'une seule couleur. Les nageoires sont
de médiocre grandeur (1).

Quoique tous ces détails soient bien insuffisans pour caractériser une espèce, ils justifient cependant jusqu'à un certain point
les auteurs qui les ont jugés autrement, et qui ont fondé sur
eux, comme espèce distincte, le dauphin de Pernetty ; car on
n'en connaît, je crois , aucune à ventre couvert de mouchetures.
M. Desmarest (2), et d'après lui **M.** Lesson (3), et **M.** Fischer (4),
l'admettent comme espèce ; Bonnaterre (5) en fait une variété
du dauphin commun , et mon frère pencherait à faire de
même (6).

DAUPHIN BLANC DU CANADA. — *D. canadensis.*

Duhamel, qui pour son Traité des Pêches recevait des renseignemens de toute main , nous apprend qu'on lui envoya de Canada,
sous le nom de marsouin blanc , de douze pieds de longueur,

(1) Hist. d'un Voy. aux Malouines, en 1763 et 1764, nouv. édit.; Paris, 1770,
t. 1, p. 98, pl. 11, fig. 1.
(2) Mamm., p. 513.
(3) Cétacés, p. 166.
(4) Syn. Mamm., p. 507.
(5) Cétol., p. 21.
(6) Os. foss., t. v, 1re part., p. 277.

le dessin d'un cétacé qui avait le museau très-petit et le front fort élevé ; la position des yeux et des nageoires était à peu près comme à une autre figure qui lui avait été envoyée précédemment, et qui, sous ce rapport, n'offre rien de particulier. La figure à laquelle ces mots se rapportent est fort grossière, et ne représente que la moitié antérieure du corps de l'animal avant la nageoire dorsale. M. Desmarest a fait de ces notions son *delphinus canadensis*, et mon frère les rapporterait au delphinorhynque de Geoffroy. Pourquoi ne les rapporterait-on pas aussi au béluga ? Le fait est qu'elles sont trop incomplètes pour qu'il nous paraisse permis d'arrêter sur elles une opinion quelconque aujourd'hui.

LE DAUPHIN DE BERTIN. — *D. Bertini.*

Il en est de cette espèce comme de la précédente. Duhamel, ayant reçu d'un M. Bertin le dessin d'un dauphin, dit ce que ce dessin lui apprenait, c'est-à-dire que cet animal avait un gros museau et un front très-éminent ; et la figure fait voir la moitié antérieure de l'animal avec un long et large bec, dont la mâchoire supérieure est un peu plus longue que l'inférieure, et celle-ci armée de dents aiguës.

C'est sur ces paroles que l'espèce a été établie par M. Desmarest (1).

L'ANARNAK. — *D. spurius vel anarnacus.*

Othon Fabricius, dans sa *Fauna groenlandica*, page 31, donne la description d'un cétacé qu'il considère comme un peu voisin du narval et que les Groënlandais nomment anarnak , à cause de la propriété éminemment purgative de sa chair, ce nom désignant cette propriété.

Ce cétacé, d'une fort petite taille, a le corps allongé et arrondi ; sa couleur entière est noire. Il n'a que deux petites dents coniques et crochues au bout de la mâchoire supérieure, et il est pourvu de petites nageoires pectorales et d'une nageoire dorsale. Il ne se rencontre qu'en pleine mer. Aucune figure n'accompagne cette description.

(1) Mamm., p. 516.

C'est là tout ce que l'on sait sur cette espèce. Le caractère qui jusqu'à présent lui est exclusivement propre, de deux dents à la mâchoire supérieure, a généralement porté les naturalistes à l'admettre comme espèce distincte dans le catalogue des cétacés; mais ils ont varié sur la place qu'ils devaient lui faire occuper. Ainsi Bonnaterre (1), comme Fabricius, l'associe aux monodons (narval), quoique ce dernier ne le fasse que provisoirement. M. de Lacépède, sans séparer ces animaux, en fait des genres distincts (2); ce qui est imité par Illiger (3). M. Desmarest l'admet comme espèce de son sous-genre *hétérodon* (4), et M. Lesson, élevant ce sous-genre au rang de famille, le divise en quatre genres, parmi lesquels se trouve celui de l'anarnak. Enfin mon frère, considérant sans doute le peu d'importance des dents dans le genre hypéroodon de Lacépède, ne serait pas éloigné de réunir cet anarnak à l'espèce de Baussard, sur laquelle ce genre a été principalement fondé. Pour nous, nous sommes étonnés que l'anarnak et le dauphin de Chemnitz n'aient pas été rapprochés, puisque celui-ci paraît avoir eu des dents à la mâchoire supérieure, et qu'il est entièrement noir : l'un, il est vrai, était petit, et l'autre avait vingt-cinq pieds de long. Au reste, nous n'indiquons pas ce rapprochement comme devant avoir lieu, nous voulons seulement dire qu'il était au moins aussi fondé que tout autre. Quant à la vérité, nous ne croyons pas qu'elle puisse sortir de renseignemens aussi incomplets.

LE DAUPHIN VENTRU. — *D. ventricosus.*

Hunter, dans les Transactions philosophiques de 1787, a donné, sous le nom de grampus (5), qui pour lui est le nom générique des marsouins, la figure d'un dauphin à museau court pris dans la Tamise en 1772. Ce dauphin, dont Hunter ne donne point de description spéciale, et dont il ne parle qu'anatomiquement, ne semble avoir de caractéristique que l'extrême grosseur de son ventre. Il avait une nageoire dorsale de dimension ordinaire, et

(1) Cétologie, p. 11.
(2) Hist. nat. des cétacés, p. 164.
(3) Prod. syst. Mamm., etc., p. 142.
(4) Mamm., p. 520.
(5) Pl. xvii.

aussi longue que large, et sa taille était d'environ seize pieds.
C'est sur ces traits, mais principalement sur la grandeur du
ventre, que Bonnaterre, Lacépède, et M. Desmarest, en ont fait
une espèce ; mais, si l'on considère que ce développement de
l'abdomen n'appartient point aux marsouins, et qu'une modification de ce genre ferait supposer dans cet animal, si elle était
organique, une nature toute particulière, supposition que tout
le reste de l'organisation n'autorise pas , on en cherchera
la cause ailleurs que dans les organes, et on admettra peut-être
avec mon frère qu'elle n'est due qu'à un simple dégagement de
gaz ; mais, d'un autre côté, il sera difficile d'admettre avec lui que
ce marsouin était un épaulard, car cet animal n'a point la tache
blanche du dessus de l'œil caractéristique du *delphinus orca*,
ni la haute et étroite nageoire qui lui a valu le nom d'épée
de mer et de gladiateur. Le fait est que ce dauphin ventru, incomplètement décrit , ne peut être ni rapproché ni distingué
des autres espèces de son genre.

LE DAUPHIN DE COMMERSON.— *D. Commersonii.*

Commerson, botaniste qui accompagnait Bougainville dans
son voyage autour du monde, rencontra dans les environs du
Cap-Horn, un peu avant le solstice de cet hémisphère, des troupes
de dauphins remarquables par un corps argenté et des extrémités
noirâtres. C'est là tout ce que Commerson rapporte de ces dauphins, dans une note envoyée à Buffon, et sur laquelle Lacépède
a fondé cette espèce, en quoi il a été suivi par M. Desmarest.
Nous ne pensons pas qu'il y ait, dans le peu que dit ce voyageur,
de quoi tirer les caractères d'une espèce.

DAUPHIN DE BORY. — *D. Boryi.*

M. Desmarest établit cette espèce sur un dessin et une description qui lui furent communiqués par M. le colonel Bory de
Saint-Vincent, et qui avaient été faits d'après un dauphin qui
paraît se rencontrer principalement entre les îles de Madagascar
et Maurice. Par malheur, la figure n'a point été publiée, et
nous ne pouvons rapporter que la description faite par M. Bory :
elle est conçue en ces termes : « Bec assez long, très-déprimé et

fort large près de la tête ; tête peu élevée ; nageoire dorsale placée à égale distance de l'extrémité du museau et du milieu du croissant de la nageoire caudale ; dessus du corps d'un gris de souris fort tendre ; dessous d'un gris très clair , avec des taches peu tranchées d'un gris bleuâtre ; côté de la tête d'un blanc d'ivoire, nettement séparé par une ligne droite de la couleur du dessus. Les couleurs de ce dauphin semblent bien annoncer une espèce distincte de toutes celles qui sont admises ; il est fâcheux que le dessin n'en ait pas été publié.

LE DAUPHIN DE SOWERBY. — *D. Sowerbyi.*

M. Desmarest (1) donne, d'après **M.** de Blainville, les caractères spécifiques de ce dauphin, qu'il rapporte à son sous-genre hétérodon. Ces caractères consistent « en un corps fusiforme très-renflé au milieu ; en une tête un peu bombée; en un museau distinct, assez allongé et étroit : en une mâchoire supérieure plus courte et plus étroite que l'inférieure, qui la reçoit ; en une seule dent en bas de chaque côté , placée vers le milieu du bord de la mâchoire et non au bout, comprimée et dirigée obliquement en arrière; en un évent, dont l'orifice est en croissant, et dont les cornes sont tournées en avant. »

Ce dauphin, qui était mâle, avait été trouvé échoué sur les côtes de l'Elquishire en Angleterre , et recueilli par **M.** Brody, qui en envoya la tête à Sowerby. Celui-ci en donna la description en 1806 dans les Mélanges Britanique, et en fit une nouvelle espèce de cachalot sous le nom de *bidens.* Sa longueur totale est de seize pieds et demi, et sa circonférence de onze environ; il est noir en dessus , avec des vergetures blanchâtres , et blanc en dessous.

L'état anomal des dents de ce dauphin, l'étroitesse et la forme particulière de ses mâchoires, sembleraient indiquer de nouvelles combinaisons organiques : mais, pour établir les rapports généraux de cet animal, il faudrait en avoir une description plus complète que celle qu'en a donnée Sowerby.

LE DAUPHIN ÉPIODON. — *D. épiodon.*

M. Rafinesque, dans son Précis de découvertes et de sémiologie,

(1) Mamm., p. 521.

page 13, donne de ce dauphin, dont il fait le type du genre épiodon, la phrase caractéristique suivante :

« Corps oblong, atténué postérieurement ; museau arrondi,
mâchoire inférieure plus courte que la supérieure, un peu plus
longue ; dents obtuses, égales. »

Ce dauphin des mers de la Sicile fut pris en 1790, et c'est
d'après un dessin que M. Rafinesque paraît l'avoir décrit. Pour
M. Desmarest c'est un hétérodon, parce qu'il y rapporte le dauphin de Sicile du même auteur (1) ; mais, d'après ce que nous
avons vu des anomalies que les dauphins présentent dans leurs
dents, on pourrait presque aussi bien appliquer ce nom d'hétérodon au genre entier qu'à l'une de ses divisions (2).

LE DAUPHIN FÉRES. — *D. feres.*

On n'a jamais eu sur ce dauphin d'autres renseignemens que
ceux que donne Bonnaterre (3), et qu'il devait plutôt à des ama-
teurs curieux qu'à des naturalistes. Mais, à cette époque, les
naturalistes eux-mêmes ne se seraient peut-être pas crus obligés
d'entrer dans d'autres détails que ceux que Bonnaterre reçut, et
qu'il jugea très-suffisans pour les faire servir à l'établissement
d'une espèce. Voici ce qu'il rapporte.

« M. l'abbé Turles, prieur-bénéficier au chapitre de Fréjus,
et qui joint à de grandes qualités des connaissances profondes en
histoire naturelle, a eu la complaisance d'envoyer à M. Bénard
le dessin du squelette et la description de cet animal, dont aucun
naturaliste n'a encore fait mention. La hauteur de la tête égale à
peu près sa longueur ; elle est très-renflée sur le sommet, et,
s'amincissant tout-à-coup vers sa partie antérieure, elle se termine par un museau court et arrondi comme celui d'un veau.
M. Turles trouve que la forme de la tête pourrait être comparée
à celle de la vielle (espèce de poisson du genre Labre), en supposant toutefois que celle-ci ne fût point comprimée par les côtés,
mais d'une largeur conforme à la hauteur moyenne. Les mâchoires

(1) Carat. di. alc. nov. gen. etc., p. 5.
(2) Pour l'anarnak, le dauphin de Chemnitz, le dauphin de Dale, celui
de Baussard, voyez l'hyperoodon de Hunter.
(3) Cétologie, p. 27.

sont égales, recouvertes de lèvres membraneuses, et garnies intérieurement d'une rangée de dents : on en compte vingt à chaque mâchoire. La conformation des dents forme le caractère distinctif de cette espèce. Il y en a autant de grosses que de petites : les plus grandes ont environ un pouce et quelques lignes de longueur, sur un demi-pouce de large. La partie qui s'enfonce dans l'alvéole imite un cône dont le sommet est recourbé et aplati du côté opposé à la courbure. La partie qui est à découvert égale en longueur celle qui entre dans la gencive; elle est d'une figure ovale, arrondie au sommet, et comme divisée en deux lobes par une rainure qui règne sur toute sa longueur. Les petites dents sont plus courtes de cinq ou six lignes que les grosses. De plus, cet animal a un évent sur la partie supérieure de la tête, une nageoire sur le dos, deux sur les côtés, et une placée horizontalement à l'extrémité de la queue. Tout le corps est recouvert d'une peau fine et noirâtre. **M. Lambert Bourgeois**, de Saint-Tropés, a envoyé à **M.** l'abbé Turles les détails suivans sur la capture de ce cétacé :

» Le 22 juin 1787, un bâtiment qui venait de Malte, ayant mouillé dans une petite plage appelée les Cambiers, située à l'entrée du golfe, fut tout-à-coup environné d'une troupe de poissons monstrueux. Aussitôt le capitaine descendit dans la chaloupe avec une partie de son équipage ; et, s'étant approché d'un de ces animaux, il lui enfonça le trident dans le dos. Le monstre frappé s'enfuit avec tant de vitesse, qu'il aurait entraîné la chaloupe, si les gens de l'équipage n'eussent réuni toutes leurs forces pour la retenir. Ils luttèrent ainsi pendant quelques momens ; à la fin le trident se détacha et emporta un gros morceau de chair. Le poisson ayant fait quelques cris, toute la troupe se rendit auprès de lui. Là, tous réunis, ils continuèrent à pousser tant et de si profonds mugissemens, que le capitaine et tout son équipage en étaient effrayés. Enfin, après avoir rôdé pendant quelques instans autour de ce bâtiment, ils s'enfoncèrent dans le golfe de Grimeau et disparurent. La nuit du 22 au 23, deux chasseurs qui dirigeaient leur route du côté de Grimeau, vers les deux heures du matin, entendirent de loin un bruit confus qui les frappa, mais dont ils ne pouvaient deviner la cause. A mesure qu'ils s'avançaient, le bruit devenait plus fort. Étant arrivés proche le château de Barileau, ils se rendirent au bord de la

mer, où ils trouvèrent plusieurs bateaux qui donnaient la chasse
à ces poissons, qui poussaient des sifflemens aigus. Des matelots
armés d'une hache les frappaient sur la tête, et travaillaient à
l'envi à qui en assommerait davantage. La mer était teinte de
sang. On prétend qu'on en tua une centaine; mais on n'en retira
aucun parti, quoiqu'ils fussent chargés de beaucoup de graisse.
La chair était rougeâtre comme celle du bœuf.

» On conserve le squelette d'un de ces animaux dans le cabinet
d'histoire naturelle du séminaire de Fréjus. Il a environ quatorze pieds de longueur ; l'os du crâne a un pied dix pouces six
lignes de long et un pied cinq pouces de large. J'ai conservé à
cette espèce de dauphin le nom de *fères* que lui ont donné les
matelots provençaux. »

M. Rafinesque, dans son ouvrage intitulé *Caratteri di alcuni
nuovi generi e nuove specie animali*, p. 5, parle en quelques
mots d'un dauphin qu'il regarde comme très-rapproché du dauphin fères, et qui ne semble point différer du dauphin épiodon,
auquel en effet M. Desmarest l'a réuni.

LE DAUPHIN NOIR. — *D. niger.*

M. Abel Rémusat, dont toutes les sciences et la philologie
surtout déploreront long-temps la perte, communiqua à M. de
Lacépède, en 1818, des figures de cétacés, faites en Chine par
des peintres chinois, et représentant à la manière du pays des
animaux dont M. de Lacépède crut avoir les images fidèles.
Dans cette conviction, ce célèbre naturaliste introduisit ces cétacés dans le catalogue général des mammifères, en les décrivant d'après les figures qu'il avait sous les yeux, et au nombre
desquelles se trouvait celle d'un dauphin noir qu'il caractérise
ainsi : « Le museau très-aplati et très-allongé ; plus de douze
dents de chaque côté des deux mâchoires ; la dorsale très-petite
et plus rapprochée de la caudale que des pectorales ; la couleur
générale noire ; les commissures blanches, ainsi que le bord des
pectorales et celui d'une partie de la nageoire de la queue (1). »

____

(1) Mem. du Mus. d'Hist. nat., t. iv, p. 475.

LE DAUPHIN A LONG BEC. — *D. longi rostris* (1).

LE MARSOUIN A MUSEAU POINTU. — *D. acutus* (2).

LE MARSOUIN MOYEN. — *D. intermedius* (3).

LE DAUPHIN DE KINGI. — *D. kingii* (4).

Nous nous bornerons à dire que ces quatre espèces n'ont été établies par M. Gray que sur des têtes osseuses, et que les caractères de ces têtes sont présentés d'une manière beaucoup trop générale pour qu'on puisse les distinguer des autres têtes de dauphin, et en tirer ce qu'elles ont de spécifique.

La première avait de chaque côté de l'une et de l'autre mâchoire de quarante-huit à cinquante dents, et la seconde de vingt-huit à trente.

La troisième, dont les dents rappelaient celles de l'épaulard, différait de cette dernière espèce par des proportions différentes dans quelques parties des os de la tête.

La quatrième, qui avait de neuf à dix dents de chaque côté de la mâchoire supérieure, en avait neuf de chaque côté de l'inférieure, et sa tête paraît avoir eu quelques rapports avec celle du Béluga. Ce qui a fait conjecturer à M. Gray qu'elle pourrait être aussi un delphynaptère.

DAUPHIN TRONQUÉ. — *D. troncatus.*

Ce n'est guère aussi que d'après une tête osseuse que M. Montaigu nous fait connaître son dauphin à dents tronquées (5). Ce dauphin fut pris, en juillet 1814, dans la rivière Dart, et à l'instant même dépecé pour en retirer l'huile; ses restes furent rejetés dans la rivière, et c'est après en avoir retiré la tête qu'elle put être décrite. Cependant on avait reconnu que ce cétacé avait la physionomie générale du dauphin commun, qu'il avait douze pieds de long et huit de circonférence, que ses parties supérieures étaient d'un noir pourpré, et ses parties inférieures d'un

(1) Spic. zool., part. 1, p. 1 et 2.
(2) Idem.
(3) Annal of phil., new series, n° 11, 1827, p. 376.
(4) Id., p. 375.
(5) Mémoire de la société Vernerienne, vol. III, pag. 75, pl. III.

blanc sale. Ce qui surtout le caractérisait, c'étaient ses dents à
couronne aplaties par l'usure, et qui ne dépassaient pas le niveau
des mâchoires ; leur rapprochement ne laissait presque aucun intervalle entre elles, de sorte qu'elles étaient opposées couronne
à couronne. Leur nombre total était de quatre-vingt-six (quarante à la mâchoire supérieure et quarante-six à l'inférieure) ; mais
ces dents n'avaient pas été vues en place par M. Montaigu ; elles
avaient toutes été arrachées ; ce sont les alvéoles qui en ont déterminé le nombre, et on a reconnu leur forme par celles qu'on
est parvenu à recueillir. Dans la figure de la tête qui accompagne
les notes de M. Montaigu, on a replacé fictivement des dents
dans tous les alvéoles ; et il est à regretter que le dessin de cette
tête ne soit pas fait avec plus de soin, et ne présente pas les os
qui la composent d'une manière plus distincte.

LE GLOBICEPS DE RISSO.

Nous devons encore placer parmi les dauphins obscurs celui
que M. Risso a décrit et figuré comme le dauphin globiceps (1).
Nous ne pouvons en effet reconnaître les caractères de cette espèce dans la description qu'il en donne, ni surtout dans l'étrange
figure qui pour lui doit la représenter.

Ce dauphin, dit M. Risso, n'est que de passage dans les mers
de Nice, où il ne se montre qu'en avril et mai. Sa longueur est de
quatre mètres ; et son corps, arrondi jusqu'à la nageoire dorsale,
est caréné ensuite jusqu'à la queue. Sa couleur est d'un noir
brillant avec une bande d'un gris sale qui s'étend de chaque côté
depuis la gorge jusqu'à l'anus ; il a la tête grande, enflée, ronde,
les mâchoires égales, l'inférieure armée de vingt-deux dents de
chaque côté, et la supérieure de vingt ; ces dents étaient rondes,
coniques, courbées, jaunâtres ; les antérieures et les postérieures
plus petites que les moyennes, et chacune pénétrait dans une cavité correspondante de la mâchoire opposée, etc. C'est la figure
de ce dauphin que M. Lesson a donnée comme celle du globiceps.

(1) Hist. nat. de Nice, t. III, p. 23, pl. I, fig. I.

LE DAUPHIN DE BAYER. — *D. Bayeri.*

C'est encore dans la catégorie des dauphins qui nous occupent que nous sommes obligés de ranger l'individu que Bayer décrivit dans les Actes des curieux de la nature, qu'il rapporte au cachalot mular de Nieremberg (1), mais que M. Risso regarde comme un dauphin. Cet individu, comme Bayer nous le dit, et comme nous l'apprend aussi M. Risso, échoua à Nice en 1726 ; et c'est d'une figure qui en fut faite, et que ce dernier possède, qu'il tire les caractères de ce cétacé pour le ranger dans le genre des dauphins. Malheureusement c'est par faute de caractères et parce que Bayer a négligé de donner une description suffisante de l'individu qu'il avait à faire connaître, que quelques naturalistes ont pu rester indécis s'ils classeraient ce cétacé parmi les dauphins ou parmi les cachalots ; et M. Risso, ne décrivant lui-même son dauphin que d'après la figure qu'il en a, n'en donne aussi qu'une idée incomplète.

Dans ce cétacé de Bayer, il y a une nageoire dorsale qui est très-petite, ainsi que les pectorales ; un évent qui correspond à peu près au milieu des mâchoires; quatorze dents de chaque côté de la mâchoire inférieure, et autant de cavités pour les recevoir à la mâchoire opposée, etc., ce qui est un des caractères des cachalots.

Voici ce que nous apprend M. Risso de son dauphin de Bayer :

« Corps d'un bleu obscur en dessus, blanchâtre en dessous; museau très-prolongé, obtusément pointu, un peu relevé ; ouverture de la gueule vaste, à mâchoires presque égales, armées chacune et de chaque côté de trente-quatre dents aplaties, pointues, tranchantes ; ouverture unique des évens fort large, située sur le sommet de la tête; nageoires paires fort larges ; dorsale presque triangulaire ; longueur quatorze mètres. »

M. Risso nous dit en outre que ce cétacé avait une tête qui égalait à peu près le tiers de la longueur du corps ; nouveau motif pour en faire un cachalot.

Il est à regretter que cet estimable naturaliste n'ait pas

(1) Id. t. III, p. 22, pl. 1, fig. 2.

donné la figure de ce grand et singulier dauphin, de manière surtout à faire bien connaître aux naturalistes ces formes aplaties, pointues et tranchantes, que présentent les dents, et que par là il n'ait pas pu mettre ceux-ci à même de rectifier ce que dit Bayer, ou de le concilier avec ce qu'il dit lui-même. M. Lesson a également admis l'animal qui vient de nous occuper comme représentant un dauphin. Pour nous comme pour mon frère, c'est incontestablement un cachalot.

L'OXYPTÈRE DE MONGITORE. — *O. mongitori.*

Genre et espèce de dauphin que M. Rafinesque établit en deux mots (1), et qui ne sont point fondés sur des observations suffisantes pour qu'ils aient pu être adoptés. Nous en avons parlé à l'article du *dauphin rhinocéros.* M. Rafinesque annonçait des descriptions complètes dans sa *Mastodologie sicilienne ;* mais nous croyons que cet ouvrage n'a pas paru.

Nous allons actuellement nous occuper de sept à huit dauphins qui ont été vus et dessinés nageant en mer, mais qu'on n'a pu prendre, ni par conséquent étudier attentivement pour en reconnaître les principaux caractères, et constater ceux que les mouvemens de ces animaux et ceux du vaisseau semblaient laisser apercevoir.

Ces dauphins, ayant été vus cependant par des hommes exercés, par des observateurs dont l'expérience s'était formée par une longue pratique, promettent d'enrichir un jour réellement l'histoire de la nature ; mais, jusqu'à ce qu'ils aient été revus, que leurs dépouilles aient été recueillies, et qu'on ait pu les étudier dans leurs principales parties, nous ne pouvons les considérer que comme des types probables d'espèces destinées à se réaliser à des époques plus ou moins prochaines.

LES DAUPHINS CRUCIGÈRE ET A BANDES.

D. cruciger et liвitatus.

Le dauphin crucigère (2) est du nombre de ces types. Il fut rencontré par le quarante-sixième degré de latitude, dans la

(1) Précis de Sémiologie, p. 13.
(2) Voy. de M. Freycinet, p. 87, pl. 11. fig. 3 et 4.

vaste mer qui se trouve entre l'extrémité sud de l'Amérique et la Nouvelle-Hollande. Il avait, nous dit M. Quoy, de chaque côté du corps, dans presque toute sa longueur, deux larges lignes blanches, coupées à angle droit par une noire ; ce qui, vu par le dos, formait une croix noire sur un fond blanc. Ce dauphin avait une nageoire dorsale assez aiguë.

Si l'on considère que cet animal, n'ayant été vu que par le dos et nageant, n'a montré que la moitié de son corps, on présumera avec raison que la bande noire que M. Quoy nous représente comme formant une ceinture entière, n'est de sa part que conjecturale ; et, s'il en était ainsi, ne serait-il pas permis de supposer que ce dauphin crucigère, et le dauphin à bandes de M. Lesson (1), sont de la même espèce, ont les mêmes caractères de couleurs ? En effet, en voyant ce dernier dauphin à moitié plongé dans l'eau, et cachant la ligne noire étroite des côtés de son corps, on ne serait frappé que de ce qu'a remarqué M. Quoy dans son dauphin crucigère : deux lignes blanches coupées à angle droit par une noire.

Ce sont ces motifs sans doute qui ont porté mon frère et M. Lesson lui-même à soupçonner que ces deux animaux ne différaient guère spécifiquement, et qui nous portent à les réunir en une seule espèce. Quoi qu'il en soit, M. Lesson nous apprend que son dauphin à bandes fut aperçu dans les mers qui séparent le cap Horn des îles Malouines. Il put l'observer hors de l'eau, parce que souvent les individus de la troupe de cette espèce qui suivaient ce bâtiment s'élançaient au-dessus des flots. Ces animaux avaient environ deux pieds et demi de longueur sur dix pouces à peu près d'épaisseur. La moitié supérieure du corps était d'un noir lustré et foncé ; le ventre était blanc, ainsi que la mâchoire inférieure, et une large écharpe d'un blanc satiné, disposée longitudinalement sur chaque côté du corps, et interrompue au milieu, vis-à-vis de la nageoire dorsale. Le museau de cette espèce était court et conique ; la nageoire dorsale médiocrement élevée, noire, placée au milieu du corps ; la caudale échancrée au milieu, brune : les pectorales étaient minces, blanches, noirâtres seulement sur leur bord antérieur.

Les figures des dauphins crucigère et à bandes nous porteraient

(1) Voy. de la Coquille. Zoologie, t. 1, p. 178, pl. IX, fig. 3, cétacés, p. 178.

à les rapporter aux dauphins dont le museau est tout d'une venue avec la tête, plutôt qu'à toute autre division, si l'on pouvait admettre qu'elles représentent très-fidèlement ces animaux.

LE DAUPHIN ALBIGÈNE. — *D. albigenus.*

C'est encore à MM. Quoy et Gaimard (1) que l'on doit les indications qu'on a sur ce dauphin. Il fut rencontré par eux dans les mêmes mers que le crucigère, mais on ne put pas non plus s'en emparer. Il est représenté tout noir, avec une bande blanche de chaque côté qui s'étend depuis le devant des yeux jusque vis-à-vis de la nageoire dorsale. Ces messieurs expriment quelques doutes sur les droits de ce dauphin à devenir le type d'une nouvelle espèce ; mais M. Lesson (2) assure qu'il l'a rencontré plusieurs fois, avec les mêmes caractères, dans les mers de la Nouvelle-Hollande ; et dès lors il serait difficile de ne pas présumer que quelque jour ses caractères d'espèce seront confirmés.

LE DAUPHIN RHINOCÉROS. — *D. rhinoceros.*

Une des plus importantes observations de MM. Quoy et Gaimard, sur les dauphins, est celle qu'ils firent sur une espèce à laquelle ils reconnurent deux proéminences dorsales (3), une située à l'endroit de la nageoire et l'autre près de la tête. M. Rafinesque (4) parle déjà d'un dauphin à deux nageoires dorsales qui se trouverait dans les mers de la Sicile, qu'il nomme *Mongitore*, et sur lequel il fonde le genre oxyptère. Cette indication superficielle, à laquelle on n'avait pu ajouter une grande foi, recevrait quelque importance des observations de messieurs les médecins de *l'Uranie* : malheureusement ils n'ont fait qu'apercevoir autour de leur bâtiment ce dauphin à corne ou à deux nageoires, et il ne leur a même pas été possible d'en voir la tête ; aussi n'en montrent-ils que le dos dans la figure qu'ils en donnent. Voici ce qu'ils disent au sujet de cet animal : « Dans le mois d'octobre 1819, en allant des îles Sandwich à la Nouvelle

(1) Voy. de M. Freycinet. Zoologie, p. 87.
(2) Cétacés, p. 172.
(3) Voy. de M. Freycinet, p. 86, pl. 11, fig. 1.
(4) Précis de Sémiologie, p. 13.

Galles du Sud, nous vîmes, par 5° 28 ' de latitude nord, beaucoup de dauphins, exécutant en troupes, autour du vaisseau,
leurs rapides évolutions. Tout le monde à bord fut surpris, comme
nous, de leur voir sur le front une corne ou nageoire recourbée
en arrière, de même que celle du dos. Le volume de l'animal
était à peu près double de celui du marsouin ordinaire, et le
dessus de son corps, jusqu'à la dorsale, était tacheté de noir et
de blanc.

» Nous nous attachâmes à observer ces dauphins pendant tout
le temps qu'ils nous accompagnèrent; mais, quoiqu'ils passassent
souvent jusqu'à toucher la proue de notre corvette, ayant le haut
du corps hors de l'eau, leur tête y était tellement enfoncée, que,
ni M. Arago (peintre de l'expédition) ni nous, ne pûmes distinguer si leur museau était court ou allongé, etc. »

En adoptant comme espèce le dauphin rhinocéros, M. Lesson
adopte aussi le genre oxyptère.

LE DAUPHIN FUNENAS. — *D. lunatus.*

C'est dans la baie de la Conception, au Chili, que M. Lesson (1) a eu occasion de voir des troupes de cette petite
espèce de ce dauphin, qu'il n'a cependant pu décrire qu'en les
observant libres autour du vaisseau. « Tous les matins, dit-il,
des troupes nombreuses s'occupaient à pêcher ; et ce n'est qu'au
moment où ils étaient repus, vers les dix heures, qu'ils jouaient
en s'élançant hors de l'eau par des bonds rapides et pleins de
force. »

« Cette espèce, dit encore M. Lesson, nommée funénas dans le
pays, est ramassée dans ses formes, longue de trois pieds au plus,
à museau effilé, à dorsale arrondie vers le sommet. La couleur du
dos est d'un brun fauve clair, qui se fond insensiblement avec le
blanc de la partie inférieure. Un croissant brun occupe le dos,
vis-à-vis les nageoires pectorales, en avant de la dorsale. »

LE DAUPHIN TACHETÉ. — *D. maculatus.*

Durant le voyage de la corvette la Coquille (2), par 18° de

(1) Voy. de la Coquille, partie zoologique, t. 1, p. 182, pl. IX, fig. 4.
(2) Id., p. 183.

latitude sud et 137° de longitude, M. Lesson eut encore occasion d'observer en mer, et sans pouvoir s'en emparer, un dauphin vivant en grandes troupes, qu'il croit devoir nommer *maculatus*, et qui lui a paru présenter ces caractères : la tête était effilée, terminée par un long museau ; le corps était mince relativement à sa longueur, qui semble être de six pieds. La nageoire de la queue était forte et prononcée. Celle du dos, placée au milieu du corps, était chez presque tous les individus légèrement bifurquée au sommet. La couleur du dos était d'un vert clair dans l'eau ; au dehors elle était bleuâtre et glauque. Le ventre était gris, parsemé de taches blanches arrondies, légèrement bordées de roussâtre. Les rebords des mâchoires, et surtout de la supérieure, étaient d'un blanc pur. » Dans son histoire naturelle des cétacés (1) M. Lesson fait un delphinorhynque de cette espèce.

LE DAUPHIN A TÊTE BLANCHE. — *D. leucocephalus.*

Le même naturaliste nous dit (2) qu'au milieu des îles de corail de la mer Mauvaise, on vit de la corvette une douzaine de dauphins appartenant à la section des marsouins, qui ne se montrèrent malheureusement qu'un instant, mais qui parurent avoir six pieds de longueur, une nageoire dorsale très-prononcée, étroite et aiguë à son sommet, tout le corps d'un gris foncé, à l'exception de la tête et du cou, qui étaient d'une blancheur éblouissante. Le museau était court et plus conique encore que dans le marsouin commun. C'est la couleur de sa tête qui a valu à ce dauphin le nom qui lui a été donné.

LE PLUS PETIT DES DAUPHINS. — *D. minimus* (3).

M. Lesson n'a eu que deux mots à dire de ce dauphin, n'ayant pu, comme les précédens, le voir qu'en mer. Il nous apprend que, « dans les mers chaudes des îles fabuleuses de Salomon, la corvette fut entourée par des milliers de dauphins à bec mince,

(1) Voy. de la Coquille, t. 1, p. 183.
(2) Id., p. 184.
(3) Id., p. 185.

dont la taille, chez les plus grands, ne dépassait pas deux pieds. Leur couleur générale était brune, et on remarquait une tache blanche au bout du museau. Ils sautaient hors de l'eau à la manière des scombres, et suivaient une direction constante, etc. » C'est la taille de ce dauphin qui a porté M. Lesson à le désigner par le nom de *minimus*.

LES NARVALS. — *Monodon*.

Les narvals ressemblent aux marsouins par leur tête sphérique, et ils sont privés de nageoire dorsale, comme la dernière espèce de ce genre, le béluga. La structure de leur tête osseuse les rapproche des dauphins proprement dits; mais ce qui les distingue surtout des uns et des autres d'une manière générique, ce sont les défenses, qui naissent en avant dans un alvéole commun à leurs maxillaires supérieurs et à leurs intermaxillaires, se dirigent horizontalement en avant, et atteignent jusqu'à la longueur de huit à dix pieds. Ces défenses, au nombre de deux, ne se développent pas toujours également : lorsque toutes deux grandissent de même, c'est le cas le plus rare. Ordinairement une des deux reste rudimentaire et cachée dans l'alvéole. Cette défense avortée est obtuse à sa racine, parce que son bulbe producteur s'oblitère; l'autre, au contraire, dont le bulbe reste actif, présente à sa base la cavité où ce bulbe se loge.

Les narvals se rencontrent principalement dans les mers polaires, où ils vivent en troupes plus ou moins nombreuses.

LE NARVAL. — *M. monoceros*, pl. 17, fig. 2 et 3.

Cette espèce singulière de cétacés paraît être confinée dans les régions du Nord les plus élevées, dans les mers du Groëland et du Spitzberg. Sans doute les Norwégiens et les Danois, qui paraissent avoir de tout temps fréquenté ces mers, ont de tout temps aussi connu le narval : un animal marin conformé d'une manière aussi remarquable n'a pas manqué d'attirer l'attention des navigateurs qui ont été à portée de l'observer. La longue défense dont ce cétacé est armé paraît même avoir fait un objet de commerce pour les Danois, long-temps avant que, dans le reste de l'Europe, on se fît une idée juste de l'animal qui la produit; car elle fut vendue, suivant toute vraisemblance, pendant bien des années, comme étant la corne de la fameuse licorne; et, les propriétés merveilleuses qu'on attribuait à cette corne faisant élever à un très-haut prix ces dents de narvals, il n'a rien moins fallu que le goût des productions naturelles, qui se développa dans le dix-septième siècle, pour faire tomber le voile sous lequel se cachait l'origine de ces dents. Avant cette époque, on les regardait comme des productions rares et précieuses; on les montrait comme des objets de curiosité : on les garnissait de riches ornemens ; on les conservait dans les trésors des églises et des princes (1). Tout le charme qui les environnait a disparu à la première manifestation de la vérité; et, du cabinet des curieux, comme de l'officine des apothicaires, elles ont passé dans le Musée des naturalistes.

Ce n'est guère que vers le milieu du dix-septième siècle qu'on a acquis des notions un peu justes sur l'origine de ces dents, et sur l'animal qui les produisait ; mais on avait encore alors des idées si peu exactes de la différence des cornes aux dents, qu'on est incertain auxquels de ces produits organiques doivent être rapportées les défenses du narval.

Tulpius (2), médecin et magistrat hollandais, eut occasion, en 1648, de voir un narval échoué près de l'île Maja, et fut vraisemblablement un des premiers savans qui purent acquérir par eux-mêmes quelque idée de la nature de ce cétacé. Il en donna une figure très-médiocre, mais supérieure à plusieurs de celles qu'on a publiées depuis. L'individu qu'il observa avait une défense longue de neuf pieds, et sa teinte était noirâtre ; cependant il avait plus de vingt pieds de longueur ; ce qui ferait supposer qu'il était adulte : or nous verrons que les très-jeunes narvals ont seuls cette couleur.

Wormius, médecin et professeur à l'université de Copenhague, parvint à se procurer un dessin de naval, ainsi qu'une tête de cet animal, dépouillée de sa peau et de ses chairs, dans lesquels il reconnut tous les caractères généraux des ba-

____

(1) On en conservait une dans le trésor de Saint-Denis.
(2) Observ. méd., édit. sexta, p. 374, pl. XVIII.

leines. Nous trouvons la première indication de ce fait dans la Relation du Groënland, par Peyrère, publiée en 1647 (1); et elle se retrouve, mais plus détaillée, dans la Description du Muséum de Wormius (2), qui parut en 1655. Ce cétacé, que Wormius nomme *unicornu marinum*, se trouve représenté par deux figures un peu différentes l'une de l'autre dans ces deux ouvrages, mais trop peu fidèlement pour donner une idée même légère de ce curieux mammifère. Wormius nous apprend, de plus, que le nom islandais de narval ou narhual veut dire baleine, et que cet animal se nourrit de cadavres, *nar* signifiant cadavre et *hual* ou *whal* baleine; et cette idée de mangeur de cadavre, particulièrement attachée à ce cétacé, est sans doute cause de la disposition d'un des plus anciens codes irlandais qui défendait expressément de manger du narval.

Rochefort, dans son Histoire naturelle des Antilles (3), après avoir décrit et donné la figure d'un animal imaginaire, auquel il applique le nom de licorne de mer, parle avec plus de vérité, sous le même nom, du narval des mers du Nord, dont il donne une figure grossière, copiée de Tulpius. Ce qu'il dit de cet animal n'ajoute rien à ce qu'on devait à Wormius; on n'y trouve de remarquable qu'une idée systématique qui a été reproduite de nos jours, mais en recevant une extension qu'il ne pouvait entrer dans les vues de Rochefort de lui donner, et qui en détruit tout le fondement.

« Ceux qui sont de ce sentiment, dit-il (qui croient que la défense de la licorne de mer est une dent), ajoutent qu'il ne se faut pas étonner si ces poissons n'ont qu'une de ces longues dents, vu que la matière, laquelle en pouvait produire d'autres, s'est entièrement épuisée pour former celle-ci, qui est d'une longueur et d'une grosseur si prodigieuse, qu'elle suffirait bien pour en faire une centaine. »

Renfermée dans ces étroites limites, cette idée n'a rien qui répugne à la raison : il est naturel que deux organes con-

---

(1) Cette relation se trouve dans le Recueil de voyages au Nord, t. 1, pag. 131.

(2) Pages 282 et suiv.

(3) Pages 181 et suiv.

tigus, comme les bulbes producteurs de deux dents voisines, nourris par les mêmes vaisseaux, animés par les mêmes nerfs, aient l'un sur l'autre une action mutuelle, et qu'un grand développement de force dans l'un affaiblisse la force de l'autre; ainsi il n'y aurait rien d'invraisemblable à supposer que, si l'une des deux dents du narval ne prenait pas une extension exagérée, l'autre ne resterait pas rudimentaire. Mais c'est sortir de la limite des analogies que d'appliquer, comme on l'a fait, le même raisonnement à des organes qui sont sans aucune dépendance essentielle l'un de l'autre.

Martens (1), dans son voyage au Spitzberg, n'eut point occasion de rencontrer de narval ou *d'einhorn* (2) ; mais, dans le rapport de ce qui lui a été dit des licornes de mer, il nous apprend que ces cétacés n'ont point de nageoires dorsales, qu'ils vivent en grandes troupes. Il estime leur longueur de seize à vingt pieds, et il ajoute que les uns ont la peau des parties supérieures du corps entièrement noire, et que les autres l'ont d'un gris pommelé. Les parties inférieures sont blanches. La figure qu'il en donne (3) est tout-à-fait défectueuse, et semble être une copie de celle de Peyrère.

Eggède, qui paraît n'avoir eu connaissance que de la tête osseuse de narval, publiée par Wormius, à en juger par la mauvaise figure qu'il donne de l'animal entier et par celle de la tête, parle de la corne rudimentaire qui se trouve du côté droit de la tête de son *éenhiorning* (4) ou narhval, à côté de la corne longue de quatorze à quinze pieds qui lui sert de défense; car pour lui les dents de cet animal ne sont encore que des cornes : de plus, l'individu dont il parle paraît avoir été entièrement noir.

Klein (5), à qui l'histoire naturelle doit beaucoup, quoiqu'elle ne fît pas sa principale occupation, dit du narval quelques mots qu'il tire des auteurs qui ont parlé de cet animal avant lui, et il en donne un très-mauvais dessin d'après la peau bourrée d'un

(1) Recueil des Voyages au Nord, t. ii, p. 146.
(2) Nom qui veut dire unicorne.
(3) Pag. et pl. 123.
(4) Ce nom signifie unicorne.
(5) Hist. Pisc. nat. prom. miss., t. ii. p. 18. tab. 2, C.

individu pris dans l'Elbe en 1736, et qui fut entièrement défiguré par ceux qui en préparèrent la peau pour la conserver.

Anderson, autre amateur éclairé, mais un peu crédule, dans son Histoire de Groënland (1), nous fait connaître plusieurs particularités importantes sur le narval. Il avait été à portée de les obtenir des baleiniers qui de Hambourg se rendaient chaque année dans les mers pôlaires, et il avait eu l'avantage d'observer lui-même le narval échoué dans l'Elbe en 1736. On voit qu'à cette époque la science avait déjà fait quelques progrès : il n'y a plus de doutes exprimés sur la nature de cet animal : c'est une baleine, c'est-à-dire un animal qui respire par des poumons. Il n'y en a pas davantage sur la nature de sa défense : cette défense est une dent ; mais le narval en a naturellement deux ; et, si la seconde, celle du côté droit, ne se développe pas toujours, c'est par accident, car elle se montre quelquefois aussi grande que la première. On avait supposé que, comme chez plusieurs quadrupèdes les femelles n'ont point de défenses, les femelles de cette espèce en étaient aussi privées, et on regardait le marsouin comme étant la femelle du narval (2). Anderson détruit ce préjugé ; il donne même la description d'une tête d'un narval femelle, du corps de laquelle on avait tiré un fœtus, tête qui était armée de deux longues dents ; elle fut rapportée à Hambourg en 1684, et de son temps se trouvait dans le cabinet d'un amateur d'histoire naturelle, où même elle se trouve encore aujourd'hui (3). Sa figure de narval, faite d'après une peau bourrée avec excès, ne donne point une idée des formes générales de cette espèce.

Les auteurs dont nous venons de parler nous paraissent être les principaux qui, avant ces derniers temps, aient été à portée de parler du narval d'après nature ; et c'est encore des notions qu'ils donnent que M. de Lacépède a tiré les idées qu'il a émises sur cette espèce de cétacé, ou plutôt sur les espèces entre lesquelles il a partagé ces notions.

Nous pourrions encore citer, comme on le fait dans les catalogues méthodiques, Sachs pour sa Monocérologie, Charleton (4),

(1) Hist.Pisc.nat. prom. miss., t. 11, p. 102.
(2) Sachs. Monocerologia.
(3) Rech. sur les Ossem. foss., t. v. prem. part., p. 321 note 3.
(4) Exerc. piscib., p. 47.

qui ne dit que quelques mots insignifians du narval ; Rai (1), qui
ne parle de cet animal que d'après Bartholin, Tulpius, Wormius et Martens ; Willughby (2), qui ne fait aussi que rapporter
ce qu'il trouve dans ses prédécesseurs ; Bonnaterre, qui a copié
Klein et Anderson , et beaucoup d'autres , qui ne nous appren-
draient rien d'original.

Lacépède, dans son *Histoire naturelle des Cétacés*, nous présente à peu près le résumé de tous ces auteurs , et il avait été
conduit , d'après les notions qu'il y trouvait et celles qu'il avait
recueillies d'ailleurs , à former trois espèces de narval : 1° le narval vulgaire , 2° le narval microcéphale dont il donne la figure
d'après un dessin qui représentait un narval échoué près de Bos-
ton (3) en Angleterre , et 3° le narval d'Anderson. Mais cette
distinction des narvals en trois espèces s'est trouvée sans fondement , car les deux premières ne reposaient que sur les différences qui se remarquaient entre deux mauvaises figures , et
la troisième reposait sur des dents sans stries , qui n'était ainsi
qu'accidentellement sans doute , ou peut-être même artificiel-
lement.

Aujourd'hui deux observateurs nouveaux sont venus ajouter
quelques faits aux connaissances qu'on possédait sur le narval :
ce sont MM. Fléming (4) et Scoresby (5); le premier, par les observations qu'il a eu occasion de faire sur un narval échoué sur les
côtes d'une des îles Schetland , en 1808, et le second par celles
qu'il a recueillies dans ses nombreux voyages au Nord , entrepris
pour la pêche de la baleine , et qu'il a publiés dans sa Relation
des Régions arctiques et dans son Journal d'un Voyage dans le
Nord. Ce sont ces auteurs qui ont dû être mis le plus à con-
tribution pour tout ce qu'on a eu à dire dans ces derniers temps
sur le narval. Ce sont eux qui nous guideront dans ce que nous
devrons tirer de leurs prédécesseurs , et qui nous aideront à
remplir quelques-unes des lacunes trop nombreuses qui restent
encore dans l'histoire naturelle de cette curieuse espèce.

Le narval est un cétacé de forme et de proportions très-favo-

(1) Pisc. Syn. méth., p. 11.
(2) De Hist. Pisc., lib. quat., p. 42; et App., p. 12, tab. A, 2.
(3) Hist. nat. des Cétacés, pl. v.
(4) Mém. de la soc. Vernerienne, 1, p. 131, pl. vi, fig. 1, 2 et 3.
(5) Account of the arctic region, t. 1, p. 486, et t. ii, pl. iv.

rables aux mouvemens, et qui rappellent celles du béluga et du marsouin globiceps. Sa longueur, de quinze à dix-huit et vingt pieds, a été portée par quelques auteurs à quarante et même à soixante par une exagération qu'on ne peut comprendre. Sa partie la plus large, qui se trouve un peu en arrière des nageoires pectorales, n'est que d'environ trois pieds. Depuis ce point jusqu'à la queue son corps va s'effilant de manière à n'avoir plus qu'environ neuf pouces de diamètre près de la nageoire caudale. Du même point vers la tête le corps va aussi en diminuant; mais celle-ci se termine brusquement en s'arrondissant.

Le corps de cet animal, considéré dans différentes coupes, présente, avant les nageoires pectorales, un ovale, après ces nageoires un cercle, plus bas un cône, et ensuite une ellipse qui devient rhomboïde à cause des arêtes qui commencent à se montrer sur les quatre côtés de l'animal, et qui s'étendent jusqu'à la moitié de la longueur de la queue. Les arêtes de celle-ci deviennent anguleuses, et forment en arrière une sorte de carène qui s'avance en s'effaçant graduellement jusque sur les côtés du corps.

C'est dans la nageoire de la queue, fort étendue en longueur et en largeur, qu'est surtout l'organe moteur du narval, comme, au reste, chez tous les dauphins; mais chez la plupart de ceux-ci les nageoires pectorales sont, par leur étendue, susceptibles d'agir sur les mouvemens en les modifiant. Chez le narval, au contraire, l'extrême brièveté de ces nageoires doit leur ôter à peu près toute influence, et laisser à la queue le seul soin de modifier les impulsions qu'elle imprime à la masse entière du corps; c'est du moins ce qu'a observé Scoresby. Ces nageoires pectorales se recourbent légèrement de bas en haut, et leur bord antérieur est beaucoup plus épais que le postérieur. Dans les mouvemens du narval, elles restent étendues horizontalement. Elles ont de onze à treize pouces de longueur et de cinq à sept de largeur, et sont situées à environ trois pieds du bout du museau. La nageoire caudale a de trois à quatre pieds de largeur sur une longueur proportionnelle. Une saillie très-légère de la peau, qui se voit un peu en arrière du milieu du dos, semble indiquer la nageoire dorsale et la présenter en rudiment. Enfin à la partie antérieure de la mâchoire supérieure se voit la seule et longue défense dont cet animal est ordinairement armé, et qui se trouverait tantôt au côté droit, tantôt au côté gauche, à en juger par les différentes observations auxquelles elle a donné lieu. Cette défense, très-droite, atteint jusqu'au-delà de dix pieds de longueur ; elle est blanchâtre, couverte de stries contournées en vis de droite à gauche, creuse dans une grande partie de sa longueur, mais surtout dans sa partie alvéolaire, où est logé son bulbe sécréteur, et sa pointe est toujours fort émoussée. La bouche, peu étendue, a sa mâchoire inférieure un peu plus courte que la supérieure ; les bords alvéolaires, de l'une comme de l'autre, sont sans dents. L'œil, fort petit, est situé à peu près à treize pouces du bout du museau et au centre de la ligne circulaire que forment les parties supérieures et antérieures de la tête ; sa pupille est noire et son iris d'un brun châtain. L'oreille, comme chez les dauphins, ne se montre à l'extérieur que par un orifice à peine visible qui se trouve à six ou huit pouces de l'œil, et sur la même ligne horizontale. L'évent, légèrement saillant, simple, de forme semilunaire, et de trois à quatre pouces de diamètre, est situé perpendiculairement au-dessus de l'œil, et son organisation intérieure est semblable à celle des dauphins : on y trouve les sacs et les valvules dont nous avons parlé en traitant des dauphins en général.

La langue, qui occupe la capacité de la bouche, est arrondie et attachée à la mâchoire, et l'on voit à sa base de nombreux follicules qui sécrètent un mucus épais et blanc. La peau est entièrement nue, lisse et brillante. M. Scoresby nous apprend que l'épiderme a l'épaisseur d'une feuille de papier, que le réseau muqueux a deux à trois lignes d'épaisseur, et que le derme, quoique mince, est fort et compacte, principalement sur les côtés du corps de l'animal. Sous cette peau se trouve une épaisse couche de graisse.

L'anus est à quelques pouces en arrière des organes génitaux. Ces organes se montrent par une fente longitudinale qui commence au milieu de la longueur du corps. La verge a une forme conique, d'après *Tichonius* (1). Les mamelles, saillantes, abreuvent le petit de leur lait.

L'estomac, au rapport de M. Fleming, se compose de plusieurs

____
(1) *Exercitationes histor. crit.*, etc.

poches. Les poumons sont simples, et la trachée-artère se termine supérieurement par un long tube composé des arithénoïdes.

Les jeunes narvals aux parties supérieures du corps sont d'un gris noirâtre où se dessine un grand nombre de taches noirâtres très-rapprochées et souvent confondues. Les flancs, qui sont aussi couverts de taches, mais plus rares, et les parties inférieures du corps, sont blancs.

Chez les vieux individus les parties supérieures du corps deviennent d'un blanc jaunâtre, et les taches, sur ce fond, se montrent plus distinctes que chez les jeunes, ainsi que sur les flancs et les côtés du ventre. Les nageoires, grises dans leur milieu, sont bordées de noir, et celle de la queue est marquée de stries curvilignes sous chacun de ses lobes.

Le narval vit en troupes quelquefois assez nombreuses ; c'est un animal dont tous les mouvemens ont de la vivacité, et qui nage avec une incroyable vitesse ; ce qui est bien contraire à ce qu'on croyait du temps d'Albert-le-Grand. Sa principale nourriture consiste en mollusques : les sèches, les poulpes, les méduses, tous les animaux pélagiens font sa nourriture. La petitesse de sa bouche, dépourvue de dents, ne lui permettrait d'attaquer que les plus petits poissons, et la longue et forte lance dont il est armé ne peut être pour lui qu'un moyen de défense. Les grands animaux qu'il pourrait frapper avec cette arme puissante ne pourraient devenir sa proie. Il paraît même que l'usage qu'il en fait lui est souvent funeste, et qu'après l'avoir fait pénétrer dans les corps qu'il croit devoir attaquer, il ne peut plus l'en retirer, et qu'il périt bientôt asphyxié, quand, par ses efforts, il ne parvient pas à la briser. On rapporte qu'il frappe quelquefois les bâtimens de cette défense avec tant de force, qu'elle y pénètre, et que, serrée alors entre les bordages, l'animal ne peut échapper à la mort qu'en parvenant à la rompre. Ces conjectures sur le peu d'usage que le narval fait de sa défense semblent confirmées par ce qu'Anderson et Scoresby rapportent, que cette défense est ordinairement enveloppée, comme par un fourreau, de toutes sortes de corps étrangers.

L'anatomie du narval, mais celle de la tête surtout, fut pendant un temps un objet curieux d'études pour quelques naturalistes. La monocérologie, sujet aussi important au dix-septième siècle qu'il l'est peu aujourd'hui, excita de nombreuses recher-

ches , et la tête , comme les dents de cette espèce, y tint une
grande place. Ce qu'elles ont fait connaître de plus important
est la structure et le développement de ses dents. C'était le seul
but qu'elles se proposassent, et on leur doit d'avoir mis tout-
à-fait hors de doute l'existence de ces dents dans les deux sexes
et de deux dents à chaque individu, quoique l'une soit ordinairement moins développée que l'autre. Les observations de
MM. Fleming et Scoresby nous apprennent que la sphéricité de
la tête est due à une grande quantité de graisse.

La représentation de ces têtes réduites à leurs os a fréquemment eu lieu. On en trouve une figure dans Thom. Bartholin (1) ;
une autre dans Tulpius; une troisième dans Peyrère et dans
Wormius (2), qu'Eggède a copiée; une dans Jonston (3), Klein (4),
et Anderson (5), etc. : les premiers firent connaître une tête de
femelle à deux dents également développées ; mais il faut arriver
jusqu'aux anatomistes de ces derniers temps pour trouver ces
parties importantes décrites avec la méthode et les détails que
demande la science. En effet, ce n'est qu'à compter des descriptions de Camper (6), de Home (7), d'Albert (8), qu'on a pu
fonder sur la structure de la tête les rapports du narval et des
dauphins. Alors on a eu la confirmation de ce qu'on n'avait pu que
soupçonner, que la tête chez ces cétacés se compose, non seulement des mêmes parties, mais que ces parties ont entre elles
les mêmes relations. A cet égard le narval est donc un véritable dauphin, comme il en est un par l'ensemble de ses proportions et par ses organes du mouvement. Ce qui l'en sépare,
ce sont ses dents , qui, comme nous l'avons déjà dit, consistent
en deux défenses, dont une seule ordinairement se développe,
qui naissent chacune dans un alvéole commun au maxillaire et
à l'intermaxillaire, et qui se dirigent directement en avant.

(1) De Unicornu, p. 121.
(2) Mus., p. 283.
(3) Hist. nat. Pisc., pl. xLVIII.
(4) Miss., v, pl. III, fig. A et 6.
(5) Hist. nat. de l'Islande, trad. franç., t. II, p. 108. Nous pourrions
ajouter à ces noms ceux de Sachs, de Zorgdrager, etc.
(6) Cétacés, pl. XXIX, XXX et XXXI.
(7) Leç. d'anat. comp., pl. XLII, fig. 1 et 2.
(8) Icon. ad illust. anat. comp., pl. II et III.

C'est la tête du béluga qui, de toutes celles qui sont aujour-
d'hui connues, rappelle, dit mon frère, le plus exactement celle
du narval, « par l'uniformité de sa convexité, par la direction
presque rectiligne des bords de son museau, par des sillons
profonds qui dessinent une demi-ellipse et une longue pointe
sur ses intermaxillaires au-dessous des narines, et par les pointes
que forment les ptérygoïdiens au bord postérieur des arrière-
narines.

» La partie du museau, et surtout des intermaxillaires (*c*), est
plus élargie que dans les dauphins; ces os remontent jusque
tout près des os du nez; les trous, dont les maxillaires (*aa*)
sont percés dans leur partie élargie, et qui tiennent lieu de
sous-orbitaires, sont grands et nombreux. L'échancrure qui
sépare du museau cette partie élargie est petite et le dessus de
l'orbite peu saillant. Les os du nez (*e*) sont fort petits, et la narine gauche plus petite que l'autre. »

M. Scoresby nous apprend que les vertèbres cervicales sont
au nombre de sept, les dorsales au nombre de douze, et les
lombaires à celui de trente-cinq. Le canal médullaire s'avancerait
jusqu'à la quarante et unième. Il y a six paires de vraies côtes
et six de fausses.

C'est à Sachs (1) qu'on doit de connaître la structure osseuse
des nageoires pectorales, lesquelles, sous ce rapport, ne paraissent
différer de celles des autres dauphins que par la proportion
de la longueur des doigts.

LES HYPÉROODONS.— *Hyperoodons.*

Ce genre ne se compose encore que d'une seule espèce,
qui paraît habiter nos mers septentrionales : elle a été
assez fréquemment vue sur nos côtes; et, après avoir été
considérée, tantôt comme une baleine, parce qu'aucune
dent ne se voyait aux gencives, tantôt comme plus rapprochée des dauphins, parce qu'elle était privée de fanons,
elle est devenue le type d'un genre, fondé d'abord sur des
caractères sans importance, et par conséquent douteux,

(1) Monocerologia, p. 71, pl. III.

et ensuite avec vérité sur la structure de la tête, particulièrement remarquable, comme nous le verrons bientôt
en détail, par la singulière crête verticale qui s'est développée aux maxillaires supérieurs.

L'HYPEROODON DE BAUSSARD. — *H. Butzkopf.*

Pl. ix, fig. 1, 2 et 3, et xvii, fig. 1.

Le cétacé qui doit ici nous occuper montre, de la manière la
plus frappante, une des grandes difficultés de l'histoire naturelle :
celle que le naturaliste éprouve lorsqu'il veut composer l'histoire
d'une espèce d'après les notions éparses qui ont pu être publiées
sur elle. Non-seulement il doit apprécier les rapports de ces notions, n'ayant souvent à s'aider pour cela que des apparences
les plus légères, mais il doit aussi, et ce n'est pas sa moindre
tâche, juger ce qui a été conclu de ces rapports par les naturalistes qui l'ont précédé : de là une critique d'autant plus ingrate
et difficile, qu'elle ne conduit la plupart du temps qu'au doute et
à l'incertitude. Nous ne croyons pas cependant que ce soit à ce
résultat que doive nous conduire l'examen auquel nous allons
nous livrer.

Hunter, en 1787, fit connaître par d'importans détails anatomiques, sous le nom de *bottle-noze-whale*, et fit représenter un
cétacé qui était venu échouer dans la Tamise, près du pont de
Londres (1), et qu'il regardait comme appartenant à la même
espèce qu'un individu de cet ordre, dont parle Dale sous le nom
de *flonders-head-whale*, et dont nous nous occuperons plus bas.
Cet animal avait vingt-un pieds de longueur ; son front convexe
s'élevait directement au-dessus de la mâchoire supérieure ; son
museau était mince, et la mâchoire inférieure avait deux petites
dents pointues à son extrémité : dents qui, cependant, ne sont
point représentées dans la figure que Hunter donne de son *bottle-
noze*, parce que sans doute elles ne se voyaient point hors des
gencives.

Il était d'un brun noirâtre en dessus et d'un blanc brunâtre
en dessous. Hunter ajoute qu'il possède une tête semblable à

(1) Trans. phil., vol. 77, 1787, p. 373, pl. xix.

celle de l'individu dont nous venons de parler, mais beaucoup plus grande, et qui paraîtrait avoir appartenu à un animal de trente à quarante pieds.

La tête osseuse du cétacé de vingt et un pieds de Hunter, qui se trouve à Londres dans le cabinet des chirurgiens, et que mon frère a publiée (1), présente une structure toute particulière, qui la distingue de la tête osseuse des dauphins, mais entre autres une apophyse large et haute, qui naît du milieu de chaque maxillaire supérieur, et contribue à donner à la partie postérieure de la tête de cet animal la capacité et la forme si remarquable qui la caractérisent.

Un ancien lieutenant de frégate, nommé Baussard, se trouvant à Honfleur le 19 septembre 1788, lorsque deux cétacés, une femelle adulte et son jeune, vinrent échouer près du rivage, fit dessiner ces animaux, et en publia une description dans le Journal de Physique du mois de mars 1789 (2). Il résulte entre autres des observations de cet officier que l'individu adulte avait vingt-trois pieds six pouces de longueur, que le museau très-court était surmonté par un front arrondi s'élevant immédiatement de dix-huit pouces au-dessus des mâchoires, qu'enfin la mâchoire inférieure présenta deux dents pointues à son extrémité, mais seulement après que les os furent mis à nu ; et ces dents étaient très-mobiles dans leur alvéole ; on n'en voyait aucune trace hors des gencives. Sa couleur était noire en dessus et plombée en dessous.

La tête osseuse de ce cétacé, que Baussard a fait représenter, a absolument les mêmes caractères que la tête de celui de Hunter, c'est-à-dire cette haute et large apophyse qui rend si singuliers les maxillaires supérieurs de ces animaux.

Ces deux cétacés, qui sont incontestablement de la même espèce, avaient déjà donné lieu à la formation de deux espèces distinctes par Bonnatère, qui faisait du cétacé de Hunter son dauphin à deux dents, et de celui de Baussard son butzkops (3); mais c'est à ce dernier, et non à celui de Hunter, qu'il réunit le *flonders-head-whale* de Dale.

---

(1) Rech. sur les Oss. foss., t. v, 4ᵉ part.
(2) T. xxxiv, p. 201, pl. 1 et 11.
(3) Cétol., p. 25

Lacépède (1) imita en tous points Bonnaterre ; seulement, réalisant une indication de celui-ci, il forma le genre hypéroodons des cétacés de Baussard et de Dale (2).

Ce dernier cétacé, figuré par Dale, qui n'a accompagné que de quelques mots la représentation assez grossière qu'il en donne, avait le front bombé et les mâchoires courtes des individus dont nous venons de parler ; mais on ne voyait point de dents hors des gencives. La taille d'une femelle était d'environ treize pieds, et un mâle en avait dix-huit. Ils étaient bruns à la partie inférieure du corps. L'un avait été pris à Malden, dans le comté d'Essex, à l'embouchure du Blackwater, et l'autre à l'embouchure de la même rivière, près de Bradwell.

Tout ce que nous avons dit des cétacés de Hunter et de Baussard paraît convenir à celui de Dale, si ce n'est que celui-ci n'a point de dents ; mais, si l'on considère que celles des cétacés de Baussard ne se voyaient point hors des gencives, et que probablement il en était de même pour le cétacé de Hunter, puisque rien n'indique ces dents sur l'animal, il est impossible d'admettre l'absence de dents sur l'animal entier comme un caractère propre à le distinguer des animaux chez lesquels ces dents se trouvaient cachées sous les gencives ; et dès lors on pourrait conclure avec mon frère que ces trois individus appartiennent à la même espèce.

Ce n'est point tout-à-fait ainsi que le cétacé de Dale a été envisagé. Schreber en a fait son *delphinus edentulus*, en le représentant par la figure du cétacé de Baussard (3); ce qui faisait cependant supposer qu'il admettait comme nous que le cétacé de Dale avait des dents cachées sous les gencives. Pennant le nomme *balena rostrata* dans la Zoologie britanique, t. III, p. 43.

M. Desmarest (4) en a également fait son *delphinus edentulus;* mais il en a séparé celui de Baussard ; et M. Lesson (5) , en réu-

---

(1) Hist. nat. des Cétacés, p. 309 et 319.

(2) Si MM. Desmarest, Lesson, etc., parlent de ces cétacés de Honfleur comme étant dépourvus de dents, ce ne peut être que parce qu'ils ont lu inattentivement la description de Baussard.

(3) Schr., pl. 347.

(4) Mamm., p. 521.

(5) Cétacés, p. 101.

16.

nissant le cétacé de Dale au dauphin microptère, en a composé le type de son genre *aodons.*

Mais nous avons vu que la tête osseuse du microptère n'a aucun des caractères qui distinguent d'une manière si marquée celle des cétacés de Hunter et de Baussard.

Il existe encore une figure de cétacé dans *Pontoppidan* (1) qui porte le nom de baleine à bec d'oie, *the gossebeaked whal*, et rappelle grossièrement l'espèce à mâchoire courte et plate, et surtout à front élevé, qui nous occupe spécialement dans cet article, et de laquelle on a pensé pouvoir la rapprocher. Mais de telles figures, qu'aucune description détaillée ne rectifie, sont tout-à-fait inutiles à la science, et Pontoppidan ne dit que quelques mots de cette baleine à bec d'oie.

Est-ce avec plus de fondement qu'on a rapporté au dauphin dont nous recherchons l'histoire l'individu de vingt-cinq pieds de long décrit par Chemnitz, qui le nomme *balæna rostrata* et *butzkopf* (2), et qui fut pris dans le voisinage du Spitzberg en 1777 ? Cet individu paraît en effet avoir eu deux dents à l'extrémité d'une de ses mâchoires ; du moins Chemnitz en trouva une, ce qui ne permet pas de douter qu'il en ait existé une seconde ; mais ces dents n'étaient-elles pas à la mâchoire supérieure ? Le récit de Chemnitz semble obscur : c'est à la mâchoire mobile qu'il paraît les avoir découvertes ; et n'est-ce pas la supérieure qu'il croyait mobile ? Au reste, cet animal était entièrement noir, et l'on retira de sa tête une quantité notable de spermaceti ; cette matière n'aurait pu être logée qu'entre les deux hautes apophyses des maxillaires supérieurs : or Baussard dit que l'intervalle de ces apophyses était rempli de fibres charnues et musculeuses.

C'est une tête d'hyperoodon que Camper représente sous le nom de *balæna rostrata* dans la planche 13 de ses observations anatomiques sur les cétacés. Il n'avait point eu connaissance de l'animal duquel on l'avait tirée.

Nous pouvons ajouter à ces faits connus un fait ancien qui me paraît être resté jusqu'à ce jour étranger à la science ; c'est la prise d'un hypéroodon femelle dans la baie de Kiel en décembre

----

(1) Hist. nat. of Norway, part. 2ᵉ, n° 2, chap. v, p. 123 et 124.
,2, Beschœftigungen der ges. naturf. fr., t. iv, p. 183.

1801, et dont la figure coloriée, accompagnée d'une description sommaire, a été publiée dans cette ville par M. C.-D. Voigts, graveur et imprimeur.

Cet animal, très-bien représenté, était jeune ; il avait vingt pieds six pouces de longueur, et treize pieds de circonférence dans la partie la plus grosse de son corps, qui se trouvait à peu près à la partie moyenne. Le museau, c'est-à-dire la partie de la mâchoire supérieure qui formait le bec, avait un pied neuf pouces de long et un pied de large. La distance du bout du museau à l'œil était de quatre pieds deux pouces, et l'œil se trouvait à l'aplomb de l'évent, qui avait six pouces de long et trois de large. De l'évent à la nageoire du dos il y avait douze pieds. La largeur de cette nageoire était d'un pied huit pouces, et sa hauteur d'un pied quatre pouces. De cette nageoire à l'origine de la caudale il y avait sept pieds six pouces, et l'étendue de cette dernière était de six pieds deux pouces. La longueur des nageoires pectorales était de deux pieds huit pouces, et leur largeur de huit pouces.

Sa couleur générale était d'un gris noirâtre, plus clair sur le ventre et autour des yeux, et marbré de couleur Isabelle à la partie supérieure de la mâchoire inférieure. Sur le dos et principalement vers la queue se voyaient des dépressions hémisphériques d'un demi-pouce de diamètre, remplies de sang qu'on attribua à la présence de quelques animaux parasites.

Les gencives étaient tout-à-fait dépourvues de dents ; mais le bord gencivale de la mâchoire inférieure paraît, quand elle se ferme, s'enchâsser dans un sillon correspondant de la supérieure. La langue était libre et de la grosseur de celle du bœuf. L'évent, en arc de cercle, avait sa partie concave dirigée en avant.

M. Voigts dit que la tête de cet animal a été déposée dans le jardin botanique de l'université de Kiel.

Tous ces cétacés, à dents rudimentaires, ou à dents irrégulières, tout-à-fait inutiles en apparence aux animaux qui en sont pourvus, cétacés bien plus nombreux que ceux dont nous venons de parler, ont déterminé MM. de Blainville, Desmarest (1) et Lesson (2) à les réunir en un seul genre ou

(1) Mamm., p. 520.
(2) Hist. nat. des Cétacés, p. 74.

en une seule famille, sous le nom d'*hétérodons*, et à former de chacun d'eux autant d'espèces ou de genres distincts, ce qui a été imité par M. Baptiste Fischer (1); mais, si un des travaux du naturaliste doit consister à réunir les espèces, suivant leurs rapports les plus importans, pour en former des genres, et rapprocher les élémens épars des espèces pour reconstituer celles-ci, il ne remplit pas sa tâche lorsqu'il prend chacun de ces élémens pour type d'une espèce, et qu'il rassemble ces espèces pour en former des genres et des familles. Dans ce cas, il tranche la difficulté qu'il fallait résoudre, ou du moins sur laquelle il fallait rester indécis, si sa solution était jugée impossible; car le doute fondé est bien autrement scientifique que l'affirmation qui ne peut se justifier; et les observations subséquentes ont montré qu'en effet rien n'était moins naturel que ce genre de dauphin à dents irrégulières, et que des individus qu'on isolait dans des espèces distinctes ne pouvaient cependant être séparés et appartenaient réellement aux mêmes espèces.

Il est cependant une circonstance sur laquelle on a pu s'appuyer pour distinguer spécifiquement le cétacé de Dale de celui de Baussard : celui-ci dit que l'animal qu'il a observé avait trois estomacs, et Dale n'en donne qu'un au sien, qui, ajoute-t-il, était carré et terminé à l'une de ses extrémités par le pylore, et à l'autre par le cardia; mais, si, d'une part, l'on considère le peu d'analogie qu'il y a entre cet estomac carré et ce qu'on connaît de l'estomac de tous les autres cétacés, et les rapports intimes qui lient l'animal observé par Dale à la famille des dauphins, on pourra sans témérité soupçonner cet auteur de quelque confusion dans ce qu'il rapporte de l'estomac de son *flonders-head*. D'un autre côté, quand on réfléchit à l'importance d'un organe tel que l'estomac, on ne comprend pas qu'une modification profonde dans cet organe n'en entraîne pas de nombreuses dans tout le reste de l'organisation, et surtout dans les organes extérieurs. Enfin on ne doit pas oublier que, quoique botaniste distingué, **Dale** n'était point anatomiste, et qu'il a pu d'autant plus ne voir qu'un estomac simple dans son animal, que Baussard nous apprend que l'une des divisions de l'estomac de ses cétacés

(1) Synopsis mammalium, p. 514.

était beaucoup plus grande que les deux autres, et que des valvules se trouvaient aux limites de chacune de ces divisions.

L'impossibilité d'attribuer chez les dauphins, au caractère tiré du nombre des dents, un rang supérieur, comme on a pu le faire pour plusieurs autres ordres chez les mammifères, et de ne pas réduire ce caractère à une grande insignifiance dans l'espèce qui nous occupe, nous détermine à rapporter ici une observation qui pourrait nous échapper, et qui, aujourd'hui, ne nous semble avoir de rapport naturel qu'avec cette espèce (1).

Elle a pour objet un cétacé échoué, en octobre 1810, sur les côtes de la Gironde, dans le bassin d'Arcachon. La longueur de cet animal était de vingt-deux pieds huit pouces. Après le museau, la tête s'élevait brusquement en une bosse charnue. La circonférence de ce cétacé, vis-à-vis des yeux, était de trois mètres et un tiers ; un peu plus bas, elle était de deux mètres plus grande, et elle était de quatre mètres vis-à-vis de l'anus. La nageoire de la queue avait deux mètres d'une pointe à l'autre. La graisse qui entourait le corps de cet animal avait douze centimètres d'épaisseur sur les flancs et vingt-quatre sur la tête. La mâchoire inférieure ayant été envoyée à Bordeaux, la dissection en fut faite, et on trouva quatre dents pointues à son extrémité ; les postérieures plus petites de deux tiers que les antérieures. Enfin M. P.-B., qui rapporte ces détails, ajoute qu'en comparant la description que Lacépède donne de son dauphin à deux dents, qui, comme nous l'avons dit, est le *bottle-noze* de Hunter, avec celle qu'il vient de donner lui-même, on trouve une ressemblance si exacte entre les animaux qui en font l'objet, qu'on ne peut s'empêcher de regarder toute leur organisation comme identique.

On voit, par ce que nous venons de rapporter, combien les élémens de l'histoire de l'espèce, que notre objet est de faire connaître, sont en petit nombre, et combien chacun d'eux est restreint lui-même à un petit nombre de mots. En effet, à l'exception de Baussard, qui entre dans quelques détails, trop souvent obscurs, sur les cétacés de Honfleur, Hunter, Dale, Pont-

_____

(1) Bulletin polymatique du Muséum d'instruction publique de Bordeaux, décembre 1810, p. 404.

oppidan , Chemnitz, Voigts, se bornent ou à donner des dimensions et des couleurs, ou à indiquer les dents, ou même à ne présenter que des figures. Il est donc inutile que nous fassions remarquer tout ce qui resterait à faire pour compléter et rendre cette histoire plus exacte et plus vraie.

Il paraît que les hautes mers du Nord seraient les régions où se trouverait naturellement cette espèce, car tous ceux qui ont été vus sur nos côtes semblent n'y avoir été amenés qu'accidentellement ; ce n'est du moins que par un accident qu'ils nous ont été livrés, tandis que celui dont parle Chemnitz avait été pris nageant librement en pleine mer ; et, d'après le même auteur, on voit que ces animaux vivent en troupes.

Leur taille serait de vingt-cinq à trente pieds et même au-delà, et leur plus grand diamètre paraît être vis-à-vis des nageoires pectorales, de sorte que leur corps serait moins fusiforme et plus conique que celui des dauphins. Ils ont un museau aplati, large, surmonté par une apparence de front très-élevé et de forme arrondie ; les nageoires, mais surtout les pectorales et la dorsale, sont petites, et les organes génitaux femelles sont renfermés dans un pli à l'extrémité postérieure duquel est l'anus , et sur ses côtés se voient deux autres plis très-petits où sont les mamelons. Des dents coniques et pointues, au nombre de deux et peut-être plus, se voient à l'extrémité de la mâchoire inférieure, et, lorsqu'ils sont échoués, ils font entendre une voix forte qu'on a comparée au mugissement du taureau.

Les parties supérieures du corps sont d'un brun noir, et les parties inférieures sont blanchâtres par le mélange d'une teinte brune à la couleur blanche.

A ces traits généraux nous croyons devoir joindre ce que Baussard dit de plus positif des deux individus qu'il a décrits.

La femelle adulte avait vingt-trois pieds six pouces de longueur, et sa grosseur était de quinze pieds six pouces à la naissance des nageoires pectorales. Tout son corps, à l'exception du ventre couleur de plomb, était couvert d'une peau noire semblable à celle du marsouin. La tête avait plus de hauteur que de largeur ; le front s'élevait d'un pied cinq pouces au-dessus de la mâchoire supérieure ; le museau se terminait presque en pointe, et on ne voyait aucune dent à l'extérieur ; le dedans de la mâchoire supérieure et le palais étaient garnis de petites pointes dures et aiguës de plus d'une demi-ligne d'élévation (1) ; la langue, un peu rude, était adhérente à la mâchoire inférieure et dentelée à son bord ; les yeux étaient convexes et bordés de paupières ; l'évent, en forme de croissant, avait ses pointes dirigées en arrière, et était à quatre pieds quatre pouces du bout du museau ; on n'apercevait point d'orifice au conduit auditif ; sa vulve avait un pied trois pouces de longueur ; l'orifice de l'anus était vers son extrémité postérieure, et de chaque côté, vers son milieu, se voyait un pli au fond duquel était un mamelon. Les nageoires pectorales avaient deux pieds de longueur sur un pied trois pouces de large ; la nageoire du dos avait deux pieds de long à sa base et quinze pouces de hauteur ; celle de la queue, six pieds dix pouces d'une pointe à l'autre. La voix de cet animal ressemblait au mugissement d'un taureau.

Les particularités anatomiques dans lesquelles entre Baussard montrent trop combien il était étranger à ces matières, et nous avons déjà rapporté ce qu'à cet égard il dit de plus précis.

Le jeune individu qui avait douze pieds six pouces de longueur, et qui était aussi femelle, ressemblait essentiellement à sa mère.

Il nous reste actuellement à donner la description de la tête osseuse de cette espèce ; nous trouverons en elle des caractères qui nous révéleront, mieux encore que la figure générale de l'animal, les différences génériques qui existent entre les dauphins et les hypéroodons, et nous tirerons la description de cette tête de celle qu'en a donnée mon frère, laquelle convient entièrement à la figure que Baussard a donnée de la tête osseuse de ses cétacés.

« La tête de l'hypéroodon sort tout-à-fait des formes propres au genre des dauphins, et mériterait à elle seule de faire placer l'animal dans un genre particulier.

» Les maxillaires (*aa*), pointus en avant, élargis vers la base du museau, élèvent de chacun de leurs bords latéraux une grande crête verticale, arrondie dans le haut (*a'*), descendant obli-

(1) Ce sont ces pointes, ou tubercules, qui ont servi à Lacépède pour caractériser génériquement cette espèce sous le nom d'*hyperoodon*.

quement en avant et plus rapidement en arrière, où elle retombe à peu près au-dessus de l'apophyse postorbitaire, en (*a''*). Plus en arrière encore, ce maxillaire, continuant de couvrir le frontal, remonte verticalement avec lui et avec l'occipital, pour former sur le derrière de la tête une crête occipitale transverse (*a'''*), très-élevée et très-épaisse. En sorte que, sur la tête de cet animal, il y a trois de ces grandes crêtes : la crête occipitale en arrière, et les deux crêtes maxillaires sur les côtés, qui sont séparées de la première par une large et profonde échancrure. Elles le sont l'une de l'autre par toute la largeur de la tête, car elles ne se rapprochent point en dessus et ne forment point de voûte comme dans le dauphin du Gange, mais simplement des espèces de murs latéraux.

» Les intermaxillaires (*b*), placés comme à l'ordinaire entre les maxillaires, remontent avec eux jusqu'aux narines, et, passant à côté d'elles, s'élèvent au-dessus en (*b'*); en sorte qu'ils prennent aussi part à la formation de la crête postérieure élevée sur l'occiput. Les deux os du nez, (*cc*), fort inégaux, ainsi que les narines, sont placés à la face antérieure de cette crête occipitale, et s'élèvent jusqu'à son sommet.

» Du reste, les connexions des os sont à peu près les mêmes que dans les dauphins.

» L'apophyse zygomatique du temporal, *f*, est épaisse, sans être aussi longue que dans le dauphin du Gange ; l'orbite est aussi large que dans les dauphins odinaires, et bornée de même en dessous par une tige grêle donnée par le jugal.

» Les pariétaux ne se montrent que très-peu dans la fosse temporale, qui elle-même est peu étendue en hauteur.

» En dessous, le palais est un peu en carène ; ce qui pourrait indiquer un rapprochement avec les baleines.

» Il n'a point les sillons latéraux du dauphin vulgaire.

» Les ptérygoïdiens (*gg*) occupent une très-grande longueur aux arrière-narines, et diminuent beaucoup la part qu'y prennent en avant d'eux les palatins (*hh*).

» Le vomer se montre à deux endroits de la face inférieure (*ii*), entre les ptérygoïdiens et les palatins, et entre les maxillaires et les intermaxillaires.

» L'occiput est plus haut que large. La mâchoire inférieure

n'a pas sa symphyse plus longue qu'aux espèces ordinaires de dauphins (1).

» Le squelette d'*hypéroodon* conservé au Muséum des chirurgiens de Londres, qui est celui du *bottle-noze-whale*, pl. xix, de Hunter, est long de vingt-un pieds, et cependant les épiphyses sont encore séparées à tous les os.

» Il a sept vertèbres cervicales, toutes soudées ensemble ; trente huit autres vertèbres, dont neuf portent des côtes ; à la vingt-deuxième commencent les os en V qui caractérisent les premières caudales ; en sorte que l'on peut compter dix-sept vertèbres à la queue. Il y a six de ces os en V, et les apophyses épineuses supérieures cessent sur la neuvième caudale. Les cinq premières côtes seulement s'articulent au sternum, et il n'y a que quatre fausses côtes de chaque côté. Le sternum se compose de trois os : le premier carré, échancré en avant et en arrière ; le second aussi carré et échancré en avant ; le troisième oblong et échancré en arrière.

» L'omoplate de l'hypéroodon a le bord spinal plus étendu à proportion et plus rectiligne que dans les dauphins, l'angle antérieur plus aigu, l'acromion dirigé un peu vers le bas, et la pointe coracoïde un peu en sens contraire. Les os du bras et de l'avant-bras sont un peu moins raccourcis que dans les dauphins La main est presque arrondie ; mais il serait possible que les phalanges n'eussent pas été bien montées, etc. »

LES PLATANISTES.—*Platanista.*

On ne connaît encore dans ce genre qu'une seule espèce ; et cette espèce ne s'est encore rencontrée que dans le Gange. Depuis que ce dauphin d'eau douce a été découvert au midi de l'Asie, on a fait la découverte d'un autre dauphin, également d'eau douce, dans l'Amérique méridionale. C'est celui qui a donné lieu à la formation du genre Inia. L'espèce du Gange s'éloigne beaucoup plus que celle-ci du type offert par le dauphin commun, et le genre

(1) Figures de tête d'hypéroodon, Baussard, Journ. de Phys., mars 1789, fig. trop peu détaillée ; Camper, Cétacés, pl. xiii, xiv, xv et xvi, très-bonnes.

qu'elle constitue, ainsi que celui des hypéroodons, se rapproche à quelques égards des cachalots; aussi ces deux genres pourraient être considérés comme des liens qui unissent ces derniers cétacés à la famille des dauphins, dans laquelle nous les avons laissés.

Les caractères par lesquels les platanistes se distinguent des autres dauphins sont nombreux, comme on le verra dans la description que nous donnons du plataniste du Gange; mais le principal de ces caractères consiste dans la forme étroite des mâchoires, jointe aux crêtes minces et saillantes que les maxillaires projettent en avant de chaque côté des conduits de l'évent.

LE PLATANISTE DU GANGE. — *P. gangeticus.*
Pl. viii, fig. 2, et pl. xviii, fig. 1, 2 et 3.

M. Lebeck, en 1801, dans les nouveaux mémoires des naturalistes de Berlin (1), et M. Roxburg, en 1803, dans les mémoires de la société asiatique de Calcutta (2), sont les premiers auteurs qui ont fait connaître cette espèce de dauphin par des descriptions détaillées et de passables figures. Depuis, éclairé par elles, on a pu supposer que Schaw avait indiqué cette espèce dans ce qu'il dit en quelques lignes de son *delphinus rostratus* (3), et que Pline même en avait parlé sous le nom de *platanista* (4) : C'est qu'une bonne description en histoire naturelle a le double avantage d'enrichir la science de notions positives, et de rendre claires celles qui jusque là restaient obscures, ou devenaient même des causes d'erreurs.

M. de Blainville, en 1817 (5), donna la description des dents

(1) T. iii, p. 280, pl. ii.

(2) T. vii, p. 170, pl. iii (édit. de Londres, 1803, in-4°). M. Home, dans sa description des dents de ce dauphin, cite le mémoire de Roxburgh comme ayant paru en 1721 dans les mémoires de la société de Calcutta. Ces mémoires paraissaient-ils alors ? L'édition de Londres est une copie de celle de Calcutta.

(3) Gen. zool., t. ii, part. 2ª, p. 514.

(4) Hist. nat., lib. ix, cap. 15.

(5) Nouv. Dict. des Scienc. nat., t. ix, p. 153.

et des mâchoires de ce dauphin, d'après des portions de tête qu'il avait vues à Londres au Muséum de Hunter; mais il n'y reconnut pas le *delphinus gangeticus* de Lebeck, et il en tira les caractères d'une espèce de delphinorhynque à laquelle il donna le nom de *schawensis*, la rapportant au *delphinus rosrats* de Schaw.

Evrard Home, en 1818, publia une nouvelle description et une figure (1) de ces dents d'après les objets mêmes qui avaient servi au travail de **M.** de Blainville, et il rapporta ces objets à leur véritable espèce, au dauphin du Gange.

Cependant toutes ces publications ne suffisaient pas encore pour faire apprécier les caractères essentiels de cette espèce de dauphin ; pour cela en effet la connaissance des parties osseuses de la tête entière était indispensable, et cette connaissance fut acquise en 1822. Mon frère donna (2) une description détaillée de la tête de ce dauphin du Gange d'après un squelette envoyé par le docteur Wallich, et il compléta ainsi les notions indispensables à l'appréciation des rapports naturels de cette espèce singulière.

Ce dauphin du Gange atteint au-delà de sept pieds de longueur. Sa forme générale est celle des dauphins proprement dits; son plus grand diamètre est à la partie antérieure de son corps, vis-à-vis des nageoires pectorales; de là ce dauphin va en diminuant et en se comprimant sur les côtés graduellement jusqu'à la nageoire de la queue, de telle sorte que son diamètre vertical devient plus grand que l'horizontal. Sa tête, de la grosseur de la partie du corps dont elle est voisine, s'abaisse assez brusquement en s'arrondissant à sa partie frontale, et se termine par un bec long, mince, étroit, sans lèvres, et renflé à son extrémité ; une élévation de la peau, comme une nageoire en rudiment, se voit à la partie supérieure du corps, à peu près à égale distance des nageoires pectorales et de la nageoire de la queue.

Les premières de ces nageoires sont de huit à neuf pouces de longueur, larges de sept à huit à leur extrémité, qui est découpée en légers festons; et, comme les phalanges se marquent dehors en impressions longitudinales sur une ligne droite, Roxburgh

(1) Trans. phil., 1818, p. 417, pl. xx.
(2) Rech. sur les Ossem. foss., t. v, p. 279, et 2987, pl. xxii.

compare ces nageoires à un éventail ; la nageoire caudale, large
de quatorze à quinze pouces, a la forme d'un croissant partagé
dans son milieu par une assez forte échancrure.

Les yeux sont fort petits, noirs, assez profondément enchâssés
dans leur orbite, et situés à environ deux pouces au-dessus des
coins de la bouche.

A cinq ou six pouces des yeux, et plus haut qu'eux, se voit
l'orifice de l'oreille, qui consiste en une petite fente arquée de bas
en haut.

L'évent, situé au sommet de la tête, est longitudinal et présente la double courbure d'un S.

La langue est épaisse, ovale, fixée aux tégumens de la bouche,
et presque entièrement immobile.

La peau, tout-à-fait nue, douce au toucher, brillante et
épaisse, recouvre immédiatement une couche de graisse d'un
jaune clair, qui a quelquefois plus d'un pouce d'épaisseur.

Les organes génitaux mâles ne se montrent point au-dehors
dans leur état ordinaire ; l'orifice qui sert de passage à leur
sortie est à environ un pied en arrière de l'insertion des nageoires pectorales, et à dix pouces en avant de l'anus. La verge
a dix à douze pouces de longueur ; elle se compose d'une partie
postérieure cylindrique qui en fait à peu près la moitié, et d'une
partie antérieure conique qui en fait l'autre moitié ; la première
est de la grosseur d'un doigt, et l'autre va en diminuant progressivement jusqu'à la pointe, où se trouve sans doute l'orifice de
l'urètre. Au point où la partie conique commence à se former, se
voient deux lobes qui ne semblent être que le prolongement de
la face inférieure de la partie cylindrique.

Les organes génitaux femelles se montrent au dehors par un
orifice longitudinal, terminé antérieurement par un clitoris bifurqué d'un demi-pouce de longueur. On voit une mamelle postérieurement sur chacun des côtés de ces organes.

Sa couleur, quand l'animal sort de l'eau, est d'un noirâtre
un peu gris aux parties supérieures du corps ; mais elle devient
tout-à-fait gris-de-perle quand la peau est sèche. Les parties inférieures sont blanchâtres. Il paraît, d'après Roxburgh, que chez
les vieux individus, les parties colorées sont variées de taches
nuageuses plus foncées.

Les dents sont au nombre de trente de chaque côté des deux

mâchoires, ce qui porte leur nombre total à cent vingt; elles sont simples, coniques, un peu courbées en arrière, et aiguës quand elles n'ont pas été émoussées par usure. Elles naissent sur les côtés des maxillaires, et ne les touchent que par leur face interne quand les mâchoires se ferment. Les antérieures, mais surtout celles de la mâchoire inférieure, sont les plus longues et les plus aiguës; et on les voit aller en diminuant sensiblement de grandeur, et en s'écartant un peu les unes des autres, à mesure qu'on s'avance vers les parties postérieures des mâchoires. Enfin, lorsque celles-ci se ferment, les dents de l'une se placent dans les intervalles que laissent entre elles les dents de l'autre.

Tel est le dauphin du Gange vu extérieurement; et, à l'exception du renflement de l'extrémité des mâchoires, il ne rappelle guère que la physionomie générale des autres dauphins à bec long et étroit; mais, lorsqu'on dépouille la tête de ce dauphin de sa peau et de ses chairs, et qu'on étudie sa structure osseuse, on voit que cette tête, comparée à celle des autres dauphins, présente des différences fondamentales.

Mon frère, comme nous l'avons dit plus haut, ayant donné une description très-détaillée de la tête de cette singulière espèce, a fait connaître ces différences importantes; aussi ne pouvons-nous mieux faire que de transcrire ses propres paroles pour les faire connaître nous-mêmes.

« De tous les cétacés que l'on a rapportés au genre des dauphins, le plus extraordinaire par la structure de sa tête, c'est le dauphin du Gange.

» Son museau, très-long (pl. xviii, fig. 1, 2 et 3), est extrêmement comprimé par les côtés; les intermaxillaires en occupent la partie supérieure, et les maxillaires l'inférieure.

» Les premiers (*aa*) remontent jusqu'aux côtés, et même jusqu'au-dessus des narines, qui, dans cette espèce, sont plus longues que larges.

» Le caractère le plus frappant de cette tête, c'est que les maxillaires (*bb*), après avoir recouvert, comme dans les autres dauphins, les frontaux jusques aux crêtes temporales, produisent chacun une grande paroi osseuse (*b'b'*), qui se redresse et forme une grande voûte sur le dessus de l'appareil éjaculateur des narines. A cet effet, l'une de ces productions osseuses se rapproche de l'autre, et paraît même la toucher sur les deux tiers antérieurs :

mais en arrière elles s'écartent pour laisser passage à l'évent. C'est la ligne de réunion de ces deux parois osseuses qui soutient la carène que le front de cet animal montre à l'extérieur. En dessous ces parois offrent plusieurs cavités ou une espèce de réseau formé par des branches osseuses très-multipliées.

» Dans l'animal frais, la plus grande partie de l'espace qu'elles couvrent est remplie d'une substance fibreuse, serrée et assez dure.

» Les fosses temporales de cette espèce sont beaucoup plus grandes que dans aucun dauphin, en sorte que leurs crêtes supérieures cernent à la partie supérieure de l'occiput un espace rectangulaire, des deux côtés duquel part à angle droit le reste de la crête occipitale.

» La suture de l'occiput avec les temporaux et avec les pariétaux suit précisément cette crête anguleuse ou occipito-temporale.

» L'occipital (*h*) s'avance dans l'espace rectangulaire que nous venons de dire pour s'articuler en avant avec le frontal (*f*).

» Une autre particularité de cette tête, c'est la grandeur de son apophyse zygomatique du temporal (*m*), qui est proportionnée à la grandeur de la tempe; elle va aussi se joindre à l'apophyse postorbitaire du frontal (*n*), et forme ainsi à elle seule toute l'apophyse zygomatique.

» L'orbite étant très-petit, la tige de l'os jugal qui le borne en dessous est beaucoup plus courte que dans les autres dauphins; elle est large et comprimée. Le corps de l'os est plus renflé que dans les autres, mais est placé de même sous les parties voisines du frontal et du maxillaire.

» En dessous, il y a aussi des particularités très-différentes des autres espèces. Les palatins occupent en longueur un beaucoup plus grand espace, et vont jusqu'à s'articuler en arrière avec les temporaux, qui s'articulent aussi en un point avec les frontaux, de sorte que les pariétaux ne touchent pas aux palatins.

» Les apophyses ptérygoïdes ou os ptérygoïdiens forment, comme dans les autres dauphins, la plus grande partie du contour des arrière-narines; mais il ne me paraît pas qu'elles se replient pour tapisser en dessous les sinus placés sous les narines; et même ces sinus, dans toute leur longueur, n'ont point de paroi inférieure osseuse et ne sont fermés en dessous que par des membranes, les parois inférieures des palatins laissant une grande solution de continuité dans toute leur crête inférieure. Les sinus communiquent amplement dans le squelette avec le réseau osseux de la face inférieure des crêtes des maxillaires. Les crêtes du basilaire et des occipitaux latéraux, qui bordent au côté interne la voûte sous laquelle est l'oreille, sont très-épaisses et hérissées de petites pointes osseuses.

» L'espace qu'elles laissent entre elles est rempli et fermé par l'os de la caisse, qui est très-grand et adhère au rocher ; celui-ci n'est pas simplement suspendu, il est enchâssé à demeure entre le temporal et les parties voisines de l'occipital.

» La mâchoire inférieure du dauphin du Gange se distingue aussi beaucoup de celles des autres espèces par sa compression, qui rapproche tout-à-fait les dents des deux côtés, et par la longueur extrême de sa symphyse, qui s'étend jusqu'à la dernière de ces dents.

» Les branches prennent aussi plus de hauteur à proportion de la partie dentaire.

» Cette longue symphyse, ainsi que les crêtes qui naissent du maxillaire, nous préparent à ce que nous observons dans le cachalot. »

Ce dauphin se rencontre communément dans les parties inférieures du Gange, dans les nombreux canaux, toutes les fois qu'ils sont navigables, par lesquels ce beau fleuve se rend à la mer. On le voit, dans ces eaux lentes et profondes, nager comme les autres dauphins en se courbant en arc pour se redresser subitement ensuite. Sa nourriture principale consiste sans doute en poissons ou autres animaux aquatiques. Cependant on a trouvé, dit Roxburgh, du riz avec ses enveloppes dans son estomac ; et cet organe, suivant le même auteur, contenait aussi un grand nombre d'ascarides. Les Indiens lui donnent le nom de *sousou*.

Conformément à l'indication donnée par mon frère, M. Lesson a fondé sur ce dauphin son genre sousou (1) ; et cette espèce est devenue dans son ouvrage (2) le *sousou plataniste*.

(1) Hist. nat. des Cétacés, p. 154.
(2) Id. p. 157.

DES CACHALOTS EN GÉNÉRAL.

Physeter.

Jusqu'à présent les cétacés que nous avons eu à faire connaître ne surpassaient pas, en grandeur, l'étendue que de près nous pouvons embrasser d'un regard. Sans cette condition il devient impossible de saisir la physionomie générale d'un animal; et sans elle on ne peut comparer exactement les animaux dont on veut apprécier les ressemblances et les différences, ni par conséquent distinguer les espèces l'une de l'autre. C'est parce qu'on a pu saisir l'ensemble de leur physionomie, et les comparer entre eux, qu'on est parvenu, sans de trop grandes difficultés, à caractériser différentes espèces de dauphins; et c'est en grande partie parce que ce procédé est absolument impraticable pour les cachalots, qui ont communément de soixante à quatre-vingts pieds de long, avec une grosseur proportionnelle, qu'il reste encore tant d'incertitude sur la distinction des espèces de ce genre.

Une autre cause de difficultés qui ajoute beaucoup à celle qui résulte de la grandeur de la taille, c'est que nous n'avons ordinairement l'occasion d'étudier ces cétacés que quand ils sont échoués, et qu'alors leur énorme masse s'affaisse tellement sous son poids immense, qu'à l'instant même toutes les formes qui leur étaient naturelles s'altèrent, disparaissent. Si nous ajoutons qu'alors les sables souvent les cachent en partie, on ne s'étonnera plus de la diversité d'opinions que ces animaux ont fait naître, quant aux espèces qu'ils doivent former; d'autant plus que les individus qui ont été observés sont en très-petit nombre.

Nous pourrions indiquer encore plusieurs autres causes qui mettent obstacle à l'observation de ces grands animaux marins; et cependant, malgré toutes les difficultés qui s'opposent à ce qu'on acquière une idée exacte de leurs formes générales, on en a quelques représentations par le dessin; chaque fois que des cachalots sont venus échouer sur nos rivages, leur vue a excité trop vivement la curiosité pour qu'on ait négligé d'en reproduire les traits. Ces représentations sont des acquisitions précieuses pour la science; elles forment même aujourd'hui une de ses principales richesses, relativement à la connaissance des cachalots; car les restes de ces animaux se rencontrent bien rarement dans les collections d'histoire naturelle, d'où leur volume les a généralement fait exclure. Toutefois il est aisé de concevoir, d'après ce que nous venons de dire, combien on a peu de garantie de leur fidélité, combien il serait imprudent de conclure des différences qu'elles présentent aux différences réelles qui pouvaient exister entre les animaux qu'elles ont pour objet de faire connaître.

Des figures faites d'après des cachalots flottans librement seraient dans le cas d'inspirer plus de confiance; mais, si de telles figures sont possibles, nous croyons que la science n'en possède pas encore.

Pendant long-temps, dans cette branche de l'histoire naturelle, comme dans toutes les autres, les observateurs se bornèrent à faire connaître individuellement les animaux qu'ils se trouvaient à portée de décrire, sans chercher entre eux des différences spécifiques. Sibbald (1) eut le premier la pensée de diviser en espèces les cétacés dont la mâchoire inférieure seule était armée de dents; mais il

(1) Phalainologia nova, p. 24, 64, 67 et 68.

sépara les grandes espèces des petites ; il en fit trois des premières, et il s'en trouva une dans les secondes qui était privée de dents à la mâchoire supérieure. Ce sont ces quatre espèces que Rai reproduisit. L'un et l'autre les caractérisaient par la présence ou la privation de la protubérance dorsale qu'ils appellent nageoire, par la situation de l'évent, la forme des dents et celle du museau.

Artédi (1) admit les mêmes espèces fondées sur les mêmes caractères ; mais il en forma deux groupes, 1° les physetères, à nageoire dorsale, et les catodons, sans nageoire dorsale.

Brisson (2), avec quelques élémens de plus que ceux dont ses prédécesseurs avaient pu faire usage, forma le genre cachalot de sept espèces qu'il caractérise par le nombre des nageoires, la situation de l'évent et la forme des dents.

Linnéus (3), suivant en ce point Artédi, n'admet que quatre espèces de cétacés à mâchoire inférieure seule dentée, et il les réunit dans un seul genre sous le nom de *physeter;* seulement les deux premiers répondent aux *catodons* d'Artédi, et les deux derniers aux *physeter* de cet ichthyologiste. Gmelin, Erxleben, etc., admirent en tout point les idées de Linnéus.

Bonnaterre (4), faisant une autre distribution des matériaux acquis à la science, en ce qui concerne les cachalots, partage ces matériaux entre six espèces qu'il caractérise surtout par la forme de la protubérance ou nageoire du dos, et par les plus petites modifications de la forme des dents.

Lacépède (5), renchérissant sur tous ses prédécesseurs, reconnaît huit espèces de cachalots, qu'il divise en trois

(1) Genera Piscium.
(2) Règne animal.
(3) Systema naturæ.
(4) Cétologie.
(5) Hist nat. des Cétacés.

groupes : *les cachalots proprement dits*, qui ont une ou plusieurs éminences sur le dos, et dont les évents réunis sont situés au bout de la partie supérieure du museau; *les physales*, qui ne diffèrent des cachalots qu'en ce qu'ils ont une bosse ou petite protubérance dorsale, et que leur évent est situé sur le museau, à une petite distance de son extrémité; enfin *les physétères*, qui ont une nageoire dorsale, et dont les évents sont situés au bout ou près du bout de la partie supérieure du museau.

Il partage en outre ses cachalots en deux sous-genres, suivant qu'ils présentent ou non une ou plusieurs éminences sur le dos. Quant aux espèces, il les caractérise à peu près par la considération des mêmes parties que ses prédécesseurs : par la forme ou la situation des éminences du dos et de leurs rapports avec la nageoire dorsale, la forme de la queue et celle des dents, etc.

M. Desmarest (1) admet les divisions génériques et les huit espèces établies par Lacépède, et y en ajoute une neuvième, décrite depuis par ce dernier, d'après des dessins chinois dont la fidélité n'a rien d'authentique.

Des différences aussi considérables dans les résultats auxquels étaient arrivés des hommes remplis de savoir, et versés dans la critique de la science, devaient causer quelque surprise, et, pour en découvrir la cause, porter à examiner de nouveau les seuls matériaux dont ils aient pu faire usage dans la construction de leur édifice.

C'est à ce travail que mon frère fut appelé dans ses recherches sur les ossemens fossiles (2). La nécessité de connaître exactement les espèces vivantes, pour apprécier celles dont les restes se trouvent enfouis dans le sol, le commandait, et dès les premiers pas il dut reconnaître que le dissentiment qui avait jusque là partagé les na-

(1) Mammalogie.
(2) Rech. sur les Ossem. foss., t. v, p. 328.

turalistes sur les cachalots tenait au peu de fixité des principes de la science.

L'application de la méthode naturelle au sujet qui nous occupe devait donc conduire à d'autres résultats que ceux où avaient conduit des principes différens, moins fixes et moins rigoureux : en effet, mon frère réduit à une seule toutes les espèces de cachalots.

Lorsqu'on examine les bases sur lesquelles repose la détermination de ces espèces de cétacés, on voit qu'aucune des parties de la science n'en présente de plus incomplètes, de plus faibles, de plus incertaines.

Les sources originales où les naturalistes puisent les faits relatifs à ces animaux consistent dans des figures accompagnées de descriptions, dans des descriptions sans figures, et des figures sans description, faites, les unes et les autres, à des époques plus ou moins éloignées entre elles, souvent dans différens pays, et toujours sans unité de vues.

Il en résulte la difficulté presque insurmontable de déterminer avec exactitude en quoi ces figures et ces descriptions diffèrent ou se ressemblent essentiellement ; difficulté commune, il est vrai, à presque toutes les branches de la zoologie, mais plus particulièrement au genre des cachalots, en ce qu'elle s'accroît des obstacles que la nature même de ces animaux oppose à leur étude.

Les anciens ne paraissent point avoir eu une connaissance bien précise des cachalots. Il est probable que leur *orca* (1) en était un ; et on suppose que Pline, en parlant des *physeter* (2), qui, dans la mer des Gaules, s'élèvent à la hauteur des voiles des vaisseaux, en faisant jaillir de grandes masses d'eau, entend par ce nom désigner des cachalots, puisque d'ailleurs il parle spécialement des ba-

(1) Pline, lib. ix, cap. 5.
(2) Lib. ix.

leines et des dauphins. Il paraît que les cachalots, sans être communs dans la Méditerranée, n'y sont point, à beaucoup près, inconnus; il en est échoué à plusieurs reprises sur les côtes d'Italie (1), où ils portent le nom particulier de *capidoglio* (2), et les Languedociens ont aussi pour eux le nom spécial de *peis-mular* (3). Si donc les anciens les ont connus, comme il serait difficile d'en douter, ils ne les ont sans doute point suffisamment distingués de la baleine. C'est dans l'Océan Austral que ces grands cétacés se trouvent le plus communément aujourd'hui. Ils se rencontraient peut-être moins rarement autrefois dans les mers du Nord qu'ils ne le font de nos jours. C'est du moins des côtes septentrionales de l'Europe que nous sont venus les premiers et les plus nombreux renseignemens sur ces animaux, comme aujourd'hui c'est du midi qu'il pourrait nous en arriver de nouveaux avec plus d'abondance. Si Albert-le-Grand (4) parle de la cétine et de l'ambre gris, c'est d'après des cachalots échoués en Hollande; et, si quelques-uns de ces animaux ont été décrits ou représentés, ce sont presque exclusivement ceux qui ont échoué sur les côtes du nord de l'Allemagne, sur celles de l'Angleterre, de la Hollande, ou de la Belgique.

Nous allons rappeler les notions principales que ces descriptions et ces représentations contiennent, pour apprécier ensuite leur importance, et juger enfin l'usage qu'on en a fait dans la détermination et la classification des espèces de ce genre.

Ambroise Paré donne une figure peu fidèle et très-grossière d'un cachalot, de cinquante-huit pieds de long, pris en 1577 près d'Anvers. On y voit une protubérance

---

(1) Paul Iove, de Piscib. rom. p. m. 22. Duhamel, Traité des Pêches, 2ᵉ part., sect x, ch. 2. Ranzani, Elém. Zool., t. ii, p. 693 et suiv.

(2) La figure que Belon donne (de Aquat., p. 6) sous le nom de capidoglio est celle d'un dauphin.

3. Rondelet, de Piscib.. p. 380.

4. Au mot *Cetace.*

pinnatiforme qui se prolonge en décroissant du milieu du dos à la nageoire caudale. La partie antérieure de cette protubérance se présente comme une petite nageoire triangulaire ; le reste ne montre que des ondulations au nombre de six ou sept. L'évent est au milieu du museau ; celui-ci n'a pas une hauteur disproportionnée : la tête ne fait que le quart de la longueur du corps, et cette longueur est peu étendue relativement à l'épaisseur de l'animal. Cette figure a été copiée par Aldrovande, Jonston, etc.

C'est à Clusius (1) que l'on doit la première description d'un cachalot, accompagnée d'une figure ; l'une et l'autre ont pour objet de faire connaître un cétacé échoué en 1598 à Berchey, sur la côte de Hollande. Un second, de même espèce, échoua à Beverwyck en 1601, sur la même côte. La figure représente l'animal couché sur le côté : on n'y voit par conséquent ni le dos, où aurait pu se trouver une nageoire, ni la partie supérieure du museau, où était l'orifice des évents. D'ailleurs elle est grossière et peu soignée pour les détails. La description consiste principalement en mesures. L'auteur ne parle point de nageoire dorsale, qui peut-être était cachée, une partie du corps de l'animal devant être enfouie dans le sable du rivage. L'animal avait de cinquante-deux à cinquante-trois pieds de long ; sa mâchoire inférieure avait quarante-deux dents, et un même nombre de cavités, où ces dents pénétraient, se voyait à la mâchoire supérieure. L'évent, dit Clusius, se trouvait *in capite versus dorsum*. Une grande quantité de cétine, que les Hollandais nomment *valschot*, fut tirée de la tête. Les parties supérieures du corps étaient de la couleur noire des dauphins, et les parties inférieures blanchâtres.

Jonston (2) donne trois figures de cachalots ; mais ces trois animaux, étant couchés sur le côté et vus par le ventre, ne montrent ni nageoire dorsale ni évent ; et.

(1) Exotic., p. et pl. 131 et 132.
(2) T. 11, pl. 41 et 42.

comme ces figures ne sont point accompagnées de description, ce que ces animaux pouvaient avoir de plus curieux dans leurs caractères reste tout-à-fait inconnu. C'est la seconde figure de la planche 41, que Rai paraît avoir fait représenter, en la grandissant, dans l'histoire des poissons de Willughby (1).

Sibbald fit connaître, par des descriptions plus ou moins détaillées, quatre cétacés qui n'avaient de dents qu'à la mâchoire inférieure. Le premier n'était que celui de Clusius ; des trois autres, l'un était échoué aux Orcades en 1687, le second avait été pris dans le golfe de Forth en 1689, et le dernier s'était trouvé entraîné dans le port de Kairston aux Orcades en 1693. Le premier de ces trois cétacés, à grosse tête et à grande nageoire dorsale, avait son évent sur le front, et des dents courbées légèrement et émoussées. La seconde, très-grande, dont la tête, dit-on, occupait la moitié de la longeur du corps, à mâchoire inférieure plus courte que la supérieure et garnie de quarante-deux dents, rondes, un peu comprimées, courbées d'avant en arrière et plus épaisses au milieu qu'aux extrémités, avait un évent un peu au-dessus du milieu du museau, et était pourvue d'une nageoire dorsale ; une médiocre figure représente l'individu échoué en 1689 : sa tête ressemble plutôt à celle d'un dauphin qu'à celle d'un cachalot (2).

Quant à la troisième, longue de vingt-quatre pieds, à tête ronde, à bouche petite, à évent sur le museau et sans nageoire dorsale, ce n'est probablement qu'un beluga.

Depuis Sibbald, Théodore, Hasæus (3), en 1723, donna la description d'un cachalot, d'après les rapports que lui firent des pêcheurs de Brême. Cet animal, pris à la latitude du Spitzberg, avait soixante-dix pieds de long, une tête d'une grandeur monstrueuse, qui occupait presque la

(1) Tab. A, 1.
(2) Phalainologia, fig. T, 1, lit. A.
(3) Essai sur le Léviathan et le livre de Job.

moitié de cette longueur; vingt-six dents de chaque côté de la mâchoire inférieure, et deux bosses sur le dos, une vers sa partie moyenne et l'autre près de la queue, qui aurait eu de la ressemblance avec une nageoire. Les parties supérieures de son corps étaient noirâtres, et les inférieures blanches. Ses évents n'avaient qu'un orifice extérieur.

Après vint Dudley, en 1725 (1), qui parle de la baleine du Spermaceti, au moyen des divers renseignemens qu'il avait obtenus de personnes expérimentées, consultées par lui à ce sujet.

Suivant ces renseignemens, cette baleine est de couleur grise; ses évents n'ont qu'un seul orifice; une élévation en forme de bosse se voit sur son dos; et, au lieu de fanon, elle a des dents de cinq à six pouces de longueur *à chaque mâchoire*. Une de ces baleines avait quarante-neuf pieds de longueur, de la tête de laquelle on avait tiré douze barils d'huile, etc.

Bayer (2) ensuite publia la figure d'un cachalot auquel il donna le nom de mular, croyant y reconnaître celui dont Nieremberg (3) a parlé sous ce nom sans le décrire.

Cette figure avait été faite d'après un individu qui était échoué à Villefranche, dans le comté de Nice, le 10 novembre 1726; et elle fut communiquée à Bayer par Vallisnieri, qui n'en indiqua pas l'auteur.

Elle est en effet celle d'un cachalot; mais elle le rend de la manière la moins fidèle; et, comme Bayer se borne, dans son texte, à indiquer les caractères qu'elle présente, et à en rapprocher, suivant qu'il le juge convenable, et dans l'intention d'en donner des idées plus justes, ce que Clusius, Ambroise Paré, Sibbald, disent des cachalots qu'ils ont décrits, il en résulte que rien ne sert véritable-

(1) Trans. phil., 1825, n° 387, p. 359.
(2) Act. car. de la nat., année 4733, t. 111, p. 1, fig. 1 et 2.
(3) Hist. nat., cap. 62, p. 265.

ment à corriger les défauts de cette figure et à faire mieux connaître qu'elle-même l'animal qu'elle représente.

Cet animal avait quatorze dents grosses, obtuses, de chaque côté de la mâchoire inférieure, et autant de cavités correspondantes de chaque côté de la supérieure.

Une nageoire dorsale, échancrée antérieurement, se voit à la partie moyenne du dos, et l'orifice de l'évent se trouve plus rapproché de l'œil que du bout du museau. C'est là tout ce que la publication de Bayer donne de positif.

Anderson, qui, quelques années plus tard, en 1746, se proposa de faire connaître les cachalots des mers du Nord (1), fit usage pour cela des observations qui l'avaient précédé et de celles qui lui étaient propres; ce qui le conduisit à confondre celle-ci avec les premières, et à leur ôter par là une partie du mérite qu'elles auraient pu avoir en se présentant seules, c'est-à-dire leur originalité.

Le premier cachalot dont il parle d'après nature, et auquel il applique la phrase caractéristique par laquelle Rai désigne son cachalot à dents émoussées, avait de soixante à soixante-dix pieds de long, une tête d'une grandeur monstrueuse, et dont chaque côté de la mâchoire inférieure avait vingt-cinq dents, un peu penchées en avant, et qui pénétraient dans des creux correspondans de la mâchoire opposée; mais lui-même ne vit que la queue et quelques dents de cet animal, qui vint échouer dans l'Elbe, en 1720; et c'est à cette espèce qu'il rattache un fait curieux, rapporté par un capitaine de vaisseau hollandais, qu'un cachalot, pris dans les parages du cap Nord, avait trois ou quatre dents de chaque côté de la mâchoire supérieure. D'autres individus qu'il rapporte à la même espèce furent pris en 1727.

Les seconds cachalots vus par Anderson vinrent échouer, au nombre de dix-sept, en 1723, à l'embouchure de l'Elbe.

_____

1. Hist. nat. de l'Isl. et du Groën.

Ces cétacés firent l'objet d'un rapport d'un sénateur de Hambourg, et c'est l'extrait de ce rapport qu'Anderson publie. Ces animaux, de différente taille, avaient de quarante à soixante-dix pieds de long. Leur tête était fort grande ; la mâchoire inférieure avait quarante-deux dents épaisses, un peu courbées, lesquelles pénétraient dans des creux correspondans de la mâchoire supérieure. Leur couleur était brune. Il parle ensuite de dents à plusieurs pointes, longues de cinq pouces, qui se trouveraient à la partie postérieure de la mâchoire ; mais il ne dit pas les avoir vues en place. Ce sont des dents qui lui furent données.

Un cachalot qu'Anderson rapporte à l'espèce de ceux dont nous venons de parler se laissa échouer, en 1738, vers l'embouchure de l'Eyder : il avait quarante-huit pieds de longueur, et vingt-cinq dents courbées de chaque côté de la mâchoire inférieure, avec une dent impaire à son extrémité. On voyait au bas du dos, près de la queue, une élévation, en forme de bosse, de quatre pieds de long sur un pied et demi de haut. Il donne une mauvaise figure de ce cachalot.

C'est vers cette époque, en 1741, qu'un cachalot échoua à l'embouchure de l'Adour, sur la barre de Bayonne. Il fut observé, décrit et dessiné par M. Despelette, chirurgien-major de l'hôpital de cette ville, qui adressa son travail à la Peyronie. Celui-ci communiqua les observations de M. Despelette à l'académie des sciences ; ce qui fait qu'on les trouve dans l'histoire de cette académie pour 1741 (1). Le dessin de cet animal, qui n'a jamais été publié, est aujourd'hui dans la collection de dessins du Muséum d'histoire naturelle. Nous en donnerons la copie.

Ce cachalot avait quarante-neuf pieds de longueur, dont la tête faisait à peu près la moitié, dix-huit dents de chaque

(1) On trouve aussi quelques particularités sur cet événement dans l'Essai historique sur la ville de Bayonne, par Maserit, pag. 126.

côté de la mâchoire inférieure, une protubérance dorsale vers les deux tiers de sa longueur, et un évent situé un peu en arrière de l'extrémité du museau. La figure de cet animal rappelle singulièrement celle qu'Anderson a donnée du cachalot échoué en 1738.

Pennant, dans sa Zoologie Britannique (1), en 1769, donne aussi les caractères et la figure d'un cachalot de cinquante-quatre pieds de long, échoué le 30 janvier 1762 à Blythsend. La mâchoire supérieure de cet animal dépassait de cinq pieds l'inférieure; la longueur de celle-ci était de dix pieds, et elle était garnie de trente-six dents, dont la pointe était courbée en dehors, et cette pointe se logeait, quand la bouche était fermée, dans une cavité correspondante de la mâchoire opposée. Ces dents étaient dépourvues de racines, et creusées inférieurement; leur cavité conique avait huit pouces de profondeur et autant de circonférence à sa partie inférieure; la tête était si grosse, qu'elle occupait plus du tiers de la longueur totale du corps. Le museau était obtus; il avait huit pieds de hauteur à son extrémité, assez près de laquelle s'ouvrait l'évent. Sur le milieu du dos s'élevait une large protubérance. La figure qui accompagne cette description sommaire n'est point originale, elle est la copie corrigée d'une figure publiée par William Bingham.

Le 10 mai 1770, M. Robertson lut à la société royale de Londres la description d'un cachalot échoué sur l'île de Cramond, dans le golfe de Forth, en 1769. La longueur de cet animal était de cinquante-quatre pieds. La tête composait presque la moitié de la longueur du corps, et le museau se terminait par une protubérance échancrée, au sommet de laquelle s'ouvrait l'évent. Une autre protubérance, plus forte que la première, se voyait sur le dos, aux deux tiers de la longueur de l'animal. La mâchoire inférieure, longue de onze pieds, était garnie de quarante-

(1) P. 44, pl. II.

six dents un peu courbées en dehors, et elle était de cinq
pieds plus courte que la supérieure. Celle-ci avait dans
tout son contour quarante-six cavités, où pénétraient les
dents de la mâchoire opposée ; sa hauteur antérieurement
était de neuf pieds. Les parties supérieures du corps
étaient noirâtres, et les inférieures blanchâtres.

A la description de l'animal est jointe une figure qui le
représente avec le devant du museau vu de trois quarts ;
une seconde figure présente le museau de profil.

En 1780, Othon Fabricius, dans sa Faune du Groënland (1),
parle de l'espèce du cachalot à grosse tête, dont il paraît
avoir observé lui-même quelques individus, d'après les
détails dans lesquels il entre. Par cette description, qui a
l'inconvénient d'être trop spécifique et pas assez individuelle, on trouve que cette espèce a soixante pieds de
longueur, et de quarante à quarante-six dents à la mâchoire inférieure; des dents plus petites à la supérieure,
presque entièrement cachées dans les gencives, et situées
entre les cavités où pénètrent celles de la mâchoire opposée.
Les dents des jeunes individus sont plus aiguës, plus
courbées et moins grosses que celles des individus vieux.
L'évent s'ouvre sur le devant de la tête dans une éminence
assez grande ; une fausse nageoire se trouve au milieu du
dos. Les jeunes sont entièrement noirs, et les parties inférieures ne deviennent blanches qu'avec l'âge.

Le même auteur parle, sous le nom de microps, d'un
cachalot dont il avait vu la mâchoire inférieure, et qu'il ne
connaissait d'ailleurs que par les rapports qui lui avaient
été faits. Cette mâchoire avait onze dents de chaque côté,
creusées à leur base, coniques et courbées, avec des can-
nelures sur le côté convexe. Ce microps aurait aussi des
dents à la mâchoire supérieure.

Les trente-et-un cachalots qui échouèrent en 1784 en
Basse-Bretagne, près de la baie d'Audierne, sur le rivage

(1) P. 41.

de la commune de Primelin, que M. l'abbé Lecoz, supérieur du séminaire de Quimper, et M. Lebastard, ont décrits (1), sont représentés dans une figure assez médiocre, communiquée à Bonnaterre par un M. Chexpuis.

Ces animaux avaient de trente-quatre à quarante-cinq pieds de longueur. Presque tous étaient femelles, et paraissaient allaiter, à en juger par le volume de leurs mamelles et la longueur du mamelon. Nous ne connaissons ni le nombre ni la forme des dents; nous voyons seulement, par la figure que Bonnaterre en donne, qu'elles étaient coniques et courbées en arrière. La figure de ces animaux nous montre de plus une protubérance pinnatiforme aux deux tiers environ de la longueur du corps, et un évent qui s'ouvre à l'extrémité même du museau.

Schreber (2) donne, pour celle d'un cachalot, une figure semblable à celle de Sibbald, qui rappellerait plutôt un dauphin, et il n'ajoute rien qui en fasse connaître plus particulièrement les traits; ce qui ne permet de lui accorder aucune autorité.

Camper, à qui la cétologie doit de si bonnes recherches anatomiques, comparant la tête osseuse d'un des cachalots d'Audierne à une tête osseuse de cachalot conservée dans l'église de la commune de Schvelingen, pensa que les différences qu'il observait dans les proportions de quelques-unes de leurs parties étaient spécifiques.

C'est aussi dans des parties osseuses, dans des différences que lui ont présentées des portions de mâchoires inférieures, que mon frère a cru trouver des indications de deux ou trois espèces différentes. En admettant comme point de comparaison la mâchoire inférieure d'un des individus d'Audierne, qui se trouve dans les collec-

(1) Lettre sur les cachalots échoués en 1784 près d'Audierne, par l'abbé Lecoz (Mercure de France.) Nous n'avons pu nous procurer ce travail, et nous ne parlons de ces animaux que d'après Bonnaterre, qui avait reçu des notes de témoins occulaires, et entre autres de M. l'abbé Lecoz.

(2) Pl. 339.

tions du Muséum, il a reconnu que la moitié antérieure à peu près d'une mâchoire de cachalot, rapportée des mers Antarctiques, se terminait plus en pointe, que ses dents étaient plus grandes, plus aiguës et plus écartées l'une de l'autre; que les deux premières sont sur la même ligne que les autres, tandis-que, dans la mâchoire d'Audierne, ces deux premières dents sont placées entre les deux suivantes; que le même nombre de dents dans cette dernière occupe une étendue moins grande que dans l'autre, et qu'à des points correspondans le maxillaire de celle-ci est plus haut et plus large que le maxillaire de celle-là.

Une seconde portion de mâchoire inférieure lui a présenté des différences plus grandes encore; mais il ne l'a supposée provenir d'un cachalot qu'à cause de sa longue symphyse. Quoi qu'il en soit, l'animal d'où vient cette petite portion de mâchoire était adulte, et n'aurait eu qu'environ vingt pieds de longueur, en lui supposant des proportions analogues à celles du cachalot d'Audierne.

Le cachalot bosselé que MM. Quoy et Gaimard (1) ont fait représenter dans l'atlas du Voyage de *l'Uranie* termine la série des faits que nous avions à rapporter; mais ce cachalot n'est fondé que sur le seul rapport d'un marin; et ce que la figure de ce cétacé représente de particulier sont les bosses nombreuses et irrégulières qui se voient tout le long de la ligne dorsale, depuis le sommet de la tête jusqu'à la nageoire de la queue.

Telles sont les bases sur lesquelles la physétérologie repose, et dont les naturalistes peuvent disposer pour déterminer le nombre des espèces qui composent ce genre, et les rapports que ces espèces ont entre elles.

Ces déterminations ont depuis long-temps été tentées. Sibbald, comme nous l'avons vu, commença. A cette

____

(1) Zoologie de *l'Uranie*.

époque la botanique faisait ses premiers essais de classifications par les travaux de Césalpin, des Bauhins, de Morisson, de Rai, etc. La zoologie dut la suivre dans cette voie. Rai cependant, qu'on doit à juste titre considérer comme le père de la zoologie moderne, n'admit encore, en publiant les poissons de Willughby, qu'un seul cachalot; et, si, dans son ouvrage posthume sur les poissons (1), il en distingue quatre, il ne le fait qu'en admettant les distinctions de Sibbald, ainsi que nous l'avons déjà dit. Or à cette époque on n'avait, pour fonder un tel travail, que le cétacé d'Ambroise Paré, celui de Clusius, ceux de Jonston, et les trois dont Sibbald parle d'après lui-même.

En examinant les caractères que présentent ces animaux, des doutes si nombreux s'élèvent sur la fidélité du cachalot d'Ambroise Paré, qu'on est d'abord conduit à l'écarter; et en effet il n'a fait autorité respectable pour aucun auteur, et n'a pris que des places douteuses dans la science. On voit ensuite qu'il n'y a rien à conclure de l'absence des protubérances dorsale, gibbeuse ou pennatiforme dans les cétacés de Clusius et de Jonston, puisque, dans le cas où il en aurait existé, elles n'étaient pas visibles. Sibbald n'était donc point autorisé à faire, par là, du cétacé de Clusius, une espèce différente de celle à laquelle appartenait celui qu'il avait observé dans le golfe de Forth en 1689; et, quant aux dents, qui étaient de quarante-deux dans l'un et dans l'autre, et falciformes dans ce dernier, Clusius n'entrant dans aucun détail sur la forme des dents de son cachalot, il n'y avait pas plus à induire de ce caractère que du premier, pour présenter ces deux animaux comme les types de deux espèces distinctes.

D'ailleurs, les dents eussent-elles été différentes de forme, comme paraissent l'avoir été celles de ce cachalot de 1689, et celles du cachalot de 1687, les unes arquées et pointues, les autres épaisses et obtuses, nous pensons

____

(1) Synopsis methodica Piscium. 1713.

qu'on ne pourrait considérer ces différences que comme des effets de l'âge. Le peu que la science possède sur le développement des dents des cachalots nous montre du moins que les dents nouvelles, sans racines proprement dites, dont le bulbe producteur est encore dans toute son activité, sont coniques, arquées, et se terminent en pointe; et la privation de racine est pour elles un état de quelque durée. Il nous montre encore que, lorsque ces dents ont de véritables racines, qu'elles ont vieilli, leur diamètre s'est accru, elles sont moins courbées, leur pointe est arrondie et leur forme générale de conique est devenue ovoïde. Mais ces dents, pour passer d'une forme à l'autre, le font-elles par une succession de remplacemens, ou la détrition opérerait-elle ce changement? c'est ce qu'on ne peut que conjecturer. Mais ce qui est certain, c'est que les dents coniques et bien arquées sont jeunes, que les dents ovoïdes sont vieilles, et que ces différences ne peuvent point servir de fondement à des distinctions d'espèces.

Le cétacé, échoué aux Orcades en 1687, qui fait le type de la troisième espèce de cachalot de Sibbald, se présenterait avec un caractère si marqué, qu'il serait difficile en effet de ne pas le regarder comme représentant une espèce distincte de celle dont nous venons de parler; et ce caractère, pour nous, consisterait moins dans les dents émoussées de cet animal que dans cette protubérance dorsale dont l'auteur ne trouve à donner une idée qu'en la comparant au mât de misaine d'un vaisseau. Les dents des cachalots, comme celles de tous les autres animaux, s'usent et s'émoussent avec l'âge; mais un développement aussi considérable qu'une telle protubérance dans un point déterminé où se produit ordinairement une extension plus ou moins saillante de la peau, ne peut rien avoir d'accidentel, à moins d'être une monstruosité. Or est-il probable qu'un cachalot se distingue par un tel caractère ; qu'un accroissement aussi grand de la peau du dos, sous les influences ordinaires, puisse avoir lieu dans une espèce de ce genre, comme marque constante et véritablement spécifique ? nous en doutons. Ce que l'on désigne communément chez les cétacés par le nom de nageoire dorsale n'est, comme nous l'avons déjà dit à propos des dauphins, qu'un organe rudimentaire, qui est incapable de mouvemens propres, qui est sans corrélation avec les autres organes, qui, en un mot, n'a aucune fonction à remplir ; et le cétacé qui nous occupe ne serait plus un cachalot s'il en était autrement pour lui. Il nous est donc impossible d'admettre qu'une protubérance d'une élévation aussi monstrueuse se reproduise spécifiquement dans un genre où ces productions de la peau, par leur peu d'étendue dans les individus où elles ont été observées, et leur inutilité, méritent au plus d'être indiquées comme caractères individuels. Ce qui ajoute encore à nos doutes, c'est que ce troisième cachalot de Sibbald n'a point été re-représenté, et n'a pas été revu depuis. De sorte qu'en définitive cette espèce ne reposerait que sur de vagues et d'incomplets rapports.

La petite espèce de cétacé de cet auteur, échouée aux Orcades, de vingt-quatre pieds de longueur et sans nageoire dorsale, dont on a fait un cachalot, n'est plus regardée depuis long-temps que comme un dauphin béluga.

Resteraient à examiner les caractères spécifiques fondés sur la position de l'évent. Clusius plaçait l'évent de son cachalot *in capite versus dorsum ;* ce qui est une erreur manifeste, parce que la structure de la tête d'aucun cachalot ne peut comporter un évent sur la tête du côté du dos. Ce caractère est donc sans fondement, et ne mérite aucune attention. Sibbald dit que l'évent de sa seconde espèce, celle de 1689, avait l'évent un peu au-dessus du milieu du museau, et la troisième sur le front. Mais que pouvait être pour cet auteur, dans un cachalot, la différence du front au museau? Ces animaux n'ont point, à proprement parler, de front; toute la partie supérieure de leur tète, depuis l'une de ses extrémités jusqu'à l'autre, est d'une seule venue, et ne se compose que d'une profonde cavité remplie par la cétine. Si l'on considère de plus que ces animaux, en supposant qu'ils aient été vus tous deux par Sibbald, ne l'ont été qu'à deux années de distance, et que rien n'annonce que cet auteur ait eu une représentation du second, on conclura que la distinction qu'il fait du front avec le dessus du milieu du museau est vaine et sans autorité. La figure qu'il donne de la baleine qu'il nomme macrocéphale, et qui est un cachalot, est peu fidèle.

Cet examen critique nous conduit donc à n'admettre encore qu'une espèce de cachalot, laquelle n'est représentée que par des figures incomplètes, celle de Clusius, celle de Sibbald et celle de Jonston.

Rai et Artédi ne changent rien aux trois espèces de Sibbald; aucune observation nouvelle n'était venue augmenter les richesses de la science; seulement, admettant ces espèces, et les divisant suivant qu'elles sont ou non pourvues de nageoires dorsales, ils rapprochent de ces dernières la seconde petite baleine de Sibbald; et Artédi nomme les premières *physeter*, et les secondes *catodons,* séparant l'une de ces divisions de l'autre par les dauphins, les baleines et les narvals, sans expliquer les motifs d'une classification aussi singulière.

Brisson fut le premier auteur de classifications qui augmenta le nombre des cachalots au-delà de celui qu'avait adopté Artédi. Il porta ce nombre à sept. C'est que, depuis Artédi, les observations d'Hasæus, de Dudley, de Bayer, d'Anderson, de Despelette, avaient été publiées, et il importait de leur faire occuper dans la science la place qui leur appartenait.

D'abord Brisson admit les quatre espèces sans dents à la mâchoire supérieure de Sibbald; il nomma la première.

celle de Clusius, *cachalot*; la seconde, de 1689, *cachalot
à dents en faucilles*; la troisième, de 1687, *cachalot à dents
plates*, et la quatrième *petit cachalot*, rapportant à chacune d'elles ce qu'il avait cru reconnaître de leurs caractères dans les cachalots d'Anderson. Ainsi les dix-sept individus échoués à la fois en 1723, et celui qui fut pris en
1738, et dont Anderson donne la figure, sont pour Brisson
des cachalots à dents en faucilles, etc. Les trois espèces
qu'il ajoute sont 1° celle qu'il nomme *cachalot blanc*,
le *weisfisch* d'Anderson, qui est un béluga; 2° le *cachalot
de la Nouvelle-Angleterre*, qui repose principalement sur
celui de Dudley et sur celui de Despelette (1); 3° le *cachalot à dents pointues*, qui est celui d'Hasæus. Il ne paraît
pas avoir connu le cachalot de Bayer.

Or ces cachalots présentent-ils des caractères qui justifient l'établissement de nouvelles espèces ? C'est ce que
nous allons examiner.

Nous commencerons par mettre de côté le cachalot blanc,
qui est un béluga, et qui fait double emploi avec le quatrième cachalot de Sibbald. Reste ensuite celui de la
Nouvelle-Angleterre et celui à dents pointues; mais, dans
tout ce que dit Dudley, on ne trouve pas un mot qui con-
duise à penser que sa baleine du spermacéti différât en
rien d'essentiel de celle de Clusius; et, si celle de Despelette a trente-six dents, au lieu de quarante-deux, c'est
qu'elle était probablement plus jeune. Du reste, ce dernier cétacé avait une protubérance dorsale comme le
second cachalot de Sibbald, et son évent était un peu en
arrière de l'extrémité du museau, ce qui diffère peu de ce
que dit ce dernier de l'évent de son second cachalot.

Quant au cétacé dont parle Hasæus, le nombre de ses
dents était de cinquante-deux, dix de plus que celui

<hr>

(1) Brisson y rapporte encore l'individu dont parle Anderson, échoué en
1720 vers l'embouchure de l'Elbe, mais dont il ne vit que la queue et
quelques dents.

de Clusius, et, outre la protubérance du milieu du dos, on en voyait une seconde près de la queue. Ces différences seraient dignes de considération chez d'autres animaux que des cachalots; mais, outre que nous ne connaissons point la marche du développement des dents chez ces animaux, les différences que nous trouvons paraissent ne tenir qu'à l'âge, si l'âge est indiqué par la différence de la taille. En effet, le cachalot de Clusius avait cinquante-trois pieds de long et quarante-deux dents; celui de Despelette, qui n'avait que trente-six dents, n'avait aussi que quarante-neuf pieds; et, si celui d'Hasæus a cinquante-deux dents, il a soixante-dix pieds de long. Enfin celui d'Anderson, échoué en 1720, avait soixante pieds de long et cinquante dents.

Nous ne sommes pas plus avancés dans la connaissance des protubérances dorsales que dans celle du développement des dents. La figure donnée par Ambroise Paré indique une suite d'élévations depuis la protubérance principale du milieu du dos jusqu'au bout de la queue. Le cachalot pris en 1727, dont parle Anderson, d'après un capitaine de vaisseau, avait trois de ces protubérances; celui d'Hasæus en avait deux; et nous trouvons dans le Voyage de *l'Uranie* un cachalot dont toute la ligne dorsale en est couverte. De plus, ces protubérances varient de grandeur et de forme; les unes ne consistent qu'en de médiocres élévations; d'autres se présentent sous forme de bosses larges et longues; d'autres enfin, étroites, arrondies en devant, anguleuses et se terminant plus ou moins brusquement en arrière, affectent la forme de nageoire, mais sans en remplir l'office. Tout se réunit donc pour nous porter à penser que les protubérances dorsales, par leur nombre, leur grandeur et leurs formes, ne présentent point de caractères spécifiques chez les cachalots. En effet, ce nombre, cette grandeur et ces formes sont si variables, qu'on ne peut en poser les limites, et qu'en

les admettant à d'autre titre que celui de caractères individuels, le nombre des espèces de cachalots dépasserait
toutes les bornes. Or, quand les conséquences d'un principe sont absurdes, c'est une preuve que le principe est
faux.

Concluons donc encore que c'est sans fondement solide
que Brisson admet plusieurs espèces de cachalots, et que
les faits sur lesquels il s'appuie ne sont point de nature
à justifier ses distinctions spécifiques dans ce genre de
cétacé.

Linnéus, Erxleben, Gmelin, revinrent aux quatre espèces d'Artedi, en y rattachant, suivant leur point de
vue, les observations qui depuis ce dernier auteur avaient
été acquises à la science.

C'est Bonnaterre (1) qui, depuis Linnéus, crut pouvoir
augmenter le nombre des espèces de cachalot, et de
quatre le porter à six. Alors la physétérologie se trouvait
enrichie des faits nouveaux dus aux observations de Pennant (2), de Robertson (3), de Fabricius (4), et de l'abbé
Lecoz (5).

On sait que Pennant n'a pas observé lui-même le cachalot dont il parle, et que la figure qu'il en donne n'est
point originale, qu'elle n'est qu'une copie corrigée de la
figure de cet animal publiée par Bingham. Quoi qu'il en
soit, rien de ce qu'il dit de ce cachalot n'annonce de caractères spécifiques différens de ceux que nous avons
examinés jusqu'à présent. Cet animal n'avait que trente-
six dents, parce qu'il était jeune, comme ces dents, dépourvues de racines et encore creusées à leur base pour loger
le bulbe dentaire, en sont la preuve certaine. L'évent

(1) Cétologie.
(2) Zoologie britannique, t. III, p. 61.
(3) Trans. phil., t. LX.
(4) Fauna groenlandica, p. 41 et suiv.
(5) Bonnaterre, p. 21 de l'introd. et p. 13. des descript.

s'ouvrait, dit Pennant, *près de l'extrémité du museau ;* terme vague, qui, joint aux vices de la figure originale, affaiblit beaucoup ce que cette particularité, que nous examinerons plus bas, pourrait avoir de remarquable.

Robertson ne nous fait rien connaître non plus de son cachalot, qui le différencie spécifiquement des autres, à l'exception de l'évent, qui, dans l'individu qu'il décrit d'après nature, était situé à l'extrémité du museau, au sommet d'une protubérance échancrée.

La description détaillée qu'Othon Fabricius donne de son *physeter macrocephalus* ne contient absolument rien non plus qui ne soit entièrement conforme à ce que nous avons déjà rapporté, ou qui ne rentre dans les exceptions dont nous avons cherché à apprécier l'importance et la valeur ; et nous pouvons en dire autant de ce qu'il rapporte de son microps, dont il n'avait vu qu'une mâchoire inférieure, et qu'il ne connaissait d'ailleurs que par des rapports plus ou moins vagues.

Les trente-et-un cachalots qui échouèrent en 1784 en Basse-Bretagne n'ajoutent absolument rien à nos connaissances sur l'organisation de cette classe d'animaux, à en juger du moins par ce qu'en rapporte Bonnaterre lui-même.

Pour former ses six espèces de cachalot, Bonnaterre en admet cinq de Brisson, qu'il compose à peu près des mêmes élémens que cet auteur, rejetant le cachalot blanc de celui-ci qui, comme nous l'avons dit, est le béluga, et son cachalot à dents pointues.

L'espèce qu'il ajoute aux cinq qu'il admet de Brisson est le micorps d'Othon Fabricius, que cet auteur ne connaissait que par une mâchoire inférieure et des renseignemens sans aucune importance. Le cachalot d'Hasæus, dont Brisson faisait son cachalot à dents pointues, est réuni par Bonnaterre, sous le nom de trompo, à celui de Dudley, à celui qui, suivant Anderson, porte ce nom de trompo dans les Bermudes, à celui de Despelette, et à ceux de Pennant et de Robertson. Quant au macrocéphale de Fabricius et aux cachalots d'Audierne, il en fait les synonymes de son grand cachalot, qui n'est autre que le premier cachalot de Brisson ; et son cachalot cylindrique repose sur celui dont Anderson a donné une figure et une description, c'est-à-dire sur sa troisième espèce, que Brisson réunissait aux cachalots à dents en faucille.

Ce peu de mots suffit pour faire comprendre combien sont vaines encore les distinctions et les combinaisons auxquelles Bonnaterre a eu recours pour établir six espèces de cachalots.

Depuis Bonnaterre jusqu'à Lacépède, on ne trouve aucun fait nouveau acquis à la science. Ce n'était donc qu'en disposant des mêmes matériaux, qu'en travaillant sur les mêmes élémens, qu'on pouvait alors arriver à des résultats plus heureux que ceux auxquels, jusque là, on avait été conduit : or, d'après l'examen que nous venons de faire de ces matériaux, il semble qu'on devait difficilement concevoir l'espérance de plus heureuses combinaisons. Lacépède la conçut cependant ; mais ses trois ou quatre divisions génériques, deux de cachalots, une de physales et une de physetères, ne supportent aucun examen. Pour établir ces divisions il fait une distinction entre les nageoires et les protubérances dorsales, comme si cette différence était réelle, et il regarde comme constaté qu'il est des cachalots privés de nageoire ou de protubérance sur la région moyenne du dos. Car on sait ce que peuvent signifier ces mots, *nageoire dorsale*, appliqués aux cachalots.

Son premier cachalot, le macrocéphale, est celui de Clusius et celui de Jonston ; le second, le trompo, comprend ceux de Despelette, de Pennant, etc. ; le troisième, le svineval, n'est que le petit cachalot de Sibbald, auquel Lacépède attribue (1) une tête osseuse de marsouin globiceps ;

1) Hist. nat. des Cétacés, t. II, pl. II, fig. 2.

le quatrième, privé d'éminence dorsale, est un béluga.

Son physale cylindrique, ayant seulement une bosse sur le dos, est le même que celui de Bonnaterre, c'est-à-dire le quatrième d'Anderson.

Enfin ses trois espèces de physetères, qui auraient de longues nageoires dorsales, se composent, 1° le microps, du microps de Fabricius, etc.; 2° l'orthodon, du cachalot à dents pointues de Brisson, c'est-à-dire de celui d'Hasæus; et 3° le mular, du cachalot à dents plates de Sibbald et de Brisson.

Il est donc bien évident que Lacépède ne mit d'importance à ces nouvelles combinaisons que parce qu'il négligea d'étudier les corrélations et la dépendance des organes au moyen desquels il les caractérisait.

Pour caractériser les trois genres principaux entre lesquels il partage les cachalots, Lacépède, comme nous l'avons dit plus haut, joint aux caractères qu'il tire de la protubérance dorsale la situation de l'évent. Jusqu'à cette époque aucune description n'annonçait de différences précises, sous ce rapport, entre les divers cachalots qui avaient été observés; et, si les figures paraissaient plus explicites, leur peu d'accord ne faisait naître que des doutes sur l'exactitude du fait qu'elles plaçaient sous les yeux. La seule conclusion qu'elles autorisaient, c'est que l'évent chez tous les cachalots s'ouvrait à quelque distance du bout du museau.

La description et la figure de cachalot donnée par Robertson, et la figure des cachalots d'Audierne, nous montrent, au contraire, l'orifice de cet évent à l'extrémité même du museau; et, d'après le naturaliste anglais, la saillie au sommet de laquelle s'ouvrait l'évent de son cétacé aurait été échancrée en devant : circonstance nouvelle digne aussi d'attention.

Nous n'avons rien à opposer à des faits positifs, si ce n'est que, pour profiter à la science, il est nécessaire qu'ils soient confirmés par des faits nouveaux, et surtout étudiés avec détails et de manière à en bien faire connaître la nature et l'importance. Jusque là ils restent des faits isolés, exceptionnels, qui demandent à être observés exactement, et qui, s'ils peuvent faire soupçonner l'existence de plus d'une espèce de cachalot, ne changent rien toutefois à l'histoire de la seule espèce que les faits bien examinés jusque là constatent; d'autant moins que ce qu'on rapporte de l'individu échoué en 1769 dans l'île de Cramond, comme les rapports qu'on a faits de ceux des côtes d'Audierne, n'ont rien de contraire à ce qui est connu de l'espèce du cachalot à grosse tête, qui produit la cétine et l'ambre gris, la seule que nous soyons conduits à admettre aujourd'hui.

Une dernière considération doit nous arrêter en ce moment, c'est celle que fait naître la comparaison des têtes des cachalots dont nous avons les figures. Le plus grand nombre de ces figures présentent les têtes de ces animaux comme étant d'une grandeur monstrueuse, mais surtout comme ayant un museau d'une grande capacité et d'une élévation qui surpasse considérablement celle de ces parties chez les autres animaux, où elles ne sont formées que par les narines, tandis que chez les cachalots elles doivent contenir le vaste réservoir de la cétine. Deux figures cependant font exception, celle donnée par Bayer et celle que l'on doit à Sibbald. Ces deux figures rappellent plutôt des têtes de dauphins que des têtes de cachalot, celle de Sibbald surtout. Si elles étaient exactes, elles ne représenteraient peut-être point des cachalots; mais, en attendant de nouveaux faits, il nous sera permis de considérer le caractère qui les distingue comme l'erreur d'un dessinateur inexpérimenté, et conséquemment comme peu digne d'attention.

En continuant notre examen des auteurs qui ont traité méthodiquement des cachalots, nous pourrions encore nous arrêter à ce qu'ont écrit sur ce sujet MM. Desmarest, Lesson, Fischer; mais le premier et le dernier, ayant imité en tout point Lacépède, sans faits nouveaux, n'appellent de notre part aucune autre observation que celle que nous venons d'émettre; et M. Lesson, ayant adopté les vues de mon frère, qui sont les nôtres, les considérations auxquelles nous venons de nous livrer nous dispensent de nous étendre davantage sur ce sujet, que M. Lesson, n'a d'ailleurs point traité en détail.

Mon frère, jusqu'à ce jour, termine la série des auteurs qui se sont occupés de la détermination et de la classification des cachalots; et l'examen de tous les faits connus par ses prédécesseurs l'avait conduit à cette conséquence qu'il n'en existe qu'une seule espèce.

Cependant quelques observations nouvelles sur des portions de mâchoires du cabinet du Muséum, observations que nous avons fait connaître plus haut, l'ont porté à soupçonner que le cachalot des mers Antarctiques pourrait bien différer spécifiquement de celui qui s'est rencontré au nord, le seul qui ait été observé avec quelques détails, et qui ait fourni les caractères du genre; mais il s'est refusé avec raison, sur d'aussi faibles données, à établir et à caractériser cette espèce.

Quant aux différences que Camper avait cru remarquer entre la tête des cachalots d'Audierne et celle qui se conserve dans l'église de Schvelingen, elles paraissent à la fois peu fondées et peu importantes. Cette tête de Schvelingen n'était point entière, et ce qui restait de comparable avec la tête d'Audierne ne présente rien de particulier qui puisse être considéré à d'autre titre que celui d'individualité. Camper n'était donc point fondé, comme il le fait, à regarder le cachalot duquel la tête de Schvelingen avait été tirée comme un microps plutôt que comme un macrocéphale.

Nous réunirons, dans l'histoire de l'espèce dont le

genre des cachalots se compose, toutes les circonstances
connues de son organisation, tant celles qui sont caractéristiques du genre que celles qui sont caractéristiques
de l'espèce. Le tableau de cette organisation par là se pré-
sentera avec plus d'ensemble et d'une manière plus complète.

LE CACHALOT.—*P. macrocephalus.* Pl. xix , fig. 1, 2 et 3.

Cette espèce de cétacé est une des plus grandes de cet ordre ,
où la nature semble avoir déployé avec tant de puissance les
forces assimilatrices de la vie. Aucun des êtres qu'elle a produits
n'a reçu plus que cette espèce la faculté de soumettre à ces forces
une plus grande quantité de matière, et sans doute aussi de la
soustraire plus long-temps à l'action des forces contraires. Il
n'est point rare de rencontrer des cachalots de cinquante à
soixante pieds de longueur, et même on dit en avoir vu de quatre-vingts à cent pieds ; leur épaisseur est de douze à quinze
pieds ; et cependant ces forces, agissant plus long-temps, ne le
font pas avec plus de plénitude, et par des moyens plus nombreux
ou plus compliqués, dans ces monstrueux cétacés, que dans les espèces les plus petites de la classe des mammifères, que dans la souris ou la musaraigne , qui n'ont que quelques lignes de longueur.
Les formes générales de ces animaux et les proportions de
leurs diverses parties participent à ce que leur taille a d'extraordinaire. Ce ne sont plus ces formes de poissons que nous
avons encore rencontrées dans la plupart des dauphins : une
tête d'une médiocre grandeur, plus ou moins allongée en
bec, avec une longue queue conique qu'une nageoire termine ;
la queue seule est restée ; la tête , sans cou qui la sépare du reste
du corps, de neuf à dix pieds de haut et de cinq à six de large ,
coupée verticalement en avant et ayant à peu près la forme
d'un parallélogramme, comprend les trois quarts de la longueur
entière du corps, et est d'un égal diamètre partout. Sous cette
énorme tête se trouve une mâchoire inférieure , plus courte que
la supérieure, et si étroite, qu'elle disparaît dès qu'elle se ferme.
Il résulte de ces dispositions que ces animaux ont en avant la

forme générale d'un long cylindre plus ou moins aplati sur les côtés, terminé en arrière par un long cône.

Les organes extérieurs des mouvemens et des sens apportent peu de modifications à la simplicité de ces formes. La nageoire de l'extrémité de la queue fait seule exception ; elle termine le cône par une lame horizontale, échancrée dans son milieu, de quinze à dix-huit pieds de large et terminée en pointe à ses deux extrémités. Les bras, ou nageoires pectorales, de quatre à cinq pieds de long, de deux à trois de large, de quelques pouces d'épaisseur seulement, s'effacent presque tout-à-fait lorsqu'ils sont appliqués contre le corps. La protubérance, ou nageoire dorsale, d'un ou deux pieds d'élévation, est une inégalité à bien dire imperceptible sur une si grande masse. Les yeux ont à peine de neuf à dix pouces dans leur plus grand diamètre ; les oreilles n'ont point de conque externe, et l'ouverture de l'évent se perd à la partie supérieure du museau. Toutes ces parties disparaissent en effet à la vue lorsqu'on se place à la distance nécessaire pour percevoir dans son ensemble un aussi gigantesque animal.

C'est dans la nageoire de la queue que réside principalement l'organe moteur du cachalot. Elle se meut surtout de bas en haut. Au moyen des muscles vigoureux qui lui communiquent leur force, elle peut imprimer à ces masses une grande vélocité, malgré la surface de cinquante à soixante pieds carrés que la face antérieure de leur tête oppose directement à l'eau. La couche de lard de six à huit pouces d'épaisseur qui enveloppe ces masses animées, en diminuant considérablement la pesanteur spécifique qu'elles auraient si elles ne se composaient principalement que de muscles et d'os, explique en partie la grande vitesse avec laquelle elles peuvent se mouvoir dans un milieu aussi résistant que l'eau.

C'est surtout en se redressant avec violence, après s'être abaissée, et comme par une sorte de détente, que la queue pousse le corps en avant, et c'est par ses inflexions à droite ou à gauche qu'elle le porte dans des directions latérales. Les nageoires pectorales contribuent sans doute aussi à ces divers mouvemens, mais d'une manière subordonnée, comme les rames d'un bateau par rapport au gouvernail. Quant à la protubérance dorsale, ce n'est point une nageoire, comme nous l'avons déjà dit; elle ne prend aucune part au mouvement ; son inertie est complète, et on n'est fondé à l'envisager que comme une de ces extensions de la peau , sans objet appréciable , qui se rencontrent si communément chez les animaux à mamelles.

La queue paraît être la principale arme défensive du cachalot; lorsque quelque ennemi le force à combattre, c'est en le frappant avec sa queue qu'il cherche à s'en débarrasser, à le vaincre, et on l'a vu alors abîmer dans les flots les chaloupes d'où il était attaqué.

Les yeux sont élevés sur une légère saillie , et comme, dans la tête , la partie cérébrale occupe en arrière une fort petite place, comparativement à celle des maxillaires , les yeux se trouvent fort éloignés de l'extrémité du museau, et très-peu propres par là à être d'un grand secours à l'animal, du moins pour les objets rapprochés de lui ; d'autant plus que l'un d'eux , le gauche, paraît être constamment dans un état d'imperfection ou d'oblitération qui le rendrait à peu près inutile. On n'en a point fait connaître l'organisation ; leur couleur, dit-on, est jaunâtre, et on nous a laissé ignorer ce que sont les paupières ; il paraît cependant que quelques poils légers se montrent autour des yeux et qu'ils seraient les indices de ces organes.

L'oreille ne se manifeste à l'extérieur que par le très-petit orifice du canal auditif.

Les narines sont représentées par l'ouverture simple et semicirculaire de l'évent ; elles ne sont donc que l'embouchure du canal respiratoire , et ne font point partie de l'organe olfactif, dont le siége n'est pas plus connu pour les cachalots que pour les dauphins. Elles traversent, sous formes membraneuses, le vaste réservoir de la cétine , en se dirigeant obliquement du fond de ce réservoir à la partie antérieure du museau où se montre leur orifice.

La langue, épaisse, recouverte de tégumens doux au toucher, paraît susceptible de s'étendre et de se contracter dans de grandes limites; mais quels sont ses rapports avec le goût? où se renferme le sens? quel est-il? c'est ce qu'il ne nous est pas même permis de conjecturer.

Le toucher, comme chez tous les autres cétacés, doit être singulièrement obtus. La peau est nue, et d'épaisses couches de substances dépourvues de nerfs se trouvent situées entre la surface du corps et la partie de la peau qui est douée de sensibilité.

Les organes génitaux, qu'on ne connaît que très-superficiellement, ne paraissent rien présenter de particulier : la verge paraît être habituellement retirée dans un fourreau; sa longueur est de sept à huit pieds environ ; le vagin consiste en une longue fente, et à chacun de ses côtés se trouve une mamelle, retirée, hors du temps de la lactation, dans deux plis de la peau , d'où elles sortent dès qu'elles sont remplies de lait. Alors leur diamètre est d'un pied , et le mamelon a quelques pouces de longueur.

Il est difficile d'élever des doutes sur la présence de dents aux mâchoires supérieures du cachalot : ces dents ont été vues et décrites par un naturaliste habile, Othon Fabricius , et par un observateur intelligent, l'abbé Lecoz. Anderson parle aussi de ces dents. Elles sont toutes rudimentaires, cachées dans les gencives, et d'une parfaite inutilité pour l'animal. Les seules dents dont il peut faire usage sont à la mâchoire inférieure , et elles lui servent plus à saisir et à retenir sa proie qu'à diviser ou à broyer ses alimens.

Ces dents, en effet, sont coniques ou ovoïdes , et , au lieu de dents opposées à l'autre mâchoire, elles n'y rencontrent que des cavités où elles se logent lorsque la bouche se ferme. C'est dans le jeune âge qu'elles présentent la forme conique : alors elles sont un peu courbées en arrière dès leur partie inférieure, et elles sont sans racine, c'est-à-dire que le bulbe dentaire , logé à leur base , continue à être actif et à produire la matière dont elles se composent. Il est probable que ces dents jeunes sont remplacées par d'autres , qui vraisemblablement le sont elles-mêmes à leur tour, et chaque dent nouvelle paraît prendre de l'épaisseur et s'éloigner de la forme conique pour revêtir enfin cette forme ovoïde que toutes les vieilles dents présentent, et qui est toujours accompagnée d'une racine , parce qu'alors sans doute le bulbe dentaire, ne devant plus produire de dents nouvelles, s'est oblitéré. Ces dents ovoïdes, tout en se redressant, conservent cependant toujours un peu de courbure d'avant en arrière. Leur matière est fort dense.

On n'a point encore pu fixer le nombre de ces dents. Le plus grand de ceux qui ont été reconnus était de cinquante-quatre, vingt-sept sur chaque maxillaire; et un individu qui avait soixante-dix pieds de longueur en avait cinquante-deux, tandis qu'un individu de quarante-neuf pieds n'en avait que trente-six. Leur nombre irait donc en croissant avec la taille de l'animal, et les premières comme les dernières seraient un peu plus petites que les moyennes, à en juger par une mâchoire des cabinets du Muséum. La racine de ces dents, quand elle est toute formée, est conique et simple.

On a pu croire que le cachalot différait des dauphins en ce que ceux-ci avaient des dents aux deux mâchoires, tandis que le cachalot n'en avait qu'à la mâchoire inférieure. Ce que nous avons dit plus haut des dents montre assez que cette distinction n'était pas fondée, et qu'elles sont des produits organiques variables, qui ne se rattachent point, chez ces animaux, d'une manière aussi intime, à l'existence, qu'elles le font chez les autres mammifères ; d'où il résulte qu'on ne peut point faire reposer sur elles des divisions génériques naturelles.

Les vrais caractères génériques du cachalot consistent, comme chez les dauphins, dans la singulière structure de sa tête osseuse, dont plusieurs parties sont si profondément modifiées, que leurs véritables analogies ont été long-temps méconnues. Pour faire apprécier ces caractères, nous donnerons la description qu'a publiée mon frère de la tête de cet animal dans ses *Recherches sur les Ossemens fossiles* (1).

« C'est au dauphin que le cachalot (pl. xix) se rapporte le mieux pour l'ostéologie.

» Que l'on suppose le crâne d'un dauphin beaucoup rapetissé à proportion ; les bords de son museau très-élargis et relevés, de manière à rendre la face supérieure concave ; la partie des maxillaires qui passe sur les frontaux très-étendue, très-relevée par ses bords, formant ainsi une très-grande concavité, au fond de laquelle sont percées les narines osseuses externes ; l'occipital s'élevant de même derrière les maxillaires pour les doubler et former avec eux une enceinte élevée, qui n'est, à vrai dire, qu'un extrême développement de la crête occipitale du dauphin, dans la base de laquelle les pariétaux sont presque entièrement cachés : et l'on aura une tête de cachalot.

» Son immense museau, malgré sa prodigieuse étendue, n'est formé, comme celui du dauphin, que des maxillaires (*aa*) sur les côtés, des intermaxillaires (*bb*) vers la ligne mitoyenne, et

1) T. v, p. 328, pl. xxiv, pag. 1, 2, 3 et 5.

du vomer (*c*) sur cette ligne. Les intermaxillaires dépassent les autres os pour former la pointe antérieure (*b'*); ils remontent des deux côtés des narines et des os du nez, et se redressent pour prendre quelque part à la composition de cette espèce de mur qui s'élève perpendiculairement et circulairement sur le derrière de la tête; mais celui du côté droit s'y porte (en *b''*), bien plus haut que celui du côté gauche (*b'''*); le vomer (*c*) se montre entre eux sur une grande largeur, surtout dans le haut; il y est creusé sur toute la longueur d'un demi-canal.

» Les narines sont percées au pied de cette espèce de muraille dont nous venons de parler, à la racine du vomer, et entre les parties redressées et montantes des deux intermaxillaires (*b''* et *b'''*). Leur direction est oblique de bas en haut et d'arrière en avant. Elles sont excessivement inégales, et celle du côté droit n'a pas le quart de l'ampleur de celle du côté gauche.

» Les os du nez (*d d*) sont aussi fort inégaux; tous deux remontent entre les intermaxillaires contre le pied de l'espèce de mur demi-circulaire qui se relève sur la tête; mais ils n'y remontent qu'au niveau de l'intermaxillaire gauche. Le nasal du côté droit est non seulement plus large que l'autre, il descend aussi plus bas entre les deux narines, s'articulant sur la racine du vomer, et donnant, de cette partie, une crête irrégulière (*d*), qui se couche un peu obliquement sur la narine gauche, laquelle, ainsi que nous venons de le dire, est la plus large.

» Cette direction du vomer et cette ampleur de la narine gauche indiquent une direction du canal membraneux des narines et de tout l'appareil des jets d'eau vers le même côté, et expliquent ce fait, observé par les marins, que les cachalots lancent toujours la colonne d'eau vers leur côté gauche.

» Les maxillaires ne se joignent pas l'un à l'autre au-devant du mur demi-circulaire, et ils y laissent voir entre eux une partie irrégulière et assez considérable du frontal (*e*); le frontal marche derrière eux, et, se portant de côté, vient former, comme dans les dauphins, la partie principale du plafond de l'orbite (*e*); le maxillaire en forme l'angle antérieur, au-devant duquel le bord de ce maxillaire a une échancrure profonde; et, à sa face supérieure, vis-à-vis de cette échancrure, est le grand trou (*f f*), qui tient lieu de sous-orbitaire, mais qu'ici l'on devrait appeler sur-orbitaire.

» L'angle postérieur de l'orbite est occupé par la pointe de l'apophyse zygomatique du temporal (*g*), mais elle ne joint pas tout-à-fait l'apophyse postorbitaire du frontal, en sorte que le bord de l'orbite est ouvert à cet endroit.

» Le bord inférieur de l'orbite est formé par un jugal (*h*), gros et cylindrique, dont la partie antérieure se dilate en une lame oblongue qui ferme en partie l'orbite en avant.

» La fosse temporale est assez profonde, de forme arrondie, mais n'est point distinguée par une crête du reste de l'occiput ; on y aperçoit un peu du pariétal en (*i*) entre le temporal et le frontal.

» La partie écailleuse du temporal est peu étendue ; sa partie zygomatique est en forme de cône gros et court ; allant jusqu'à l'orbite, elle forme seule l'arcade, comme dans les dauphins. L'occipital (*k k*) est vertical, et forme toute la face postérieure de la muraille demi-circulaire qui cerne la tête en arrière. Le trou occipital est à peu près au tiers inférieur de sa hauteur. Le bord inférieur de l'occipital se divise de chaque côté par une échancrure en deux lobes, dont l'externe représente l'apophyse mastoïde.

» Le dessous de la tête du cachalot, si l'on fait abstraction de la proportion des parties, ressemble beaucoup au dessous de la tête du dauphin.

» La région en arrière des narines y est fort raccourcie, en comparaison de celle qui leur est antérieure, et dont l'énorme museau fait la plus grande partie. Il résulte de là que le basilaire et le sphénoïde postérieur sont fort courts ; que le sphénoïde antérieur, comme dans les dauphins à museau large, les marsouins, ne se montre en dessous que dans une échancrure du vomer, et paraît fort peu vers la tempe entre le palatin (*n*), le ptérygoïdien (*m*), et l'aile temporale du spénoïde postérieur ; que les ptérygoïdiens (*m m*) s'étendent de leur partie latérale et postérieure presque jusqu'au bord postérieur du basilaire.

» Le jugal (*h*) de sa partie antérieure tapisse en dessous une grande portion de la voûte de l'orbite, et va toucher en arrière les pointes des deux sphénoïdes. Leur bord postérieur n'est pas double comme dans les dauphins.

» Du reste, l'inégalité des narines se montre aussi en dessous, et influe sur les parties voisines.

» Le rocher, suivant Camper, est (1) suspendu contre la voûte des os temporaux et de l'occipital, comme chez les autres cétacés, et la caisse, comme la leur, est formée d'une lame roulée sur elle-même. Cette partie est liée à la première comme chez les dauphins, et, comme chez eux encore, la trompe d'Eustache commence à l'extrémité antérieure de la caisse, monte le long de l'apophyse ptérygoïde, perce l'os maxillaire, et va aboutir à la partie supérieure du nez. Les osselets sont en même nombre et en même connexion que chez les autres mammifères, quoique différant assez sensiblement de forme ; le marteau est soudé à la caisse. Le limaçon fait un peu plus de deux tours, qui s'élèvent très-peu sur leurs axes. Le tympan, les canaux semi-circulaires, le vestibule, etc., ne paraissent rien présenter de très-particulier, comparativement à ce qui se voit chez les dauphins. »

Principales dimensions de la tête du cachalot.

Longueur de la tête depuis l'extrémité du museau jusqu'au bord postérieur des condyles occipitaux. 5

————— du crâne depuis le bord postérieur des condyles occipitaux jusqu'à la paroi postérieure de l'évent du côté droit. . 0,55

————— du bec depuis l'extrémité du museau jusqu'au fond de l'échancrure antéorbitaire du maxillaire. 3,55

Largeur de la tête entre les orbites. 2,40

————— du museau entre les échancrures antéorbitaires du maxillaire. 1,65

————— vers son tiers supérieur. 1,42

Distance entre les trous sousorbitaires. 1,08

————— les pointes antérieures des maxillaires. 0,30

————— les parois internes des bords relevés du maxillaire. 1,37

Largeur de l'évent gauche. 0,20

————— droit. 0,08

Hauteur de la crête occipitale au-dessus des os du nez. . . . 1,04

Largeur du trou occipital. 0,13

Distance entre les bords externes des condyles occipitaux. . 0,56

(1) Camper, Observ. anat. sur les cétacés.

Plus grande largeur de la partie inférieure de l'occipital. . . . 2,04
Hauteur de l'occipital depuis le bord inférieur du basilaire jus-
   qu'au sommet de la crête. 1,67
Longueur de la mâchoire inférieure en ligne droite. 4,60
————— de la symphyse. 2,80
————— de la série des alvéoles dentaires. 3,24
Distance entre les bords externes des condyles articulaires. . 1,67
Hauteur des branches montantes. 0,58
Largeur de la mâchoire à l'endroit où commence la symphyse. . 0,56

On trouve dans les *Recherches sur les Ossemens fossiles* de mon frère un tableau comparatif des dimensions principales de la tête du cachalot dont il a décrit le squelette, et de celle du cachalot d'Audierne, et l'on voit, par les rapports des chiffres, que ces animaux ne différaient pas spécifiquement.

Le reste du squelette du cachalot se compose des mêmes parties que celles du squelette du dauphin.

Toutes les vertèbres du cou, à l'exception de l'atlas, ne forment qu'un seul corps, étant soudées les unes aux autres; elles paraissent être au nombre de sept.

Il y a quatorze ou quinze vertèbres dorsales, et par conséquent quatorze ou quinze côtes (1); viennent ensuite trente-huit ou trente-neuf autres vertèbres, depuis la dernière dorsale jusqu'à l'extrémité de la queue. Ces vertèbres ont de fortes apophyses, et elles restent à peu près d'égale grosseur, jusqu'aux, six ou sept dernières, qui vont promptement en diminuant et en perdant leurs diverses attaches musculaires.

L'omoplate est plus étroite que celle des dauphins, et son bord spinal ne fait pas les deux tiers de sa hauteur; elle est pourvue d'un acromion et d'une apophyse coracoïde.

L'humérus et le cubitus sont soudés l'un à l'autre. Les doigts ne sont pas connus.

Toutes les probabilités portent à penser que ces membres antérieurs et cette colonne vertébrale sont mus par des muscles semblables à ceux des dauphins. Le peu qu'on sait du genre de vie des cachalots ne permet pas de parler avec détails de leur manière de se mouvoir. Il est cependant permis de conjecturer

(1) On en aurait trouvé seize sur les individus d'Audierne.

que leurs mouvemens sont prompts et faciles, à en juger du moins par la rapidité avec laquelle ils fuient lorsqu'ils sont blessés, en emportant avec eux le harpon qui s'est attaché à leur corps. Cette rapidité est telle, que la chaloupe d'où un cachalot a été harponné chavirerait promptement, si la corde à laquelle tient le harpon, et qu'il entraîne avec lui dans sa fuite, s'y trouvait accidentellement arrêtée. Mais on ne le voit point, comme les dauphins, se jouer à la surface des eaux et se livrer à ces mouvemens variés et impétueux, à ces sauts brusques et bizarres que ceux-ci donnent si souvent en spectacle aux marins. Lorsqu'on rencontre ces animaux, leurs allures sont régulières, ou ils sont en repos, et paraissent même quelquefois plongés dans un sommeil assez profond. L'irrégularité, le défaut de symétrie qu'on remarque dans les os du nez et dans les yeux, paraît s'étendre jusqu'aux mouvemens; et l'on assure que, lorsqu'ils plongent, c'est toujours en se couchant sur le côté.

La vaste concavité que forment sur eux-mêmes les maxillaires, en se relevant sur leurs bords externes et à leur partie postérieure, paraît être, en général, fermée supérieurement par une voûte cartilagineuse qui pourrait devenir plus ou moins osseuse avec l'âge. Cette dernière circonstance expliquerait la distinction que font les marins, suivant Anderson, de cétacés chez lesquels cette concavité ne serait recouverte que par un cartilage, tandis que chez d'autres elle le serait par une voûte osseuse. — Nous devons dire cependant que les marins dont parle Anderson regardaient ces différences comme spécifiques, les trouvant, disaient-ils, toujours associées à des différences de couleurs.

On sait que c'est dans cette concavité que ce trouve le principal réservoir de cette matière grasse qui a porté les noms de *sperma ceti*, de blanc de baleine, d'adipocire, et que l'on désigne plus exactement aujourd'hui par celui de cétine. Elle paraît s'y trouver renfermée dans des poches, des cellules, plus ou moins étendues, plus ou moins nombreuses, formées par les lames d'un tissu cellulaire très-lâche, et séparées, assure-t-on, en deux cavités, l'une supérieure, l'autre inférieure : mais cette structure n'a jamais fait le sujet d'observations exactes, et n'est connue que par les rapports toujours bien vagues, bien peu fidèles même, des pêcheurs. Les narines, membraneuses, en traversant les cellules, y trouvent des attaches, et leur donnent en retour des appuis. A en croire ces rapports, dont tant de doutes doivent affaiblir l'autorité, la cétine se rencontrerait de plus dans la couche de graisse qui enveloppe le corps entier des cachalots, et elle s'y trouverait encore renfermée dans des cellules particulières. Ils ajoutent qu'un gros vaisseau, rempli de cette substance, s'étendrait de la tête le long du dos; mais tout, dans l'organisation connue de ces cétacés, concourt à faire regarder cette idée comme une erreur.

Comme tous les autres cétacés, les cachalots sont revêtus d'une épaisse couche de lard : mais ce lard serait plus fibreux que celui des baleines par exemple ; de sorte qu'à masse égale le lard de ces dernières produirait plus de graisse que celui des autres.

On n'a point examiné la structure des conduits aériens chez ces animaux, ni cherché à expliquer chez eux les causes et le mécanisme du soufflage, phénomène rapporté par un si grand nombre de témoins oculaires, qu'il est impossible d'élever des doutes sur sa réalité ; et par soufflage nous n'entendons pas la simple expiration de la vapeur des poumons, nous entendons, avec ceux qui en parlent, un jet d'eau à l'état liquide, lancé, par une force particulière, à une plus ou moins grande hauteur. Il est bien probable que ce phénomène est dû aux mêmes causes que chez les dauphins, et que l'explication qui en a été donnée pour les uns est exactement celle qui peut être donnée pour les autres.

Anderson tenait d'un capitaine de baleinier qu'un cachalot, effrayé à la vue de son bâtiment, avait fait prendre la fuite à la troupe qu'il précédait en poussant un cri pour l'avertir du danger : cri retentissant, semblable au son des cloches, et si violent, que le bâtiment en avait tremblé pendant quelque temps. D'un autre côté, nous apprenons, par le récit de l'abbé Lecoz, que les cachalots d'Audierne poussaient de longs mugissemens. Ce sont des faits qui ne peuvent être révoqués en doute; et, tout exagéré que puisse paraître le premier, ils ne laissent pas que d'établir, ce qui d'ailleurs serait sans eux très-probable, que ces animaux sont organisés de manière à produire des sons, à pousser des cris ; mais dans quel but? Serait-ce pour se faire entendre les uns des autres, et s'avertir à des distances plus ou moins éloignées?

Leur instinct les porte, suivant plusieurs faits, à vivre réunis en troupes quelquefois assez nombreuses. Les pêcheurs parlent souvent des troupes de cachalots qu'ils rencontrent en mer ; et nous avons vu, dans ce que nous avons rapporté plus haut, qu'une de leurs troupes, composée de dix-sept individus, vint échouer en 1723 à l'embouchure de l'Elbe, et que ceux qui échouèrent en Bretagne, dans le voisinage d'Audierne, étaient au nombre de trente-deux. Plus souvent sans doute on a eu occasion d'en observer d'isolés ; mais il est vraisemblable que cette circonstance doit être attribuée à quelque cause accidentelle, plutôt qu'à une différence dans les penchans naturels ; en effet, une différence dans les instincts annoncerait une autre nature entre les animaux qui le manifesteraient. Mais serait-on en droit de supposer une telle différence entre des animaux chez lesquels elle n'est accompagnée d'ailleurs par aucun caractère distinctif d'organisation, soit dans les formes, soit dans les couleurs? Nous ne pensons pas que cette supposition soit permise dans l'état actuel de la science.

On ignore quel est dans ces troupes le rapport des mâles et des femelles. Des dix-sept cachalots échoués dans l'Elbe en 1723, la moitié se composait de mâles, et l'autre de femelles, et les trente-deux qui se perdirent sur les côtes de la Bretagne, près d'Audierne, en 1784, étaient presque tous femelles.

Anderson a supposé que les premiers, qui se trouvaient réunis au commencement de décembre, s'étaient rapprochés par les besoins de l'amour, et qu'ils recherchaient le voisinage des côtes pour s'accoupler. Les seconds cependant paraissaient prêts à mettre bas lorsqu'ils échouèrent, vers la mi-mars ; ce qui ne permettrait pas de fixer à la fin de l'année l'époque de la fécondation, si la gestation des femelles est de dix mois, comme on le dit, sans, au reste, en avoir la preuve ; mais toutes les analogies conduisent à penser que cet espace de dix mois est le moindre que, dans ce cas, on puisse adopter. Il est plus probable que le printemps est l'époque où le besoin de la fécondation se fait sentir chez ces animaux, ainsi que l'a remarqué le capitaine Colnet, qui ne peut pas attribuer à une autre cause la réunion des cachalots en grandes troupes dans cette saison sur les côtes du Mexique et du Pérou et dans le golfe de Panama ; ce qui porterait à douze mois la durée chez eux de la gestation. Les jeunes que les femelles d'Audierne mirent au monde étaient fort agiles, et ils paraissaient avoir atteint le terme de leur vie de fœtus. Ils avaient dix à onze pieds de long , et étaient sans dents (1). Suivant le capitaine Colnet (2) , on trouverait des jeunes cachalots , nés naturellement , qui n'auraient que six pieds de long : c'est du moins ce qu'il a cru observer dans les troupes de cachalots qu'il rencontra au printemps auprès des îles Gallapogos. S'agirait-il d'une espèce plus petite que celle d'Audierne, ou le capitaine Colnet n'a-t-il pu donner une mesure exacte de ces jeunes animaux , comme le pense Lacépède ? C'est ce qu'il est difficile de décider.

La portée est d'un ou de deux petits, ainsi que le montrèrent les femelles d'Audierne.

Dans les premiers mois de leur vie , ces petits sont nourris du lait des mamelles de leur mère, qui , pour les allaiter, dit-on , se couchent sur le côté à la surface des flots : de cette manière le petit et la mère elle-même peuvent facilement satisfaire au besoin de respirer. On dit que ce lait est doux et gras. On assure que les femelles ont pour leurs petits, comme ceux-ci pour leur mère, un attachement qui les aveugle sur les dangers les plus pressans. Dès qu'un ennemi se présente, la mère est là pour défendre son petit ; et, soit que l'un des deux vienne à échouer, on est ordinairement sûr que l'autre ne tardera pas à le suivre. Il paraîtrait aussi que les individus d'une même troupe se défendent mutuellement. Le capitaine Colnet assure qu'il est dangereux de se trouver parmi des cachalots qu'on attaque et dont quelques-uns ont été blessés ou pris. Ceux qui restent , au lieu de fuir, attaquent à leur tour leurs ennemis pour délivrer ceux de leur troupe qui ont été frappés ; et, dans la violence de leurs mouvemens et de leurs efforts , ils brisent et renversent tout.

A en croire même les pêcheurs islandais, suivant Olafsen et Povelsen (3) , il est des cachalots si voraces , qu'ils saisissent les bateaux avec leur gueule, les renversent , et dévorent les hommes qui s'y trouvent ; mais c'est là sans doute encore une de ces exagérations dont ces auteurs n'ont presque jamais su se défendre.

Ces animaux se nourrissent de poissons, et ils en avalent de fort grands. Il n'est pas douteux qu'ils font leur proie des poissons

(1) Lettre de l'abbé Lecoz.
(2) A Voyage to the South Atlantic, etc.
(3) Voyage en Islande, trad. franç., t. III, p. 238.

qui se trouvent en plus grande abondance autour d'eux , quelle que soit l'espèce à laquelle ceux-ci appartiennent ; et la quantité de nourriture que consomment des animaux aussi gigantesques doit dépasser toute mesure. Aussi a-t-on cru remarquer que les poissons du voisinage où ils se trouvent , chassés par la crainte d'être dévorés , se jettent aveuglément sur les côtes , où, au lieu d'un refuge , ils ne rencontrent qu'un autre genre de mort. Fabricius dit que son cachalot macrocéphale fait surtout sa proie du requin (*squalus carcharias L.*) et du lump (*cyclop-terus lumpus L.*). On ajoute que cet animal donne la chasse aux petites baleines, aux dauphins, aux phoques, et même aux hommes, comme nous venons de le voir ; ce qui aurait besoin d'être confirmé : mais ce qui est certain, c'est qu'il ne dédaigne pas les plus petits animaux marins, et que les poulpes, les sèches, et sans doute bien d'autres mollusques encore , font souvent partie de sa nourriture : à l'ouverture de leur estomac on en a eu plus d'une fois la preuve.

On ne sait absolument rien du temps que le développement de ces animaux exige, ni de la durée de leur vie, qui doit être considérable, si l'on en juge par analogie avec celle des autres animaux à mamelles, toujours proportionnelle à celle de la croissance, qui est proportionnelle elle-même à celle de la taille.

La pêche du cachalot paraît avoir été long-temps négligée pour celle de la baleine. Le but que se proposaient les marins, en se livrant à la pêche de ces grands cétacés, était de se procurer les matières grasses que ces animaux produisent et que le commerce et l'industrie recherchent à divers titres. La baleine rend une beaucoup plus grande quantité d'huile que le cachalot, et à cet égard celui-ci avait beaucoup moins d'importance que celle-là. Un seul avantage lui était réservé : il donne la cétine, qu'elle ne produit pas ; mais pendant long-temps cette matière, exclusivement employée en pharmacie, et ne fournissant qu'à une consommation très-bornée, n'excitait point à la recherche des animaux qui la produisent. Aujourd'hui , que l'emploi de la cétine s'est considérablement étendu, et que, de l'officine des pharmaciens, elle a passé dans les ateliers des industries les plus communes, la pêche des cachalots est devenue très-importante, et, de nos jours, elle est l'objet de nombreuses expéditions maritimes. C'est le Nord , comme nous l'avons dit, qui fournissait autrefois toute la cétine , tout le spermacéti de commerce. Soit que les cachalots ne s'y trouvent que passagèrement , soit que la chasse qu'on leur a faite les en ait éloignés , soit par toute autre cause, le fait est qu'ils paraissent y être devenus rares , et c'est vers les mers du Sud et dans l'océan Pacifique que les expéditions se dirigent pour se livrer à leur recherche. Tout annonce que ces tentatives ont été jusqu'à présent suivies du plus heureux succès ; mais on croit s'apercevoir que ces animaux , inquiétés par les nombreux pêcheurs qui les poursuivent, abandonnent les parages où ils se trouvaient le plus abondamment , et cherchent des retraites nouvelles pour se soustraire à leurs actifs ennemis.

La pêche du cachalot se fait, par nos marins, de la même manière que celle de tous les grands cétacés, c'est-à-dire au moyen du harpon ; et nous avons parlé de cette pêche dans notre discours préliminaire.

On n'a point de données très-précises sur la quantité d'huile et sur celle de cétine que fournit communément un cachalot d'une taille donnée. Un individu de cinquante à soixante pieds de long produit , suivant les uns, douze tonneaux de cétine, et vingt , suivant les autres ; quant à la quantité d'huile , elle serait de quarante à cinquante tonneaux.

Cette huile ne paraît point différer de l'huile que fournit le lard de tous les autres cétacés ; mais la cétine n'est produite que par le cachalot, et c'est une substance grasse d'une nature toute particulière, qui a acquis, par les vertus extraordinaires qu'on lui attribuait à tort , une célébrité qu'elle a perdue depuis que son utilité réelle s'est accrue, et que ses qualités effectives ont été véritablement appréciées. Cette matière est d'une nature toute spéciale : elle n'a ni la fixité des huiles ordinaires , ni la volatilité des huiles essentielles. Dans la nature, et telle qu'elle est livrée au commerce, elle se trouve toujours plus ou moins mélangée à des substances étrangères qui l'altèrent, et entre autres à une huile plus ou moins colorée qui augmente sa fusibilité. Suivant l'analyse qu'en a faite M. Chevreul, après l'avoir épurée, il a reconnu que 100 parties en poids d'oxigène y sont unies à 1490,7 de carbone et à 234,8 d'hydrogène. Elle fond à quarante-neuf degrés centigrades, et , par le refroidissement , elle se prend en une masse incolore , lamelleuse et brillante. Elle se volatilise à

une température voisine de trois cent soixante degrés, mais
sans se décomposer. Son odeur est fort légère, et elle est insipide.
L'eau ne la dissout point, et elle ne l'est qu'en très-petite quantité dans l'alcool bouillant, qui ne l'altère point. Exposée au feu,
elle brûle sans laisser de résidu. Cette propriété, jointe à son
degré de fusibilité, qui se rapproche de celui de la cire, fait
qu'elle est abondamment employée à la fabrication de bougies
qu'on recheche aussi à cause de leur éclat nacré.

Il est encore une autre substance que produit le cachalot,
dont l'utilité est bien moins étendue que celle de la cétine, mais
que l'usage qu'on en fait et sa rareté font rechercher : c'est
l'ambre gris. Cette substance se présente sous la forme de masses
irrégulières, écailleuses ou formées de couches, en petit ou en
médiocre volume, de couleur grise, avec des taches jaunâtres,
noires, blanches, et dont l'intérieur renferme ordinairement des
corps étrangers, et entre autres des arêtes de poissons et des
becs de sèches et de poulpes. Sa consistance approche de celle de
la cire, et elle répand l'odeur musquée que l'on connaît sous le
nom d'odeur d'ambre. Elle se rencontre en mer, flottante ou déposée sur les rivages par les vagues. C'est dans la mer des Moluques et des Indes, dans celles de la Chine et du Japon, sur les
côtes de Madagascar, dans les mers d'Afrique, dans celles de la
Guyane, du Brésil, qu'on en recueille le plus fréquemment.

Son usage dans la parfumerie est étendu ; on la mélange au
musc, dont elle rend plus supportable l'odeur en l'adoucissant et
en la rendant plus suave. Elle était autrefois fort employée en
médecine, comme stomachique, antispasmodique et aphrodi-
siaque. On compte moins aujourd'hui sur ses vertus.

Pendant long-temps on a été dans une ignorance absolue, et
plus tard dans une grande incertitude sur son origine. Ce n'est
que depuis un demi-siècle environ que cette origine est connue
avec quelque certitude. Long-temps elle fut confondue par les
uns avec les bitumes, et par les autres avec les gommes, à cause
de plusieurs de ses caractères. Quelques chimistes pensent qu'elle
pouvait n'être qu'une combinaison particulière de cire et de
miel. Ceux qui lui attribuaient une origine animale y virent successivement une excrétion due à des phoques, des excrémens
d'oiseaux, de crocodiles, etc.; et, lorsqu'on commença à croire
qu'elle était due à un cétacé, on y vit le produit d'une sécrétion

de glandes situées à la base de la verge ou une concrétion de la vessie urinaire du cachalot. Enfin Schwédiaur, qui a fait de nombreuses recherches sur l'ambre gris , soit en consultant les pêcheurs , soit en observant les corps étrangers qui y sont contenus , est resté convaincu de ce qui avait été soupçonné longtemps avant lui , qu'elle est en effet produite dans le corps du cachalot macrocéphale ; mais il la regarde comme l'excrément solide de cet animal , ce qui est moins bien établi. Ces résultats sont venus confirmer une opinion très-ancienne des Japonais, rapportée par Kempfer (1), sur l'origine de cette substance. Les morceaux d'ambre gris très-volumineux sont rares ; cependant on en a vu du poids de deux cents livres. On rencontre rarement cette substance pure dans le commerce; son prix élevé est pour la mauvaise foi un attrait qui l'excite à la falsifier (2).

(1) Hist. du Japon, liv. 2, ch. 8, et supp., ch. 5.
(2) Trans. phil., 1673, 1697, 1724, 1725, 1734, 1783.

DES BALEINES EN GÉNÉRAL.

Balæna.

Les cétacés qu'on réunit sous le nom commun de baleines se distinguent de tous les autres en ce qu'ils n'ont point de dents (1), et en ce que ces organes paraissent avoir été remplacés chez eux par des lames cornées à la mâchoire supérieure, situées transversalement sur deux rangs et parallèlement les unes aux autres. Ces lames cornées, nommées fanons, se terminent, sur le bord qui se trouve à l'intérieur de la bouche, par de nombreux filamens de même nature, au moyen desquels sont retenus les très-petits animaux dont les baleines se nourrissent.

Ces cétacés se partagent en deux genres : les rorquals, qui ont une tête allongée, aplatie, une protubérance pinnatiforme sur le dos, et des plis à la partie antérieure et inférieure du corps; les baleines, dont la tête est obtuse et bombée, et qui n'ont ni protubérance dorsale ni plis sous le corps.

LES RORQUALS. — *Rorqualus* (2).

Les difficultés qui mettent obstacle à l'étude des cachalots, et que nous avons signalées en traitant de ces

(1) M. Geoffroy-Saint-Hilaire en a trouvé à l'état rudimentaire dans un fœtus de baleine.

(2) Ou rork-wale : ce nom signifie, dit-on, chez les Norwégiens, baleine à plis.

cétacés, se représentent dans l'étude des rorquals et des baleines, de ces gigantesques mammifères marins dont les mâchoires sont dépourvues de dents, et qui ont le palais garni de ces lames de nature cornée qu'on désigne par le nom de fanons.

Les rorquals se distinguent essentiellement des baleines par une tête plus allongée, plus aplatie, qu'on a comparée à celle du brochet; et ce caractère fondamental paraîtêtre toujours accompagné d'une particularité organique, bien moins importante, mais qui, par la constance de son association avec cette forme de tête, devient un signe, jusqu'à présent fidèle, propre à caractériser ce genre de cétacé à fanons, d'autant plus que la baleine en est dépourvue : je veux parler de la protubérance pinnatiforme que tous les rorquals observés jusqu'à ce jour ont présentée à la partie postérieure de leur dos.

On doit prévoir que ces grands cétacés, que les observateurs exercés ne rencontrent que bien rarement, qui ne viennent aussi que de loin en loin échouer sur nos côtes, qu'on ne peut jamais comparer immédiatement l'un à l'autre, dont les dépouilles ou les restes ne se conservent pas, et dont l'ensemble ne peut être que très-difficilement reproduit par le dessin, ont donné lieu à bien des divergences d'opinions sur le nombre des espèces auxquelles ils appartiennent, et dont ils font connaître les caractères.

En effet, les traits sous lesquels ces animaux ont été présentés sont loin d'avoir la précision, la netteté qu'il faudrait pour porter tous les esprits à adopter la même manière de les juger quant à leurs différences et au nombre des espèces qu'ils doivent former.

On est d'ailleurs loin d'avoir toujours porté dans ce double examen la rigueur que la science réclame; et je crois que le premier exemple, bon à suivre, qui nous ait été donné à cet égard, est dû à mon frère, dont les travaux sur les cétacés feront long-temps encore la base de cette branche importante de la zoologie.

Les rorquals ou baleines à museau aplati et allongé, bien connus aujourd'hui par quelques-unes des descriptions et des figures qui en ont été données, ont tous une protubérance dorsale dont la forme varie, et de nombreux plis longitudinaux sous le corps, à sa partie antérieure. Une exception, au premier aspect, paraîtrait cependant exister : Martens, dans sa description des animaux du Spitzberg, parle, sous le nom de *wine-visch* (poisson à nageoire), d'une baleine à museau aplati et à nageoire dorsale, sans parler de plis à la partie inférieure du corps ; et la figure qu'il donne de cette baleine, ne présente rien non plus qui puisse être regardé comme une marque de ce caractère. Il est évident que ces légères indications n'étaient rien moins que suffisantes pour donner une idée exacte de l'animal auquel elles se rapportaient.

Anderson, cependant, admettant ce que Martens dit du wine-visch comme une description complète de cette baleine, en fit une espèce différente seulement de la baleine franche par sa protubérance dorsale, et il la représenta sous le nom de finfisch (1). Mais cette figure de finfisch ne rappelle point celle du wine-visch de Martens. C'est qu'il n'avait point vu cette baleine ; tout ce qu'il en dit il le tire de Martens, et la figure qu'il en donne, évidemment artificielle, n'a été faite que pour représenter cet animal d'une manière plus conforme à l'idée qu'il s'en faisait que ne pouvait le faire celle du marin qu'il copiait. En effet c'est celle d'un cétacé à tête de baleine franche, dont le corps est aminci, et auquel on a ajouté une nageoire dorsale.

Après cette infidélité manifeste, Anderson ne craint pas de se démentir en rapportant avec raison au wine-visch de Martens le gibbar (2) des Saintongeois, dont les traits principaux, donnés par Rondelet (3), sont en effet ceux

(1) T. ii, pl. de la page 168.
(2) De Gibbeux ou de *Gibber*, Bossu.
(3) De Piscibus, p. 482.

du *wine-visch*, c'est-à-dire ceux d'une grande baleine à protubérance dorsale moins épaisse et moins grasse que la baleine franche, et dont la tête est allongée et pointue ; bien différente en cela de celle du finfisch d'Anderson, dont la tête est lourde et obtuse comme celle de la baleine franche.

Mais, si le wine-visch et le gibbar sont des baleines très-rapprochées l'une de l'autre par leurs traits principaux, il n'en est pas de même des figures qui les représentent. Celle de Rondelet est fausse de tout point, quoiqu'il la donne sous le nom de *balena vera*. Ce qui, entre autres, la rend méconnaissable, c'est un long barbillon qui naît de chaque côté de la lèvre supérieure, et qui aurait le cinquième de la longueur de l'animal. Cette baleine a cependant été admise comme espèce distincte. Brisson, Bonnaterre, Lacépède, Scoresby, l'admettent à ce titre sous le nom de gibbar, et elle est devenue la *balena physalus* des nomenclateurs, sans que ni les uns ni les autres aient acquis sur cet animal d'autres notions que celles que nous venons de rapporter ; car depuis Martens et Rondelet on n'a plus parlé, comme ayant été vue, de baleine à museau aplati et à ventre lisse et sans plis; et, si Scoresby (1) fait entrer le gibbar au nombre de ses espèces de baleines, il ne le fait que sur la foi de ses prédécesseurs, et sur des rapports très-vagues recueillis dans ses voyages. Or était-on autorisé à tirer du silence de Rondelet et de Martens, sur l'état des parties inférieures du corps du wine-visch et du gibbar, des caractères positifs, et de fonder sur ce silence l'existence d'une espèce ? Non assurément. Martens, pas plus que Rondelet, n'envisageait l'histoire naturelle du même point de vue qu'on l'envisage aujourd'hui; il était loin de leur pensée d'ajouter une différence de valeur aux traits distinctifs des animaux, autrement que par ce que ces traits pouvaient avoir de plus ou moins sensible;

1) An Account of the arctic regions, t. 1, p. 478.

et, quand ils croyaient avoir suffisamment caractérisé un
animal, comparativement avec un autre, pour qu'on pût les
reconnaître sans peine tous deux, ils avaient rempli leur
tâche. S'ils allaient plus loin dans leur description, c'est
ordinairement quand ils y étaient appelés par les rapports
qu'ils apercevaient entre les parties d'un animal et sa
manière d'être et d'agir. Il était donc parfaitement inutile
à leurs yeux de parler de plis cachés sous le corps, qui
n'étaient vus que quand la baleine, renversée sur le dos,
avait perdu sa position naturelle, et qui ne leur laissaient
entrevoir aucune influence sur l'existence de cet animal ;
d'autant plus que le wine-visch et le gibbar se caractérisaient complètement par leur protubérance dorsale et
leur tête aplatie et allongée. Cela est si vrai, qu'Anderson,
qui rapporte le récit que lui fit un capitaine de vaisseau
de la prise d'une baleine à ventre *plissé*, ne balance pas
à la considérer comme appartenant à la même espèce que
son gibbar ; et Artédi lui-même ne fait point entrer ces
plis dans sa définition d'une baleine qui présentait ce
caractère. Quant aux figures sur lesquelles on ne voit
aucune trace de ces plis, il ne me paraît pas qu'on puisse
rien en conclure, outre qu'elles sont grossièrement dessinées et gravées : il est trop évident que Rondelet n'avait
point fait faire la sienne d'après nature ; et, si celle de Martens est plus fidèle, il est manifeste qu'elle n'a été faite
que pour donner à peu près et d'une manière générale l'idée
de son wine-visch : dans ce cas la peau du cou et de la poitrine, plus ou moins plissée, devait être la chose la plus in-
différente pour lui. Si Olafsen et Povelsen, dans leur
Voyage en Islande (1), parlent d'une baleine à fanons et à
ventre sans plis, avec une bosse sur le dos, que les Islandais, à cause de cette bosse, nomment *hnufubakr*, il est à
considérer, d'une part, qu'ils se bornent à indiquer ces caractères généraux, et qu'ils réunissent cette baleine dans

----

(1) T. III, p. 229 et suiv. de la trad. franç.

un même genre avec la baleine franche. Or il n'est pas improbable qu'il y ait des baleines franches à bosses, sinon à protubérance pinnatiforme. D'un autre côté, rien n'est plus faible que l'autorité de ces voyageurs. Il est évident qu'ils ont rapporté sans critique ce qu'ils ont recueilli de toute part : la preuve, c'est qu'ils donnent à la baleine franche deux cents pieds de longueur et cent soixante à leur *hnufubakr*, et qu'ils parlent du marmenill ou de l'homme marin comme d'un être réel.

Nous restons donc bien convaincus que le gibbar de Rondelet, et le winc-visch de Martens, que personne n'a revus tels qu'ils les donnent, ne sont que des rorquals incomplètement décrits, et que ce que ces auteurs disent de vraisemblable sur leurs animaux doit être rapporté à l'histoire de ces cétacés à fanons et à museau allongé. Ce que Martens nous apprend des mœurs de son winc-visch nous confirmerait encore dans notre opinion, s'il en était besoin ; car ce sont exactement et de tout point celles qu'on attribue aux rorquals (1).

Il est une autre baleine qu'on associe dans le même sous-genre à la baleine franche, et qui ne me parait être aussi qu'un rorqual, je veux dire le nord caper (cap Nord). Nous verrons, lorsque nous parlerons de la baleine franche, quelles sont nos raisons pour porter ce jugement du nord caper.

Le plus grand nombre d'espèces de rorquals admis par les auteurs de classifications, c'est-à-dire des baleines à museau plus ou moins allongé, à protubérance dorsale et à plis sous le ventre, est de trois : la jubarte, *balæna boops* ; le rorqual, *balæna musculus* ; et la baleine à bec ou à museau pointu, *balæna rostratus* (2).

(1) On sait que la tête osseuse que Camper a fait représenter sous le nom de gibbar est celle d'un rorqual. Albers Icones ad. anat , comp., etc. Voy. plus bas.

(2) Nous ne parlons point des espèces de baleines distinguées par Klein d'après des indications mal comprises de Zorgdrager. L'erreur de Klein est trop grossière pour avoir besoin d'être relevée.

Lorsqu'on remonte aux sources dans lesquelles ont été puisés les élémens constitutifs de ces trois espèces, on les trouve si peu abondantes, et leurs produits si peu différens, que leur premier effet sur l'esprit est de le plonger dans un doute profond sur la réalité des espèces qu'on a cru pouvoir en tirer.

Sibbald (1) est, je crois, un des premiers auteurs qui parlent de baleines à plis sous le ventre : il en distingue deux, échouées dans le golfe de Forth, l'une en 1690, l'autre en 1692. La première était un jeune individu qui n'avait encore que quarante-six pieds de longueur ; la taille de la seconde était de soixante-dix-huit pieds. Leurs proportions différaient peu, et elles étaient l'une et l'autre noires aux parties supérieures du corps, et blanches aux parties inférieures. Leur différence paraît avoir consisté en ce que la première aurait eu le museau pointu, tandis que la seconde, au contraire, l'aurait eu arrondi. Des figures représentent ces deux rorquals, que Lacépède a rapportées l'une à son jubarte, l'autre à son rorqual.

Dudley parle aussi de deux baleines à plis sous le corps et à protubérance dorsale : le *finback-whale* (baleine à nageoire sur le dos), dont la nageoire dorsale a deux pieds et demi de longueur, et les nageoires pectorales de six à sept pieds ; le *humpback-whale* (baleine bossue), qui, au lieu d'une nageoire, a une simple bosse d'un pied de hauteur et pointue en arrière. Ses nageoires pectorales auraient quelquefois dix-huit pieds de longueur et seraient très-blanches (2). Mais ces notions, dues à Dudley, paraissent avoir été mal appréciées jusqu'à présent.

Egède (3) ne parle point de plis chez sa baleine *finnefiske* dans ce qu'il dit de ce cétacé ; mais la figure par laquelle il le représente semble indiquer des plis. Au reste, cette figure mérite à peine d'être citée. C'est celle d'une

(1) Phalainologia nova.
(2) Trans. phil., n. 387.
(3) Descr. du Groënland.

baleine à tête épaisse et obtuse, et non celle d'un rorqual. Bonnaterre cependant regarde cette finnefiske comme une jubarte.

Le poisson de Jupiter, dont parle Anderson (1), d'après le récit d'un capitaine de vaisseau, est facilement reconnaissable pour une baleine de ce dernier genre. Cette baleine n'avait pas la tête aussi grosse que la baleine franche, la sienne était plus allongée et plus pointue. Son corps, pourvu d'une nageoire dorsale élevée de deux pieds, était aussi plus mince; sa longueur était de soixante pieds, et sa peau, *très-plissée*, était d'un brun noirâtre. Au-dessous de la nageoire dorsale se trouvait une autre protubérance allongée, moins élevée. Cette baleine avait très-peu de graisse, et ses fanons, très-fragiles, étaient blancs. C'est à sa jubarte que Lacépède la rapporte.

Ascanius, dans ses figures enluminées du Nord (3ᵉ fascicule et page 4), donne celle d'un rorqual qu'il rapporte avec beaucoup d'incertitude à la *balæna musculus* des classificateurs, laquelle est devenue le rorqual de Bonnaterre et de Lacépède. Mais cette figure, excepté par ses plis, ressemble si peu à celle d'un rorqual, que, si elle était réellement la figure d'une baleine dans son état ordinaire l'animal qu'elle représente n'aurait pas été un rorqual, il aurait présenté le type d'un genre particulier.

Il est plus vraisemblable que cette figure représente un rorqual dans des conditions particulières, où ses formes ordinaires se trouvent modifiées, comme elles le sont peut-être si les parties plissées de son corps sont susceptibles de s'étendre, de se gonfler, ainsi qu'on suppose.

Ce rorqual est noir en dessus avec la protubérance dorsale blanche, ainsi qu'une crête qui la suit jusqu'à la queue. Le dessous du corps est blanc et les plis brun clair. Ce cétacé avait été trouvé mort au rivage, et avait 66 pieds de long.

(1) Hist. nat. de l'Islande.

Othon-Fabricius (1) est le premier auteur d'une description détaillée de rorqual; il avait vu plusieurs de ces animaux, et l'histoire qu'il en donne est la seule qui, jusqu'à lui, ait été propre à faire connaître les traits particuliers d'une espèce. C'est à la jubarte qu'on est convenu de rapporter cette description; Fabricius, lui-même, la donne comme étant celle d'une *balæna boops*; et c'est elle conséquemment qui depuis, par son étendue, a dû servir de point de comparaison pour l'établissement ou pour l'admission des autres.

Les caractères de cette jubarte consistent dans une tête allongée, élargie et obtuse; dans un corps qui va en diminuant graduellement de la hauteur des nageoires pectorales, où il est le plus gros, à la naissance de la nageoire caudale, où il est le plus petit. Deux évents très-rapprochés s'ouvrent vers le milieu de la tête, au sommet d'un tubercule élevé, au-devant duquel se trouvent trois rangs de petites protubérances circulaires. La mâchoire inférieure est plus courte et plus étroite que la supérieure. De nombreux plis se montrent tout le long des parties inférieures du corps, et une protubérance pinnatiforme se trouve à la partie postérieure du dos. Cet animal est noir en dessus, sa gorge et ses nageoires en dessous sont blanches; la partie interne des plis est d'un rouge de sang.

Fabricius parle encore, comme en ayant une connaissance assurée, d'un autre rorqual, qu'il rapporte à la *balæna rostrata* à cause de son museau étroit, laquelle est la baleine à bec de Bonnaterre. Cette baleine, plus petite que les autres, aurait de très-petits fanons blancs. Les parties supérieures de son corps sont noires, et les parties inférieures blanches, mélangées de teintes rosées. La couleur noire ne s'éteint que graduellement sur les flancs. Les nageoires pectorales sont ovales, à bord arrondi; et la protubérance dorsale, penchée vers la queue, est arrondie elle-même.

(1) Fauna groenlandica.

Jusqu'à présent cependant nous ne voyons qu'une figure citée par quelques auteurs, comme représentant cette jubarte; c'est celle de Sibbald (1); elle a été copiée par Bonnaterre; mais cet auteur néglige d'en faire connaître l'origine; et, sur plusieurs points, comme il le reconnaît lui-même, elle n'est pas conforme à la description de Fabricius. Lacépède, qui donne la même figure comme exemple de sa jubarte, voulant qu'elle représentât exactement les traits de la description qu'il en donne d'après Fabricius, a fait modifier cette figure, qui, dès lors, n'a plus été qu'une figure artificielle.

Enfin on doit à Hunter (2) la figure d'un rorqual qui rappelle assez bien la physionomie des animaux de ce genre. Mais cet animal, qui vint échouer sur les côtes d'Angleterre, n'avait que dix-sept pieds de longueur; mort depuis plusieurs jours, il avait subi plusieurs altérations, sa tête était tuméfiée, et sa protubérance dorsale se trouvait détruite; on ne voyait plus que la trace de son origine.

Ce rorqual, pour Hunter, appartenait à la *balæna rostrata*; aussi la nomme-t-il *piked-whale* (baleine pointue). Il montre que les plis des parties inférieures du corps ne peuvent s'étendre, comme on le croyait communément. Les lames des fanons étaient à peu près au nombre de trois cents de chaque côté du palais, le nombre des estomacs était de cinq, etc.

C'est là où en était la science, c'est en cela que consistaient ses richesses, les matériaux dont son édifice pouvait être composé, quand Bonnaterre vint établir, sur des faits, qu'il crut plus réels, les trois espèces qui avaient déjà été proposées, mais dont l'existence n'était encore rien moin qu'assurée. En effet, les baleines que les classificateurs désignent encore aujourd'hui par les noms de *boops*, de *musculus* et de *rostratus*, qui sont la jubarte, le rorqual et la

(1) Phal. nov., fig. t. 1, lit. d.
(2) Trans. phil., t. 77, p. 371 et suiv., pl. 20, 21 et 22.

baleine museau pointu du naturaliste français, avaient été distinguées l'une de l'autre long-temps avant lui; on les trouve peut-être établies toutes trois dans le Voyage d'Olafsen en Islande (1), et même long-temps auparavant par Torfée (2). Othon-Frédéric Muller les admet (3), et il en est de même d'Othon Fabricius (4). Mais l'un et l'autre ne le font que sur de simples indications, que sur des descriptions imparfaites, que sur des notions quelquefois assez positives pour faire soupçonner qu'elles existent, et d'autres fois si manifestement fausses, qu'on est tenté de les rejeter sans autre examen. Bonnaterre, le premier, joignit à ces rapports incomplets, desquels ne naissaient guère que des doutes, l'indication de figures qui devaient présenter aux yeux ce qui n'était jusque là présenté qu'à l'intelligence, et dissiper ainsi les incertitudes qui pouvaient encore rester sur la réalité de ces trois espèces; car, si les figures données par Sibbald et par Ascanius avaient paru les unes avant Muller, les autres avant Fabricius : ces auteurs n'en citent aucune, si peu sans doute ils y avaient de foi. Bonnaterre donna donc des figures pour ces trois espèces de baleines à plis, celle de Sibbald pour la jubarte, celle d'Ascanius pour le rorqual, et celle de Hunter pour sa troisième espèce, la baleine à bec. Malheureusement ces figures, comme nous l'avons vu, loin de répandre de nouvelles lumières sur ces animaux, et de rendre plus évident ce qui en avait été dit, n'ont fait qu'ajouter de nouvelles incertitudes à celles qui résultaient déjà de toutes les notions confuses dont ils étaient l'objet.

Lacépède suivit en tout point Bonnaterre, seulement il donna le nom de baleinoptères aux espèces de baleines que le premier avait réunies comme ayant *une protubé-*

---

(1) T. iii, p. 320 de la trad. franç.
(2) Groenlandia antiqua.
(3) Zool. dan. prod.
(4) Fauna groenl.

rance en forme de nageoire sur la queue et de plis sous le ventre. Il admet la jubarte, le rorqual et la troisième espèce, la baleine à bec, qu'il distingue par la dénomination de baleinoptère museau pointu, et il ajoute de nouvelles figures à celle dont s'était appuyé Bonnaterre. Ces figures sont rapportées l'une au rorqual, et l'autre au museau pointu.

La première avait été faite par un architecte de Grasse, nommé Jacques Quine, d'après un individu échoué sur la côte occidentale de l'île Sainte-Marguerite, le 30 ventôse an 6. Elle ne représente ce rorqual de la Méditerranée que de profil, ce qui n'en donne pas une idée suffisante. Le museau est d'un allongement et, dans ses lignes, d'une uniformité qui ne rappellent le museau d'aucune des autres figures de rorquals. Cet animal avait trente pieds de longueur; sa nageoire dorsale en avait trois environ; les pectorales en avaient cinq, et de l'extrémité du museau à l'œil on trouve douze pieds. Toutes les parties supérieures du corps sont noirâtres, et les parties inférieures blanches avec des teintes rosées qui semblent plus marquées dans les plis. C'est au total une figure faiblement dessinée et dont la tête est trop peu détaillée pour être fidèle.

La seconde, beaucoup meilleure et dessinée par un homme habile, rappelle bien la figure du rorqual de Hunter, et passablement celle que Bonnaterre, d'après Sibbald, donne de la jubarte et celle que Martens donne du *wincvisch.* Toutes les parties supérieures du corps sont noires, et les parties inférieures blanches avec des teintes rosées. Les plis sont rouges et une grande tache blanche couvre transversalement le milieu de chaque nageoire pectorale en dessus et en dessous. Le dessous de la nageoire caudale est de la couleur du dessous du corps; enfin la mâchoire inférieure semble plus longue que la supérieure.

La figure de ce rorqual avait été envoyée à Lacépède par Banks.

Cet illustre naturaliste rapporte de plus à sa troisième

espèce de baleinoptère quelques observations qui lui furent envoyées par un médecin de Valognes, M. Geoffroy. Ces observations avaient pour objet un jeune rorqual qui était venu se prendre dans des filets de pêcheurs, en avril 1791, près de la rade de Cherbourg.

Ce jeune rorqual n'avait que quatorze pieds, toute la partie supérieure de son corps était noire, les flancs, le dessous du corps et de la queue et le milieu des nageoires pectorales étaient blancs. La forme de l'extrémité du museau tenait, dit M. Geoffroy, le milieu entre l'obtus et l'aigu. La mâchoire supérieure était de six pouces plus courte que l'inférieure où elle était reçue. Les fanons forment deux rangées qui vont en augmentant insensiblement de grandeur jusqu'au fond de la bouche. Les plus hauts avaient environ trente lignes de longueur et quatorze de large. Le nombre de chaque rangée était d'environ deux cents; et chacun d'eux était terminé inférieurement par des soies blanchâtres. Les évents étaient à deux pieds du bout du museau. La protubérance dorsale, large de huit pouces à sa base, s'élevait à dix, et se terminait en s'arrondissant et en se courbant un peu en arrière. Les nageoires pectorales, à dix-huit pouces de la bouche, avaient deux pieds de long et six pouces de large; la queue était carénée verticalement, et sa nageoire avait trois pieds d'une de ses extrémités à l'autre. De nombreux sillons naissaient sous la gorge, se prolongeaient sous l'abdomen, etc.

Ce sont donc ces faits divers, recueillis la plupart à des époques éloignées l'une de l'autre, et par des hommes que dirigeaient des vues très-différentes, qui, rapprochés sous toutes leurs faces, opposés l'un à l'autre dans tous les sens, comparés entre eux de toutes les manières, ont porté Lacépède, comme y avait été porté Bonnaterre, à admettre sous le nom de baleinoptères les trois espèces de rorquals. Nous pourrions, comme nous l'avons fait pour les cachalots, examiner chacun de ces faits en particulier.

afin d'en apprécier la valeur, et juger ensuite jusqu'à quel point ils justifiaient l'admission de ces trois espèces. Nous procéderons autrement. Bonnaterre et Lacépède, que nous ne séparons point, parce qu'ils se sont succédé immédiatement, et qu'ils ont été dirigés par le même esprit, n'avaient pu tirer de la comparaison des faits, pour caractériser leurs rorquals, l'un que les proportions relatives des deux mâchoires et leur forme, auxquelles il ajoute les formes de la protubérance dorsale; l'autre que ces mêmes caractères, auxquels il joint la forme de la nuque, de petits tubercules au-devant des évents, et la grandeur de la tête, comparativement à celle du corps. Ils auraient pu ajouter des différences de taille. Pour tout le reste, ces animaux se ressemblaient. Il nous suffira conséquemment de borner notre examen à ce petit nombre de faits pour faire aprécier ce que peut avoir de fondé la distinction des rorquals en plusieurs espèces.

Les différences dans les proportions relatives des mâchoires formeraient un caractère très-important et très-propre à caractériser des espèces, s'il était constaté par un nombre d'observations suffisantes, et surtout s'il était confirmé par l'anatomie; mais ces différences, établies seulement sur le plus petit nombre d'individus, et sur des individus morts, couchés sur une plage ou harponnés, décomposés à demi, ou n'ayant perdu la vie qu'après de longs combats, ne sont rien moins que démontrées; rien n'est mieux fondé que le doute à leur égard; et il semble que Lacépède lui-même l'ait prévu, car il n'admet pas ce caractère pour sa jubarte, tandis que Bonnaterre le place, au contraire, en première ligne. Au surplus, il doit être rejeté pour le rorqual : il est trop évident qu'il n'a été attribué à cette espèce que d'après la figure d'Ascanius, qui ne la représente point dans l'état où elle devrait l'être pour se faire connaître véritablement, pour donner une idée exacte de sa physionomie; et, si, contre toute apparence, cette figure était vraie, il faudrait en conclure

qu'elle représente un cétacé d'un tout autre genre que
celui des rorquals, l'état de la science ne permettant pas
d'admettre dans un même genre des animaux aussi différens que ce cétacé d'Ascanius et ceux que nous repré-
sentente la jubarte de Bonnaterre ou le piked-whale de
Hunter. Nous rejetons donc comme inexact le caractère
tiré de la mâchoire inférieure large et arrondie du cétacé
d'Ascanius, et des observations nouvelles devront vérifier
si en effet la jubarte a la mâchoire plus courte, relativement à la supérieure, que la baleine à bec ou à museau
pointu, ce dont nous osons douter. Jusque là nous nous
croyons en droit d'attribuer ces différences à des causes
passagères ou accidentelles.

Nous avons déjà exprimé notre jugement sur le caractère tiré de la protubérance dorsale au sujet des dauphins
et des cachalots. Cette protubérance, chez les rorquals,
paraît constamment accompagner la forme de la tête,
caractéristique de ce genre, et les plis que tous ces
animaux paraissent avoir aux parties inférieures du corps.
Jusqu'à présent elle peut donc être considérée comme un
signe de ces caractères essentiels ; mais les petites variations
de forme qu'elle présente peuvent-elles être admises comme
caractères spécifiques ? Nous ne le pensons point, et nous
croyons pouvoir nous dispenser d'exposer les motifs de
notre opinion, les ayant fait connaître en cherchant à apprécier la valeur de ce caractère dans les genres précédens.

Lacépède donne pour caractère de sa jubarte une nuque
élevée et arrondie ; mais nous ne trouvons rien qui indique ce trait, ni dans ce que Fabricius a dit de ce cétacé,
ni dans ce que d'autres auteurs en ont rapporté ; il ne
nous paraît exister que dans la figure de Sibbald par laquelle Lacépède représente cette espèce ; et, outre qu'on
ne voit pas le moyen de reconnaître la nature de ce caractère, cette figure ne doit avoir, sous ce rapport, qu'une
fort médiocre autorité aux yeux de la critique.

Lacépède attribue encore pour caractère à cette espèce

les tubérosités situées au-devant des évents, dont parle Fabricius, et qu'il s'est cru en droit d'ajouter à la figure qu'il copie, et qui en est dépourvue. Mais ces tubérosités que sont-elles? un organe plus ou moins compliqué, ou de simples élévations de la peau? Dans ce dernier cas, qui me paraît le seul vraisemblable, il n'y aurait rien d'étonnant que ces traits eussent été indiqués par le naturaliste décrivant en détail sa *balæna boops*, et ne l'eussent pas été par ceux qui ne parlaient de cet animal que d'une manière en quelque sorte générale, comme l'ont fait tous ceux qui avaient précédé Fabricius et tous ceux qui l'ont suivi.

Si Lacépède, outre une mâchoire inférieure arrondie et beaucoup plus avancée et plus large que la supérieure, caractérise son rorqual par une tête courte à proportion du corps et de la queue, il ne le fait encore que par la figure d'Ascanius; et ce second caractère, n'ayant pas d'autre fondement que le premier, ne mérite pas plus de confiance.

Il semble résulter encore de tout ce que les auteurs rapportent de la grandeur des rorquals que le rorqual proprement dit acquerrait la plus grande taille, que la jubarte viendrait ensuite, et que le baleinoptère museau pointu serait sensiblement plus petit que les deux premières. Mais les différences d'âge suffisent pour expliquer celles de la taille. En effet, les rorquals de Hunter, de Bancks et de Geoffroy, sur lesquels reposent principalement pour Lacépède la plus petite espèce, étaient de jeunes individus. Si, d'un autre côté, on considère qu'à cette circonstance vient se joindre la ressemblance des couleurs de ces jeunes rorquals avec la jubarte, telle que Fabricius l'a décrite, le blanc des nageoires pectorales, la rougeur des plis, il deviendra bien difficile de ne pas voir de véritables jubartes dans ces jeunes rorquals.

Nous ne porterons pas plus loin l'examen critique que nous avions à faire des caractères sur lesquels on a fait reposer la distinction spécifique des rorquals. Nous croyons qu'il en résulte, jusqu'à l'évidence, que cette distinction n'était point fondée, que rien, dans les sources où jusqu'à Lacépède inclusivement les zoologistes ont puisé, ne montrait dans ce genre l'existence de plusieurs espèces, et que, si la science n'avait pas d'autres lumières à recueillir, on ne pourrait se dispenser de réduire ces espèces à une seule. Heureusement les observations ostéologiques ont conduit à d'autres résultats, et c'est du moment seul où elles ont été faites que cette branche de la cétologie a pris une nouvelle face, qu'un jour plus pur s'est répandu sur elle, car les observations zoologiques auxquelles les rorquals ont donné lieu, depuis Lacépède, n'ont apporté aucun changement à l'état de la science, et ne nous conduisent à modifier en aucun point les conséquences auxquelles les faits nous ont conduit. M. Neill (1) a fait connaître quelques détails sur un rorqual échoué sur les bords du Forth, près d'Alloa, en octobre 1808, et décrit par M. Bald. Cet animal avait quarante-trois pieds de longueur et vingt de circonférence. La nageoire dorsale ne consistait qu'en une protubérance, aussi haute que longue à sa base, c'est-à-dire de deux pieds et demi dans les deux sens. Les nageoires pectorales avaient cinq pieds de long et un de large. La mâchoire inférieure dépassait de trois pouces la supérieure, et le nombre des fanons était de six cents. Toutes les parties supérieures du corps étaient noires, et les parties inférieures blanches; vingt-quatre plis se voyaient le long de la mâchoire inférieure, du thorax et du ventre, etc. M. Niell rapporte ce cétacé au rorqual à long bec.

Scoresby (2) donne aussi la description d'un rorqual qui fut pris dans la baie de Scalpa, en novembre 1808, et il accompagne cette description d'une figure qu'il devait à M. Watson, qui seul avait observé et décrit cet animal.

(1) Mém. de la Soc. Wernerienne, p. 201.
(2) An Acc. of the arctic. reg., t. 1, p. 485, pl. 13, fig. 2.

Sa longueur était de dix-sept pieds et demi. La distance du bout du museau à la nageoire dorsale était de douze pieds et demi, et elle était de cinq pieds jusqu'à la nageoire pectorale. La longueur de celle-ci était de deux pieds, et sa largeur de sept pouces. La nageoire dorsale avait un pied trois pouces de longueur et neuf pouces de hauteur. Les parties supérieures étaient noires, le ventre d'un blanc éclatant et les replis rougeâtres, etc. Scoresby regarde ce cétacé comme appartenant au rorqual museau pointu.

C'est en réunissant ce que rapporte Scoresby de ce rorqual à ce que Fabricius dit de la *balæna rostrata* que M. Lesson (1) établit une autre espèce de rorqual à museau pointu que celle de Lacépède.

Le changement fondamental que l'étude et la comparaison des parties osseuses a opéré est dû à mon frère, et il a été amené par le besoin de déterminer le degré de ressemblance qui pouvait exister entre les débris fossiles de baleines et les parties analogues des espèces vivantes. Pour que cette comparaison pût avoir lieu, il fallait préalablement reconnaître auxquelles de ces espèces appartenaient les parties de squelettes qu'on possédait, et par conséquent les différences caractéristiques de ces parties. Or ce travail a démontré l'existence de trois espèces de rorquals : une des mers du Nord, une de la Méditerranée, et une des mers Antarctiques.

Il ne nous reste donc actuellement qu'à rapporter à chacune de ces espèces les traits qui leur appartiennent; mais il ne nous sera pas possible d'y retrouver les trois espèces dont nous venons d'examiner les titres, la jubarte, le rorqual et le baleinoptère museau pointu.

En effet, tout ce qui a trait à l'histoire de ces trois espèces a été pris d'observations faites sur des rorquals des mers du Nord, et par là semble appartenir exclusivement à l'espèce de ces mers; car, si Lacépède a réuni l'espèce

____

(1) Cétacés, p. 266.

de la Méditerranée à son rorqual, qui n'existait réellement pour lui, comme pour Bonnaterre, que dans la figure d'Ascanius, laquelle représentait une baleine du Nord, rien ne prouve que cette association fût légitime ; tout, au contraire, permet de penser qu'elle n'avait aucun fondement. Cette espèce ne peut donc point exister pour nous : et, comme il en est de même de la troisième, qui n'est établie à nos yeux que sur de jeunes individus de la première, c'est celle-ci seule que nous croyons être autorisé à conserver.

LE RORQUAL JUBARTE. — *R. Boops.*

C'est cette espèce qui vraisemblablement est représentée, avec plus ou moins d'exactitude, dans toutes les figures de rorquals qui ont été données jusqu'à présent, à l'exception de la figure du rorqual de la Méditerranée que l'on doit à Lacépède. Celle que Hunter a publiée sous le nom de piked whale, réunie à celle que Lacépède donne comme représentant son baleinoptère museau pointu, sont de toutes celles qui nous paraissent exprimer le plus fidèlement les traits généraux de ce cétacé : son corps allongé et fusiforme, son museau tout d'une venue avec le crâne, la situation reculée des évents, la forme des nageoires, etc., etc.

Ce rorqual atteint à une fort grande taille : on en a rencontré de soixante-dix à quatre-vingts pieds et plus, mais non pas de trois cent soixante, comme on le dit dans la traduction du voyage d'Olafsen. L'individu de soixante-dix-huit pieds dont parle Sibbald avait les proportions suivantes :

La plus grande circonférence du corps . .	35 pieds anglais.	
Distance du bout du museau aux yeux. . .	13	2 pouces
Longueur des nageoires pectorales	10	»
Leur largeur.	2	6
Distance de ces nageoires à l'angle de la bouche.	6	5
Hauteur de la nageoire dorsale	2	»
Sa longueur.	3	»
Largeur de la nageoire de la queue. . . .	18	»

L'individu de quatorze pieds de long , décrit par M. Geoffroy de Valognes , avait neuf pieds de circonférence. Les nageoires pectorales avaient deux pieds de long sur six pouces de large, et étaient situées à dix-huit pouces de l'angle de la bouche. La nageoire dorsale avait dix pouces de hauteur et huit de largeur. Tous le corps était revêtu d'une peau lisse et brillante, et sous la gorge et la poitrine se trouvaient des plis nombreux et profonds d'un troisième de pouce. Les parties supérieures étaient d'un noir plus ou moins foncé; les parties inférieures blanches, avaient une teinte rosée , et les plis du dessous du cou et de la poitrine étaient rougeâtres; une grande tache blanche couvre transversalement , en dessus et en dessous , la nageoire pectorale, et la nageoire caudale , dans sa face inférieure, est de la couleur du dessous du corps. Les fanons sont blanchâtres.

Les organes des sens , comparés à ceux des autres cétacés à évents , ne présentent probablement aucune modification bien importante. A la vérité, ils ont fait le sujet de peu d'observations. Quoique le nombre des rorquals dont parlent les auteurs soit assez grand , ceux qui se trouvaient à portée d'étudier leur organisation et de les décrire en ont été empêchés ou par quelque intérêt qui ne se conciliait pas avec les besoins de la science , ou par l'état de décomposition où se trouvaient les cadavres de ces animaux ; le fait est qu'à l'exception de l'ostéologie , on ne connaît à peu près rien de l'organisation des rorquals.

L'œil, dit M. Souty (1), est entouré d'une apparence de paupières épaisses et fermes , très-peu mobiles et formées d'une peau graisseuse. Leur petite ouverture ne laisse pas apercevoir toute la cornée , dont le diamètre est d'un pouce. Le globe avait dix pouces de circonférence, et la sclérotique, qui s'amincit antérieurement , avait jusqu'à un pouce d'épaisseur. Ce globe n'a point au-dessous de lui le tissu cellulaire qu'on remarque chez les autres mammifères, et qui semble destiné à adoucir les mouvemens de cet organe. Le nerf optique avait un pouce de diamètre.

L'orifice extérieur de l'oreille , continue le même observateur, n'était point perceptible ; et il parle d'une membrane tendue au niveau de la peau , qui en aurait marqué la place. Fabricius, qui

____

(1) Cétacés de M. Lesson, p. 253.

indique l'orifice du conduit externe de l'oreille, ne parle point
de cette membrane.

Nous n'avons rien à dire du sens de l'odorat, qui vraisembla-
ment n'est pas moins caché chez les rorquals que chez les autres
cétacés.

Quelques détails ont été donnés sur la langue : Fabricius la
représente comme ayant la couleur du foie et comme étant grande,
grasse et ridée ; elle serait de plus accompagnée du côté du gosier
d'une membrane lâche qui serait comme l'orifice d'un opercule.
Lacépède l'a peut-être fait représenter dans sa figure de son ba-
leinoptere museau pointu ; mais le graveur l'a couverte de taches
rondes qui semblent indiquer des tubercules, et qui ne se trouvent
point sur le dessin original que j'ai sous les yeux. Sa consistance
paraît être assez molle. Elle occupe dans la longueur de la bouche l'espace que les fanons laissent entre eux, et ne se trouve
ainsi en rapport qu'avec les filamens longs et flexibles qui garnissent les lames, cornées à leur bord interne. Plusieurs auteurs
parlent d'une vessie aérienne qui communiquerait avec la partie
intérieure de la bouche de ces animaux, laquelle pourrait être
remplie d'air. M. Souty (1) dit que, dans le rorqual qu'il a observé, cette vessie avait environ huit pieds de longueur et formait une poche allongée.

Quant au toucher, la seule observation à faire, c'est que la jubarte, comme tous les rorquals, a une couche de graisse assez
mince, comparativement à celles de plusieurs autres cétacés.

Les mâchoires du rorqual ne portent point de dents. Pour en
tenir lieu le palais de cette espèce est garni de deux rangs de lames
cornées nommées fanons, l'un à droite, l'autre à gauche, séparés
par un intervalle nu. Ces fanons, situés dans chaque rang, parallèlement l'un à l'autre, forment entre eux un angle dont le
sommet est dirigé en arrière. Leur forme est à peu près celle
d'un triangle scalène, et ils sont attachés au palais par le plus petit
de leurs côtés, de manière que c'est par leur côté le plus grand
que ceux de chaque rang se regardent, d'où résulte un vide triangulaire entre eux. Ces lames cornées, dont le nombre varie avec
l'âge de l'animal, se terminent par de nombreux et gros filamens, qui limitent, en le tapissant, le vide qu'elles laissent entre

(1) Cétacés de M. Lesson, p. 253.

elles; ces filamens paraissent avoir la double destination de retenir la proie dont l'animal doit se nourrir, et de laisser écouler
l'eau qui pénètre dans la bouche avec elle.

Ces fanons (1) paraissent composés de deux substances, l'une
centrale, plus ou moins épaisse, celluleuse, dont les filamens ne
semblent être que la continuation; l'autre externe, mince, plus
compacte, couvrant les deux faces de la lame du fanon, comme
l'émail couvre la dent; et les fanons, à leur base, dans une étendue plus ou moins grande, sont séparés l'un de l'autre par une
troisième substance blanche, homogène et d'une consistance
approchant de celle de la cire.

La substance principale de chaque fanon paraît être produite,
à en juger par ce qu'en dit Hunter, comme le sont les dents, par
un bulbe producteur qui se trouverait entre les intermaxillaires,
et la partie du derme, très-vasculeuse et analogue aux gencives, qui revêt le palais. Ces bulbes producteurs des fanons, minces et larges comme eux, ont une densité plus grande
que la membrane qui les recouvre et sont aussi très-vasculaires; ils
pénètrent à la base du fanon, ou plutôt la base du fanon, mou-
lée sur eux, se trouve concave et les revêt. Les deux autres substances paraîtraient être formées par la membrane externe, et,
quoique leur développement semble devoir être égal à celui de
la substance centrale, on dirait que leur étendue se trouve limitée par leur oblitération. Ces faits, que nous avons dû con-
centrer pour mieux faire concevoir leurs rapports, sont sans doute
bien insuffisans pour donner une connaissance exacte de la production et du développement des fanons : c'est que Hunter expo-
sait ses idées sur ce sujet, préoccupé par l'idée très-probable
que ces produits organiques se forment comme les poils, les
cornes, les dents; mais comme, à l'époque où il écrivait, on n'a-
vait sur la formation des poils et des dents que des idées inexactes,
il n'a pu faire ressortir une vérité complète de ses observations
qui restent ainsi environnées d'un voile trop épais. Il est donc
vivement à désirer que le développement des fanons fasse le sujet d'observations et de recherches nouvelles, afin de bien établir quelle est la nature des substances qui accompagnent ces
lames, substances qui n'ont pas la même dureté qu'elles, et qui ne
sont peut-être que les restes du bulbe producteur du corps principal de fanons.

(1) Hunter, trans. phil., t. 77.

Toutes les allures des rorquals paraissent être libres et faciles , et leurs mouvemens acquièrent une promptitude et une impétuosité sans égale quand quelques dangers les menacent et que la peur les emporte. Ils inspirent une grande crainte aux pêcheurs, qui ne les attaquent jamais qu'avec beaucoup de prudence , et qui , malgré les précautions nombreuses qu'ils prennent pour les aborder, sont encore souvent victimes de leur témérité.

Nous n'avons rien à dire sur l'usage que ces animaux font de leurs sens. Ces grands cétacés ne sont pas de nature à être soumis à des observations régulières, et ce qu'à ce sujet on a pu conclure de la manière dont on les voit se conduire lorsqu'on les rencontre , lorsqu'on les cherche , c'est qu'ils voient distinctement les objets , et que leur ouïe ne manque point de délicatesse. Quant au goût, à l'odorat et au toucher, il est à supposer que ces animaux n'en tirent qu'une bien faible utilité.

Quelques auteurs, et Othon Fabricius entre autres, ont représenté les plis qui se trouvent sous la gorge et sous la poitrine des rorquals, comme étant produits par la contraction d'une grande poche, d'une vaste cavité , que ces animaux auraient la faculté de remplir d'air pour se rendre plus légers , ou même de l'eau qui pénètre dans leur bouche quand ils prennent leur nourriture. Alors ces plis s'effaceraient en partie. Mais les observations anatomiques de Hunter ne permettent guère d'adopter ces idées ; car il a remarqué que la partie de la peau où se trouvent ces plis est fortement adhérente aux organes qui sont situés sous elle. Il resterait donc à rechercher la nature et l'objet de ces plis singuliers, qui sans doute se lient d'une manière quelconque à l'existence de ces animaux.

Nous donnerons, dans l'histoire du rorqual antarctique, la description complète d'une tête de cette espèce. Celle du rorqual jubarte (1) se distingue des deux autres , suivant mon frère, par

(1) La tête, ainsi que le squelette de cette espèce, est connue par la figure que M. Albers en a donné dans ses *Icones ad illud. anat. comp.*, *pl.* 1. Ce squelette avait été tiré d'un rorqual échoué dans le Veser, en 1699, dont on a la figure (1), à la quelle on reconnaît tous les caractères de la jubarte. Pierre Camper avait déjà fait représenter la tête de ce rorqual dans ses observations anatomiques sur les cétacés (pl. xi et xiii, chap. viii,

(1) Hasœus a fait graver très-imparfaitement cette figure dans sa dissertation sur le léviathan, p. 8, pl. iii.

son museau plus large à proportion et sa partie inter-orbitaire plus étroite, par la ligne postérieure de la partie du frontal qui se rend sur l'orbite, laquelle n'est ni transverse comme dans le rorqual du Cap, ni dirigée en avant comme dans celui de la Méditerranée, mais dirigée obliquement en arrière ; par la figure à peu près rectangulaire des os du nez ; par la ligne externe, moins arrondie, que forme l'orbite et l'arcade zygomatique ; enfin par sa mâchoire inférieure moins arquée en dehors, et qui, au lieu d'être un peu convexe en dessous, prend, dans le sens vertical, une courbure contraire.

Pour les autres parties du squelette, l'omoplate est remarquable par sa largeur d'avant en arrière et par la saillie de son angle postérieur, comparativement à celle du rorqual de la Méditerranée. Les mains sont bien plus courtes que celles du rorqual du Cap, etc.

L'individu de dix-sept pieds de longueur, dont Hunter a fait l'anatomie, a montré que cette espèce a un estomac composé de cinq poches. Les deux premières sont les plus grandes ; les trois autres, plus petites, sont irrégulières. Celle qui communique immédiatement avec l'œsophage, tapissée de la membrane de ce conduit, est ovoïde et située obliquement, son extrémité la plus étroite en bas ; c'est à son autre extrémité et obliquement que s'ouvre l'œsophage. Le second estomac, plus long que le premier, a la forme d'une S ; sa surface interne présente des stries longitudinales qui quelquefois sont réunies par des bandes transversales. Le troisième, très-petit, ne semble que servir de conduit pour pénétrer dans le quatrième, dont la surface interne est villeuse, et qui paraît être comprimé entre le deuxième et le cinquième. Celui-ci est rond et petit ; il conduit au pylore qui n'offre guère d'apparence valvulaire. La surface interne du duodénum forme des plis longitudinaux à quelque distance les uns des autres qui sont liés par des plis latéraux. Les petits intestins, de vingt-huit jards et demi de longueur (plus de 86 pieds anglais) sont terminés par un cœcum qui est long de sept pouces, et du colon à l'anus on trouve deux jards trois quarts ou 8 pieds 3 pouces environ.

p. 78). Un autre individu, échoué sur la côte de Holstein, en 1819, fourni un squelette, que M. Rudolphi a publié dans les mémoires de l'académie de Berlin, de 1820 à 1821, pl. i-iv.

Il est impossible de faire connaître le naturel de cette espèce, de faire ressortir ses penchans, son intelligence, ses instincts, de ses actions. Les pêcheurs, qui seuls ont été à portée d'observer la jubarte vivante, n'ont vu en elle qu'un animal dont il était prudent de craindre la force et l'impétuosité, ou qu'il fallait négliger à cause de son peu de graisse et de la mauvaise qualité de ses fanons. Fabricius nous apprend que ce rorqual se rencontre le plus communément entre les soixante-unième et soixante-cinquième degrés de latitude. Sa femelle ne mettrait au monde qu'un seul petit. Dans les beaux jours de l'été, il se rapproche quelquefois des côtes, pénètre dans les golfes, et il n'est pas rare de le rencontrer flottant à la surface des eaux comme s'il cherchait à la fois du repos et la douce chaleur du soleil. Son naturel, dit-il, est craintif; il fuit devant ses ennemis et redoute surtout une espèce de dauphin qui le poursuit avec acharnement. On rapporte cependant qu'il devient très-dangereux pour les chaloupes, lorsque le harpon l'a blessé; qu'alors il semble s'en prendre à ceux qui l'attaquent; qu'on l'a vu, de ses coups de queue, faire chavirer les embarcations qui se trouvaient autour de lui, et précipiter à la mer ceux qui les montaient. On raconte aussi qu'un rorqual, ayant été harponné, entraîna avec tant de précipitation le bateau auquel la corde du harpon s'était accrochée, et qu'on n'eût pas la présence d'esprit de couper, qu'ayant pénétré sous les glaces le bateau et tous ceux qui s'y trouvaient s'y perdirent avec elle. D'autres parlent de rorquals du Nord comme d'animaux amis de l'homme, qui le suivent en se jouant autour des plus frêles embarcations, et qui semblent ne l'accompagner que pour le protéger contre les poissons qui pourraient l'attaquer. A la vérité, c'est Olafsen qui rapporte cette histoire. Ce qui est certain, c'est que ces cétacés ne sont point des animaux de proie comme le requin, par exemple, et qu'ils ne sont point hostiles envers ceux qui ne leur sont point ennemis.

Cette grande espèce de baleine consomme naturellement une immense quantité de nourriture. On ne paraît pas en avoir ouvert sans qu'on ait remarqué dans leur estomac des débris de toutes espèces de poissons. Eggède nous dit qu'on a trouvé des nord-caper dont l'estomac contenait plus d'une tonne de harengs, et Hunter rapporte que son jeune rorqual avait dans le sien des restes de requins. Au surplus, on pourra se faire une idée de la masse d'alimens que ces animaux peuvent engloutir, quand ils ouvrent la bouche au milieu d'un banc de harengs, lorsqu'on saura, à en croire Sibbald, qu'une chaloupe avec son équipage entra toute entière, et sans s'en apercevoir, dans la bouche béante d'un de ces animaux échoué près du rivage.

Ces cétacés vivent associés les uns aux autres, soit en troupes, soit par paires. Anderson raconte qu'un rorqual mâle ayant été harponné, sa femelle ne le quitta point et se laissa harponner après lui plutôt que de l'abandonner et de fuir.

Les mers du pôle Arctique forment l'habitation de cette espèce de rorqual ; on la rencontre dans les parages de l'Amérique comme dans ceux du Groënland et du Spitzberg, de l'Island et du cap Nord ; et l'on ne voit pas comment elle ne se serait pas portée à l'est et ne se rencontrerait pas aussi dans les parages de la Nouvelle-Zemble et des îles Liaikhof. Ce sont les tempêtes qui vraisemblablement les poussent de temps à autres sur nos côtes.

Nous terminerons ces notes, relatives à la jubarte, par l'extrait d'un mémoire de M. Van Breda sur un individu de cette espèce, échoué près d'Ostende le 5 novembre 1827, et dont on a vu à Paris l'exposition publique du squelette ; et nous ne retrancherons surtout pas de ce mémoire l'expression des regrets de M. Van Breda sur l'impossibilité où il fut d'étudier anatomiquement cet animal et sur l'autorité qui, dans toute cette affaire, fut acquise à l'ignorance et à la cupidité. Nous ne croyons pas que ce mémoire ait été publié.

« Depuis un grand nombre d'années, probablement depuis des siècles, il ne s'offrit pas au naturaliste une occasion aussi favorable de faire des recherches sur une des plus rares productions de la nature, que celle que présenta une baleine colossale jetée sur la côte de la Flandre occidentale, près de la ville d'Ostende.

» Cet événement, dont il n'y avait pas, et dont il n'y aura peut-être de long-temps d'exemple, présentait l'occasion, non seulement d'acquérir une connaissance approfondie de ce colosse du règne animal, mais surtout de la structure de tant d'organes qu'on pouvait observer chez lui dans des dimensions cent fois plus grandes que celles qu'ils ont ordinairement.

» La plupart des baleines échouées sur des côtes habitées, dont nous parle l'histoire, n'étaient que des enfans en comparaison de ce géant qui avait plus de quatre-vingts pieds de longueur ;

Scoresby, le plus célèbre et le plus habile des pêcheurs de baleines, qui assista à la mise à mort de plus de trois cents de ces animaux, rapporte n'avoir jamais vu de baleine dont la longueur surpassa soixante pieds.

» Et de cet animal, rien, littéralement rien, ne fut examiné; rien ne fut conservé que le squelette; tout fut coupé, mis en pièces, enfoui dans la terre ou jeté dans la mer; aucun anatomiste ne prit en main le scalpel; la hache du boucher sépara des os ce qui avait échappé à la putréfaction, et rien ne reste de toutes les parties molles qui auraient pu à elles seules former un musée qui n'aurait point eu d'égal.

» Je tentai tous les moyens pour m'emparer de l'animal dans l'intérêt de la science; mais mes efforts, soutenus par ceux de S. E. le gouverneur de la Flandre occidentale, furent vains; un hasard malheureux fit tomber la baleine dans la main de personnes qui ne pouvaient en apprécier la valeur scientifique et qui, n'ayant pas d'anatomiste à leur disposition, ne songèrent pas à une dissection régulière. L'animal fut laissé en proie à la putréfaction, et il ne me resta, ainsi qu'aux nombreux élèves de notre université qui se présentaient pleins d'ardeur, d'autre consolation que l'exemple du grand Hunter, qui, dans son excellente dissertation sur les baleines (1), nous apprend qu'un chirurgien, qu'il avait pourvu à grands frais de tous les appareils nécessaires et envoyé sur un vaisseau destiné à la pêche de la baleine pour recueillir les principaux organes de cet animal, ne lui rapporta autre chose qu'un morceau de peau, auquel étaient attachés quelques petits animaux marins.

» Plus heureux toutefois que beaucoup de naturalistes, nous avons pu du moins prendre exactement les formes extérieures de ce gigantesque animal.

» Nous commencerons par celles de ces formes qui peuvent servir à la détermination de l'espèce; elles seront suivies d'un certain nombre de mesures, et nous terminerons par quelques détails sur les organes qu'il nous a été possible d'observer.

» Le lendemain du jour où l'animal avait été jeté sur la côte, je l'y trouvai étendu sur le dos et tourné un peu vers le côté

(1) Hunter, phil. transact., vol. LXXVII.

gauche ; c'était une femelle ; elle était enfoncée en partie dans le sable : seulement, lors du flux, elle se trouvait à moitié à flot pour quelques heures.

» L'affaissement des parties molles rendait impossible la mesure exacte de sa largeur, tout comme son enfoncement dans le sable ne permettait pas de mesurer sa grosseur ; près de la nageoire, il s'élevait à peu près de deux mètres au-dessus du sable. De la distance de la pointe de la mâchoire inférieure au point qui se trouvait sur le prolongement de l'épine dorsale, et sur une droite qui aurait joint les deux extrémités de la nageoire de la queue, la longueur entière de l'animal était de vingt-cinq mètres ; la longueur de l'ouverture de la gueule, mesurée sur la mâchoire inférieure, celle-ci étant un peu saillante, était de 4,8 mètres, la nageoire pectorale était placée à 6,9 mètres de distance de la pointe du museau, le nombril à 13,7, l'extrémité antérieure de l'ouverture du vagin à 16,3, et l'anus à 18,1 mètres de la même pointe. La longueur de l'ouverture des parties sexuelles était de 1,5 mèt.; très-près de ces parties, à une distance d'à peu près 0,3 mètres, était placé l'anus.

» La distance du bout de la queue au point d'intersection du prolongement de l'épine dorsale et de la ligne qui joint les extrémités de la nageoire caudale, était de 0,65 mètres ; la longueur de la nageoire pectorale était de 3,1 mètres, son maximum de largeur de 0,65 mètres.

» La nageoire dorsale était presque diamétralement opposée à l'anus ; comme elle ne fut tirée du sable que lorsque l'animal était déjà ouvert, il ne fut pas possible d'en assigner la position aussi exactement que celle des autres parties ; l'œil était placé un peu plus haut et très-près de l'angle de jonction des mâchoires ; l'ouverture du conduit auditif était un peu plus bas à la distance d'un mètre de l'œil.

» La mâchoire supérieure était moins large et plus courte que la mâchoire inférieure ; tellement que les lèvres de la mâchoire inférieure doivent avoir embrassé la mâchoire supérieure pendant la vie de l'animal ; le palais était partagé en deux parties égales, et vers la ligne médiane s'étendaient, à partir des lèvres, dans une direction qui lui était presque perpendiculaire, une multitude d'appendices mous et garnis de franges, disposés les uns sur les autres par couches, comme les feuillets d'un livre. Ces appendices, lorsque l'animal n'était pas encore tombé en putréfaction, présentaient sans doute un spectacle de la plus grande beauté. Ils étaient probablement une dépendance des fanons, puisqu'on les avait trouvés dans la position et la direction où ceux-ci avaient été ; je dis avaient été, car on les avait arrachés. Un de ces fanons ressemblait parfaitement à celui que représente Hunter ; et, ainsi que Scoresby le remarque aussi au sujet des fanons, du rorqual, il n'était pas garni de poils, comme ceux de la grande baleine (*balaneam ysticitus*), mais divisé à son bord intérieur et à son extrémité de manière que ses divisions ne différaient pas du corps des fanons. Le seul de ces fanons que je vis avait à peu près un demi-pied de longueur.

» Il n'est pas étonnant que, peu de temps après que la baleine eut échoué, les fanons aient été arrachés partout où l'on pouvait les atteindre ; cependant cela n'avait pu avoir lieu dans la partie de la mâchoire qui , en conséquence de la position de l'animal , était recouverte par la mâchoire inférieure ; je m'attendais donc à y trouver encore quelques fanons en place ; mais , après qu'on eut soulevé la mâchoire inférieure ; au moyen de cabestans , on vit que tous les fanons étaient perdus : soit qu'ils eussent été arrachés auparavant par les pêcheurs , qui avait trouvé l'animal mort flottant sur la mer ; soit qu'ils se fussent détachés et perdus en mer par un commencement de putréfaction.

» Outre ses fanons proprement dits, la baleine avait encore à la pointe du museau une touffe de filamens cornés, arrondis, ou plutôt de gros poils, qui étaient réunis à leur racine par une membrane commune, et divisés à leur pointe en poils très-fins. Ces fanons filamenteux, qui doivent avoir formé une touffe très-épaisse, étaient, au témoignage de plusieurs personnes, **de** différente longueur, et quelques-uns avaient bien trois pieds. Comme tous avaient été arrachés, je n'ai pu les voir moi-même sur le mufle de l'animal ; cependant ils furent observés en place par un médecin d'Ostende, l'honorable monsieur Janson, et une petite touffe composée de neuf poils très-divisés, d'un pied de longueur et réunis par une membrane sur une longueur seulement de trois quarts de pouce, dont on me fit présent, ne laissent aucun doute sur l'existence de cette singulière barbe. Hunter, qui disséqua un rorqual de dix-sept pieds, ne fait aucune mention de ces poils.

» Comme la mâchoire inférieure était un peu plus longue et beaucoup plus large que la mâchoire supérieure, ses lèvres pouvaient facilement recouvrir les fanons placés à la mâchoire supérieure ; lorsqu'on l'eût élevée au moyen de moufles et dépouillée de sa chair, elle se présenta comme une grande porte, sous laquelle on eût pu passer en voiture. La langue fut coupée et jetée sans que personne l'ait vue dans sa position naturelle. A l'angle de jonction des lèvres, on voyait une partie des muscles ronds, qui, placés aux deux côtés de la base de la langue, rendent l'ouverture de la gorge très-étroite.

» L'œil, très-petit en comparaison de l'animal, n'était pas plus grand que celui d'un bœuf. Comme il avait été crevé, on ne pouvait faire aucune remarque sur sa structure, l'œil gauche était sous le sable.

» L'ouverture du conduit auditif était très-petite et sans oreille extérieure. J'eus quelque peine à le trouver, car on ne pouvait y enfoncer qu'un stylet du plus petit diamètre.

» Les parties sexuelles étaient telles qu'elles ont été représentées par Hunter. Les deux mamelles étaient placées chacune dans une cavité assez profonde et symétriquement des deux côtés des parties sexuelles.

» L'ouverture de l'anus était très-petite.

» A l'extrémité des nageoires pectorales, comme aussi à l'extrémité des deux parties de la nageoire caudale se trouvait, du côté extérieur, une légère incision ; menu détail qui pourrait bien ne pas être sans valeur comme caractère spécifique. La nageoire dorsale était très-peu saillante, et à partir de cette nageoire s'élevait une légère éminence jusqu'à la nageoire caudale.

» La surface de la peau, unie comme si elle eût été polie, était d'un noir foncé sur le dos, blanche sur le ventre et autour des parties sexuelles ; en beaucoup d'endroits, où elle avait originairement été noire, elle paraissait blanche, à cause de la séparation de l'épiderme noir, qui, faiblement uni à la peau, s'en sépara dès le commencement de la putréfaction.

» Enfin ce qui attirait surtout les regard de chacun, et ce dont on peut difficilement se faire une idée sans les avoir vus, ce sont les sillons ou les côtes (car on ne peut pas raisonnablement appeler cela des plis) qui s'étendent parallèlement les unes aux autres et en grand nombre sous la mâchoire inférieure , sur la poitrine et le ventre jusqu'au nombril , et dont quelques-unes se réunissent ou se séparent irrégulièrement çà et là , de manière à former de deux raies une seule ou d'une seule deux.

» Lacépède nomme ces côtes des plis et dit , dans son Histoire des Cétacés , que l'animal peut les déplisser , quand , à travers ses évents , il introduit de l'air dans sa bouche, et qu'alors il se forme une espèce de vessie natatoire. Ce fait me paraît très-invraisemblable , d'abord parce que ces inégalités ne sont pas des plis proprement dits, mais des éminences, séparées par des sillons qui forment corps avec la peau et ne peuvent s'effacer, comme il est facile de s'en convaincre par une section transversale ; de plus cette peau, ainsi plissée, à l'interposition près d'un peu de graisse, est immédiatement attachée aux muscles.

» Lacépède paraît avoir pris l'opinion que cette peau plissée forme les parois d'une espèce de vessie natatoire , dans une note jointe à des dessins qui lui furent envoyés par Banks.

» P. Neil dit formellement, dans les Transactions de la Société Wernérienne qu'il se trouve une vessie natatoire dans la partie antérieure du corps de cette baleine, cependant il ne vit l'animal que lorsqu'il était dépouillé de toute sa graisse et qu'il ne restait plus çà et là que quelques morceaux de peau plissée, et on ne voit pas sur quel fondement il conclut à l'existence d'une pareille vessie : peut-être prit-il cette opinion chez Lacépède.

» Je pense aussi qu'aucun des écrivains, qui ont voulu placer une vessie natatoire à la mâchoire inférieure et à la poitrine de la baleine, n'a réfléchi que , la vessie se remplissant d'air, l'animal serait aussitôt tourné le ventre en haut, ce qui serait une position aussi peu naturelle de l'animal dans l'eau , que celle d'un poisson qui nagerait le ventre en haut, ou d'un quadrupède qui ramperait sur le dos les quatre pates en l'air.

» L'usage des enfoncemens qui sillonnent la peau de la baleine est donc encore inconnu.

» Tel est le petit nombre de remarques que j'ai eu l'occasion de faire, dans les circonstances malheureuses dont il a été parlé plus haut ; on n'a pu rien observer sur les parties intérieures. Autant que j'ai pu en juger, en voyant couper la graisse et les muscles à coups de hache, le tout s'accordait assez bien avec ce que Hunter rapporte du rorqual qu'il disséqua.

» Il me parut remarquable que dans la cavité abdominale se trouvaient des végétaux à demi digérés, ainsi qu'une petite boule formée des racines du *jostera oceanica*.

» Une petite partie du squelette seulement était visible, lorsque je fus obligé de quitter Ostende ; il n'y avait de mis à nu que l'un des omoplates et la mâchoire inférieure.

» L'un et l'autre me parurent s'accorder peu avec les os du même nom dans la figure d'un squelette de baleine, conservé à Brème chez M. Albers, figure qui se trouve dans les *Icones ad illustrandam anatomen comparatam, fasc.* 1 ; mais beaucoup plus avec ceux du squelette de la baleine échouée en 1811 sur les côtes du Zuiderzée, qui, si je ne me trompe, fut disséquée par mon célèbre ami le professeur Reinwardt, et dont le squelette se trouve maintenant dans le musée royal de Leyde ; c'est au moins ce que je crois devoir conclure d'un dessin très-exact que j'en possède.

» On aura probablement dans la suite l'occasion de comparer le squelette de notre baleine avec celui-ci, et l'on possédera du moins un squelette de baleine de plus ayant appartenu à un animal dont la forme extérieure est parfaitement connue.

» Je termine ce rapport par le vœu que les naturalistes puissent toujours échapper au chagrin de voir perdre sans fruit une occasion aussi rare que celle que nous avons eue de faire des observations importantes, et dont on ne nous a pas permis de profiter. » (1)

RORQUAL DE LA MÉDITERRANÉE. — *R. musculus.*

Cette espèce a été connue des anciens : c'est d'elle très-probablement dont Aristote a parlé sous le nom de *mysticetus*, cétacé dont la bouche était remplie de poils, au lieu d'être armée de dents. Ce nom désigne incontestablement une baleine ; or il est plus vraisemblable de penser que cette baleine appartenait à l'espèce qui se trouve encore aujourd'hui dans la Méditerranée,

(1) Pendant l'impression de cette feuille, j'ai appris que M. Schlégel a publié en Hollande, d'après nature, la description et la figure d'un Rorqual du Nord, de 36 pieds de longueur ; mais je n'ai pas pu me procurer ce travail à temps pour en faire usage ici.

qu'aux autres espèces de la même famille qui n'y ont peut-être jamais vécu.

Pline, en rappelant les paroles d'Aristote, paraît donner au *mysticetus* le nom de *musculus;* et, dans ce cas, il serait plus grand que la baleine, ce qui confirmerait l'idée que ce cétacé est en effet un rorqual; car il paraît certain que la taille des rorquals surpasse celle des autres baleines.

Quelques marins, dans les temps modernes, ont aussi parlé des baleines de la Méditerranée. Martens, entre autres, rapporte avoir vu des baleines à nageoire dorsale dans cette mer.

Au rapport de Camper fils (1) et de M. l'abbé Ranzani (2), les musées des universités de Pise et de Bologne contiennent des crânes de rorquals pris dans la Méditerranée. Mais cette espèce n'est, à notre connaissance, représentée que dans la figure d'un rorqual qui vint échouer sur l'île Sainte-Marguerite, vis-à-vis de Cannes, département du Var, en mars 1797, et que Lacépède (3) rapporta à l'espèce du Nord. Cette figure, très-médiocrement dessinée et peinte par un architecte peu habitué à dessiner l'histoire naturelle, mais exercé à être exact dans ses dessins, paraît avoir été faite d'après des mesures prises rigoureusement; et si l'on ne trouve pas dans l'ensemble de ses traits ceux que d'autres figures donnent de la physionomie générale des rorquals, il faut sans doute l'attribuer à l'affaissement de cet animal causé par son poids, ou à la décomposition qu'il avait déjà éprouvée. Ce qui paraît surtout n'être point naturel dans cette figure, dont j'ai l'original sous les yeux, c'est la tête, qui a la forme d'un cône très-allongé, partagé en deux moitiés parfaitement égales, par une ligne droite qui indique la séparation des mâchoires; celle de dessous est un peu plus avancée que celle de dessus; l'œil se trouve à une petite distance de la commissure des lèvres, et les évents un peu en avant des yeux. La ligne qui marque le contour des parties inférieures est sinueuse et ne s'écarte beaucoup en aucun point de la ligne droite; celle qui trace le contour des parties supérieures est une courbe élevée, qui commence aux évents et qui se termine à peu près à la nageoire dorsale. Des évents au bout du museau, et de la na-

(1) Obs. anat., sur les Cétacés, de Pierre Camper, p. 37, note 1.
(2) Elem. de zoolog., t. 11, p. 702.
(3) Hist nat. des Cétacés, pl. 5.

geoire dorsale à l'extrémité de la queue, la ligne oblique est à peu près droite. Cet animal avait soixante pieds de longueur, et les rapports de ses parties principales, tirés de la peinture, étaient les suivantes :

Du bout de la mâchoire inférieure à la commissure des lèvres.	6 pieds » pouces.	
——— à l'œil.	7	6
——— à la base de la nageoire pectorale.	14	6
Longueur de cette nageoire	5	6
Distance de la base de cette nageoire à la nageoire dorsale.	10	9
Hauteur de cette nageoire.	2	9
——— de cette nageoire dorsale à la naissance de la caudale	8	9
Diamèt. du corps dans sa partie la plus élevée.	8	6
Distance de la naissance de la nageoire caudale aux organes génitaux.	9	6

Toutes les parties supérieures de cet animal sont d'un noir à reflets grisâtres ; le reste est entièrement blanc, et la mâchoire inférieure a des teintes rosées, qui se remarquent surtout dans les sillons arqués, commençant au bout de la mâchoire, se terminant après l'anus et s'élevant jusque sous la nageoire pectorale. Cette nageoire est entièrement noire.

Lacépède donne, mais bien inexactement, la figure de la tête osseuse de ce rorqual, vue de profil, ainsi que la figure de quelques vertèbres et d'une portion de fanons (1). Un dessin plus vrai de cette tête se trouve dans la Recherche sur les ossemens fossiles. On voit qu'elle diffère essentiellement de la tête du rorqual du Cap par une largeur bien moindre entre les orbites, par un frontal beaucoup plus étroit, par des os du nez beaucoup plus petits et plus échancrés, par la direction du temporal, presque parallèle à l'axe de la tête, au lieu de lui être à peu près perpendiculaire, etc., etc.

A ces notes, bien insuffisantes pour l'histoire d'une espèce, nous pouvons heureusement joindre l'extrait de la description d'un rorqual de la Méditerranée, envoyée à l'Académie des sciences par M. le docteur Companyo. Nous n'entrerons pas dans tous

(1) Hist. nat. des Cétacés, pl. 6 et 7.

les détails que contient ce mémoire. Toutefois nous nous conserverons ceux qui ont rapport à l'état de cet animal, lorsque les flots l'amenèrent au rivage. On y trouvera la confirmation de tout ce que nous avons dit des difficultés que l'observation de ces animaux présente.

Mémoire descriptif sur un cétacé échoué sur les côtes du département des Pyrénées-Orientales (1).

« Un énorme cétacé échoua, le 27 novembre 1828, dans la matinée, sur le rivage de la mer dépendante de la commune de Saint-Cyprien. La mer était assez calme, un léger vent sud-est se faisait sentir. Il arriva sur le rivage voguant sur le dos, la queue en avant faisant fonction de poupe, tandis que le tronc, d'un volume considérable, et qu'augmentait encore la dilatation des parois abdominales, formait le corps de ce navire animal. Une partie de la queue était étendue obliquement sur le rivage dans le sens des vagues. Le tronc en entier se voyait à la surface de l'eau et avait la forme d'un ballon ovalaire ; la tête, couverte par l'eau, rasait le sable ; on ne pouvait l'apercevoir qu'en allant assez avant sur le tronc de l'animal.

» Ce fut le 28, au matin, que nous nous rendîmes sur la plage; mais déjà les habitans des lieux voisins y étaient accourus en foule avec des instrumens de divers genres, et s'occupaient à le dépecer et à enlever les chairs dans l'intention d'en obtenir de l'huile ; ils ménageaient peu les parties osseuses, ce qui nous faisait craindre la détérioration du squelette précieux de ce mammifère.

» Quoi qu'on eût déjà enlevé beaucoup de chairs, cette énorme masse, qu'on voyait à la surface de l'eau, offrait un aspect aussi curieux qu'imposant. C'étaient les parois abdominales et thorachiques de l'animal qui s'étaient extraordinairement dilatées, et que la disposition de la peau de ces parties avait favori-

(1) Nous apprenons que ce mémoire, accompagné de cinq planches, se trouve publié avec quelques variantes et quelques additions qui ne le modifient point essentiellement, dans un ouvrage de M. Companyo, intitulé : Mémoire descriptif et ostéographie de la baleine échouée sur les côtes de la mer, près de Saint-Cyprien, etc. In-4°, Perpignan, 1830. Un autre mémoire sur le même rorqual a été publié par MM. Carcassonne et Farines, mais il est moins complet que celui que nous venons d'indiquer.

sées. Cette dilatation avait été produite par le développement des gaz que la putréfaction des viscères contenus dans ces deux grandes cavités avaient fournis. Cette expansion fut si forte que ce corps si pesant fut élevé du fond de l'eau à sa surface ; et cette position, qu'il conserva après qu'il fut jeté à terre par les vagues, était sans doute celle qu'il avait depuis long-temps.

» Cette augmentation de volume, offrant au liquide une grande surface, le rendait extrêmement léger par rapport à sa masse, et favorisa sa position ; de sorte que, malgré l'énorme poids de son corps, il flotta avec aisance sur cette plage, où l'on peut aller de vingt à trente mètres dans la mer, sans trouver plus d'un à deux mètres de profondeur. Dès qu'on eut pénétré dans une de ces grandes cavités, les gaz s'échappèrent et cette masse s'affaisa ; cependant les vagues continuèrent à la faire flotter, et tendaient à la pousser à terre, ce qui nous en facilita l'approche.

» L'état de putréfaction dans lequel se trouvait cet animal ne laisse aucun doute qu'il était mort depuis long-temps, et qu'il avait séjourné au fond de la mer, jusqu'à ce que le développement des gaz l'eût fait remonter à sa surface. Son intérieur était en grande partie putréfié ; tous les organes contenus dans le thorax et l'abdomen étaient désorganisés par la putréfaction, qui avait entraîné celle des chairs et des parties environnantes; les muscles dorsaux, en contact avec les matières putrides, fruit de la désorganisation de ces parties, avaient été altérés, et leur action s'était fait sentir même sur les parties osseuses les plus voisines. Les vertèbres dorsales et les lombaires avaient contracté une couleur gris sale, que nous atribuons à cette putréfaction, tandis que les autres vertèbres avaient conservé leur blancheur. Les cartilages inter-vertébraux de ces parties étaient désorganisés, et ces vertèbres se détachaient avec facilité. Cet état de putréfaction se propageait le long des membranes muqueuses, jusque vers la bouche ; ce qui sans doute occasiona la chute des fanons, car nous n'en avons trouvé aucune trace. Les chairs éloignées du tronc étaient assez saines ; malgré cela il se dégageait du cadavre de ce cétacé une odeur désagréable, putride, poissonneuse, très-forte.

» Cet état de décomposition était si avancé que la peau se détachait avec la plus grande facilité, elle avait douze millimètres d'épaisseur. Sous la peau on trouvait une chair très-grasse, lourde, ferme, rougeâtre, parsemée de vésicules blanchâtres, remplies d'une matière oléagineuse, légèrement colorée de jaune. Cette chair, soumise à l'action du feu, a fourni une grande quantité d'huile épaisse, jaune, très-âcre, exhalant une odeur fort désagréable et beaucoup plus forte que celle de l'huile de poisson qu'on trouve dans le commerce, soit que cette odeur ait été produite par l'altération qu'avaient éprouvées les chairs de l'animal, soit qu'elle soit propre à son espèce ; il n'en est pas moins vrai que les habitans qui l'avaient faite ont été forcés de la transporter hors de leurs maisons dans un lieu découvert, tant l'odeur qu'elle exhalait était désagréable.

» La longueur de ce cétacé, prise du bout du museau à l'extrénité de la queue, était de vingt-cinq mètres soixante centimètres, la circonférence de son corps, prise à la partie moyenne du thorax, était de onze mètres à peu près ; car il nous a été impossible de le mesurer au juste. La longueur de la tête était de cinq mètres trente-huit centimètres ; son enveloppe tégumenteuse générale était d'une couleur gris d'ardoise foncé, excepté sous la gorge et les parties latérales des nageoires pectorales, où cette peau était d'un blanc éclatant ; c'est sous la gorge, la poitrine et le ventre, qu'on remarque les plis longitudinaux qui caractérisent le sous-genre auquel appartient cette espèce.

» Ces plis longitudinaux ont six centimètres de large, et sont de couleur blanc jaunâtre; les sillons sont bleuâtres et de quatre centimètres de profondeur. Ils partent du quart antérieur de la mâchoire inférieure, se bifurquent à mesure qu'ils doivent remplir une plus large étendue, et chaque embranchement se bifurque à son tour. Les bifurcations ont six millimètres de largeur à leur naissance, et s'élargissent à mesure qu'elles s'allongent. Ces plis se perdent insensiblement vers la partie inférieure du ventre, en se réunissant de nouveau ; ils présentent'ici la même figure qu'à leur point de départ, de sorte que la gorge, la poitrine jusque sous les nageoires pectorales, le ventre jusque vers l'ombilic, sont symétriquement couvertes par des bandes blanches et bleues, qui contrastent singulièrement par leur couleur et qui donnent à cet animal un aspect singulier (1).

(1) Cette couleur des plis doit sans doute être attribuée à l'état de décomposition où était arrivé cet animal. Elle est ordinairement rouge.

22.

» Les orifices des évents, placés sur une éminence pyramidale, charnue, très-irrégulière à la partie antérieure du front, avaient quatorze centimètres de diamètre ; les yeux, placés plus bas et plus en arrière, au-dessus de l'angle qui est formé par la commissure des lèvres, très-élevés aux parties latérales de la tête avaient cinq centimètres de diamètre.

» Les mâchoires, dépourvues de dents, la supérieure plus étroite et moins longue que l'inférieure, avaient la forme d'un triangle alongé, dont l'angle antérieur serait obtus ; nous pensons que la chute des fanons était la cause de l'irrégularité de cette mâchoire. On remarquait au palais des déchirures qui paraissaient être leurs attaches. La couleur de l'intérieur de la bouche et du palais était blanchâtre, parsemé de taches brunes.

La mâchoire inférieure, beaucoup plus large que la supérieure, permettait à cette dernière de s'y emboîter ; les deux branches étaient recourbées de manière à circonscrire un ovale, dont le centre, qui était la partie la plus large, avait deux mètres vingt centimètres intérieurement. Ces deux branches étaient réunies à leurs extrémités au moyen d'un cartilage qui avait cinquante centimètres de largeur. Cette symphyse cartilagineuse était très-adhérente à ces os, et son centre offrait déjà la dureté de l'os. Le long de la mâchoire inférieure, dans la partie interne qui décrit une concavité, régnait une bande de douze à quatorze centimètres de large, d'un noir velouté qui encadrait cette partie ; cette bande, qui était formée par la membrane muqueuse de l'intérieur des lèvres, se détachait avec facilité ; nous en avons conservé une partie qui s'est très-bien desséchée et qui ressemble à un morceau de velours noir.

» La jonction des deux branches de la mâchoire inférieure par l'ossification n'étant pas encore formée, et le corps des vertèbres étant composé de trois pièces, le centre ou corps de de la vertèbre, et deux lames osseuses qui étaient jointes à la partie principale par une substance cartilagineuse, nous présumens que ce mammifère n'avait point acquis tout son accroissement et que par conséquent c'était un jeune sujet.

» Les nageoires pectorales, placées sur les parties latérales et un peu supérieures de la poitrine, avaient la forme d'un fer de lance, dont un des angles aurait été plus alongé que l'autre ; la peau qui les recouvrait était grisâtre ; leur longueur était de deux mètres dix centimètres et ils avaient soixante centimètres à la partie la plus large.

» Ce cétacé était un mâle; en avant et à quelque distance de l'anus, entre celui-ci et l'ombilic, existait une espèce de sac longitudinal qui avait un mètre trente centimètres de long et seize centimètres de large, c'était le fourreau de la verge.

» En résumant ce que nous venons de rapporter, nous trouvons que le mammifère échoué sur la plage de Saint-Cyprien, le 27 novembre dernier, avait des plis longitudinaux sous la gorge, sur la poitrine, et sur le ventre; la mâchoire inférieure arrondie, plus allongée et beaucoup plus large que la supérieure; les évents placés à la partie antérieure du front, sur une éminence pyramidale charnue, très-irrégulière; les mâchoires sans dents; la tête courte à proportion du corps; l'œil situé au-dessus de l'angle qui est formé par la commissure des lèvres, très-élevé aux parties latérales de la tête; les nageoires pectorales en fer de lance. Nous pouvons donc conclure que cet animal appartient au genre des baleines, et qu'il fait partie du deuxième sous-genre des baleinoptères de Lacépède ou rorqual.

Nous donnerons encore quelques détails succincts sur le squelette de cet animal.

» Ce squelette présente dans son ensemble des caractères assez remarquables. Sa longueur est de vingt-deux mètres soixante centimètres en y comprenant l'épaisseur des cartilages inter-vertébraux; la tête seule a cinq mètres trente-huit centimètres de longueur, elle est de forme conique, et son sommet, qui est représenté par la partie antérieure des mâchoires, a cinquante centimètres de largeur; sa base, formée par l'occiput, tournée en arrière, a un mètre quarante centimètres d'étendue, et à la partie antérieure du front elle offre une largeur d'un mètre quatre-vingts centimètres : elle est formée par les mâchoires qui sont les os les plus développés, tandis que le crâne l'est très peu.

» Le crâne est aplati du haut en bas, il a un mètre de hauteur, et, comme nous l'avons dit, un mètre quatre-vingts centimètres de largeur à la partie antérieure du front, et un mètre quarante centimètres à la partie postérieure. On remarque de chaque côté deux grandes éminences : une postérieure, arrondie, dirigée en avant et en bas, formée par l'os occipital, ayant un mètre de saillie sur quarante centimètres de largeur ; à la base de cette éminence, vers la partie postérieure inférieurement, on remarque le trou déchiré postérieur, qui pénètre dans l'intérieur du crâne; ce trou a vingt-cinq centimètres de diamètre et ses bords sont inégaux.

» La seconde éminence est antérieure et formée par une grande lame inclinée légèrement en bas et en dehors, très-épaisse, aplatie et quadrilatère ; elle a un mètre trente centimètres de saillie et soixante-dix centimètres de largeur, elle est concave à la face supérieure; elle forme la fosse temporale ; sa face inférieure est plane. En arrière et en dehors cette apophyse présente une grande cavité ovalaire, qui reçoit le condyle de la mâchoire inférieure. En dedans de cette grande cavité on aperçoit une gouttière profonde qui aboutit à un trou cylindrique, communiquant dans l'intérieur du crâne ; ce trou a six centimètres de diamètre.

Les deux éminences dont nous venons de parler sont séparées par une grande fente de vingt-cinq centimètres de largeur en dedans, tandis qu'en dehors ces éminences sont très-rapprochées, et cette fente n'offre que trois centimètres de large.

» La face supérieure du crâne est plane, on n'y aperçoit aucune trace de suture ; on remarque à la face inférieure antérieurement les arrière-narrines , en arrière le trou occipital de forme ovalaire , de dix centimètres de hauteur sur six centimètres de largeur.

» Le museau est formé par les mâchoires qui sont les parties osseuses les plus développées. La supérieure, moins large que l'inférieure, présente une face supérieure convexe, et une inférieure concave, qui correspond à la voûte palatine ; on n'y aperçoit point de cavités dentaires. Les deux os maxillaires supérieurs, qui concourent à sa formation, sont longs de trois mètres soixante-dix centimètres, et larges de quatre-vingt-quatre centimètres à leur base ; ils ont en arrière et en dedans une large apophyse qui s'articule à la partie moyenne du front; c'est l'apophyse montante. Les intermaxillaires sont longs de trois mètres soixante-dix centimètres, sur vingt centimètres de largeur; ils sont placés entre les deux os maxillaires avec lesquels ils sont unis au moyen d'un cartilage ; ces os sont formés par une lame très-épaisse, forte, recourbée sur elle-même de bas en haut, et forme une gouttière qui a quatre mètres de longueur, vingt-cinq centimètres de profondeur et trente centimètres de largeur à sa partie moyenne. Cette gouttière est remplie par une substance fibro-cartilagineuse assez dure ; elle se trouve recouverte par les os du nez. A la partie postérieure et inférieure de la face, on voit les deux os palatins soudés aux os du crâne, dont les sutures ne sont pas encore effacés. Enfin on voit la cloison qui sépare les arrière-narines, formée par une lame osseuse mince que nous pensons être le vomer.

» Deux grands os symétriques et très-développés forment la mâchoire inférieure; ils sont recourbés de manière à circonscrire un ovale, qui est séparé en avant par un espace de cinquante centimètres de largeur, et en arrière par un espace d'un mètre vingt centimètres à leur partie moyenne ; ces os offrent un écartement de deux mètres vingt centimètres. La longueur de chacun de ces os est de quatre mètres cinquante-cinq centimètres; leur circonférence à la partie antérieure est de cinquante-sept centimètres, à la partie moyenne soixante-dix-huit centimètres, et auprès du condyle de quatre-vingt-huit centimètres; ils sont aplatis de dehors en dedans, excepté vers le condyle où ils sont arrondis; leur condyle est large et de forme ovalaire, il est incliné en arrière et en haut; au-devant du condyle il y a un rétrécissement, qui forme un col long de soixante-dix-neuf centimètres; ici se trouve placée l'apophyse coronoïde, qui a onze centimètres de saillie. A peu de distance, en dedans et en arrière de cette éminence, on voit l'orifice d'un trou qui a six centimètres de diamètre, que nous pensons être l'orifice du canal dentaire; le bord inférieur de cet os est très-épais, le supérieur est mince, un peu arrondi, nous n'y avons vu aucune trace d'alvéoles; le long de cet os et à la face externe on remarque plusieurs trous qui donnent passage à des artères et à des nerfs.

» La colonne vertébrale, les côtes et le sternum composent le tronc de cet énorme cétacé, auquel nous n'avons remarqué aucune trace de bassin. Cette colonne épinière, de laquelle nous n'avons recueilli que cinquante vertèbres, est très-considérable; elle peut être comparée à une poutre qui aurait à la partie la plus grosse un mètre deux centimètres de circonférence sur dix-sept mètres de longueur ; il manque les vertèbres de l'extrémité

postérieure de la queue que nous estimons au nombre de dix.
Les vertèbres peuvent être divisées en quatre séries : les cervicales, les dorsales , les lombaires et les caudales.

» Les vertèbres cervicales, au nombre de sept, se distinguent
des autres par leur corps aplati, et ont en général peu d'épaisseur, puisque la plus forte ne présente que treize centimètres
de longueur. L'atlas présente à sa face antérieure deux grandes
cavités articulaires, concaves, qui logent les condyles occipitaux. Ces deux cavités se touchent au bas ; elles sont séparées
par un arc osseux à la partie supérieure. Les apophyses
transverses sont peu développées, très-épaisses, elles ont seize
centimètres de saillie; le trou vertébral a dix-huit centimètres
de hauteur sur six centimètres de largeur : cette première vertèbre, elle n'a point d'apophyse épineuse.

» La seconde, qui est l'axis, a son apophyse odontoïde très-peu
prononcée, tandis que les apophyses transverses le sont beaucoup, le trou dont elles sont percées a dix-sept centimètres de
long sur huit de large; elles sont dirigées en arrière et en dehors.
La distance prise d'une apophyse à l'autre est de quatre-vingt-
dix centimètres. Le trou vertébral est ovalaire ; l'apophyse
épineuse est très-peu prononcée et bifurquée à son sommet.
Les cinq vertèbres cervicales qui suivent les deux premières se
ressemblent assez par leur forme et se rapprochent beaucoup
de celle de l'axis. Les apophyses transverses de celle-ci sont
moins développées, le trou dont elles sont percées a vingt-trois
centimètres de long sur quatorze de largeur.

» Les vertèbres dorsales sont au nombre de quatorze. Dans les
trois premières, les apophyses transverses sont peu développées,
presque rondes, sans trou à leur base. Le corps des vertèbres de
cette région ressemble à une portion de cylindre un peu aplati; leur
longueur dans le sens antéro-postérieur est de trente centimètres,
leur largeur dans le sens transversal de trente-quatre centimètres
et de vingt-huit centimètres de hauteur. Ces dimensions ne sont
pas les mêmes dans toutes les vertèbres de cette région. On
n'aperçoit sur les parties latérales de leur corps aucune trace
de acettes articulaires. Les apophyses transverses ont vingt-
huit centimètres de saillie, elles sont aplaties d'avant en arrière,
et présentent à leur sommet une fente qui reçoit la tête de la
côte qui lui correspond. Leurs facettes articulaires sont très-

larges et très-développées ; la largeur prise de l'extrémité d'une apophyse transverse à l'autre est de quatre-vingts centimètres; les apophyses épineuses sont très-prononcées et ont cinquante-deux centimètres de largeur, elles sont légèrement inclinées d'avant en arrière; les échancrures qui forment les trous de conjugaison ont dix-huit centimètres de diamètre.

» Les vertèbres lombaires, au nombre de quinze , sont remarquables par le grand développement de toutes leurs parties et surtout des apophyses épineuses qui ont cinquante-cinq centimètres de longueur. Les apophyses transverses ont vingt centimètres de saillie, très-larges, leur forme est quadrilatère.

Nous n'avons trouvé que quinze vertèbres caudales : nous jugeons que dix ont été détruites par la mutilation. Leur corps est plus volumineux dans les premières que celui des vertèbres lombaires ; leurs apophyses moins saillantes. Les transverses ont seize centimètres de saillie sur vingt centimètres de largeur; les apophyses épineuses quarante-trois centimètres de long, elles diminuent progressivement à mesure qu'elles se rapprochent de l'extrémité de la queue. Des os en V s'articulent à leur face inférieure au milieu du cartilage intervertébral.

» Le sternum est composé de deux pièces, la supérieure, plus grande que l'inférieure, présente deux éminences latérales qui servent à l'articulation des cartilages externa-costaux; sa partie supérieure est échancrée et l'inférieure offre une éminence pointue qui s'articule avec la deuxième pièce. La largeur de cet os, de l'extrémité d'une apophyse latérale à l'autre, est de soixante-deux centimètres, de l'échancrure supérieure à l'éminence inférieure quarante-neuf centimètres ; sa largeur à la partie moyenne est de vingt-six centimètres.

» La seconde pièce a, comme la première, deux éminences, mais beaucoup plus développées, puisque leur largeur, d'une extrémité à l'autre, est d'un mètre, tandis que la partie moyenne l'est moins et n'offre que vingt et un centimètres ; cette partie est surmontée de deux éminences qui forment une espèce de fourche et ont onze centimètres de saillie ; ce sont les deux éminences qui servent à l'articuler avec la première pièce.

» Les côtes sont de différentes grandeurs; les unes ont deux mètres quarante-trois centimètres de longueur, leur circonférence près de la tête est de vingt-neuf centimètres; au corps elle est de vingt-cinq ; d'autres n'ont qu'un mètre vingt-neuf centimètres : la circonférence près de la tête de ces dernières est de vingt-huit centimètres ; au corps elle est de trente centimètres ; la tête des côtes est très prononcée, leur angle l'est très-peu.

» Les membres antérieurs sont composés d'une omoplate de forme triangulaire, ayant un mètre vingt-trois centimètres de largeur à sa base, et soixante-treize centimètres de haut en prenant le centre de cet os ; son sommet présente une facette articulaire, concave, ovalaire, de vingt-cinq centimètres de longueur sur vingt-et-un centimètres de largeur; elle sert à loger la tête de l'humérus; deux apophyses, l'une antérieure, et l'autre postérieure, se trouvent placées sur le bord supérieur de cette facette, elles forment l'une une saillie de vingt-deux centimètres sur sept centimètres de large; l'autre, plus postérieure, de vingt-six centimètres de longueur sur douze centimètres de large.

» Ces éminences n'offrent aucune trace de facettes articulaires ; nous n'avons point remarqué de clavicules.

» La seconde pièce des membres antérieurs est ce qui constitue les nageoires, c'est un véritable bras. Elle est composée 1° d'un os court, épais, qui s'unit à l'omoplate par une grosse tête, qui offre quatre-vingts centimètres de circonférence ; cet os est l'humérus ; il s'unit par sa partie inférieure à deux autres os longs, étroits et aplatis, séparés entre eux par un espace vide ; ce sont le radius et le cubitus ; au-dessous de ceux-ci, on voit plusieurs autres os petits, courts, de forme cubique, disposés sur deux rangées; ils forment le carpe ; enfin les doigts qui terminent cette extrémité sont au nombre de quatre, d'inégale longueur et ils n'ont point la même quantité de phalanges. Cette partie du membre était fort altérée. Rien ne restait du pouce, le premier doigt avait quatre phalanges, le deuxième cinq, et le troisième six. Ces os sont articulés ensemble, de manière à ne pouvoir exécuter de mouvement. Cette nageoire est longue d'un mètre quatre-vingt-trois centimètres ; sa largeur à la partie que nous croyons être le carpe est de quarante centimètres (1). »

(1) Depuis la rédaction de ce mémoire, le squelette de ce rorqual a été

RORQUAL DU CAP. — *R. antarcticus.*

Les sources auxquelles on peut puiser les élémens de l'histoire de cette espèce sont encore en bien petit nombre ; ce **sont** elles cependant qui, aujourd'hui, pourraient être les plus abondantes, depuis que la pêche de la baleine s'est portée dans les mers méridionales, si des hommes éclairés, marchant sur les traces de Scoresby, s'attachaient à l'observation des cétacés qu'ils rencontrent, et communiquaient au public les faits dont ils auraient été les témoins.

Tout ce qu'on en sait de positif repose sur le squelette d'un individu qui vint échouer, le 30 juin, entre la pointe du cap de Bonne-Espérance et Hout-Baie, à l'embouchure de la rivière de Slangtrop, et près duquel le hasard conduisit Lalande, lorsqu'en 1819 il se livrait, dans cette contrée, à ses recherches si fructueuses d'histoire naturelle. M. Lesson a rapporté ensuite à cette espèce ce que nous apprennent MM. Quoy et Gaimard d'un rorqual qui fut tué près des Malouines, et qui vint échouer sur les rochers de la baie française où ils se trouvaient avec la corvette *l'Uranie ;* mais ces voyageurs regardaient ce rorqual comme appartenant à l'espèce-qu'on désigne par le nom de museau-pointu. En regardant comme vrai que le domaine des espèces de cétacés est plus circonscrit qu'on n'est généralement porté à le croire, quand on considère la mer comme une route toujours ouverte à leur pérégrination, le rapprochement dont M. Lesson a eu la pensée peut à quelques égards paraître fondé, et c'est comme probable seulement que nous l'admettons.

Lalande n'a pu donner une description ni des parties intérieures ni des parties extérieures de son rorqual, qui se trouvait entièrement couché sur le dos ; tout ce qu'on en sait, c'est que cet animal était noir en dessus et blanc en dessous, avec des sillons à la gorge et à la poitrine d'un rouge vif. On dit aussi que la nageoire dorsale était assez rapprochée de la queue.

Ses véritables caractères ne nous sont donc donnés que par sa tête osseuse, dont la description, que nous reproduisons, est due

monté par les soins de M. Companyo et Benezet. Nous l'avons vu a Lyon en 1835. Il serait bien à désirer qu'un établissement public en fît l'acquisition.

à mon frère (1); c'est aussi la figure de cette tête que nous présentons comme type du genre.

« Les immenses maxillaires (*aa*) sont disposés, en dessous, en forme de toit renversé ou d'une carène (*a'a'*), aux deux côtés de laquelle s'attachent les fanons. Le vomer (*b*) se montre en dessous entre eux dans presque toute la ligne moyenne de la carène. En dessus, les deux intermaxillaires (*cc*), placés parallèlement entre les deux maxillaires, laissent entre eux un espace vide, qui se continue dans le haut ou plutôt en arrière avec la très-large ouverture des narines (*d*), laquelle est en forme d'un ovale allongé, et, au contraire des autres cétacés, conserve, ainsi que dans tout le genre des baleines, une forme symétrique. Les os du nez (*ee*), courts, mais échancrés ou festonnés en avant, et non pas en forme de tubercules, forment le bord supérieur de cette ouverture.

» Le maxillaire ne recouvre point le frontal (*ff*), si ce n'est par une apophyse étroite (*a'''*) des deux côtés des os du nez. Toute la partie du frontal, qui s'écarte de chaque côté pour former le dessus de l'orbite, se voit à nu; mais les pariétaux *(gg)* viennent la recouvrir dans le haut de la fosse temporale jusques aux côtés de l'apophyse du maxillaire qui se montre entre le frontal et l'os du nez. L'occipital (*h*) s'avance entre eux et recouvre le milieu du frontal jusque près des os du nez, de sorte qu'à la base du nez le frontal ne se montre presque pas à l'extérieur. Il y a deux crêtes temporales, très-saillantes en dehors, commençant aux côtés du nez et entre lesquelles le crâne est plane ou même un peu concave, et descend lentement vers le trou occipital (*i*), qui est à l'extrémité de ce plan. On reconnaît ainsi que la crête occipitale (*h''*) est tout près de la base des os du nez, traversant d'une crête temporale à l'autre. Sur le milieu de cette face occipitale est une arête longitudinale légèrement saillante.

» Le jugal *(k)* est courbé en portion de cercle, et forme le bord inférieur de l'orbite, en se rendant de l'apophyse zygomatique du maxillaire qui aboutit à l'angle antérieur, jusqu'à celle du temporal (*m*) qui aboutit à l'angle postérieur. Le jugal ne se dilate point à son extrémité antérieure comme dans le dauphin. Le

(1) Recherches sur les ossem. foss, t. v, p. 370, et pl. 19, fig. 1, 2 et 3.

frontal touche d'une part au maxillaire, de l'autre au temporal, par ses apophyses anté et postorbitaires, et forme à lui seul tout le plafond de l'orbite, sans être doublé en dessus par le maxillaire; mais il l'est, au contraire, en dessous de sa partie antérieure, de celle qui est en avant de l'orbite, et il y est de plus bordé en avant par la lame latérale du maxillaire, laquelle se trouve ainsi, par rapport au frontal, dans une position inverse de celle qu'elle observait dans les dauphins.

» C'est par cette lame (*A*) que le maxillaire vient aboutir à l'angle antérieur de l'orbite, et s'articuler avec l'extrémité antérieure et élargie du jugal; mais ce qui est très-remarquable, c'est qu'il se trouve à cet endroit, entre le frontal et le maxillaire, et pour ainsi dire dans leur articulation même, un os particulier (*o*) en forme de lame, occupant à peu près moitié de la longueur de cette suture, et qui ne peut être que l'analogue du lacrymal.

» Toute l'arcade zygomatique proprement dite, qui est fort grosse, appartient au temporal. Le cadre de l'orbite est clos de toute part; son plafond est très-grand et concave en dessus.

» Les palatins (*pp*) prolongent en dessous la carène des maxillaires. Les narines postérieures sont très-près du trou occipital. Elles ont à chaque angle une tubérosité formée par l'os ptérygoïdien (*ss*), lequel a peu d'étendue en longueur, et n'entoure les narines que par le côté externe, et un peu en dessus et en dessous, mais sans y former un sinus, ou double rebord, comme dans les dauphins. La région basilaire (*q*), qui est fort courte, est aussi creusée en canal comme dans le dauphin, et a de chaque côté les os de l'oreille (*rr*), lesquels sont fort petits à proportion et de forme ovale et également convexe dans leur face inférieure. En avant de l'os basilaire, et entre les os ptérygoïdiens, on voit en (*t*) le corps du sphénoïde postérieur. La face glénoïde du temporal (*mm*) est presque verticale, et regarde en avant; ce qui fait que la face articulaire de la mâchoire inférieure (*n*) est en quelque sorte la troncature de l'extrémité de l'os.

» Cette mâchoire est un arc convexe en dehors, comprimé, un peu tranchant en dessus et en dessous. Il y a une apophyse coronoïde (*P*) en forme d'angle obtus, et une tubérosité un peu plus en arrière. »

Le reste du squelette de cette espèce présente les particularités suivantes, que nous puisons à la même source.

« L'atlas, l'axis et les cinq autres cervicales sont unis ensemble par leurs corps. Toutes leurs apophyses épineuses se soudent en une seule crête.

» L'atlas et l'axis s'unissent en outre par leurs apophyses transverses supérieures, qui sont larges et fortes ; leurs apophyses transverses inférieures, également longues et fortes, se soudent entre elles et avec celle de la troisième, qui est plus grêle, mais aussi longue. Les quatre cervicales suivantes n'ont que des apophyses transverses supérieures, minces, et dont celles de la troisième, de la quatrième et de la cinquième sont soudées ensemble. La dernière n'a aussi qu'une transverse supérieure, mais plus longue, plus forte, libre, et dirigée en avant.

» Cette division des apophyses en supérieures et inférieures répond aux deux branches, séparées par un canal, qui se voient dans celles des mammifères ordinaires.

» Les apophyses transverses des premières dorsales se portent aussi en avant, et sont longues et un peu plus fortes qu'à la dernière cervicale. Elles commencent à grossir et à se raccourcir à la quatrième dorsale. Les suivantes prennent une direction plus transversale, et s'élargissent par le bout, jusques et compris la dixième. A compter de la onzième, elles commencent à s'allonger jusqu'à la dix-septième, puis elles diminuent insensiblement jusques à la trente-quatrième, où elles disparaissent.

» Elles sont partout plus longues à proportion que dans le cachalot, et élargies vers le bout, ce qui est le contraire de ce dernier genre.

» Il y a quinze paires de côtes.

» Les quatre dernières paires et les deux premières n'atteignent pas le corps de la vertèbre, et ne s'attachent qu'à son apophyse transverse.

» La première paire est aplatie et extrêmement large, surtout de son extrémité sternale.

» Les trois dernières sont grêles et courtes.

» Après les quinze vertèbres dorsales, il y en a trente-sept autres.

» Les os en V commencent entre la onzième et la douzième ;

ils sont petits en comparaison de ceux du cachalot, et disparaissent après la vingt-sixième.

» Les onze ou douze dernières vertèbres n'ont plus d'éminences. Les dernières de toutes sont presque quadrangulaires et percées chacune de deux trous verticaux.

» Les apophyses épineuses forment une série assez uniforme , de hauteur médiocre , toutes inclinées en avant; elles commencent à diminuer sur la queue.

» Les apophyses articulaires-antérieures ne s'élèvent point, restent à la même hauteur et conservent les mêmes dimensions. Elles s'évasent même sur la queue, où elles n'ont plus d'articulation à fournir ; et les cinq ou six dernières, presque égales aux épineuses correspondantes, forment avec elles, sur leur vertèbre, une proéminence trilobée.

» Nous n'avons qu'un seul os du sternum, oblong, plus large en avant, et qui porte de chaque côté une face articulaire pour une côte.

» L'omoplate est presque plane ; c'est à peine si l'on y aperçoit une légère courbure concave : elle est taillée à peu près en éventail, et moins large que haute. Son bord antérieur est simple et n'a qu'une seule apophyse saillante , qui , d'après sa position , est probablement l'acromion. Sa tête articulaire est bien plus large à proportion que dans le cachalot.

» L'humérus est gros et court , à peine deux fois aussi long qu'épais; sa tubérosité ne dépasse pas la tête en avant. Celle-ci est hémisphérique et presque parallèle à l'axe.

» La tête inférieure se divise en deux plans légèrement inclinés pour le cubitus et le radius. Ces deux os sont comprimés ; le cubitus est le plus étroit, surtout dans son milieu. Sa tête supérieure est un peu oblique à son axe, et l'olécrâne remonte un peu , loin de revenir en crochet comme dans le cachalot. Le radius s'élargit dans le bas , au point d'y avoir les deux tiers de sa longueur ; dans le haut, il n'a qu'un peu plus d'un tiers.

» Je vois quatre os au premier rang du carpe , dont le cubital, qui répond au pisiforme , forme saillie en dehors. Il n'y en a que trois au second. Les métatarsiens n'ont de longueur que le double de leur largeur.

» Le pouce a deux articles , l'index quatre , le médius cinq;

l'annulaire quatre, le petit doigt trois ; tous sont terminés par une dilatation cartilagineuse.

» Il résulte de leur ensemble une nageoire large et courte, obliquement arrondie. »

Ces détails anatomiques appartiennent certainement à l'espèce du rorqual antarctique, puisqu'ils sont tirés de l'individu qui, le premier, l'a fait connaître. Ceux où nous allons entrer ne lui appartiennent pas avec la même certitude : ce n'est qu'en nous fondant, avec M. Lesson, sur des vraisemblances plus ou moins grandes que nous les lui rapportons.

Ce rorqual, étudié par M. Quoy et Gaimard, comme nous l'avons dit, immédiatement après être échoué, entra en putréfaction et fut bientôt la proie des vautours, des goëlands, etc. Sa longueur, de l'extrémité de la mâchoire inférieure au bout de la queue, était de cinquante-trois pieds quatre pouces. La mâchoire supérieure se trouvait un peu plus avancée que l'inférieure, et leur longueur, du bout à leur commissure, était de neuf pieds six pouces. Les plus longs fanons avaient deux pieds six pouces et neuf pouces de large. La queue en dessous était carénée, et elle l'était sans doute également en dessus. La longueur des nageoires pectorales était de six pieds trois pouces ; la largeur de celle de la queue était de treize pieds. La dorsale, située vis-à-vis des organes génitaux, n'a pu être mesurée.

L'œil, très-peu apparent à cause de l'étroitesse des paupières, situé près de la commissure des mâchoires, avait le diamètre d'un boulet de six livres ; il était aplati antérieurement ; son grand diamètre avait quatre pouces six lignes ; la sclérotique formait extérieurement deux saillies à l'endroit d'insertion des muscles droits latéraux ; sa plus grande épaisseur était d'un pouce, mais elle diminuait en se rapprochant de la cornée, où elle n'avait plus qu'une ligne ; elle laissait au passage du nerf optique, à sa partie postérieure, une ouverture de deux à trois lignes de diamètre, précédée par un enfoncement considérable ; et tout autour de ce nerf se voyaient des passages d'artères, au nombre de vingt-huit, parmi lesquelles deux, situées, l'une d'un côté, l'autre de l'autre, se faisaient remarquer par leur diamètre de trois à quatre lignes. Antérieurement, la cornée transparente présentait un ovale transversal de dix-huit lignes de longueur et de dix de large : cette membrane était peu convexe : un cordon blanchâtre , d'une ligne de large , se remarquait à son insertion sur la sclérotique, et à sa face interne un enduit noirâtre formait un cercle d'un pouce de large. L'iris était noir sur ses deux faces , la choroïde argentée et la rétine rougeâtre. La pupille était transversale, et le cristallin , de forme arrondie, pesait quatre-vingt-deux grains. Son grand diamètre était de neuf lignes , et le petit de sept.

La verge , conique à son extrémité , se terminait par l'orifice de l'urètre. Sa longueur était de cinq pieds neuf pouces et d'un pied de diamètre à sa base.

Pendant le premier jour de sa mort , cet animal eut la bouche fermée ; mais elle s'ouvrit successivement par le développement qu'acquit petit à petit sa vésicule aérienne ; ce développement était dû aux gaz qui remplissaient la vésicule, et que la putréfaction avait produits ; par là cet organe , atteignant à des dimensions assez grandes , sortit en partie de la bouche, et donna les moyens d'observer les fanons et de les enlever.

Les plis des parties inférieures commençaient au bout de la mâchoire, et s'étendaient jusqu'à trois ou quatre pieds du nombril. Le plus grand nombre de ces plis étaient simples et continus ; d'autres se bifurquaient. Les saillies, en forme de bandelettes qu'ils formaient , étaient noires dans leur milieu et plus claires de chaque côté ; les sillons avaient une teinte rougeâtre.

Ce rorqual n'était que blessé lorsqu'il fut jeté sur le rivage à la mer basse ; dans la crainte qu'il ne s'échappât lorsque le flux viendrait à la soulever, il fut attaché au sol par une corde auquel il tenait, au moyen d'un grappin qu'on lui avait enfoncé dans le corps ; mais, dès qu'il se sentit soulevé par les flots , un léger mouvement lui suffit pour rompre la corde et pour s'éloigner. Sa blessure était mortelle ; bientôt la mer le ramena au rivage , où il se trouva couché sur le côté ; et c'est dans cette situation que MM. Quoy et Gaimard en tirèrent les détails que nous venons de rapporter.

Il était accompagné d'un assez grand nombre d'autres rorquals plus petits , qui restèrent pendant quelque temps à parcourir la rade où il était échoué , et au milieu desquels se trouva fortuitement un nageur auquel ils causèrent un grand effroi, mais qui n'en reçut aucun dommage.

Cette espèce , comme toutes les autres , appelle l'attention des navigateurs, qui seront à portée de l'observer. C'est à eux seuls que l'histoire naturelle peut devoir la connaissance d'animaux qui n'habitent que les plus profondes mers, ou qui ne sont jetés aux rivages que privés de vie, et même à moitié dénaturés par la décomposition qui s'empare d'eux, immédiatement après leur mort.

LES BALEINES. — *Balœna.*

Nous entendons par ce nom désigner les cétacés qui font plus particulièrement l'objet de la recherche des baleiniers, à cause de la grande quantité de graisse qu'ils produisent ; ils se reconnaissent généralement à ce qu'ils sont dépourvus de protubérance pinnatiforme sur le dos, à ce que leur tête est grande, épaisse et obtuse, et à ce que toute la partie inférieure de leur corps est lisse au lieu d'être, comme chez les rorquals couverte antérieurement de sillons ou de plis longitudinaux, plus ou moins profonds.

La plupart des marins et des naturalistes ont cru reconnaître plusieurs espèces de ces baleines sans nageoire et sans plis ; les unes n'ayant aucune irrégularité sur le dos, les autres présentant une ou plusieurs élévations arrondies sur cette partie du corps ; mais ils ne se sont point accordés sur le nombre de ces espèces.

Cette diversité d'opinions et la nature des caractères sur lesquels ces espèces, plus ou moins nombreuses, étaient fondées, ont dû, depuis que la critique de la zoologie repose sur des principes plus assurés, conduire à rechercher les motifs de ces opinions diverses et la valeur intrinsèque ou relative de ces caractères spécifiques et même génériques pour les uns et simplement individuels pour les autres.

Bonnaterre et Lacépède ayant des premiers divisé les cétacés à fanons en plusieurs genres, sont les naturalistes qui admettent le plus grand nombre d'espèces de baleines proprement dites. L'un et l'autre en reconnaissent quatre, la baleine franche, le nord caper, la baleine bossue et la baleine noueuse (1).

____

(1) Nous passons Klein sous silence. Ses distinctions de baleines ne méritent pa s d'arrêter la critique. Nous rapportons les noms de Lacépède,

Les deux dernières ne reposent que sur quelques mots de Dudley. (1) La baleine bossue, nommée *scrag whale* (baleine maigre), ressemble, dit-il, beaucoup au *finback whale;* mais, au lieu d'une nageoire comme celui-ci elle a, à la partie postérieure du dos, une demi-douzaine de protubérances *osseuses;* elle approche par sa forme de la vraie baleine, ainsi que par la quantité de graisse qu'on en tire; enfin ses fanons sont blancs et se divisent difficilement.

C'est cette simple indication, commentée de diverses manières, qui porta Brisson, Anderson, Klein, etc., et les deux naturalistes que nous citons plus haut, à reconnaître dans les traits qu'elle indique les caractères d'une espèce de baleine. Quant à nous, nous ne pouvons y voir qu'une note assez insignifiante et qui vraisemblablement contient une erreur en donnant comme osseuses les protubérances du dos; elle n'est bonne au plus qu'à faire naître des soupçons sur la valeur des caractères tirés de ces protubérances, et surtout qu'à faire douter si ce cétacé n'aurait pas été un rorqual, car le *finback whal,* auquel Dudley compare son *scrag whal,* est un véritable rorqual.

La baleine noueuse, *humpback whale* (baleine à bosse sur le dos) du même auteur, n'est point une baleine, mais un rorqual; car il dit, en propres termes, que ce cétacé a des plis longitudinaux, ainsi que celui dont il parle immédiatement avant (le *finback whal*) sur le ventre et sur les côtés, depuis la tête jusqu'à la naissance des nageoires pectorales.

Reste la baleine franche et celle qu'on a désignée par le nom de *nord-caper.* Tout le monde convient de l'existence de la première. Il n'en est pas de même de celle de la seconde. Scoresby, qui a visité si souvent les mers du Nord dans des expéditions entreprises pour la pêche de la baleine, ne l'admet pas, et les lumières que nous lui devons sur la baleine franche, paraissent expliquer la méprise qui a contribué le plus, dans ces derniers temps, à en faire distinguer le *nord-caper,* je veux dire les figures que Lacépède a cru en donner.

Martens avait dit quelques mots des baleines du cap Nord,

qui ne sont pas ceux de son prédécesseur, mais les espèces de l'une et de l'autre se composent des mêmes élémens.

(1) Trans. phil., 1725, n. 387.

qui paraissent bien avoir appartenu pour lui à une espèce particulière ; toutefois il ne les distingue guère des autres que par ce nom de cap nord, qui indique les parages où on les rencontre le plus souvent, et par le peu de graisse qu'elles produisent.

C'est Anderson qui le premier, vers le milieu du dernier siècle, parle de la baleine nord-caper, dans la vue de la faire distinguer de la baleine franche ; et c'est encore à lui seul aujourd'hui qu'on doit le peu de détails qu'on possède sur les mœurs de cette baleine et sur certaines parties de son organisation. Il nous parle des ruses de ce cétacé, de la manière dont il se nourrit, de la chasse que lui font les Islandais, etc.

Edgède n'ajoute rien à ce qu'ont dit ses prédécesseurs, sinon que le nord-caper a des fanons plus courts et moins bons que ceux de la baleine franche.

Lacépède, cinquante ans après, donna plusieurs figures comme étant celles d'un individu de cette espèce, le conjecturant du récit d'Anderson ; et c'est sur ces faibles données, sur cette association arbitraire de figures douteuses à de vagues récits que repose toute l'histoire du nord-caper.

A cette époque la baleine franche était surtout représentée, pour les naturalistes, par une figure que Martens en avait publiée, et cette figure est celle d'un animal extrêmement gros, comparativement à sa longueur. C'est elle qui a été reproduite dans presque tous les ouvrages ; et, admise comme fidèle, elle devait servir de point de comparaison pour faire juger les autres figures de baleines, et pour faire apprécier les ressemblances plus ou moins grandes qu'avaient entre eux les animaux dont elles reproduisaient les principaux traits.

C'est en effet en comparant à cette figure de baleine de Martens des figures faites par Bachstrom, en 1779, et que Banks lui envoya, que Lacépède fut conduit à penser qu'elles ne représentaient pas la baleine franche mais bien le nord-caper. Ces figures, en effet, représentent des animaux beaucoup moins épais que celle de Martens ; et comme un des traits les plus caractéristiques du nord-caper, suivant Anderson, c'est un corps bien moins gros que celui de la baleine franche, tout semblait fondé dans la conclusion de Lacépède qui, par ses figures, venait aplanir ce qui, de la description d'Anderson, pouvait rester de difficultés pour l'admission de cette espèce ; cependant ces figures, prises par Lacépède pour celles du nord-caper, n'étaient que de fort bonnes représentations de la baleine franche. Il n'a plus été possible de rester à cet égard dans la moindre incertitude quand on a eu celles que Scoresby a données de cette baleine, et sur la fidélité desquelles il n'est pas permis d'élever le plus léger doute ; force a été par conséquent de retrancher ces figures de l'histoire du nord-caper, qui par là se trouve réduite à l'indication de Martens, au récit d'Aderson, et au peu qu'en dit Edgède.

Dans l'état actuel de la science, soumise aux règles sévères qui la dirigent, les renseignemens donnés par ces trois auteurs ne suffiraient pas pour faire admettre comme espèce la baleine du cap Nord ; ils n'ont pas même eu assez d'autorité pour la faire admettre à ce titre par plusieurs auteurs qui sont venus après eux ; Erxleben, Gmelin, Othon-Fabricius, ne la regardent pas comme bien déterminée, ou la rejettent tout-à-fait. Mais ce qui ajoute un nouvel obstacle à cette admission, c'est qu'aucun marin et aucun naturaliste n'en ont rien rapporté depuis Anderson et Edgède, pour confirmer leurs rapports par des observations nouvelles.

Si Horrebow (1) parle du nord-caper, il ne le fait point pour donner un fondement nouveau à l'existence de cette espèce, mais seulement pour rectifier la signification du nom de *sildreke* que les Islandais donnent à la baleine chasseresse de harangs, et qu'Anderson avait un peu altéré ; il ne faudrait pas non plus conclure de la différence des noms à la différence des espèces ; on sait assez que les noms propres d'une même espèce peuvent changer, toutes les fois qu'elle se présente dans des conditions ou avec des propriétés particulières à ceux qui ont intérêt à la distinguer sous ces différens rapports. Ce n'est qu'avec des observations positives, avec des comparaisons rigoureuses et suffisamment étendues, qu'on fonde des espèces en histoire naturelle ; et si d'autres auteurs que ceux que nous avons cités parlent du nord-caper, ce qui à la rigueur pourrait être, avec la précision convenable pour mettre hors de doute son existence,

(1) Nouvelle description de l'Islande , trad. franç.. t. 1, p. 260.

spécifique, leurs observations ne sont point encore acquises à la science ; mais il y a plus : Scoresby, qui a toujours été à la pêche de la baleine dans le Nord, qui a peut-être vu le plus grand nombre de ces cétacés, et qui sûrement les a vus de l'œil le plus exercé, le plus sûr, affirme n'avoir jamais rencontré de baleine dépourvue de nageoire dorsale qui appartînt à une autre espèce qu'à celle de la baleine franche.

Lorsqu'on n'avait d'autres notions sur cette baleine du cap Nord que celles qu'on devait à Martens, à Anderson, à Edgède, etc., il était peut-être difficile de ne pas y voir en effet ce qu'ils y avaient vu eux-mêmes, une baleine sans nageoire dorsale, plus petite que la baleine franche ; mais aujourd'hui qu'on est en droit d'élever des doutes sur la nature de cette petite baleine, si, l'esprit dégagé par-là de toute prévention, on envisage de nouveau ces notions pour les apprécier, on est frappé des conséquences auxquelles on est conduit. Martens dit simplement que les baleines nord-cap (cap Nord), qu'on nomme ainsi parce qu'on les prends entre le Spitzberg et la Norvége, ne sont pas si grosses et ne rendent pas autant de graisse que celles du Spitzberg, c'est-à-dire que la baleine franche, et il ajoute quelques pages plus loin « qu'ils virent (les hommes de son équipage) une baleine du Cap-Nord et un poisson scie se battre avec une telle furie qu'ils faisaient jaillir l'eau de tous côtés aussi menue que de la poussière. »

Anderson, qui n'a point observé le nord-caper, et qui se borne à répéter, sans critique et en les commentant, les rapports des pêcheurs, n'ajoute que bien peu de choses, comme nous venons de le voir, à ce qu'on devait à Martens ; et Edgède dit seulement de plus que les fanons de cette baleine ont peu de valeur. Lorsqu'on retranche de ces divers récits ce qui se rapporte aux bancs de harengs qu'au dire d'Anderson le nord-caper poursuit jusque dans les golfes de l'Islande , et l'histoire de la chasse que les Islandais lui font , il reste que cette baleine a les fanons petits et cassans , et qu'ils sont par cela peu recherchés ; qu'elle a une grande agilité et une grande violence dans ses mouvemens, ce qui rend sa chasse dangereuse ; que sa peau a une teinte blanchâtre que n'a point celle de la baleine franche, et enfin que sa mâchoire est plus arrondie et moins allongée que celle de cette dernière baleine. Or on ne peut se défendre de reconnaître,

comme l'avaient déjà fait Edgède et Othon Fabrici us, une grande
ressemblance entre ces traits du nord-caper, tirés des seuls
auteurs qui en aient parlé, et ceux qu'ils rapportent de leur
wine-fishen ou *finne-fisch* ou *finnefiske*, c'est-à-dire des rorquals. Le wine-fishen, dit Martens, n'a pas la peau du noir
velouté de la baleine, il est plus grisâtre; son corps est
long, menu et revêtu d'assez peu de graisse, et ses mouvemens
sont prompts et violens, ce qui le fait pe u rechercher; et Anderson comme Egède parlent dans le même sens de leur *finne-
fisch* ou *finne-fiske*. D'un autre côté nous savons que les fanons
du rorqual sont bien moins étendus que ceux de la baleine.
Resteraient les mâchoires du nord-caper plus larges que celle
des rorquals; mais les baleines et les rorquals nous paraissent
à cet égard si peu différens, que nous ne pouvons rien voir que
de vague dans l'indication de ce caractère distinctif.

Sans doute ni l'un ni l'autre de ces auteurs ne parlent de la
nageoire dorsale des rorquals, ni des plis que ces baleines ont
sous le corps; mais si l'on considère qu'Anderson ni Edgède
n'ont jamais vu le nord-caper, et que Martens ne paraît l'avoir
vu qu'au moment d'un combat violent au milieu duquel il ne se
hasarda sûrement pas pour constater si c'était en effet un
nord-caper que le poisson scie attaquait, il ne restera en dernière
analyse, pour fonder l'existence de cette espèce, que ce nom
de nord-caper, appliqué par les pêcheurs à un cétacé à fanons,
et auquel ont été rattachées, plus ou moins arbitrairement, des
notions diverses qui semblent autant appartenir à un rorqual
qu'à une baleine proprement dite.

Par toutes ces raisons nous pensons être fondé à n'admettre
qu'une seule des quatre baleines de Bonnatère et de Lacépède,
la baleine franche : non pas que nous ne croyions qu'à une seule
espèce de baleine sans nageoire, dans les mers du Nord; tout
ce que nous entendons dire, c'est que les renseignemens qui
nous sont donnés par les marins et les naturalistes, sur les baleines de ces mers, ne conduisent pas aujourd'hui à un autre résultat (1).

(1) Nous devons rappeler ici une observation de M. Scoresby qui pourra
conduire un jour à d'autres conséquences que celles que nous déduisons
des faits connus et dignes de confiance; elle vient à l'appui de celle que
M. de Fréminville a eu occasion de faire, et que nous avons rapportée

Quelques parties osseuses, conservées dans les collections du Muséum, et qui proviennent de baleines proprement dites et non de rorquals, comparées aux parties analogues de la baleine franche, ont suffi, dans ces derniers temps, pour montrer que d'autres espèces que celle-ci existent encore, sans toutefois que ces parties osseuses soient suffisantes, à beaucoup près, pour faire connaître les espèces qu'elles indiquent. Les plus considérables de ces parties osseuses consistent dans deux squelettes, qui, s'ils n'ont pu donner une idée complète des individus d'où ils ont été tirés et de l'espèce à laquelle ces individus appartenaient, ont donné du moins un des caractères principaux de cette espèce qui paraît appartenir exclusivement aux mers antarctiques.

Ce que nous avons dit des différens systèmes d'organes, en parlant des rorquals, convient aux baleines, à l'exception des traits par lesquels ces cétacés se distinguent extérieurement les uns des autres, et que nous avons rappelés au commencement de cet article. Ce qui fait le caractère de la tête des baleines, comparativement à celle des rorquals, consiste, entre autres, dans la forme des os qui constituent le museau, mais principalement la mâchoire supérieure ; il en résulte que, dans la baleine, cette mâchoire est courbée en un quart de cercle, tandis qu'elle est à peu près en ligne droite dans le rorqual, ce qui est cause que dans l'une les fanons acquièrent un beaucoup plus grand développement que dans l'autre, ayant pour cet effet une beaucoup plus grande capacité à remplir.

Les difficultés de tout genre que présente l'étude des cétacés, mais surtout des grandes espèces, comme les baleines, devait être, pour les anciens, un obstacle insurmontable à la connaissance de ces animaux. Ils en avaient rencontré en mer ; l'occasion de les observer, échoués sur le rivage, s'était offerte à eux sans doute ; quelques circonstances particulières d'organisation avaient dû les frapper ; ils avaient même par là reconnu l'analogie de ces animaux marins avec les mammifères, et leur avaient donné des

en donnant la description du delphinorhynque couronné. M. Scoresby dit que les baleines qu'on rencontre dans les mers du Nord n'ont pas les mêmes proportions, que la tête des unes fait les quatre dixièmes de leur longueur totale, tandis que celle des autres ne surpasse pas les trois dixièmes, et que les mêmes différences se trouvent dans la circonférence qui peut varier de sept dixièmes à six.

noms ; mais quelles sont les espèces que ces noms désignent ; à quels caractères pourra-t-on les distinguer les unes des autres et les reconnaître ? C'est ce que sans doute ils ont tout-à-fait ignoré eux-mêmes.

Il est certain que la baleine était pour Aristote un cétacé, c'est-à-dire un animal vivipare, nourrissant ses petits avec du lait et respirant l'air par un évent situé au front, tandis que chez les dauphins il est situé vers le dos ; et Pline, qui répète cette dernière circonstance, parle de la baleine comme d'un cétacé très-grand (1) et même sous ce rapport monstrueux, car il en place dans la mer des Indes d'une longueur de quatre arpens (2) ; à la vérité dans un autre endroit il lui donne des poils (3).

Cette circonstance de la situation de l'évent permettrait de conjecturer que la baleine d'Aristote appartenait en effet à la famille des baleines ; mais était-ce un rorqual ou une baleine proprement dite ? c'est ce que rien n'indique. Il y a d'ailleurs une autre difficulté : ce n'est pas à la baleine qu'Aristote attribue le caractère le plus remarquable de ces animaux, les filamens cornés qui bordent les fanons que ces cétacés ont reçus au lieu de dents ; il semble l'attribuer à son *mysticetus*, en disant de cet animal qu'il a dans la bouche des soies semblables à celles du porc, et l'on ne sait pas ce qu'était ce *mysticetus* que les modernes, par son nom du moins, ont cependant confondu avec la baleine franche.

Il ne paraît pas qu'aucun autre auteur ancien ait donné plus qu'Aristote les moyens de déterminer avec quelque précision les espèces de cétacés auxquels ils appliquaient le nom de baleine ; Pline et Ælien n'ajoutent rien d'important à ce qu'ils tenaient de leur maître ; et sur ce point, comme sur beaucoup d'autres, il y a tout à gagner à ne commencer la science qu'avec les recherches des modernes.

LA BALEINE DU CAP. — *B. antarctica.*

Au nombre des parties osseuses de baleines qui se trouvent dans les collections du Muséum, on distingue deux squelettes rapportés du cap de Bonne-Espérance par Lalande en 1820, et

(1) Lib. ix, cap. v.
(2) Lib. ix, cap. ii.
(3) Lib. ix, cap. xv.

dans lesquels mon frère a reconnu des caractères qui distinguent profondément l'espèce à laquelle ils appartiennent de l'espèce connue des mers du Nord, de la baleine franche. C'est sur ces seuls caractères que cette espèce de baleine du Cap est fondée. Elle ne peut tarder cependant à être plus complètement connue ; car la pêche de la baleine, dans le sud, étant devenue un objet considérable de spéculations et d'entreprises, trouvera sans doute bientôt un Scoresby pour écrire son histoire. Il serait en effet difficile d'élever des doutes sur l'identité spécifique des baleines qui attirent tant de pêcheurs dans l'Océan austral et celles qui viennent assez fréquemment échouer sur les côtes méridionales de l'Afrique. Lalande, à notre connaissance, n'a parlé de cette baleine que dans le précis de son Voyage au Cap (1), et il se borne à faire connaître la taille de la plus grande des deux dont il a recueilli les os ; mais il paraît en avoir fait une esquisse peinte de laquelle il résulterait, suivant M. Lesson que la tête de cette espèce est beaucoup plus déprimée que la tête de celle du Nord, que ses nageoires pectorales sont plus longues, et qu'elles se terminent plus en pointe ; que les lobes de la queue sont séparés par une échancrure moins profonde ; que sa couleur est d'un noir uniforme, et que ses excrémens sont rouges.

Les véritables caractères spécifiques de cette baleine n'en sont pas moins encore exclusivement renfermés dans la proportion des différentes parties de sa tête osseuse. Voici les descriptions qu'en donne mon frère. Cette description servira à la fois à caractériser cette baleine du Cap, relativement aux autres espèces du même genre, et à caractériser le genre baleine comparativement au genre rorqual, sous le rapport de la forme et des relations des principaux os de la tête.

« De la compression latérale du museau (de la baleine du Cap comparé à celui du rorqual), il résulte que les intermaxillaires (*bb*) ne sont pas horizontalement entre, mais verticalement sur les maxillaires (*aa* ; le plan inférieur de ces derniers est lui-même presque vertical, si ce n'est dans la branche latérale (*a'a'*), qui borde en avant le frontal (*f*) pour se rendre avec lui sur l'orbite. Cette portion transverse du frontal est plus étroite d'avant en arrière que dans le rorqual.

(1) Elle a été décrite par M. Desmoulins dans le Dictionnaire classique d'Histoire naturelle ; mais la figure est mauvaise.

» L'occipital (*h*) est convexe dans toute sa partie supérieure, moins oblique qu'au rorqual et de forme demi-ovale.

» Le temporal (*m*) demeure transverse, et sa partie zygomatique ne se recourbe presque pas en avant.

» Les os du nez (*e*) sont rhomboïdaux et non triangulaires comme au rorqual.

» Inférieurement les os palatins (*p*) et les ptérigoïdiens (*s*) sont encore plus reculés et plus courts, et l'os sphénoïde (*t*) plus caché qu'au rorqual.

» L'os maxillaire (*a*) a une profonde échancrure à son bord inférieur et postérieur.

» La face glénoïde du temporal est beaucoup moins verticale que dans le rorqual, en sorte que l'os de la mâchoire inférieure se redresse un peu pour lui offrir sa face articulaire convexe. Cette disposition, jointe à l'absence d'une apophyse coronoïde, peut servir à la distinguer de la mâchoire inférieure du rorqual.

» L'oreille diffère de celle des dauphins par l'énorme épaisseur de sa caisse, surtout du côté interne. Cette caisse est un peu plus fermée en avant, mais laisse entre elle et le rocher, du côté interne, une solution de continuité plus large et moins longue à proportion. Elle n'est point bilobée en arrière.

» Le rocher est d'une forme très-irrégulière, très-raboteuse, il donne deux grandes et grosses apophyses, également très-raboteuses, dont l'une postérieure et un peu supérieure, articulée à une apophyse correspondante de la caisse, s'engrène entre le temporal et l'occipital latéral; et l'autre, antérieure et inférieure, s'articule par suture écailleuse avec la partie du temporal qui descend pour fournir l'articulation à la mâchoire inférieure. Il résulte de la disposition de cette seconde apophyse que l'oreille des baleines est fixée plus solidement au crâne que celle des dauphins.

» Les osselets sont au nombre de quatre, comme chez les autres mammifères; mais le marteau a souvent son manche soudé au cadre du tympan quoiqu'il soit pourvu de muscles. Le limaçon, les canneaux semi-circulaires existent comme les osselets.

» La tête, dont nous venons de retracer les caractères, avait quatre mètres trente centimètres de longueur.

» Les autres parties du squelette ont montré que les vertèbres cervicales sont soudées les unes aux autres et que leurs apophyses épineuses forment une crête dans toute la longueur du cou. Il y a quinze vertèbres dorsales pourvues de leurs côtes ; mais les quatre dernières paires et les deux premières ne s'attachent qu'à l'apophyse transverse de la vertèbre. Les vertèbres suivantes sont au nombre de trente-sept ; les os en V commencent entre la onzième et la douzième et finissent après la vingt-sixième.

» L'omoplate , presque plane , a la forme d'un éventail , et est moins large que haute ; une apophyse saillante du bord antérieur représente l'acromion.

» L'humérus est très-court à proportion de sa grosseur, celle-ci n'étant guère que la moitié de la longueur de cet os. Le radius et le cubitus courts et comprimés s'articulent aux quatre premiers des sept os du carpe, et les os du métacarpe sont du double plus longs que large : les cinq doigts s'y articulent ; le pouce , qui a deux phalanges; l'index qui en a quatre, le médius cinq, l'annulaire quatre, et le petit doigt trois.

» Cette baleine , au rapport de Lalande , se rapproche des côtes et pénètre dans les baies voisines du Cap, au mois de juin, pour y mettre bas un petit qui en naissant a de douze à quinze pieds de long ; et elle retourne à la pleine mer en septembre ; aussi ne sont-ce que les femelles qui se rapprochent de terre ; sur une cinquantaine d'individus qu'observa Lalande, il ne vit que deux mâles. »

Cette espèce, moins grande que celle du Nord n'atteindrait qu'à une longueur de cinquante ou soixante pieds.

BALEINE FRANCHE. — *B. mysticetus.*

Cette espèce depuis long-temps fait le principal objet des entreprises qui ont pour but la pêche des baleines dans les mers du Nord. Sa grandeur, qui égale au moins celle d'aucune autre espèce, la graisse qu'elle donne, la largeur de ses fanons , son naturel moins dangereux pour ceux qui l'attaquent, la font rechercher de préférence par les pêcheurs ; et , privée de moyens suffisans de défense, elle tombe victime des dons supérieurs qu'elles a reçus.

La baleine franche atteint jusqu'à soixante , quatre-vingts et même, dit-on, cent pieds de longueur (1). La partie le plus volumineuse de son corps, située un peu en arrière des nageoires pectorales, est de trente à quarante pieds de tour. De ce point le corps va en diminuant graduellement en passant de la forme ronde à la forme carrée jusqu'à la nageoire caudale, où son diamètre n'est plus que d'à peu près trois à quatre pieds, une légère dépression sépare la tête du tronc, et semble marquer le cou. La tête, aussi grosse que le corps, fait à peu près un tiers de sa longueur, et se termine par un museau qui se confond avec la partie cérébrale, et qui descend en ligne courbe jusqu'à la bouche ; l'évent est à peu près au sommet de sa tête, et a quinze ou seize pieds de son extrémité ; et la bouche, de six à huit pieds de large sur dix ou douze de hauteur intérieurement, présentant, comme le bec d'un flamant, une courbe en S quand elle est fermée, semble, par l'élévation de la lèvre inférieure, avoir la mâchoire d'en bas beaucoup plus épaisse que celle d'en haut. Des fanons remplacent les dents. L'œil est situé un peu au-dessus de la bouche et de la commissure des lèvres. Les nageoires pectorales, longues de huit à neuf pieds et larges de quatre ou cinq se trouvent à deux pieds en arrière de cette commissure, et la nageoire caudale étend ses vastes ailes de sorte que ses extrémités sont à dix-huit ou vingt pieds l'une de l'autre; il n'y a point de nageoire dorsale.

Ce vaste corps est arrondi dans toutes ses parties par une plus ou moins grande accumulation de graisse sous la peau, et c'est ainsi qu'on trouve la baleine franche voguant dans les plus profondes mers, venant de temps en temps à la surface respirer par ses évents un air nouveau, et rejeter, par la même voie, l'eau qui paraît pénétrer dans sa bouche avec ses alimens.

On comprend que, devant un animal aussi démesurément grand et aussi peu varié dans ses parties et dans ses formes, l'œil

(1) Scoresby, qui a vu prendre plus de 300 baleines dans le Nord, dit n'en avoir jamais rencontré de plus de soixante pieds, et il ne croit pas que leur taille s'élève à plus de soixante-dix ; mais la destruction qu'on fait de ces animaux leur permet-elle d'atteindre à tout leur développement? Scoresby ne pense pas que cette cause exerce d'influence, et il appuie son opinion de celle d'anciens pêcheurs qui pensaient comme lui. il estime le poids d'une baleine de soixante pieds a soixante-dix tonneaux, c'est-à-dire cent quarante mille livres.

n'en saisisse pas aisément la physionomie, surtout quand cet animal est affaissé par son propre poids sur le rivage; ce qui explique pourquoi il a été si difficile d'en obtenir une représentation fidèle, pourquoi on n'a pu en avoir pendant si long-temps que de mauvaises figures et de fausses idées. C'est à Martens et à Anderson que ces figures imparfaites étaient dues. Buffon en donna de plus exactes sans les reconnaître, et c'est Scoresby qui a publié les dernières et les meilleures.

Quand la nature a doué les animaux d'une grande force, que la puissance de vie qu'ils ont reçue est considérable, et qu'ils trouvent dans ces deux facultés des ressources suffisantes pour résister aux dangers qui peuvent les atteindre, on dirait qu'elle est moins libérale des moyens de conservation qui résultent de la perfection des sens, et qu'elle néglige le développement des différens organes qui mettent ces animaux en communication avec le monde matériel. On est du moins forcé de reconnaître que la baleine franche a des sens qui semblent peu favorablement organisés pour multiplier ses rapports avec les êtres qui l'environnent, tandis que ses forces organiques sont prodigieuses.

Ses yeux, au sommet d'une légère éminence, sont de la grosseur de ceux du bœuf, éloignés l'un de l'autre et placés fort en arrière de l'extrémité du museau, à environ un pied au-dessus en arrière de la bouche.

Ils sont bordés de deux paupières, une supérieure, l'autre inférieure; mais ces paupières, épaissies par la graisse, sont peu mobiles, et elles sont dépourvues de cils.

L'axe du globe est à son diamètre transverse comme six est à onze, et la partie antérieure de ce globe est aplatie, ou plutôt n'est pas hémisphérique, et, comme chez tous les animaux qui vivent dans l'eau, il appartient à une sphère plus grande que sa partie postérieure; mais l'œil se compose des mêmes parties que chez les autres mammifères : la sclérotique est très-épaisse et très-dure, et la surface par laquelle elle s'unit à la cornée est perpendiculaire au centre de l'œil, et non oblique ou échancrée comme dans plusieurs mammifères ; la choroïde ne présente rien de particulier ; seulement elle laisse voir plus distinctement sa composition ; la pupille est allongée transversalement comme celle des ruminans ; le cristallin est sphérique ou à peu près ;

il n'y a ni glandes ni points lacrymaux. Les yeux de la baleine sont susceptibles de tous les mouvemens propres à ces organes chez les autres mammifères, et ces mouvemens sont dus aux mêmes muscles; la seule différence c'est que le suspenseur se divise en quatre parties.

L'oreille est tout-à-fait dépourvue de conque externe, et l'orifice extérieur du canal auditif est nul ou d'une extrême petitesse, car Scoresby ne l'a point vu. Toutes les parties internes sont analogues à celles des autres mammifères. Longtemps on avait cru qu'il ne s'y trouvait point de canaux semicirculaires, mais ils ont été reconnus dans un fœtus. Si dans l'animal adulte on les méconnaît c'est qu'ils deviennent extrêmement minces.

Ce que nous avons dit des narines ou des évents, de leur mécanisme et de leurs fonctions chez les autres cétacés paraît se retrouver chez les baleines, à une seule exception près : chez celles-ci, au lieu d'un évent, il y en a deux qui ont chacun un orifice extérieur; c'est-à-dire que la cloison qui, chez les dauphins, s'arrête à quelque distance de l'extrémité de ces conduits, les divise chez elle d'une extrémité à l'autre, et leur direction est très-oblique, ce qui porte leur ouverture fort en arrière.

La langue est épaisse, molle, arrondie, remplie de graisse, peu étendue, et attachée à la mâchoire inférieure, de manière à être peu susceptible de mouvemens.

Les fanons sont fixés transversalement de chaque côté du palais, dans des rainures des maxillaires supérieures; ils sont rangés sur deux lignes, et séparés par un intervalle nu; leur forme générale est celle d'une lame triangulaire; c'est par le côté le plus étroit qu'ils sont fixés; des deux autres côtés, celui qui est lisse regarde le côté externe de la bouche, l'autre côté interne; celui-ci est garni dans toute sa longueur de longs filamens cornés. Chaque série de fanons est de trois cents à trois cent vingt lames environ. Les plus longues correspondent aux parties les plus concaves de la mâchoire supérieure, c'est-à-dire aux parties moyennes; et elle sont de dix à quinze pieds; les autres vont en diminuant de longueur en se rapprochant du fond de la bouche et de sa partie antérieure. Ces lames sont séparées l'une de l'autre par un intervalle de six lignes. M. Scoresby pense qu'on pourrait peut-être reconnaître, à certaines marques, l'âge des fanons, d'où il

conclurait que l'accroissement des grands est de six à sept pouces
chaque année; s'il en était ainsi on pourrait par-là déterminer
l'âge des individus tant que les fanons croîtraient.

Les fanons sont réunis entre eux à leur base par une substance blanche, molle, d'une nature très-particulière, qui n'a
point encore été suffisamment étudiée, et qui paraît prendre
quelque part à leur accroissement et les revêtir d'une sorte
d'émail. Leur structure intime est la même que celle des fanons,
des rorquals: leur intérieur se compose de filamens agglutinés,
qui par leur extrémité libre forment une sorte de peigne à dents
longues et flexibles. Un pinceau de filets cornés, semblables à des
poils, termine en avant la mâchoire supérieure.

On connaît les nombreux usages auxquels ces lames cornées
sont employées.

Tout le corps est nu et ne paraît percevoir que fort grossièrement l'impression des corps extérieurs; on dirait que la partie
sensible du derme s'affaiblit ou participe de l'insensibilité de
l'épaisse couche de graisse qu'elle recouvre. Nous avons parlé
précédemment des différentes parties qui paraissent composer la
peau des dauphins et des baleines. La couche graisseuse qui les
revêt, et qui est déposée dans un tissu cellulaire à grandes
mailles, est dans plusieurs parties de huit à dix pouces d'épaisseur,
et les pêcheurs en retirent jusqu'à trente tonneaux (1) quand
elle est pure.

Les organes génitaux ne présentent rien d'exceptionnel dans
leur conformation. Ils sont composés de toutes les parties qui
les composent chez les autres mammifères. Quant à leur forme,
elle est simple. La verge, longue de neuf à dix pieds, est un long
cône dans un fourreau, terminé par l'orifice de l'urètre. Le
diamètre de sa base est d'environ six pouces. La vulve est semblable à celle des cétacés dont nous avons parlé jusqu'à présent.
L'ouverture de l'anus est à environ six pouces de l'extrémité
postérieure du vagin, et les deux mamelles sont de chaque côté
de celui-ci.

Les organes du mouvement, pour leur structure, sont ceux de
tous les cétacés; seulement chez la baleine franche ils prennent,
comme nous l'avons vu, des dimensions proportionnées à sa

____

(1) Le tonneau est de 252 gallons anglais.

taille. Les fonctions qu'ils exécutent sont également celles qui leur sont propres chez les dauphins, les cachalots, etc.

Les baleines franches qu'on a eu occasion d'observer n'avaient pas toutes les mêmes couleurs ; les unes sont entièrement noires ; d'autres ont un fond noir, mélangé irrégulièrement de gris ; d'autres se sont trouvées noirâtres en dessus et blanches en dessous. On dit même en avoir rencontré d'entièrement blanches, ce qui pourrait venir de la confusion qu'on a fait quelquefois du béluga avec les baleines. M. Scoresby dit que les très-vieux individus ont généralement plus de parties blanches ou grises que les adutes ; les jeunes ont le ventre gris bleu.

La chair des jeunes baleines est mangeable ; on l'a comparée au bœuf. Celle des vieilles est d'un coriace qui la fait rejeter.

Lorsque l'on compare la tête osseuse de la baleine franche (pl. 21) à celle de la baleine du Cap , dont nous avons précédemment donné la description, on voit, dit mon frère, qu'elles diffèrent encore plus entre elles que les têtes de rorquals. « La première est beaucoup moins large que la seconde, à proportion de sa longueur. Les portions transverses du frontal et des maxillaires qui se rendent à l'orbite, au lieu de s'y porter transversalement, se dirigent obliquement en arrière, et sont plus longues dans le sens transverse, et plus étroites dans le sens opposé. Le temporal, au contraire, a presque autant de dimension dans le sens transversal que dans le longitudinal, ce qui lui donne une figure presque carrée, mais fort irrégulière. Il se porte beaucoup plus en arrière que les condyles occipitaux, qui, dans la baleine du Cap, forment le point le plus postérieur du crâne. La facette glénoïde se porte beaucoup plus près de son bord externe. Les os du nez sont plus étroits à proportion. Les frontaux avancent sur eux en forme de deux petites pointes, etc. »

D'autres différences se remarquent encore entre ces baleines dans les os des oreilles, et contribuent à confirmer les différences spécifiques qu'on avait tirées de la structure des têtes.

La baleine franche paraît être un animal timide et défiant ; elle fuit à la moindre apparence du danger, et il est nécessaire d'agir avec prudence lorsqu'on veut s'en approcher. Quoique la petitesse de ses yeux semble peu favorable à sa vue, on assure que ce sens est beaucoup plus délicat qu'on n'est porté à le conjecturer et que cet animal perçoit les objets de loin , principalement lorsqu'il est dans une mer calme et transparente. Il paraît, au contraire, qu'il voit fort mal lorsque ses yeux sont élevés hors de l'eau; ce qui s'explique jusqu'à un certain point par l'aplatissement de la cornée.

L'ouïe semble, au contraire, être fort grossière. Scoresby dit que cette baleine ne paraît pas entendre l'explosion d'une arme à feu d'un bout du navire à l'autre; du moins ce bruit, si elle l'entend, ne produit sur elle aucun effet. Mais elle s'aperçoit très-vite du choc des vagues, causé par le mouvement d'un vaisseau, et aussitôt elle prend la fuite. Est-ce par son ouïe qu'elle est avertie, ou par les modifications de son toucher, que le mouvement des flots occasionerait? C'est ce que des observations trop peu détaillées ne permettent pas de décider.

Il paraît que cette espèce n'a jamais fait entendre de cris, n'a jamais produit de sons que l'on pût attribuer à sa voix; du moins on ne rapporte pas qu'on lui ait jamais entendu pousser ces beuglemens dont plusieurs rorquals, dit-on, ont effrayé ceux qui ont été à portée de les voir au moment où la mer les abandonnait sur le rivage. Scoresby nie même la possibilité de la voix chez ces animaux; mais le grand nombre des témoins qui parlent des cris violens que plusieurs espèces de cétacés ont fait entendre, et la probabilité qu'il n'y a point de différences entre l'organisation du larynx de ces espèces et celle du larynx de la baleine franche permettent difficilement de refuser à cet animal la faculté de rendre des sons.

Le même auteur ne reconnaît pas à la baleine le pouvoir de lancer de l'eau par ses évents; il assure n'avoir jamais vu sortir, de ces conduits de la respiration, qu'une vapeur, plus ou moins épaisse, qui, se condensant au contact de l'air froid, retombait en eau, mais sous forme de pluie, et non sous forme de jets. Ce fait, attesté par un observateur aussi consciencieux, ne peut être révoqué en doute; mais il est impossible aussi de regarder comme mensongère l'assertion du fait contraire par des témoins non moins dignes de foi. Il ne s'agit donc que d'expliquer ces contradictions, et c'est à quoi conduira sans doute une observation plus attentive de ces animaux.

Leur respiration a lieu assez fréquemment dans les temps ordinaires: pour cet effet, on les voit reparaître toutes les huit à dix minutes à la surface de l'eau, et, après un certain nombre d'expirations et d'inspirations, ils plongent, pour remonter bientôt après. Quand quelque danger les menace, et que l'effroi s'est emparé d'eux, ils restent beaucoup plus long-temps sans reparaître ; leur respiration se suspend alors sans danger pour leur vie, la nature les ayant pourvus, comme les dauphins, d'un appareil vasculaire qui fournit aux organes le sang artériel dont ils ont besoin.

Il paraît que la queue est le seul organe moteur des baleines ; d'après ce qu'a pu observer Scoresby, les nageoires pectorales n'ont guère d'autre fonction que de tenir l'animal en équilibre, et, pour cet effet, elles restent, dans tous ses mouvemens, étendues horizontalement de chaque côté de son corps ; dès qu'elles changent de position, ces animaux tombent sur le côté ou se renversent tout-à-fait, forcés d'abandonner leur corps à l'action de la pesanteur. Pour changer de direction, ils ramènent leur queue de côté en la tordant un peu et la redressant ensuite. Leur natation, malgré leur énorme masse, est facile et légère ; leur pesanteur spécifique, à peu près égale à celle de l'eau, la favorise beaucoup ; dès qu'ils sentent le besoin de presser leur marche ils avancent rapidement, et font alors jusqu'à trois lieues marines à l'heure. Dans les circonstances ordinaires, ils font deux lieues environ. Lorsqu'ils veulent plonger, ils soulèvent la tête, ploient le dos, pressent l'eau de bas en haut avec leur large queue, et, prenant ainsi une direction verticale, la tête en bas, ils s'enfoncent à de très-grandes profondeurs et avec une extrême vitesse, surtout quand ils sont blessés. M. Scoresby rapporte qu'une baleine, atteinte par le harpon, s'est précipitée à quatre cents brasses de profondeur avec une rapidité telle, qu'à l'heure elle aurait pu parcourir un espace de trois à quatre lieues. Il paraîtrait même qu'alors leur frayeur est telle qu'elles s'assomment et se brisent contre les rochers qu'elles rencontrent. Le même marin dit qu'on retire quelquefois, avec le harpon qu'elles ont entraîné, les baleines du fond de la mer, où elles se sont précipitées aveuglément, la tête et les mâchoires fracassées. Mais c'est surtout à l'époque où les baleines se recherchent pour la reproduction qu'elles déploient toute la vigueur et la légèreté dont elles sont susceptibles. Alors on les voit se livrer aux mouvemens les plus désordonnés en apparence, et s'élever même presque en entier hors de l'eau, où, retombant de tout leur poids, elles font jaillir autour d'elles d'énormes masses de liquide , ce qui produit l'aspect d'une mer se brisant contre un vaste écueil. Le voisinage de ces animaux devient alors fort dangereux ; cependant on voit des harponneurs assez téméraires pour s'en approcher et les frapper.

C'est la fin de l'été qui est la saison des amours pour les baleines. Anderson dit , d'après les pêcheurs , que pour leur accouplement elles se tiennent dressées verticalement l'une contre l'autre , ce qui aurait bien besoin de confirmation. Dudelay dit , au contraire , qu'elles se couchent l'une en haut et l'autre en bas, ventre contre ventre, ce qui est encore moins vraisemblable. C'est au commencement du printemps qu'elles mettent bas. Un baleineau fut pris à la fin d'avril, ayant encore une portion du cordon ombilical. Il est difficile de croire que chez ces animaux la gestation n'est que de huit à neuf mois, comme on le dit ; il est plus probable qu'elle est de quinze ou dix-huit ; toutes les analogies le font du moins supposer : plus les animaux sont grands , plus est grande aussi la durée de la gestation. L'assimilation ne se fait pas beaucoup plus rapidement dans un grand animal que dans un petit et, lorsqu'un fœtus doit atteindre , comme celui de la baleine , la taille de dix à douze pieds , il faut que la nature y emploie un temps proportionnel, qui est aussi en rapport avec celui que demande le développement complet des individus. La portée n'est que d'un seul baleineau. La mère le nourrit de son lait, que le petit reçoit en tétant.

Ces animaux ont un grand attachement réciproque ; mais c'est surtout la sollicitude de la mère, pour l'enfant qu'elle allaite, qui offre la plus touchante preuve de la profonde affection dont ces animaux sont susceptibles , et qu'ils éprouvent l'un pour l'autre. Jamais le jeune baleineau ne s'éloigne de sa mère , et elle le suit constamment des yeux ; si la crainte d'un danger se présente , elle se rapproche de lui , le couvre de son corps, et, si le danger devient réel , elle le force à hâter sa marche et précipite la sienne. Quelquefois le jeune baleineau est blessé par le harpon des pêcheurs ; alors sa mère ne connaît plus de dangers pour elle , et malheur à ceux qui ne savent pas se soustraire aux effets de sa fureur ; mais malheur aussi à elle , car quel animal peut ne pas succomber sous les efforts de l'intelligence humaine ! Dans sa colère , elle s'expose sans ménagement aux coups de ses ennemis , et ordinairement elle succombe, frappée mortellement par eux. Scoresby, qu'on doit toujours citer quand il s'agit de ces animaux, raconte une histoire fort touchante d'une baleine, qui se fit massacrer dans l'aveuglement de son désespoir, ayant vu périr son enfant frappé à ses côtés par le harpon d'un matelot. L'affection qui unit si étroitement ces animaux, bien connue des baleiniers, est devenue pour eux un moyen de succès. Dès qu'ils aperçoivent une jeune baleine, ordinairement assez imprudente, ils s'empressent de l'attaquer, bien sûrs que sa mère ne tardera pas à se présenter, et à s'exposer à leurs coups.

Il paraît que les baleines franches vivent réunies par paires; c'est du moins l'opinion de quelques baleiniers; et aujourd'hui on ne les trouve plus que dans les mers du pôle Boréal. Elles ont fui devant l'homme et se sont réfugiées à l'abri des glaces du Groënland et du Spitzberg, dans le détroit de Davis, la baie de Baffin, et sans doute dans toutes les mers qui couvrent le globe au nord du cercle polaire. Elles ne descendent pas plus au midi; si elles s'y sont montrées dans les temps anciens, comme on a quelques raisons de le croire, on n'en voit point échouer aujourd'hui sur nos côtes, et la mer n'y en apporte pas même les débris.

ADDITIONS ET CORRECTIONS.

LE DUGONG.

M. Ruppel, dans son dernier voyage en Orient, a découvert des dugongs dans la mer Rouge, comme MM. Hemprich et Ehrenberg l'avaient fait précédemment, et il a annoncé cette découverte dans une lettre à M. Sommering, qui se trouve insérée dans le second cahier, page 33, pl. 6, du premier volume du Musée de Senckenberg. M. Ruppel a reconnu, par ses recherches, ce qui était tout-à-fait oublié, que les dugongs de la mer Rouge étaient connus de tout temps. Les Hébreux le désignaient par le nom de *thachasch*, et c'était de sa peau que se recouvrait leur arche sacrée. Les Arabes le recherchent pour sa peau, sa chair et ses dents; ils le nomment *naqua el baher*; et le poisson obscur que Forskœl désigne par ce nom de *naqua* (1), n'était qu'un dugong. M. Ruppel vit nager ces dugongs entre les bancs de corails qui bordent les îles Dalac sur les côtes d'Abyssinie, entre les 15 et 16e degrés de latitude. Les pêcheurs de ces îles nomment ces animaux *dauila*. Ils harponnèrent une femelle de 10 pieds de longueur, que M. Ruppel décrivit, et dont il fit l'anatomie. Les dessins qui résultèrent de cette étude accompagnent sa lettre, et il crut reconnaître, dans les nombreuses observations qu'il fit sur cet animal, des caractères suffisans pour considérer les dugongs de la mer Rouge comme appartenant à une nouvelle espèce qu'il nomma dugong du tabernacle. Cette détermination, faite sans les ouvrages qui auraient été propres à l'éclairer, ne s'est point trouvée exacte.

(1) Descrip. anim., etc., quæ in itinere orientali observavit, p. 17.

Sœmmerring a reconnu que ces dugongs de la mer Rouge ne différaient point de ceux des Moluques, par la comparaison qu'il a pu faire du travail de Home avec celui de M. Ruppel.

Ce savant et hardi voyageur a appris des Arabes que les dugongs vivent par paire ou en famille ; que leur voix est faible et ne rend que des sons obscurs ; qu'ils se nourrissent d'algues ; qu'en février et mars les mâles se livrent de sanglans combats, ce qui annonce sans doute pour eux la saison de l'amour, et que les femelles mettent bas en novembre et décembre. Les mâles atteignent à 18 pieds de long ; les femelles restent toujours un peu plus petites.

M. le docteur Knox, dans une notice sur l'ostéologie du dugong (1), fait entre autres connaître que les parties antérieures des mâchoires de cet animal sont revêtues d'une lame cornée, plus ou moins épaisse, qui leur tient lieu d'incisive, et à l'aide desquelles sans doute ils saisissent fortement les plantes marines qu'ils doivent arracher pour se nourrir. C'est un fait que nous avons pu vérifier sur une jeune tête de dugong, et qui établit peut-être un rapport nouveau entre ce cétacé herbivore et celui de Steller.

LE STELLÈRE.

Nous avons vu dans la traduction du mémoire de Steller, sur son lamantin boréal, ce qu'il restait de doutes sur le système dentaire de cet animal, sur la nature même de la substance dont ses dents se composent, et sur la place qu'elles occupent dans les mâchoires. Ces doutes ont appelé de nouveau l'attention d'un naturaliste fort habile, M. Brandt (2), qui se trouvait à portée d'étudier de nouveau les dents du stellère, conservées dans les collections de l'académie des sciences de Pétersbourg. Il résulte des observations de M. Brandt, que ces dents sont entièrement de nature cornée ; qu'elles se composent de fibres, agglutinées les unes aux autres, qui rappellent tout-à-fait celles qui forment les fanons de baleines, et que ces fibres, vues au microscope, présentent des tubes, comme le font la plupart des poils (Voyez notre pl. 7, fig. 1, 2, 3, 4, 5, 6, 7 et 8). Cette

(1) Edimbourg, journ. of science, 1, 1829.
(2) Mém. de l'Académie Impériale de Pétersbourg, vi⁰ série, t. II, p. 103.

nature cornée des dents du stellère jette pour nous un grand
trait de lumière sur la véritable situation de ces dents dans la
bouche de l'animal, et achève de donner à nos yeux, aux paroles de Steller, une entière précision. Ainsi nous ne doutons
plus, par leur nouvelle ressemblance avec les fanons, qu'elles
ne soient comme ceux-ci étrangères au système dentaire et analogues aux poils, et qu'elles ne soient en effet placées, l'une à
la partie antérieure du palais, l'autre dans un point correspondant de la mâchoire inférieure. Le dugong a quelque chose d'a-
nalogue à la partie antérieure de ses deux mâchoires : une lame
cornée plus ou moins épaisse revêt l'une et l'autre à leur extrémité, comme nous l'avons dit dans l'article précédent.

Ce n'est cependant point à ces conséquences que M. Brandt a
été conduit ; il adopte complètement l'idée que chaque maxillaire est garni d'une semblable dent.

ANATOMIE DES DAUPHINS.

M. le professeur Mayer, de Bonn, dans un mémoire intitulé :
Beitrage zur anatomie des Delphins, inséré dans le journal de
physiologie de M. Fremaun (1), traite successivement des organes et de leurs fonctions chez les dauphins, sans indiquer cependant quelles sont les espèces de ce genre qui ont donné lieu
à ses observations, ou plutôt sans dire à quelle espèce chacune
de ses observations se rapporte particulièrement. Outre plusieurs
faits connus antérieurement, nous avons dû remarquer ce qu'il
dit des fibres musculaires qui entoureraient immédiatement le
poumon, et dont l'action s'ajouterait à celle du diaphragme
et des côtes dans l'acte de la respiration, des muscles qui dans
le diaphragme sont disposés de manière à étrangler l'œsophage ;
des nerfs olfactifs du marsouin vulgaire, qui consisteraient
en un filet excessivement mince, déjà indiqué dans le dauphin par Treviranus ; des muscles constricteurs des mamelles, décrits par Rapp dans ses Recherches anatomiques sur les
cétacés, publiées en 1827, et dont nous retrouvons une nouvelle indication dans une note de M. Kuhn, insérée au Bulletin
des sciences naturelles de M. de Férussac, pour le mois d'août
1830 ; muscles aux moyens desquels l'animal peut comprimer

(1) Vol. v, p. 111.

les glandes mammaires et en faire sortir le lait de manière à le lancer dans la bouche du nouveau-né. Non pas que M. Mayer pense que les jeunes dauphins n'aient pas les facultés de téter, et que cette ressource de leur mère leur soit nécessaire ; car il s'applique au contraire à faire voir que la respiration n'est pas nécessaire à cet acte, et que les dauphins peuvent aussi facilement téter que les autres mammifères.

LE DELPHINORHYNQUE DOUTEUX.

On trouve, dans le voyage du chevalier Desmarchais, sous le nom de bécasse de mer (1), la figure d'un cétacé à très-long bec, duquel il parle à peu près en ces termes : « Sa longueur était de dix pieds, et sa circonférence de cinq à la partie la plus grosse du corps. Il avait un évent par lequel l'eau était rejetée, et de fausses ouïes sur les côtés du cou. Sur son dos se voyait un grand aileron. Ses mâchoires étaient ornées de petites dents aiguës et serrées. Son bec avait vingt pouces de longueur, et sa chair était fort grasse et très-agréable au goût. »

Ces traits insuffisans pour caractériser une espèce, et la figure qui les représente, ne se rapportent avec précision à aucun dauphin connu. L'espèce qu'ils semblent l'un et l'autre rappeler davantage est le delphinorhynque microptère ; mais, s'ils n'appartiennent pas à cette espèce, il serait au moins difficile de ne pas y reconnaître quelques-uns des caractères de ce genre.

DAUPHIN DE MEYEN. — *Delphinus ceruleo-albus.*

Nous trouvons, dans les nouveaux Actes des Curieux de la nature (2), la description et la figure d'une nouvelle espèce de dauphin, découverte par M. Meyen sur les côtes orientales de l'Amérique du Sud. L'individu qu'il a été à portée d'observer avait été pris à l'embouchure du rio de la Plata.

Ce dauphin qui n'en rappelle aucun autre, par la distribution de ses couleurs, appartient au genre des dauphins proprement dits ; seulement son museau paraissait plus couvert et plus

(1) T. 1, p. 72.
(2) Vol. xvi . p. 609, pl. 43, f. 2.

comprimé que celui du dauphin commun, et ses nageoires sont plus pointues.

Toute la partie supérieure du dos, de la tête et du bec, sont d'un bleu d'acier foncé. De la nageoire dorsale descend obliquement en avant un trait qui commence largement, et qui se termine insensiblement en pointe à moitié chemin de cette nageoire au coin de la bouche. Un autre trait de même sorte part de la nageoire pectorale et va se terminer dans le trait noir qui embrasse l'œil. Ce dernier s'étend, en s'élargissant graduellement, jusqu'à l'anus. Les nageoires sont du bleu des parties supérieures. Tout le reste du corps est d'un blanc pur et brillant.

LE DAUPHIN DE BORY.

Lorsque nous avons parlé du dauphin de Bory, nous ignorions que la figure en était publiée. Elle se trouve dans l'atlas du Dictionnaire classique d'Histoire naturelle, pl. 141, fig. 1. La description de cet animal est au 1er vol. pag., 356.

Ce dauphin nous paraît constituer une espèce distincte du sous-genre dauphin, par sa couleur, qu'aucune autre espèce jusqu'à présent n'a présentée.

LE MARSOUIN GLOBICEPS.

M. Harlan, dans le journal des sciences de Philadelphie (1) donne, sous le nom de *delphinus intermedius*, la description et la figure d'un globiceps femelle qui fut harponné dans le hâvre de Salem, au Massachusset. Cette description n'ajoute aucune particularité nouvelle à ce que l'on connaissait de cette curieuse espèce de marsouin, sinon qu'elle se trouve sur les côtes orientales de l'Amérique du Nord, comme dans les mers de l'Europe septentrionale.

Il paraîtrait aussi que cette espèce se rencontrerait au nord de la mer Pacifique, si en effet la tête de dauphin que décrit M. Grant (2) appartenait à un globiceps; mais M. Grant n'a pas établi le rapprochement qu'il fait d'une manière assez rigoureuse

(1) Vol. vi, p. 51., pl. 1, f. 3.
(2) Correspondances de la Société Zoologique, juin 1833.

pour qu'il soit permis d'arrêter définitivement son opinion sur ce point.

Aldrovende (*de piscibus*, p. 681), donne la figure d'un marsouin qu'on ne peut guère rapporter qu'à un béluga, ou à un globiceps qui aurait perdu sa protubérance dorsale.

M. Traill a fait des observations sur l'allaitement des globiceps, qui se trouvent publiées dans les Transactions de la Société Vernerienne pour 1834, que je n'ai point encore pu me procurer.

Nous n'avons pu de même nous procurer l'ouvrage (1) où **M.** le pasteur Lyngbye donne des détails intéressans sur la pêche du grind-whale, par les habitans des îles Feroë, et sur les mœurs de ce cétacé qu'il décrit, et qui paraît être le globiceps.

DU NARVAL.

On trouve, dans les Transactions philosophiques pour l'année 1738, quelques renseignemens sur le narval échoué en 1736 au confluent de l'Ost et de l'Elbe, dont nous avons parlé d'après Anderson. Ces renseignemens sont dus au docteur Steigertahl et au docteur Hampe, tous deux membres de la Société royale. On y voit une confirmation de ce que nous apprend Anderson, et une figure de l'animal semblable à celle que celui-ci en a donnée ; Steigertahl ajoute qu'il a appris, d'un capitaine de vaisseau pêcheur, qu'une des baleines dont il s'était emparé se trouva transpercée par un narval qui suçait, dit-il, le sang de la blessure qu'il avait faite, ce dont il nous semble permis de douter.

Le docteur Mortimer fait connaître dans le même ouvrage, pour l'année 1741, qu'en radoubant à Portsmouth le vaisseau du roi, *le Léopard*, qui revenait d'Amérique et de la côte de Guinée, on trouva un morceau de dent de narval enfoncé à huit pieds de la quille, de trois pouces de profondeur dans le bordage, après avoir traversé le doublage dont l'épaisseur était d'un pouce.

Zorgdrager, dans son ouvrage sur la pêche du Groenland, dit qu'on montrait à Amsterdam une tête de narval à deux dents.

---

(1) Tidsskrift for naturvidenskaberne. n° 2, p. 204.

HYPEROODON DANS LA MÉDITERRANÉE.

Un cétacé femelle, ayant 5o pieds de long et 25 dans sa plus grande circonférence, a été trouvé échoué près de Pietri, sur la côte de Toscane. Cet animal était sans dents; mais *son palais était, dit-on, couvert de tubercules osseux.* Ce dernier caractère semble indiquer un hyperoodon; mais de nouvelles observations sont nécessaires pour dissiper les doutes que l'insuffisance de détails relatifs à ce fait ne peut manquer de faire naître. On le trouve rapporté dans le numéro du Moniteur du..... 1835.

DAUPHINS douteux.

Parmi les représentations en bois sculpté que M. de Chamisso a fait faire des cétacés des mers de l'océan Arctique oriental, et dont il a publié les figures dans le tome xii des Mémoires des Curieux de la nature, on trouve celle d'un dauphin qu'il a fait figurer sous le nom de *alugninich*, de *tschieduk* et *d'agidagik*, lequel aurait antérieurement deux dents à chaque mâchoire. Pallas regardait son tschieduk comme un cachalot de 70 pieds anglais de long. A en juger seulement par le caractère des dents, on ferait de ce cétacé un hyperoodon; mais à la forme de sa tête on ne peut que le rapprocher des marsouins, où, par ses couleurs, il se rangerait comme une espèce nouvelle. En effet, il est remarquable par ses deux rubans blancs sur son fond noir, se dirigeant obliquement d'avant en arrière; ces rubans naissent chacun au milieu du dos, et, descendant ensuite sur les côtés, ils viennent s'effacer graduellement en arrivant sous le ventre.

Un second dauphin, dont M. de Chamisso donne la figure, est *l'aguluch*, ou *l'agluch* de Pallas, que l'un et l'autre regardent comme le *Delphinus orca*. Ce cétacé en effet a une tête de marsouin, une bande blanche qui naît à quelque distance de la bouche, se dirige en arrière, et s'étend jusqu'un peu au-dessus des pectorales; mais il présente une seconde bande blanche, ou un second ruban qui prend naissance en avant de la dorsale, et vient se perdre sur les côtés du corps, en avant de la caudale, se conde bande que n'a pas le *delphinus orca*.

CACHALOTS.

Pallas, dans sa zoographie russe, tome i, parle de quatre cétacés qu'il considère comme des cachalots.

L'aggadachgik, long de 15 orgyas (105 pieds anglais), dont le nombre des dents paraît avoir été indéterminé, et qu'il rapporte avec doute au *cachalot microps*.

Le tschieduk, de 10 orgyas (70 pieds anglais), avec deux dents à chaque mâchoire, longues de 9 pouces.

Le tschamtschugagah, ayant quatre dents antérieures et 12 orgyas (84 pieds anglais).

Enfin, l'espèce qu'il rapporte au cachalot macrocéphale, que les Kamtschadales nomment *tschugat*, et dont il ne donne pas les caractères.

Pallas n'avait point vu ces animaux ; il n'en parle que d'après des notes de Steller, trop insuffisantes pour prendre place dans la science à un autre titre qu'à celui de simple renseignement.

M. de Chamisso a fait, pour un des cachalots de Pallas, ce qu'il a fait pour tous ses cétacés ; il s'en est fait faire une image en bois par les Aléoutes, et c'est cette image dont il donne la figure et la description dans le 12ᵉ volume des Curieux de la nature, en y ajoutant les notes recueillies de la bouche des pêcheurs qui lui rendaient en grossières sculptures ce que leur mémoire conservait des cétacés qu'ils connaissaient, et auxquels ils appliquaient des noms différens. Ce cachalot est *l'agidagich* (aggadachgik de Pallas), long de 107 pieds anglais, dont les dents de la mâchoire inférieure sont nombreuses et de huit pouces de longueur, etc. Les narines sont dans une sorte de grouin, au bout du museau. M. de Chamisso pense que ce cachalot est le même que le *physeter macrocephalus* de Pallas, auquel les Kamhschadales cependant donnent le nom de *tschiigat*. Cet animal a, en effet, la tête du macrocéphale, tel que nous le représentent les meilleures figures.

M. Alderson a publié en 1827 (1) la description d'un cachalot qui avait été trouvé échoué sur un point de la côte du comté de York, en Angleterre. Cet animal, qui était un mâle, avait 58 pieds et demi anglais de longueur. Sa nageoire dorsale était réduite à un simple pli de la peau, rempli d'un tissu cellulaire graisseux. Les dents étaient au nombre de 49, mais deux d'entre elles se trouvaient cachées dans les gencives.

______

(1) Trans. of the Cambridge philos. society, vol. II, 1827, p. 253.

La notice de **M. Alderson** donna de plus la mesure des différentes parties de l'animal, et quelques détails sur la structure du cœur, de l'œil, de l'évent et des cellules où la cétine est contenue ; mais ces particularités ne font que confirmer ce qui déjà avait été dit de ces différens organes. Cette notice est accompagnée de planches qui représentent l'animal entier, sa tête, son œil, etc. (1).

M. Thomas Béale, chirurgien (1), a donné de fort intéressantes observations sur l'histoire naturelle du cachalot des mers du Sud, dans lesquelles il envisage cette importante espèce sous le rapport de ses formes extérieures, de ses mouvemens, de sa nourriture, de sa respiration ; ce qui le conduit à des détails de mœurs qui ne nous étaient point connus, et à la véracité desquels nous devons avoir d'autant plus de confiance qu'il en a été lui-même témoin, et que la spécialité de ses études devait le préserver des erreurs où des connaissances moins positives de l'organisation animale auraient pu l'entraîner.

Il ne distingue point l'espèce à laquelle ses observations se rapportent, mais elles ont été faites dans les mers du Sud, et fréquemment sur des animaux en pleine liberté ; de sorte que nous trouvons réalisé le vœu que nous formions, en parlant des cachalots en général, que ces animaux pussent être représentés voguant librement, au lieu de ne l'être qu'après qu'ils sont échoués et qu'affaissés sous leur propre poids ils ont perdu leur forme naturelle ; aussi les observations de **M. Beale**, sur ce point, rectifient elles plusieurs des idées qu'on avait dû se faire des cachalots. La tête de ces animaux fait le tiers de leur longueur totale, le tiers suivant conserve le diamètre de la tête, et ce n'est qu'à commencer du troisième tiers que le corps commence à diminuer graduellement pour se terminer à la queue. La tête ne forme point un parallélogramme, et le reste du corps un cylindre, comme les cachalots échoués l'avaient fait penser. Le corps est plus haut que large, et la poitrine ainsi que le ventre sont plus étroits que le dos et forment une sorte de carène, qui, dans plusieurs circonstances, favorise le mouvement. La queue est carénée sur les côtés. Une élévation en forme de bosse se voit à

(1) A few observations of the natural history of the sperm whale, etc.

la nuque, à l'endroit où le corps commence à diminuer s'élève la
protubérance pinnatiforme ; mais depuis la bosse de la nuque
jusqu'à cette protubérance, et de ce point jusqu'à la nageoire
caudale, se voient une suite d'ondulations, de gibbosités qui expliquent la figure d'Ambroise Parée, et confirment l'exactitude
de celle que nous devons à **M. Quoy.** L'évent est simple, en
forme d's, d'un pied de longueur, et il a la facilité de s'ouvrir et
de se fermer à la volonté de l'animal ; mais, situé à l'extrémité
du museau, il n'est pas sur la ligne moyenne ; il est à gauche.

Les mâchoires, surtout l'inférieure, sont étroites en avant et
celle-ci est reçue antérieurement dans une rainure de la mâchoire opposée, mais en arrière, et près de leur commissure elles
sont garnies d'une sorte de lèvre très-développée. Il ne parle
po nt de dents à la mâchoire supérieure ; mais il nous apprend
que la bouche est tapissée d'une membrane blanche qui s'étend
jusqu'aux lèvres, et que l'ouverture du gosier des cachalots
suffirait au passage d'un corps d'homme. La langue est petite
et peu mobile. Les yeux ont des paupières, et c'est l'inférieure
qui est la plus grande.

Un cachalot de quatre-vingts pieds anglais de longueur avait
une tête haute de huit à neuf pieds et large de cinq à six. La
hauteur du corps était de douze à quatorze pieds.

Ces cétacés ont une pesanteur spécifique moindre que celle
de l'eau, et dans l'état de repos ils viennent à sa surface. Lorsqu'ils se trouvent éloignés des côtes, leur nourriture principale
consiste en une espèce de sèche (*sepia octopedia*); près de terre
ils se nourrissent de poissons, parmi lesquels s'en trouvent de
petits, et d'autres qui ont la taille moyenne d'un saumon. Les
pêcheurs, et **M. Beale** admet cette opinion, pensent que pour
s'emparer de sa proie le cachalot descend à une certaine profondeur et qu'il ouvre sa mâchoire, de manière qu'elle forme un
angle droit avec la mâchoire opposée. La blancheur de ses dents
attire alors les sèches, comme elles le sont par toutes les couleurs brillantes, et même les poissons qui sont avalés dès qu'ils
se trouvent en quantité suffisante ; quoi qu'il en soit de ce genre
d'appât, toujours est-il certain que les cachalots avalent une très-
grande quantité de ces différens animaux qu'ils rejettent dès
qu'ils qu'ils se sentent blessés. Ce qui porte **M. Béale** à admettre
l'idée des pêcheurs, que c'est par une sorte d'attrait que ces

petits animaux se rendent dans la gueule du cachalot, et qu'ils ne sont point poursuivis par cet animal, c'est qu'il a vu des cachalots entièrement privés de la vue, et d'autres qui ne pouvaient faire aucun usage de leur mâchoire inférieure, monstrueusement conformée, être aussi bien nourris, avoir autant de graisse que ceux dont l'organisation était la plus parfaite. Lorsque ces animaux se battent, ils s'élancent les uns contre les autres, la gueule ouverte, pour saisir leur adversaire par la mâchoire inférieure. La respiration se fait toujours chez eux avec une extrême régularité, excepté dans le cas où l'animal est troublé par la crainte; dans le calme le jet sort en vapeur de l'évent, il est lancé violemment en avant dans l'agitation, et en faisant un angle de cent trente-cinq degrés avec la tête. L'intervalle d'une respiration à une autre est d'environ dix secondes; mais le cachalot peut suspendre sa respiration pendant une heure et vingt minutes; les femelles respirent plus fréquemment que les mâles, et il en est de même des jeunes. Le cachalot est très-timide; lorsqu'il est pris de peur il s'enfonce horizontalement en faisant agir à la fois toutes ses nageoires. D'autres fois il se place verticalement, la tête en haut, et il prend cette situation pour mieux voir, en élevant sa tête au dessus des flots. Il se meut facilement et avec rapidité, faisant dans les temps ordinaires de quatre à sept milles par heure; mais lorsqu'il veut précipiter sa marche il en fait de dix à douze dans le même temps. Dans le premier cas, placé horizontalement, il se borne à pencher tantôt à droite tantôt à gauche sa vaste nageoire caudale. Dans le second, relevant et abaissant alternativement sa queue, son corps suit le même mouvement, et alors on voit alternativement sa tête paraître de toute sa longueur au-dessus des flots et disparaître ensuite; il s'élève ainsi à chaque impulsion de vingt à trente pieds hors de l'eau, qu'il fend avec d'autant plus de facilité que, comme nous l'avons vu, son corps va se rétrécissant en dessous et prend une forme de carène. Il lui arrive même quelquefois de s'élancer entièrement hors de la mer. Ces derniers faits, importans en ce qu'ils nous font connaître des circonstances remarquables de l'histoire des cachalots, le sont encore en ce qu'ils nous expliquent les paroles de Pline, très-intelligibles jusque là, quand il nous dit que les *Physeter*, dans la mer des

Gaules, s'élèvent jusqu'à la hauteur des mâts en faisant jaillir de grandes masses d'eau autour d'eux.

Les cachalots vivent en troupes : les unes principalement composées des femelles, parmi lesquelles se trouvent cependant toujours des mâles adultes ; les autres, des jeunes mâles non encore adultes ; et ces troupes sont souvent de cinq à six cents individus.

AMBRE GRIS.

Quoique les égagropiles, les excrétions, les déjections, en un mot, les produits accidentels ou morbides des animaux ne fassent point directement partie de leur histoire naturelle, on ne peut se dispenser de les y rattacher lorsqu'ils ont acquis une certaine importance par les vertus réelles ou imaginaires qu'on leur attribuait, ou par toute autre de leurs qualités, qui a porté à les rechercher, et à en élever le prix. L'ambre gris est dans ce cas. Long-temps cette matière a eu une très-grande valeur commerciale, et son origine a été l'objet de bien des recherches, et surtout de bien des conjectures. un des ouvrages les plus curieux auquel ces recherches ont donné lieu est celui que publia à Amsterdam, en 1700, Nicolas Chevalier, sous ce titre : Description de la pièce d'ambre gris que la chambre d'Amsterdam a reçue des Indes orientales, etc. On y trouve les opinions des auteurs qui jusque là avaient écrit sur cette matière, opinions qui donnent un exemple bien frappant des aberrations où l'on peut être entraîné lorsque, dans la recherche des vérités naturelles, on fonde ses raisonnemens sur des hypothèses plus que sur des faits, ou sur le mélange des unes avec les autres. On peut tirer de ces principes des déductions légitimes, mais qui n'en sont pas moins ordinairement des erreurs ; et elles sont toujours des vérités incertaines ; car les élémens qui les ont produites, n'ayant point la pureté que la vérité demande, n'ont pu la leur communiquer.

LE RORQUAL JUBARTE.

En donnant l'extrait d'un mémoire manuscrit de M. Van-Breda, sur cette espèce de baleine, nous ignorions que M. Van-

Breda lui-même eût publié ce mémoire (1) , et qu'une notice sur le squelette de cet animal , écrite par **M.** Vander-Linden , eût vu le jour à Bruxelles (2). La connaissance de la publication de ces deux ouvrages ne nous aurait cependant pas empêché vraisemblablement d'enrichir le nôtre de celui de **M.** Van-Breda, qu'il a publié dans une langue étrangère ; et **M.** Vander-Linden n'a guère eu pour objet dans le sien que le squelette de l'animal.

De la comparaison que ce dernier a faite de ce squelette avec ceux qu'on possédait des autres rorquals, il conclut que celui qu'il décrit appartient à une nouvelle espèce , laquelle avait la mâchoire supérieure très-large, et les apophyses coronoïdes fort grandes ; elle devait présenter en outre des différences dans le nombre des vertèbres, dans celui des phalanges, etc., etc. Mais quelques erreurs évidentes , dans ces différentes appréciations , nous en font craindre d'analogues dans les comparaisons que **M.** Vander-Linden a faites de son squelette avec les simples figures qu'il pouvait en rapprocher. Au reste, comme tout n'est guère que conjectural dans la détermination des espèces de ce genre qui vivent dans nos mers, les observations de **M.** Vander-Linden ne doivent point être négligées.

Un rorqual échoué en septembre 1829, près de Berwich, sur la Tweed, a donné lieu à **M.** Georges Johnston de faire quelques observations parmi lesquelles il en est de bonnes à recueillir.

Ces baleines arrivent sur les côtes du Northumberland en automne ; elles suivent les bancs de harengs , et font une grande consommation de ces poissons.

Celle que **M.** Johnston a observée avait de 35 à 36 pieds anglais de long. Elle était noire en dessus, et blanche avec des taches noires en dessous. Les nageoires pectorales étaient blanches ; sa nageoire dorsale était réduite à une loupe de graisse ; deux lignes circulaires de protubérances de la grosseur d'un œuf se voyaient sur la mâchoire inférieure. On trouva sept cormorans dans son estomac.

Ce rorqual a été dessiné par **M.** Wilkie, et on en trouve la figure et la description dans les Transactions de la Société d'histoire naturelle du Northumberland , T. 1, part. 1.

(1) Algam. Honost, en Letter-Bode. 31 nov. 1827, p. 141.
(2) Notice sur un squelette de baléinoptère, etc., in-4° de 15 pages.

RORQUALS ET BALEINES douteuses.

On trouve dans la zoographie russe de Pallas des notes relatives à des baleines, que les Aléoutes désignent par des noms différens, mais qui ne se trouvent point caractérisées suffisamment pour qu'elles puissent être admises comme des espèces. Ces baleines sont au nombre de six.

1. *L'amgullie*, qui atteindrait à une longueur de 5o orgyas, ou 35o pieds anglais, dont les fanons seraient très-courts et le ventre uni, mais sillonné de plis ; ce serait un rorqual.

2. *Le culammak*, de 3o orgyas de long (28o pieds anglais), dont les fanons sont très-longs. Sa forme est cylindrique.

3. *L'allamak.* Il n'aurait que cinq orgyas (35 pieds anglais), avec de petits fanons.

4. *L'aggamachschik*, rarement de plus de dix orgyas de long (7o pieds anglais). Les fanons blancs, le ventre plissé, autre rorqual.

5. *Le tschiekagluk*, de près de 20 orgyas (14o pieds anglais), corps cylindrique, très-gras. et de grands fanons.

6. *Le kamschalang*, nom qui signifie vieillard, selon M. de Chamisso, de 25 orgyas (175 pieds anglais) de long, le corps cylindrique et très-gras, et de très-grands fanons.

On voit que ces notes sont propres à répandre beaucoup plus de doutes que de lumières sur la nature de ces animaux ; elles semblent se rapporter à deux rorquals et à quatre baleines, proprement dites.

Dans le même ouvrage, Pallas rassemblant des notes de Pierre Kargin, de Steller et du docteur Merk, rapporte les premières au *balæna physalus de Linnæus* ; les secondes, mais avec doute, au *balæna boops*, et les troisièmes au *balæna musculus*, c'est-à-dire à trois rorquals.

Tout ce qu'il dit, d'après Kargin, annonce une baleine proprement dite : ce n'est en effet qu'une espèce de ce genre qui pourrait avoir des fanons de dix à douze pieds de long, et toutes les autres particularités qu'il rapporte sont assez conformes à celle que présente le *balæna mysticetus;* mais elles ne sont pas suffisantes pour dissiper tous les doutes sur l'identité spécifique de ces animaux. Cet individu avait 48 pieds anglais du museau à la queue.

Les notes de Steller, que Pallas rapporte au *balæna boops*, ont été prises d'un individu de 5o pieds, échoué sur le dos, caché en partie dans le sable, et dont la mâchoire inférieure avait été mutilée. La supérieure contenait des fanons qui avaient jusqu'à six pieds de longueur, et l'animal paraît avoir été tout-à-fait noir. Steller du moins rapporte que l'épiderme de cet animal l'était entièrement, et qu'il enveloppait tout le corps. Ce que cet auteur ajoute n'a rien de caractéristique, d'où l'on voit qu'il n'est pas possible d'appliquer ces notes de Steller à une espèce de baleine plutôt qu'à une autre.

Quant à l'individu décrit par le docteur Merk, c'était un véritable rorqual, qui avait la gorge, le ventre, jusqu'aux organes de la génération, marqués de sillons larges d'un pouce, etc. Il avait 22 pieds et demi de longueur; son corps, plus long et plus mince proportionnellement que celui des autres, était blanc au-dessous et d'un brun cendré au-dessus; des taches se voyaient sur les côtés. Les fanons avaient à peine une coudée. La nageoire dorsale était à six pieds de la queue, sa hauteur était d'un pied onze pouces. En arrière de cette nageoire la queue présentait une double carène. Le gland de la verge était trilobé.

Si ce petit rorqual n'appartient pas à une espèce particulière, il donne du moins, dans ses couleurs, des modifications qu'on ne connaissait point encore dans l'espèce de nos mers.

Les notes insuffisantes publiées par Pallas sur les cétacés des mers du Kamtschatka, devaient faire rechercher, à l'aide des noms connus de ces animaux, de quelles espèces il avait véritablement entendu parler; c'est ce que M. de Chamisso a tenté; mais comme les grands cétacés ne se présentent pas à la commodité d'un voyageur passager, et que M. de Chamisso n'avait qu'un temps fort limité à passer au Kamtschatka, il eut l'idée, comme nous l'avons déjà dit, de se faire faire, par les pêcheurs du pays, des sculptures en bois colorées, représentant les animaux qu'ils désignaient par les noms dont on devait la connaissance à Pallas. Ce sont ces sculptures que M. de Chamisso a décrites dans la première partie du tome xii des Mémoires des Curieux de la nature; ses descriptions seraient ainsi un complément de celles que nous venons de rapporter de Pallas. Elles sont au nombre de six.

1. *Le kuliomoch* (culammak de Pallas), très-grande et très-

grasse baleine, dont la poitrine présente les plis caractéristiques des rorquals. Ses fanons très-grands vont jusqu'à 500, et sont bleuâtres. Les évents répondent au milieu de la tête. Un tubercule se voit à l'extrémité du museau, et le dos présente six bosselures. Les parties supérieures du corps sont noires; les parties inférieures et les nageoires pectorales sont blanches.

2. *L'abugulich* (umgullic de Pallas), très-grande espèce dont les fanons sont très-courts, et la graisse en petite quantité. Toutes les parties du corps sont uniformément noires, et elle est sans protubérance dorsale, mais elle a les plis des rorquals.

3. *Le mangidach* (mangidak de Pallas); c'est de ce cétacé dont Pallas donne la description, d'après le docteur Merk, et qu'il rapporte au *balœna musculus*. Suivant les images de **M.** de Chamisso, cette espèce serait uniformément noire avec un disque blanc sur la poitrine, ses fanons n'auraient qu'un demi-pied de longueur, et sa taille ne dépasserait guère 30 pieds anglais.

4. *L'agamachtchich* (aggamachtchik de Pallas). Elle est plus petite que la précédente, ses fanons trop peu étendus sont sans usage. Sa tête rappelle celle des marsouins; mais elle a les plis des rorquals.

5. *L'aliomoch* (allamak de Pallas). Cette espèce n'a jamais au-delà de 35 pieds anglais de longueur, ses fanons sont très-courts, et ses nageoires qui sont blanches, ainsi que le dessous de la queue, sont plus grandes que celles de l'espèce précédente. Sa tête est celle d'un marsouin; mais, comme l'espèce précédente, elle a les plis des rorquals.

6. *Le tschikagluch* (tschiekagluk de Pallas), baleine moins grande que toutes les autres, et à fanons très-courts. Sa nageoire dorsale est extrêmement petite; les nageoires pectorales et le dessous de la queue sont blancs. On voit sous la poitrine un disque blanc; sa tête se rapproche de la forme de celle des marsouins.

Il est trop manifeste que ces notes n'ajoutent que bien peu de choses à celles de Pallas, et que réunies les unes aux autres, elles ne suffisent pas pour faire connaître, même superficiellement, les animaux auxquels elles peuvent se rapporter.

Parmi ces baleines, il en est plusieurs qui paraissent être des rorquals, par la brièveté de leurs fanons et les plis de leur gorge; une seule même, la première, serait une baleine par ses fanons, et cependant sa gorge, dans la figure, est couverte de plis. Au reste, ces grossières images ne rappellent ni la physionomie des baleines, ni celle des rorquals ; toutes, à l'exception de celle qui représente *l'agidagich,* n'ont que des têtes de dauphins.

BALEINE DANS LE FLEUVE SAINT-LAURENT.

On savait que les cétacés peuvent vivre dans l'eau des fleuves ; il n'est point très-rare de voir des dauphins ou des marsouins communs remonter la Seine ou la Loire ; mais on n'avait que peu d'exemple qu'il en fût de même des baleines, quoiqu'elles remontassent quelquefois fort avant dans les fleuves. On nous apprend (1) qu'une baleine a été prise en octobre 1855, près de Montréal, en Canada, et que par conséquent elle avait remonté le Saint-Laurent de 400 milles.

BALEINE DU CAP.

Cette baleine est décrite dans le volume du Dictionnaire classique d'histoire naturelle, et figurée dans son atlas, pl. 140, fig. 3. Cette figure ne peut être fidèle ; la bizarre forme de la tête, les traits particuliers d'une singularité si frappante, dont cette partie se compose, comparée à la tête de la baleine franche, font supposer que cette figure n'a été faite par Lalande que dans un moment où l'animal décomposé ne présentait plus la physionomie de son espèce.

(1) **Journal phil. d'Édimbourg**, juillet 1824, p. 221.

FIN.

TABLE CHRONOLOGIQUE

DES OUVRAGES

OU SE TROUVENT LES NOTIONS DIVERSES QUI SERVENT AUJOURD'HUI DE FONDEMENT A L'HISTOIRE NATURELLE DES CÉTACÉS (1).

1   Historia Animalium (trad. franc. de Camus). — ARISTOTE, né 384 ans, mort 322 ans avant J.-C.

2   Historiarum Mundi, lib. IX et XI. — PLINE, né l'an 23.

3   Description de la Grèce (trad. franc. de Clavier), par PAUSANIAS, du 2ᵉ siècle.

4   Halieutiques d'OPPIEN (trad. franc. de Belin de Ballu), de la fin du deuxième siècle.

5   De Natura animalium (trad lat. de Schneider, Leipsig, 1784, in-8º, par ELIEN, du milieu du 3ᵉ siècle.

6   De Verborum significatione, etc., par FESTUS, de la fin du 5ᵉ siècle.

7   De Animalibus, etc., in-fol., Rome, 1478, par ALBERT-le-GRAND, du 13ᵉ siècle.

8   Histoire générale et naturelle des Indes-Occidentales, etc., in-fol., Séville, 1535 (en espagnol), trad. franc. de Paleur in-fol., Paris, 1555, par OVIEDO (Gonzales), né en 1478.

9   Historiæ animalium, 5ᵉ partie, 3 vol. in-fol., la 1ʳᵉ partie Zurich, 1551, la 2ᵉ 1554, la 3ᵉ 1555, la 4ᵉ 1556, et la 5ᵉ 1587, par GESNER, né en 1516, mort en 1695.

10   Histoire naturelle des poissons-marins et étrangers, 1 vol.

---

(1) Le plan que nous avons suivi dans notre travail nous ayant conduit à donner un résumé de ce que ces ouvrages contenaient d'essentiel à notre objet, nous ne croyons pas devoir en caractériser ici le mérite.

in-4°, 1551. De Aquatilibus, etc., in-8°, transverse. Paris, 1553, par Belon, né en 1517, mort en 1564.

11   De Piscibus, etc., 1 vol. in-fol., Lugduni, 1554. — De l'histoire entière des poissons, 1 vol. in-4°, Lyon, 1558, par Rondelet, né en 1507, mort en 1566.

12   Première, seconde et troisième partie de l'histoire générale des Indes (en espagnol), 1 vol. in-fol., Madrid, 1553. — Histoire générale des Indes-Occidentales, etc., 1 vol. in-8°, Paris, 1588, par Gomara, né en 1510, mort.... Il y a deux autres édit., une de 1597 et une de 1605.

13   Singularités de la France antarctique, etc., 1 vol. in-4°, Paris, 1558, par Thevet, né en 15.., mort en 1590.

14   Exoticorum libri decem, etc., 1 vol. in-fol., Anvers, 1605, par Clusius, né en 1526, mort en 1609.

15   Histoire naturelle, 14 vol. in-fol., Bologne, 1599, à 1640, par Aldrovande, né en 1525, mort en 1606. (Le vol. sur les poissons où il s'agit des cétacés est de 1613, il fut rédigé sur les manuscrits d'Aldrovande par Corneil Uterverius.)

16   Opuscula quatuor singularia de Unicornu, in-12, Hafniæ, 1628, par Bartholin (*Gaspard*).

17   Historia naturalis maxime peregrina etc., 1 vol. in-fol., Anvers, 1633, par Nieremberg, né en 1590, mort en 1658.

18   Histoire des Indes-Occidentales, 1 vol. in-fol., Leyde, 1640, par Laet, né vers 15.., mort en 1649.

19   Ars magnifica, etc., 1 vol., in-4°. Rome, 1641, par Kircher, né en 1602, mort en 1680.

20   Observationes mediæ, 1 vol. in-12.... 1641, par Tulpius, né en 1594, mort en 1674.

21   Relations de l'Islande et du Groenland, en 1644, 1 vol. Ces relations se trouvent dans le recueil, des voyages au Nord, Amsterdam, 1716 ; elles sont de Peyrère, né en 1594, mort en 1676.

22   De Unicornu observationes novæ, in-12, Patavii, 1645, par Bartholin (*Thomas*).

23 Nova plantarum, animalium, etc., t. 11, in-fol. Romæ, 1651,
   par HERNANDEZ.

24 Historiæ naturalis, etc., 2 vol. in-fol., de 1649 à 1653, par
   JONSTON, né en 1603.

25 Museum Wormianum, in-fol., Amersterdam, 1655, par
   WORMIUS, né en 1588, mort en 1654.

26 Histoire naturelle des Antilles, in-4°., Paris 1659, par Ro-
   CHEFORT.

27 Histoire de Guinée, in-12 Paris, 1660, par BARBOT.

28 Voyage de la France équinoxiale, in-4°, Paris 1664, par BIET.

29 Histoire naturelle des Antilles-Françaises, 4 vol. in-4°,
   Paris, de 1664 à 1671, par DUTERTRE, né en 1610, mort
   en 1687.

30 Description de l'Afrique, in-fol., de 1668 à 1670, par
   DAPPER (en flamand), trad. franc., Amsterdam, 1686.

31 Sur l'Ambre gris, production végétale, Transactions philo-
   phiques, 1673, par BOYLE (*Robert*).

32 Monocerologia, seu genuinis unicornibus, etc., in12, Racc-
   curgi, 1676, par SACHS.

33 Historiæ piscium, etc., in-fol., Oxford, 1686, par WILLUGHBY,
   né en 1635, mort en 1676.

34 Phalainologia nova, etc., in-4°, Edimbourg, 1692, édit. in-8°,
   Londres, 1773, par SIBBALD, né vers 1643, mort en 1720.

35 Voyage au Spitzberg et au Groënland, in-4°, Hambourg,
   1675 (en allem.), par MARTENS (*Fréd.*), né vers le milieu
   du 17e siècle. On en a une trad. franc. dans le second
   vol. du recueil des voyages du Nord, Amsterd., 1716.

36 Exercitationes de differentiis et nominibus animalium,
   in-fol., Oxonia, 1677, par CHARLETON, né en 1619, mort
   en 1707.

37 Nouveau Voyage autour du monde, commencé en 1679, publié par DAMPIER, né en 1652.

38 Scotia illustrata, etc., in-fol., Edimbourg, 1684 par SIBBALD
   (déjà cité).

39 Sur l'Ambre gris, production animale, Transactions philosophiques 1697, par TREDWAY (Rob.).

40 Voyage autour du monde, in-8°, 7 vol., Naples, 1699, par Carreri (Gmelli). La trad. franc. est., en 6 vol., in-12, Paris, 1719.

41 Description de la pièce d'Ambre gris que la chambre d'Amsterdam a reçue des Indes-Orientales, pesant 182 livres, in-4°, Amsterd., 1700, par Chevalier (Nicolas).

42 Groenlandica-Antiqua, etc., in-8°, Copenhague, 1706, par Torfée, né en 1640, mort en 1709.

43 Synopsis methodica avium et piscium, etc., in-8°, Londres, 1713, par Ray, né en 1628, mort en 1707.

44 Description de la pêche de la baleine, etc., in-4°, Amsterd., 1720, en hollandais, par Zorgdraguer, né vers 1650. Il y en a une traduction allemande, Nuremberg, 1746.

45 Voyages et aventures de François Leguat, 2 vol. in-12, Londres, 1720, par Leguat, né vers 1638, mort en 1735.

46 Nouveau voyage aux îles d'Amérique, etc., 6 vol., in-12, Paris, 1722, par Labat, né en 1663, mort en 1738.

46 *bis*. De Leviathan Jobi et ceto Jonæ. Breme 1723, par Hasæus.

47 Sur l'Ambre gris, Transactions philosophiques, 1724, par Boylston.

48 Essais sur l'Histoire naturelle des baleines, sur l'ambre gris, Transactions philosophiques, année 1725, par Dudeley.

49 Description du Japon, 2 vol. in-fol. (angl.), Londres, 1728, par Koempfer, né en 1651, mort en 1713. — On en a une trad. franc. sous ce titre, Histoire naturelle, civile et ecclésiastique du Japon, 2 vol. in-fol. La Haye, 1729.

50 Tableau du Groenland, etc., in-4° (en danois), Copenhague, 1729, par Egéde ou Eggéde, né en 1686, mort en 1758.— En français : Description et Histoire naturelle du Groenland, in-12, Cophenhague et Genève, 1763.

51 Ostendianische Reise Beschreibung, in-8°, Chemnitz, 1730, par Barchewitz.

52 Voyage en Guinée, etc., 4 vol. in-12, Paris, 1730, par Desmarchais.

53 Mémoire sur l'ambre gris, Transactions philosophiques, 1734,
    par Neumann.

54 De Pisce prægrandi mular. Actes des Curieux de la nature,
    t. 3, 1737, par Bayer.

55 Ichtyologia sive opera omnia de Piscibus, in-8°, Leyde,
    1738, par Artedi, né en 1705, mort en 1735.

55 bis. Détails sur le narwal, Trans. phil. 1738, par le docteur
    Steigerthal.

56 Mémoire sur un cachalot échoué à l'embouchure de l'Adour,
    par Despelette. — L'Histoire de l'Académie des sciences,
    pour 1741.

56 bis. Corne d'un poisson trouvé dans le corps d'un vaisseau.
    Trans. phil., 1741, par Mortimer.

57 Histoire des aventuriers Flibustiers, etc., 4 vol. in 12,
    Trévoux, 1744, par Oxmelin, né vers le milieu du 17e
    siècle.

58 Voyage à la rivière des Amazones, etc, in-8°, Paris, 1745,
    par Lacondamine, né en 1701, mort en 1774. — Les mé-
    moires de l'Académie des sciences pour 1745, contien-
    nent un extrait de ce voyage.

59 L'Orénoque illustré, ou l'histoire naturelle civile, etc.,
    vol. in-4° (en espagnol), Madrid, 1745, par Gumilla,
        La traduction française est intitulée : Histoire natu-
    relle, civile, etc., de l'Orénoque, 3 vol. in-12, Avignon,
    1758.

60 Relation de l'Islande, du Groenland et du détroit de
    Davis, in-8°, Hambourg, 1746 (en allem.), par Anderson
    (Jean), né en 1674, mort en 1743. — On en a une trad.
    franc., 2 vol. in-12, Paris, 1750, sous ce titre : Histoire
    naturelle de l'Islande, du Groenland, et du détroit de
    Davis, etc.

61 Tellaimed, ou entretiens d'un philosophe indien avec un
    missionnaire français, in-8°, Amsterdam, 1748, par de
    Maillet, né en 1656, mort en 1738. — Il y a une édition
    augmentée, 2 vol. in-12, Paris, 1755.

62 Historiæ naturalis piscium, etc., de 1740 à 1749, par Klein,
    né en 1685, mort en 1759.

63 Histoire naturelle , générale et particulière, in-4°, Paris, par Buffon, né en 1707, mort en 1788.

64 De Bestiis marinis. Nouveaux mémoires de l'académie de Pétersbourg, t. 2, 1751, par Steller, né en 1709, mort en 1745.

65 Quadrupedum dispositio, etc., in-4°, Leipsig, 1751, par Klein (déjà cité).

66 Voyage en Sibérie de 1733 à 1743, 4 vol. in-8° (en allem, Gottingue, 1751 à 1752, par Gmelin (Jean-Georges), né en 1709, mort en 1755. Il a été traduit en français, et réduit en 2 vol. in-12, Paris, 1767.

67 Essai sur l'histoire naturelle de la Norwège, 2 vol. in-4° (en danois), Copenhague, de 1752 à 1753, par Pontoppidan, né en 1698, mort en 1764.

68 Recueil de figures de poissons, etc., in-fol., 1754, par Renard.

69 Histoire du Kamtschatka et des îles Kuriles, etc., Pétersbourg, 2 vol. in-4°, 1754, par Krascheninnikof. — Cette histoire est comprise dans le 3ᵉ vol., du voyage de chappe en Sibérie.

70 Le Règne animal, vol. in-4°, Paris, 1756, par Brisson, né en 1723, mort en 1806.

71 Histoire naturelle du Sénégal, in-4°, Paris, 1757, par Adanson, né en 1726, mort en 1806.

72 Journal d'un voyage aux Indes-Orientales, etc., in-8°, Stockholm, 1757 (en suédois), par Osbeck, né en 1722, mort en 1805.

73 Observations on the coast of Guinea, in-8°, Londres, 1758, par Atkins.

74 Dictionnaire des animaux, etc., 4 vol. in-4°, Paris, 1759, par Lachenaye des Bois, né en 1699, mort en 1782.

75 Journal d'un voyage au cap de Bonne-Espérance, in-12, Paris, 1763, né en 1713, par Lacaille, mort en 1762.

76 Descriptions des têtes de lamantins et de dugong. Histoire naturelle, générale et particulière, vol. 13, en 1765, par Daubenton, né en 1716, mort en 1800.

77 Systema naturæ, 12ᵉ édit., 1766, par Linnaeus, né en 1707,
      mort en 1778.

78 Nouvelle histoire de l'Afrique-Française , 2 vol. in- 12 ,
      Paris , 1767, par Dumanet.

79 Historie Van Groenland, etc., 3 vol. in-8°, Harlem et
      Amsterdam , 1767, par Crantz (*David*), né en 1723 ,
      mort en 1777.

80 Planches d'histoire naturelle des animaux du nord, de 1767
      à 1779, in-fol. par Ascanius.

81 Description d'un cachalot., Transactions philosophiques,
      année 1770 , par Robertson.

82 Histoire d'un voyage aux îles Malouines, etc. 2, vol. in-8°,
      Paris , 1770, Perneti , né en 1716 , mort en 1801.

83 Voyage dans différentes provinces de l'empire de Rus-
      sie , etc. , 3 vol. in-4° , Pétersbourg , de 1771 à 1776 ,
      par Pallas, né à Berlin en 1741 , mort en 1812. On en
      a une bonne traduction française , 5 vol. in-4°, Paris,
      1788.

84 British Zoology 4 vol. in-4°, de 1776 à 1777 , par Pen-
      nant, né en 1726 , mort en 1798.

85 Zoologiæ Danicæ prodromus in-8°, Hafniæ , 1776, par
      Muller (*Othon red.*)

86 Balæna rostrata, etc. Beschœftigungen des ges. naturf. fru.,
      t. 4, Berlin, 1779, par Chemnitz (*Jean Jero.*), né en 1730,
      mort vers 1796.

87 Fauna Groenlandica , in-8°, Lipsiæ 1780 , par Fabricius
      (*Othon*).

88 Spicilegia Zoologica 14 cah. in-4°, Berlin , 1767 à 1780,
      par Pallas, déjà cité.

89 Traité des pêches, 2ᵉ partie, etc., Paris, 1782, par Duhamel,
      né en 1700, mort en 1782.

90 Détails sur l'ambre gris; Trans. philosoph., 1783, par
      Schwediaur.

91 Lettre sur des Cachalots échoués près d'Audierne. Mercure
      de France, 1784 ou 1785, par Lecoz (*l'Abbé*).

92 Observations on the stucture and œconomy of whales, etc. Transactions philosophiques, année 1787, par Hunter (*John*), né en 1728, mort en 1793.

93 Mémoire sur un cétacé échoué près de Honfleur en 1788, etc. Journal de physique, mars 1789, par Baussard.

94 Cétologie de l'Encyclopédie Méthodique in-4°, Paris, 1789, par Bonnaterre.

95 A. Voyage to the south Atlantic, in 8°, Londres, 1792, par Colnet.

96 History of quadrupeds, 3e édition, 2 vol. in 4°, Londres, 1793, par Pennant (déjà cité).

97 Die Saugthiere, etc. , 5 vol. in-4°, de 1775 à 1792. La continuation par MM. Goldfuss et Wagner, 1 vol., 1834 à 1835, par Schreber, né en 1739.

98 Sur les narines des cétacés. Bulletin des sciences par la société philomatique, juillet 1797, par G. Cuvier, né en 1769, mort en 1832.

98 *bis*. Leçons d'anatomie comparée, 5 vol. in-8. Paris, par G. Cuvier. Voyez aussi les traités d'anatomie comparée, publié depuis : Meckel, Carus, etc. etc.

99 General Zoology, 10 vol. in 8°, Londres de 1800 à 1816, par Shaw, né en 1771, mort en 1815.

100 Ménagerie du Muséum d'histoire naturelle, in-fol. , Paris, 1801, par MM. Lacépède, G. Cuvier et Geoffroy St-Hilaire.

101 Sur le Dauphin du Gange. Beschœtigungen des ges. natur. Berlin 1801, par Lebeck.

102 Histoire des pêches, etc. des Hollandais, 3 vol. in-8°, Paris, 1801, par Dereste (*Bernard*).

103 Figure exacte d'un cétacé inconnu, etc. , pris dans la baie de Kiel, le 3 décembre 1801, par Woigt.

104 Histoire naturelle des Cétacés, 1 vol. in-4° et in-12, Paris 1803, par Lacépède, né en 1756 mort en 1825.

105 Mémoires de la Société asiatique de Calcutta, t. 7, édition de Londres, in-4°, 1803, par Roxburg.

106 Tour throught some of the Islands of Orkney and Shetland, Edimbourg, 1806, par Neill.

106 bis. Zoologia Danica, seu animalium Danicæ et Norwegiæ, 4 vol. in-fol. 160 planches, Havniæ, de 1788 à 1806, par Muller (Othon-Frédéric).

107 Voyage aux terres australes, 2 vol. in-4° avec atlas, Paris, 1807, par Péron, né en 1775, mort en 1810.

107 bis. Considérations sur les pièces de la tête osseuse des animaux vertébrés, etc., Annales du Musée d'Histoire Naturelle, t. x. Paris, 1807, par Geoffroy-St-Hilaire.

108 Descript. of a new spec. of Whale, A. journal of natur philos. chemist., etc. By William Nicholson, t. 22, 1809, par Traill.

109 Caracteri di alcuni nuovi generi e nuove specie di animali epiante della Sicilia, in-8°, Palermo, 1810, par Rafinesque.

110 Bulletin polymathique du muséum d'instruction publique de Bordeaux, décembre 1810.

111 Description d'un Narwal, Mémoires de la Société Vernérienne d'Edimbourg, 1811, t. i pag. 131, par Fleming.

112 Observations sur un Rorqual échoué près d'Alloa, Mémoires de la Société Vernérienne d'Edimbourg, 1811, t. i. pag. 201, par Neill.

113 Sur la Baleine franche, Mémoires de la Société Vernérienne, d'Edimbourg, 1811, t. i, pag. 578, par Scoresby.

114 Prodromus systematis mammalium, etc., in-8°, Berlin, 1811, par Illiger.

115 Zoographia rosso-asiatica, 3 vol. in-4°, Pétersbourg, 1811, par Pallas (déjà cité).

116 Rapport fait à la classe des sciences mathématiques et physiq., t. 19, p. 1, Paris, 1812, par G. Cuvier (déjà cité).

117 Leçons d'anatomie comparée, 6 vol. in-4°, (en angl.) Londres, 1814 à 1828, par Home (Everard).

118 Précis de découvertes sémiologiques, Palerme, 1814, par Rafinesque.

119 Article Dauphin du nouveau Dictionnaire des Sciences naturelles, t. 9, Paris, 1817, par Desmarest.

120 Notes sur les cétacés des mers voisines du Japon. Mémoires

du Muséum d'histoire naturelle, t. 4, p. 475, Paris, 1818, par Lacépède.

121 Icones ad illustrandam Anatomem comparatam , in-fol., Lipsiæ, par Albers.

122 An account of the Arctic regions, etc., 2 vol. in 8°, Edimbourg, 1820, par Scoresby.

123 Observations anatomiques, etc., sur plusieurs espèces de Cétacés , 1 vol. de texte in 4° et 1 vol. de planches in-fol., Paris, 1820, par Camper (*Pierre*), né en 1722, mort en 1789. — Cet ouvrage a été publié par Adrien Camper, fils de *Pierre*, et contient plusieurs notes qui sont de lui.

124 Mémoires de l'Académie de Berlin, de 1820 à 1821 , par Rudolphi.

124 bis. Analyse de l'ambre gris, Journal de Pharmacie, 1820, par Peltier.

125 Delphinus truncatus, Mémoires de la Société Vernérienne, Edimbourg, 1821, t. 3, p. 75, par Montaigu (*Georges*).

126 Sur un Beluga, Mémoires de la Société Vernérienne, Edimbourg, 1821, t. 3, p. 371, par Barclay et Neill.

127 Mammalogie, in-4°, Paris, 1820 à 1822, par Desmarest (déjà cité).

128 Elementi di zoologia , t. 2, part. 3, Bologne, 1821, par Ranzani.

129 Recherches sur les Ossemens fossiles, etc., 5 vol. in-4°, Paris, 1823, par G. Cuvier (déjà cité).

129 bis. Journal of a voyage to the Nordhern Whale Fishery. Londres, 1823, par Scoresby.

130 On a species of Lamantin, etc., journal of the Academy of natural sciences of Philadelphie, vol. 3, part. 2, p. 390, Philadelphie, 1824, par Harlan.

131 Quelques observations anatomiques sur un jeune Marsouin, Mémoires de l'académie de Pétersbourg, t. 9, 1824, par Eichwald.

132 Représentations d'images sculptées en bois par les habitans des Aléoutes, représentant des cétacés des mers du

Kamtschatka, Nova acta acad. Cœs. Leop. Carol. nat.
cur., t. 12 , 1re part., 1824 , par de Chamisso.

132 bis. Dictionnaire classique d'Histoire naturelle, Articles
Baleines, Cachalots, Dauphins, etc., 1822 à 1824, par Desmoulins.

132 ter. Voyage de l'*Uranie*, cap. Freycinet, Paris, 1824, partie
zoologique, par Quoy et Gaimard.

133 Note sur un Cétacé échoué au Hâvre, Nouveau Bulletin
des sciences, in-4°, septembre 1825, par de Blainville.

134 Fauna americana in-8°, Philadelphie, 1825 , par Harlan.

135 Lettre sur divers objets du littoral de Sinigaglia, Giornale
di fisica, etc. par Brugnatelli, 1825 , par V. P. Ricci.

135 bis. Epistola balœnopteris quibusdam , etc., Gryphire ,
1825, par Rosenthal et Horschach.

136 Note sur la Pêche de la baleine, Journal des Voyages de
M. de Villeneuve, t. 29, Paris, 1826, par Pellion.

137 Anatomie de Cétacés du genre Dauphin, Journal philosophique de Dublin, 1826 , p. 45 192, par Jacob.

138 Sur l'anatomie du Marsouin, Isis, 1826, 8e cah., p. 807, par
Baer.

139 Sur le nez des Cétacés etc., Isis, 1826, 8e cah., p. 811, par
Baer.

140 Histoire naturelle de l'Europe méridionale , 5 vol. in-8e ,
Paris , 1826, par Risso.

141 Histoire naturelle des mammifères , 53 liv., Paris , 1826 ,
par F. Cuvier.

142 Voyage de la *Coquille*, cap. Duperrey, Paris, 1826, partie
zoologique , par Lesson et Garnot.

143 Descript. of a new spec. of grampus, delph. intermédius ,
Journal of the Academ. of natur. scienc. of Philadelphie,
vol. 6, 1re part., 1827, par Harlan.

144 Natur Weissenschaft abandlung, t. 1, 2e cah. p. 257, 1827,
par Rapp.

145 Sur le soufflage des Cétacés, Isis, t. 22, 2e part. pag. 257,
1827, par Faber.

146 Sur deux têtes d'espèces nouvelles de Dauphin, Philos. ma-
gaz. and Annales of philos. , novembre 1827, p. 375 ,
par Gray.

147 Histoire naturelle des Cétacés, in-4°, Paris, 1828, par LESSON.

148 Sous-genre dans la famille des Dauphins, Spicilegia zoologica, part. 1, p. 1, Lond., 1828 par GRAY.

148 bis. Mémoire sur le Baleinoptère de la mer Arctique échoué en 1826 sur les côtes de la Hollande septentrionale. Mém. de l'Institut Royal des Pays-Bas, 3° vol., p. 1, pl. 1 et 11, année 1828, par SCHLEGEL.

149 Histoire naturelle des Mammifères, 57°, 58° et 59° livraisons, Paris, 1829, par F. CUVIER.

150 Sur le Marsouin, zoological Journal, t. 4, Londres, 1829, par YARRELL.

151 Quelques détails sur un Baleinoptère échoué près de Berwich sur la Tweed, — Trans. of of the nat. hist. society of Northumberland, part. 1, t. 1, 1829, par JOHNSTON.

152 Règne animal, 5 vol. in-8°, Paris, 1829, par G. CUVIER (déjà cité).

153 Mémoire sur un cétacé échoué à Saint-Cyprin, in-8° de 27 pages, Perpignan, 1829, par FARINES et CARCASSONNE.

154 Synopsis mammalium, in-4°, Stuttgardæ 1829, par FISCHER (Jean-Baptiste).

155 Voyage de l'Astrolabe, cap. d'Urville, partie zoolog., Paris, 1830, par QUOY et GAIMARD.

156 Beitrage zur anatomie und physiologie des Wallfische, — Archives d'anatomie et de physiologie de Meckel, Leipsig, 1830, par W. RAPP, professeur à Tubingen.

157 Moustache chez les fœtus de dauphins et de marsouins, — Annales des sciences naturelles, novembre 1830, par ROUSSEAU (Eman.).

158 Uber den zahnbau der stellerschen seeckuh, etc., mémoires de l'Académie impériale de Pétersbourg, 6° série, t. 2, 1832, par BRANDS.

159 De la structure de l'oreille dans le Marsouin, Annales des sciences naturelles, t. 29, 1833, par BRESCHET.

160 Delphinus cæruleo-albus.—Nouveaux actes des curieux de la nature, t. 16, Bonne, 1833, par MEYEN.

161 Notice sur un nouveau genre de Cétacés, Nouvelles annales du Muséum d'histoire naturelle, t. 3, 1834, par DORBIGNY.

162 The natural history of the order Cetacea, etc., in-8°, Londres, 1834, par Dewhurst.

163 Recherches anatomiques et physiologiques sur les appareils tégumentaires des animaux, Annales des sciences naturelles, 1834, par Breschet et Roussel de Vauzème.

164 A few observations on the natural history of the sperm Whale, etc., in-8°, London, 1835, par Thomas Beal.

165 Leçons d'anatomie comparée de G. Cuvier, 1er, 3e et 4e vol., 2e édition, 1835, revues par G. Cuvier et G. L. Duvernoy.

SUPPLÉMENT.

1 Anatome phocœnæ, dissectæ in collegio Greshamensi, Londini, in-4°, 1680 ; l'extrait dans les *acta eruditorum*, 1682, p. 9, par Tison.

2 Lettres sur un voyage en Islande fait en 1772 par *uno Troël* (en Suédois), in-8°, Upsal, 1777, traduction française, in-8°, Paris, 1781.

3 Lettres d'un cultivateur américain, 3 vol. in-8°, Paris, 1787, par Crevecœur.

4 Erdbeschreibung von nord America, etc., 10 vol. in-8°, Hambourg, 1788 à 1789, par Ebeling.

5 Voyage fait dans les années 1788 et 1789 à la côte nord-ouest de l'Amérique (en anglais), in-4°, Londres, 1791, traduction française, 3 vol. in-8°, Paris, an 3 (1794), par Mœres.

6 Tableau historique de la pêche de la baleine, in-8°, Paris, an 3 (1794), par Noel de la Morinière.

7 Voyage autour du monde, etc., 3 vol. in-4°, Paris, an 7 (1798), par Marchand.

8 Moyen d'amélioration et de restauration des Colonies, 3 vol. in-8°, Paris, an XI, 1803, par Charpentier de Cossigny.

9 Kritischen samlung von alten und neuerne nachrichten zur naturgeschichté des Wallfischer, par Schneider.

10 Ueber des Grœnlandischen Wallfischfang, par Posselt.

TABLE DES MATIÈRES

CONTENUES DANS CE VOLUME.

FIN DE LA TABLE.

ERRATA.

—

Page   4. Notes, au lieu de 1, 2, 3, 4, 5, *lisez* 3, 4, 5, 1, 2.
—   5, Ligne 20, au lieu de Steller, *lisez* Stellère.
—   7, Au titre *manatus americanus*, *ajoutez* pl. 1.
—   — Aux notes, au lieu de Dampierre, *lisez* Dampier.
—   11, *Ajoutez* aux notes (1) Histoire des flibustiers.
—   15, Note (1), au lieu de gciences, *lisez* sciences.
—   23, Ligne 5, Rodrigue ou de France, *lisez* et de France.
—   31, Note, au lieu de Comper, *lisez* Camper.
—   34, Au lieu de pl. vi, *lisez* vii, fig. A.
—   35, Ligne 22, au lieu de pl. vii, *lisez* pl. vi.
—   37,   —   8, au lieu de Dampierre, *lisez* Dampier.
—   38, 1re note, **Mémoires du Muséum**, etc.
—   48, Ligne 16 après ces mots sont dépourvus, *ajoutez* pl. 7. fig. B. C.
—   75, Ligne 31, au lieu de (d), *lisez* (e).
—   86, Note, ligne 6, avant isis, *écrivez* Baer.
—   99, ligne 31, après d'Hippone, *ajoutez* Diarrhytus.
— 101, Ligne 30, au lieu de occiptère, *lisez* oxiptère.
— 112, Ligne 23, au lieu de sousous, *lisez* platanistes.
— 114, Ligne 1, au lieu de pl. 9, *lisez* pl. 8.
— 117, Ligne 19, au lieu de (8), *lisez* (1).
—   — 1re note, après Bulletin des sciences *ajoutez* 1818, p. 67.
— 123, Après le titre *D. Delphis*, *ajoutez* pl. ix, fig. 4 et 5.
— 130, Ligne 12, au lieu de Worinius, *lisez* Wormius.
— 142, Ligne 26, au lieu de globices, *lisez* globiceps.
— 149, Au lieu de Guaimard, *lisez* Gaimard.
— 153, 1re note, après d'hist. nat., *ajoutez* t. xix.
— 175, 1re note, avant lib. vi, *écrivez* hist. des anim.
— 179, 3e note après d'hist. nat., *ajoutez* t. xix.

Page 190, Après le titre *P. globiceps*, *ajoutez* pl. 13, fig. 2, et pl. 14.

— — Ligne 20, au lieu de : dans des parages, *lisez* dans nos parages.

— 199, Après le titre : *P. leucas. ajoutez* pl. 15 et 16.

— 200, Ligne 3, au lieu de Zordrager, *lisez* Zorgdrager.

— — Ligne 24, au lieu de Félix, *lisez* Frédéric.

— 201, Note 2ᵉ, avant voyage *écrivez* : premier.

— 225, Ligne 33, au lieu de *livitatus*, *lisez bivittatus*.

— 231, Ligne 34, au lieu de Maja, *lisez* May.

— 234, Note 1ʳᵉ, au lieu de hist. Pisc. etc., *lisez* hist. nat. du Groënland.

— 239, Ligne 3, au lieu de ses dents, *lisez* ces dents.

— — Ligne 19, au lieu d'Albert, *lisez* Albers.

— 247, Ligne 35, au lieu de sur les cétacés de Honfleur, Hunter, *lisez* sur les cétacés de Honfleur et Hunter.

— 253, Ligne 6, au lieu de *rosrats*, *lisez rostratus*.

— 267, Note 2ᵉ, au lieu de car, *lisez* cur.

— 290, Note, au lieu de 328, *lisez* 342.

— 291, Ligne 30, au lieu de (e), *lisez* (é).

— 312, Ligne 21, au lieu de la nomme-t-il, *lisez* le nomme-t-il.

— 319, Note 1ʳᵉ, après vernérienne, *ajoutez* 1811.

— 348, Ligne 2, *ajoutez* à la fin de l'alinéa , pl. 20, fig. 2, 3 et 4.

— 356, et suivantes, partout où est écrit Edgède, *lisez* Eggède.